U0905075

分布式应用系统运维理论与实践

朱 琦 胡 昊 尚 屹 等编著

中国环境出版社・北京

图书在版编目（CIP）数据

分布式应用系统运维理论与实践/朱琦等编著. —北京：中国环境出版社，2014.10

ISBN 978-7-5111-2088-5

Ⅰ. ①分… Ⅱ. ①朱… Ⅲ. ①分布式操作系统 Ⅳ. ①TP316.4

中国版本图书馆 CIP 数据核字（2014）第 225802 号

出 版 人 王新程
责任编辑 孙 莉
责任校对 尹 芳
封面设计 彭 杉

出版发行 中国环境出版社
（100062 北京市东城区广渠门内大街 16 号）
网 址：http://www.cesp.com.cn
电子邮箱：bjgl@cesp.com.cn
联系电话：010-67112765（编辑管理部）
发行热线：010-67125803，010-67113405（传真）
印 刷 北京中科印刷有限公司
经 销 各地新华书店
版 次 2014 年 10 月第 1 版
印 次 2014 年 10 月第 1 次印刷
开 本 787×1092 1/16
印 张 21.25
字 数 624 千字
定 价 58.00 元

【版权所有。未经许可，请勿翻印、转载，违者必究。】
如有缺页、破损、倒装等印装质量问题，请寄回本社更换

本书编写人员

朱　琦　胡　昊　尚　屹

苏文革　任长宁　周绍斌

前　言

21 世纪以来，计算机制造技术和网络通信技术经历着飞速的发展，网络带宽不断增大，计算机节点处理性能不断提高，随之各类计算机应用大量涌现，渗透日常生活的各个角落，改变了人们对信息的获取和使用方式。在这些应用中，分布式应用系统扮演了极为重要的角色，它们广泛存在于金融、通信、电力、制造、医疗、交通、环保等不同行业。

分布式应用系统引入了一个全新的设计和扩展概念。一方面，分布式应用系统具有良好的可扩充性，能够随着需求的更改实现敏捷变化并且快速提供有效的服务；同时分布式应用系统能够合理地分配现有资源，有效重用资源，实现服务和计算的社会化，支持系统的逐步演化和升级。另一方面，分布式应用系统的运行环境复杂，各单元间依赖性强，管理和开发技术复杂。从发展趋势来看，分布式应用系统的结构越来越复杂，功能越来越强大，运行维护的要求也越来越高。

无论是国外还是国内，分布式应用系统的建设都经历了从无到有，从简单的“应用电子化”到复杂的“管理信息化”的发展过程。在此过程中，分布式应用系统的有效运行、维护管理也逐渐成为信息化领域的关注热点。

本书从分布式应用系统的特点出发，详细阐述了分布式应用系统运行维护的管理理念，并在此基础上设计了开展分布式应用系统运行维护工作的信息化平台；同时对分布式系统运维工作中的核心问题——系统运行状况的监控进行了研究和探讨；最后，对上述内容的具体实践进行了介绍和总结。

全书共分为 8 章，由朱琦主编并负责统稿定稿工作。各章编写情况如下:

朱琦编写第 1 章、第 2 章，胡昊编写第 4 章、第 5 章，尚屹编写第 3 章、第 8 章，苏文革、任长宁编写第 6 章，周绍斌编写第 7 章。

在本书编写过程中，参考了许多资料，大都在参考文献中进行了罗列，对于有些确实无法查到来源的可能会没有提及，在此对他们表示衷心的感谢。由于时间仓促，水平有限，书中难免存在遗漏、错误或不当之处，敬请读者及有关人士批评指正。

编 者

2013 年 11 月

目　录

第 1 章　分布式系统概论

分布式系统无处不在。互联网使得全世界用户无论走到哪里都能访问互联网上的服务。每个组织管理一个企业内部网，并通过该企业内部网为本地用户提供本地服务和互联网服务，也为互联网上的其他用户提供服务。本章介绍分布式系统的特征与系统构造中所面临的挑战，研究分布式系统的硬件、软件技术，考察推动分布式系统发展的关键趋势，并讨论了构造分布式系统所面临的挑战。

1.1　分布式系统简介

计算机网络无处不在。互联网也是其中之一，因为它是由许多种网络组成的。移动电话网、协作网、企业网、校园网、家庭网，所有这些，既可单独使用，又可相互结合，它们具有相同的本质特征，这些特征使得它们可以放在分布式系统的主题下来研究。

分布式系统是指其组件分布在连网的计算机上，组件之间通过传递消息进行通信和动作协调的系统。这个简单的定义覆盖了所有可有效部署连网计算机的系统。

1.1.1　分布式系统的特征

由一个网络连接的计算机可能在空间上的距离不等。它们可能分布在地球上不同的洲，也可能在同一栋楼或同一个房间里。这样的分布式系统有如下重要特征：

（1）并发

在一个计算机网络中，执行并发程序是常见的行为。用户可以在各自的计算机上工作，在必要时共享诸如 Web 页面或文件之类的资源。系统处理共享资源的能力会随着网络资源的增加而提高。

（2）缺乏全局时钟

在程序需要协作时，它们通过交换消息来协调它们的动作。密切的协作通常取决于对程序动作发生的时间的共识。但是，事实证明，网络上的计算机与时钟同步所达到的准确性是有限的，即没有一个正确时间的全局概念。

（3）故障独立性

所有的计算机系统都可能出故障，一般由系统设计者负责为可能的故障设计结果。分布式系统可能以新的方式出现故障，网络故障导致网上互连的计算机的隔离，但这并不意味着它们停止运行。事实上，计算机上的程序不能够检测到网络是出现故障还是网络运行比平常慢。类似地，计算机的故障或系统中程序的异常终止（崩溃），并不能马上使与它通信的其他组件了解。系统的每个组件会单独地出现故障，而其他组件还在运行。

1.1.2 分布式系统的目标

构造和使用分布式系统的主要动力来源于对共享资源的期望。为了让用户更方便地使用系统，为用户提供更强大的服务和应用，在建设时主要在以下方面进行考虑。分布式系统的四个关键目标如下：

（1）资源可访问性

分布式系统应使用户可以方便地访问资源，并且以一种受控的方式与其他用户共享这些资源。网络中可以共享的资源包括计算机、CPU、存储设备、数据、文件、Web 页等，用户连接到这些资源后，就可以方便地进行使用。显然，如果让几个用户共享一台打印机比为每一位用户购买并维护一台打印机要更经济。

（2）透明性

透明性是指分布式系统是一个整体，而不是独立组件的组合，系统对用户和应用程序屏蔽其组件的分离性。如果一个分布式系统能够在用户与应用程序面前呈现为单个的计算机系统，这样的分布式系统被称为是透明的。透明性对用户和应用程序员隐藏了与手头任务无直接关系的资源，并使得这些资源能被匿名使用。例如，通常为了完成任务，对相似的硬件资源的分配是可互换的，用于执行一个进程的处理器通常对用户隐藏身份并一直处于匿名状态。

（3）开放性

分布式系统的开放性决定系统能否被扩展和重新实现。分布式系统需要根据一系列的准则来提供服务的语法和语义。在分布式系统中，服务通常是通过接口指定的，而接口一般是通过接口定义语言（Interface Definition Language，IDL）来描述的。用 IDL 编写的接口定义只是记录服务的语法，即这些接口定义明确指定可用的函数名称、参数类型、返回值，以及可能出现的异常。

（4）可扩展性

分布式系统的一个重要目标是能在不同的规模（从小型企业内部网到跨国公司洲际网）下有效地运转。如果资源数量和用户数量激增，系统仍能保持其有效性，那么该系统就称为可扩展的。扩展性主要解决三个问题：第一，系统要能在规模上扩展，可以方便地把更多的用户和资源加入到系统中去；第二，要实现地域上的扩展，即系统中的用户与资源相隔很远；第三，系统要在管理上是可扩展的，即使系统跨越多个独立的管理机构，仍然可以方便地对其进行管理。

1.1.3 分布式系统的演化

每天有数十亿人使用互联网。因此，超级计算机和大规模数据中心必须面向巨量的互联网用户并发地提供高性能计算（High-Performance Computing，HPC）服务。由于这样高的需求，用于高性能计算系统性能测试的 Linpack 基准不再适合和最优。云计算的出现改为要求采用并行和分布式计算技术来构建高吞吐量计算系统（High-Throughput Computing，HTC），必须升级数据中心，采用更快的服务器、存储系统和高带宽网络。其目的是利用不断涌现的新技术来改进基于网络的计算和 Web 服务。

计算机技术经历了五代的发展，每一代持续 10～20 年。连续的两代之间会有 10 年左右的交迭。例如，1950—1970 年，用于满足大公司和政府组织的计算需求的是少数大型机，包括 IBM 360 和 CDC 6400。1960—1980 年，在小公司和大学，低成本的微型计算机（如 DECPDP 11 和 VAX 系列）变得流行起来。1970—1990 年，使用 VLSI 微处理器的个人计算机到处可见。1980—2000 年，在有线和无线应用中出现了海量的便携式计算机和通用型设备。自 1990 年以来，隐藏在集群、网格或互联网云背后的 HPC 和 HTC 系统应用不断增长扩散。这些系统既被用于高端 Web 规模计算和信息服务，也为普通用户提供服务。

图 1-1 阐述了分布式系统的演化。在 HPC 方面，超级计算机[大规模并行处理器（Massively Parallel Processors，MPP）]逐渐地被协同计算机集群所替代，不再有共享计算资源的要求限制。集群通常是一个物理上处在近距离范围且彼此连接的同构计算节点的集合。

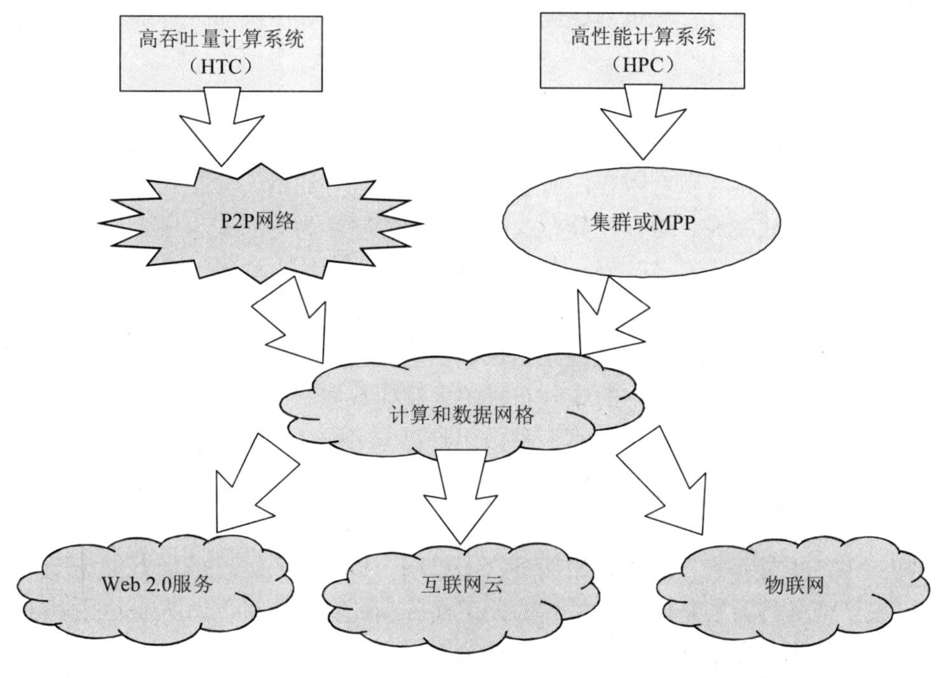

图 1-1 分布式系统的演化

自 20 世纪 90 年代中期以来，建立 P2P 网络和集群网络的技术在许多设计构建广域计算基础设施的国家项目中得以巩固，被称为计算网格或数据网格。最近，我们已经见证到一个探索互联网云中数据敏感应用的热潮。互联网云是迁移桌面计算到使用服务集群和数据中心大规模数据库的面向服务计算的结果。网格和云则是更加关注于硬件、软件和数据集方面资源共享的不同系统。

大规模分布式系统可在多机上达到高度并行和并发。2010 年 10 月，拥有最高性能的集群是中国制造的由 86 016 个 CPU 处理器核心和 3 211 264 个 CPU 核心组成的天河一号系统（Tianhe-1 A）。计算网格连接了数百个服务器集群。一个典型的 P2P 网络可能包含数百万同时运行的客户机，实验云计算集群也是由数千个处理节点组成。

关于集中式计算、并行计算、分布式计算、云计算的精确定义，一些高科技组织已经争论了多年。通常来讲，分布式计算和集中式计算相反。并行计算领域与分布式计算在很大程度上有交迭，云计算与分布式计算、集中式计算、并行计算都有一部分的交集。下面的描述更清晰地定义了这些术语。

（1）集中式计算

这种计算范式是将所有计算资源集中在一个物理系统之内。所有资源（处理器、内存、存储器）是全部共享的，并且紧耦合在一个集成式的操作系统中。许多数据中心和超级计算机都是集中式系统，但它们都被用于并行计算、分布式计算和云计算应用中。

（2）并行计算

在并行计算中，所有处理器或是紧耦合于中心共享内存或是松耦合于分布式内存。一些学者称为并行处理。处理器间通信通过共享内存或通过消息传递完成。通常称有并行计算能力的计算系统为并行计算机。运行在并行计算机上的程序称为并行程序。编写并行程序的过程称为并行编程。

（3）分布式计算

这是一个计算机科学和工程中研究分布式系统的领域。一个分布式系统由众多自治的计算机组成，各自拥有其私有内存，通过计算机网络进行通信。分布式系统中的信息交换通过消息传递的方式完成。运行在分布式系统上的程序称为分布式程序。编写分布式程序的过程称为分布式编程。

（4）云计算

一个互联网云的资源可以是集中式的也可以是分布式的。云采用分布式计算或并行计算，或两者兼有。云可以在集中的或分布式的大规模数据中心之上，由物理的或虚拟的计算资源构建。一些学者认为云计算是一种效用计算或者服务计算形式。

1.1.4 分布式系统的实例

分布式系统无处不在，成为日常服务（万维网、Web 搜索、在线游戏、电子邮件、社会网络、电子商务等）的基础。一系列的关键商务和社会应用部门，大量运用基于分布式系统的应用来处理相关的业务问题。这样的分布式系统实例有：

金融和商业：电子商务的发展可以用 Amazon 和淘宝等公司作为例证，底层的支付技术如支付宝也在不断发展；出现了相关的在线银行和交易，以及用于金融市场的复杂信息分发系统。

信息社会：万维网发展成信息和知识的仓库；开发出用于搜索这个巨大仓库的 Web 搜索引擎 Google 和百度等；出现了数字图书馆和对遗留信息源（诸如书）的大规模数字化（例如 Google Books）；通过如 YouTube 和 Wikipedia 等网站，使用户生成的内容的重要性不断提升；出现了诸如 Facebook 和 MySpace 这样的社交网络。

创意产业和娱乐：在线游戏成为一种新的高度交互的娱乐方式；利用网络化的媒体中心和更广泛的互联网获得可下载的或流化的内容，从而在家里获得音乐和电影；用户生成的内容，例如通过诸如 YouTube 之类的服务，成为一种新型的创新；新兴技术引发了新的艺术和娱乐方式。

医疗保健：健康信息化成为一个学科，强调在线电子病历记录和与私密性相关的问题的在线交流；远程医疗在支持远程诊断或更先进的服务如远程手术（包括医疗团队之间的协同工作）等方面越来越重要；应用网络化和嵌入式系统技术来辅助生活，例如，在家里监测老年人的行动情况。

电子教育：通过基于 Web 的工具（诸如虚拟学习环境）进行学习；对远程教育的相关支持；对协作或基于社区学习的支持。

交通和物流：在路线寻找系统和更通用的交通管理系统中，使用定位技术如 GPS；现代车辆自身已成为一个复杂分布式系统的例子（这点也适用于其他交通工具，如飞机）；开发了基于 Web 的地图服务，如 MapQuest、Google Maps 和 Google Earth。

电子科学：出现了网格，它作为 eScience 的基础技术，以使用复杂计算机网络对经常是超大数量的科学数据的存储、分析和处理提供支持；对网格的使用使得世界范围内科学家小组之间的协作成为可能。

环境管理：使用网络化传感器技术监控和管理自然环境，例如，对自然灾害（如地震、洪水、海啸）提供早期预警和协调应急响应；整理和分析全局环境参数，从而更好地理解复杂自然现象，如气候变化等。

以上实例展示了当前分布式系统的广泛应用，从相对本地化的系统（例如汽车和飞机中的系统）到全球范围的涉及上百万结点的系统，从以数据为中心的服务到处理器密集型任务，从由非常小相对原始的传感器构建的系统到那些包含强大计算元素的系统，从嵌入式系统到那些支持复杂交互式用户体验的系统等。这些系统包含近些年许多最重要的技术发展，也印证了分布式系统的多样性和复杂性。

1.2　分布式系统中的软硬件技术

随着分布式计算的概念日趋成熟，必须为分布式系统及应用提供硬件、软件和网络技术的支持，以实现高性能计算和高吞吐量计算。这需要采用更快的服务器、存储系统和高带宽网络，需要利用不断涌现的新技术来改进基于网络的分布式计算和 Web 服务。

1.2.1　多核 CPU 和多线程技术

目前先进的 CPU 或微处理器芯片采用双核、四核、八核或更多处理器核心的多核体系结构。这些处理器在指令级并行（Instruction-Level Parallelism，ILP）和任务级并行（Task-Level Parallelism，TLP）级别开拓并行。30 年中，处理器时钟频率从 Intel 286 的 10MHz 提升到 Pentium 4 的 4GHz。

然而由于基于 CMOS 的芯片能量上的限制，时钟速率已经达到了极限。除非芯片技术有所突破，否则时钟速率不会再有提高。这个限制主要归因于高频或高电压下额外热量的生成。ILP 在现代处理器中已经得到充分开发。ILP 机制包括多路超标量体系结构、动态分支预测、猜测执行等方法。这些 ILP 技术要求硬件和编译器的支持。另外，数据级并行（Data-Level Parallelism，DLP）和 TLP 在图形处理单元（Graphics Processing Unit，GPU）

上被充分探索和实践。

GPU 是采用成百上千简单核心的众核体系结构。多核 CPU 将从数十个核心增长到数百个甚至更多。但由于内存速度限制的制约，CPU 已经达到大规模 DLP 开发的极限。这也触发了有数百或更多轻量级核心的众核 GPU 的开发。在 Top500 系统中，许多 RISC 处理器已经被替换为多核 x86 处理器和众核 GPU。这个趋势表明在大型分布式系统中 x86 升级将占支配地位。GPU 也被用于大规模集群来建造超级计算机，即大规模并行处理器（Massively Parallel Processors，MPP）。将来，处理器制造业也渴望开发异构的或同构的可同时承载重量级 CPU 和轻量级 GPU 的片上多处理器芯片。

目前，多核 CPU 和众核 GPU 都可以在不同量级上处理多指令线程。图 1-2 展示了一个标准的多核处理器体系结构，其中 L1 cache 是每个核的私有的，L2 cache 是共享的，L3 cache 和 DRAM 是非片上。每个核心本质上是一个拥有私有 L1 cache 的处理器。多核与被所有核心共享的 L2 cache 布置在同一块芯片上。将来，多个单芯片多处理器（Chip Multi-Processors，CMP）甚至是 L3 cache 可以被放在同一块 CPU 芯片上。许多高端处理器都配备多核和多线程 CPU，包括 Intel i7、Xeon、AMD Opteron、Sun Niagara、IBM Power 6 和 X cell 处理器等。

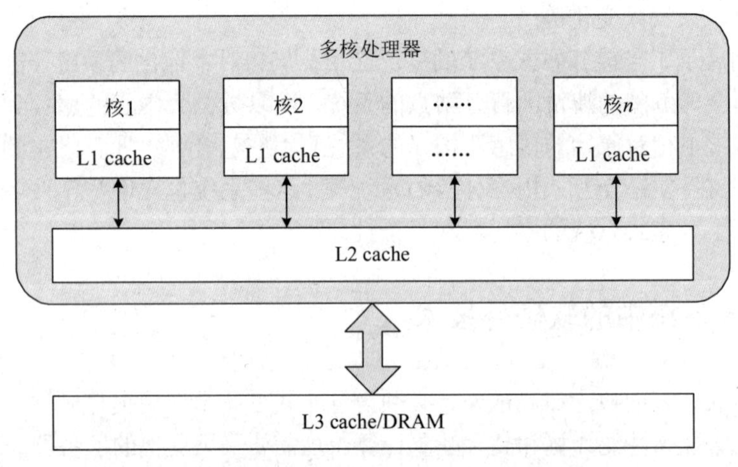

图 1-2 现代多核 CPU 的层次 cache 示意图

现代 CPU 处理器有五种典型的微体系结构：多路超标量处理器、细粒度多线程处理器、粗粒度多线程处理器、多核 CMP，并发多线程（Simultaneous Multi-Threaded，SMT）处理器。这些结构通过多核和多线程技术支持 ILP 和 TLP。超标量处理器是带有多个功能单元的单线程处理器。三个多线程处理器都是多路多线程的，复用多条功能数据路径。在多核处理器中，每个处理核心都是单线程的多路超标量处理器。

不同线程的指令以不同的指令调度模式来运行。只有同一个线程的指令才能在一个超标量处理器上执行。细粒度多线程在每个周期切换不同线程上指令的执行。粗粒度多线程在切换到下一个线程前在相当多的指令周期内执行同一个线程的多条指令。多核 CMP 分别从不同的线程执行指令。SMT 允许在一个时钟周期内同时调度不同线程的指令。

多核与多线程同为提升处理器性能的技术手段，它们之间是有差异的。多核处理器是集成了多个处理器核心，可同时执行的任务数是单核处理器的数倍，从而提高处理器的并行性能；而多线程处理器是在单核中加入并行执行架构以发挥核的最大效能来提高处理性能。从芯片设计的角度来看，多线程处理器在设计时需要对内核的微架构进行调整，开发难度比多核处理器要困难，因为多核只是需要处理核与核之间的关联，而多线程需要对核的内部架构进行调整。

由于多核与多线程处理器都是采用并行计算技术，在数据并发量大以及数据实时处理的应用上如云计算、服务器系统、高速率无线互联网应用等都是非常有效的。特别是在服务器系统中，一般也都是多核与多线程结合使用。

1.2.2 内存、外部存储和广域网

（1）内存技术

从 1976 年的 16 kB 到 2011 年的 64 GB，内存芯片在容量上已经历了每三年 4 倍的增长，但内存访问时间没有提高太多。事实上，由于处理器越来越快，内存速度问题变得越来越糟糕。硬盘方面，容量从 1981 年的 260 MB 增长到 2004 年的 250 GB。希捷 Barracuda XT 硬盘在 2011 年达到了 3 TB。这表示在容量上每八年约有 10 倍的增长。磁盘阵列容量的增长在接下来的几年将会更大。更快的处理器速度和更大的内存容量导致处理器和内存间更大的差距。内存速度将可能会成为限制 CPU 性能的更为严重的问题。

（2）磁盘和存储技术

2011 年以来，磁盘和磁盘阵列容量已经超过了 3TB。闪存和固态硬盘（Solid-State Drive，SSD）的飞速增长也影响着未来的 HPC 和 HTC 系统。固态硬盘的损坏率并不太高。通常的 SSD 每块能处理 300 000～1 000 000 写操作周期。所以 SSD 能持续使用几年甚至更长时间，即使在高写使用率的情况下，损坏率也并不高。因此闪存和 SSD 将会在许多应用中实现令人惊讶的速度提升。

最后，能量消耗、冷却和包装将会限制大系统发展。功耗关于时钟频率呈线性增长，关于片上电压呈二次方增长。时钟速率不能无限地增长。降低供电电压是非常重要的。磁带已经不复存在，现在磁盘就是磁带，闪存就是磁盘，内存就是 cache。但目前，在存储市场上用 SSD 代替稳定的磁盘阵列仍然过于昂贵。

（3）系统区域互连

小集群中的节点大多通过以太网交换机和局域网（Local Area Network，LAN）互联。如图 1-3 所示，LAN 通常用于连接客户机和大服务器。存储区域网络（Storage Area Network，SAN）连接服务器和网络存储（如磁盘阵列）。附加存储网络（Network Attached Storage，NAS）直接连接客户机到磁盘阵列。这三种类型的网络经常出现在采用商业网络组件的大集群中。如果没有大的分布式存储共享，小集群可以采用多端口交换机加铜缆连接终端机器。

（4）广域网络

从 1979 年的 10Mbps 到 1999 年的 1Gbps，到 2011 年的 40～100GE，以太网带宽飞速增长。网络性能每年增长 2 倍，快于摩尔定律在 CPU 上每 18 个月翻一番的速度。这意味

着在将来更多的计算机将会被并发地使用。高带宽网络提高了建设大规模分布式系统的能力。IDC 2010 年报告预测无限带宽和以太网会成为 HPC 领域两个主要互联选择。大部分分布式系统的数据中心都使用千兆位以太网作为服务器集群间的互连。

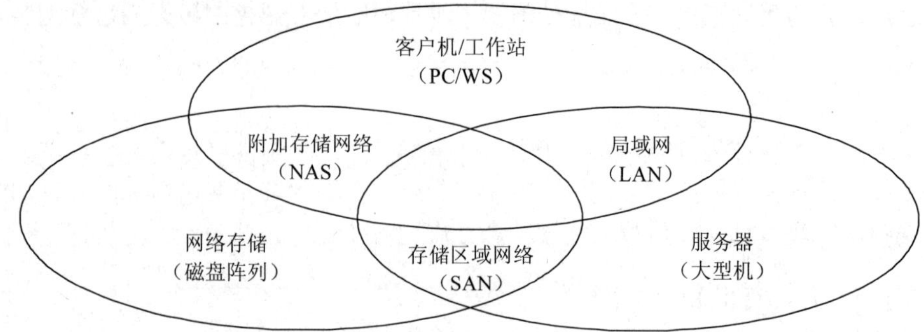

图 1-3 三种连接服务器、客户机和存储设备的互连网络

1.2.3 虚拟机和虚拟化中间件

通常的计算机只有一个单操作系统镜像，这提供了应用软件紧耦合于指定的硬件平台的刚性体系结构。一些软件虽然在一台机器上运行良好，但却可能无法在另一个固定操作系统下具有不沟通指令集的平台上执行。针对未充分利用的资源、应用灵活性、软件可管理性、存在于物理机的安全问题，虚拟机提供了新的解决方案。

目前，建立大规模集群、网格和云，需要以虚拟的方式访问大量的计算、存储和网络化资源，需要集群化这些资源，并希望提供一个单独的系统镜像。特别是一个规定资源的云必须动态地依靠处理器、内存和 I/O 设备的虚拟化。这里的虚拟资源包括虚拟机、虚拟存储和虚拟网络，以及虚拟软件或中间件。这些虚拟资源可以按照三种虚拟机配置体系结构进行配置，如图 1-4 所示。

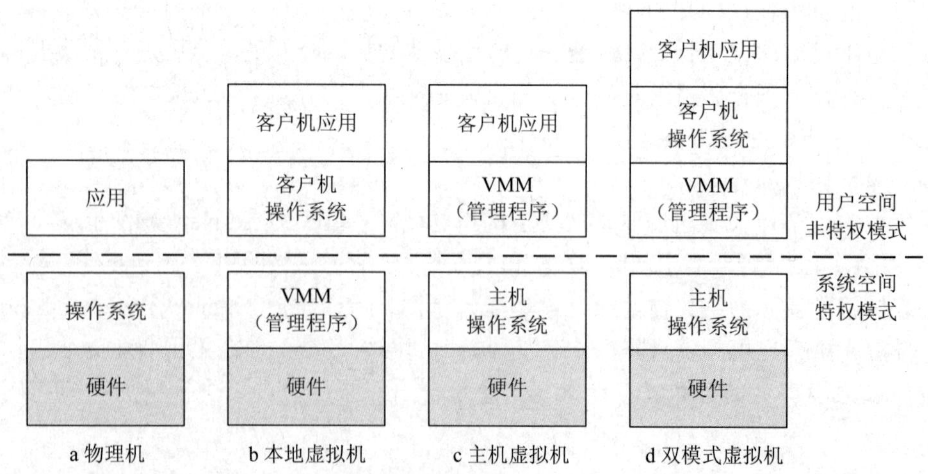

图 1-4 三种虚拟机体系结构与传统的物理机的比较

在图 1-4 中，主机配置了物理硬件，如图中底部所示。一个例子是一个 x86 体系结构台式计算机运行已安装的 Windows 操作系统，如图 1-4a 所示。虚拟机可以处在任何硬件系统之上。虚拟机由客户端操作系统管理虚拟资源运行指定应用。在虚拟机和主机平台之间，需要配置一个叫做虚拟机监视器（Vitual Machine Monitor，VMM）的中间层。图 1-4b 所示是一个本地虚拟机，由在特权模式称为 hypervisor 的虚拟机监视器安装。例如，x86 体系结构硬件运行一个 Windows 系统。

剑桥大学开发的 XEN 系统 hypervisor 是一种被称为裸机虚拟机的体系结构。hypervisor 直接管理原生硬件（CPU、内存和 I/O）。另一个体系结构是主机虚拟机，如图 1-4c 所示。VMM 运行在非特权模式，主机操作系统不需要修改。此外，虚拟机也可在双模式下运行，如图 1-4d 所示。VMM 一部分运行在用户级，另一部分运行在特权级。这种情况下，主机操作系统可能在某些范围需要修改。多虚拟机可以实现给定硬件系统的接口以支持虚拟化过程。虚拟机方法提供了操作系统和应用的硬件独立性。用户应用程序和其所在的操作系统可以绑定在一起作为一个可以接口任何硬件平台的虚拟应用工具。虚拟机可以在一个与主机操作系统不同的操作系统上运行。

虚拟机方法有效地提高了服务器资源的利用率。多服务器功能可以在相同的硬件平台上统一以获得更高的系统效率。通过虚拟机系统的开发消除了服务器的扩张，透明地共享硬件。用于计算、存储和网络化的物理资源都被映射到顶部集成在各个虚拟机需要的应用上，从而分离了硬件和软件。虚拟基础设施完成资源到分布式应用的连接。系统资源到特定应用的映射是动态的，这降低了成本并提高了效率和响应。

1.2.4　分布式系统的云计算数据中心虚拟化

分布式系统的云计算体系结构由商业硬件和网络设备建立。几乎所有的云平台都选择使用流行的 x86 处理器、低成本的太字节磁盘和千兆位以太网用于建设数据中心。数据中心设计强调性价比，而不是单一的速度性能。

一个大的数据中心可能有数千台服务器。较小的数据中心通常有数百台服务器。近年来，建设和维护数据中心服务器的成本不断增长。根据 2009 年 IDC 的报告，通常数据中心的成本中只有 30%用于购买 IT 设备（如服务器和磁盘），33%用于冷却，18%用于不间断电源供应（Uninterrupted Power Supply，UPS），9%用丁机房空调（Computer Room Air Conditionary，CRAC），余下的 10%用于能量发送、照明、变压器耗费。因此，约 60%的数据中心运行成本用于管理和维护。服务器购买成本没有随着时间增长太多，而电能和冷却的成本在 15 年中从 5%增长到 14%。

高端交换机或路由器对于建造数据中心来说可能成本太高。因而，使用高带宽网络可能不利于云计算的经济性。在预算固定的情况下，数据中心更适合选择商用交换机和网络。类似地，相对昂贵的大型机使用商用 x86 服务器会更好。

云计算提供了一个虚拟化的按需动态供应硬件、软件和数据集的弹性资源平台，如图 1-5 所示。它的思想是将桌面计算移到面向服务的平台上，使用数据中心的服务器集群和大数据库。云计算利用它的低成本和易用性，使用户和提供商“双赢”。

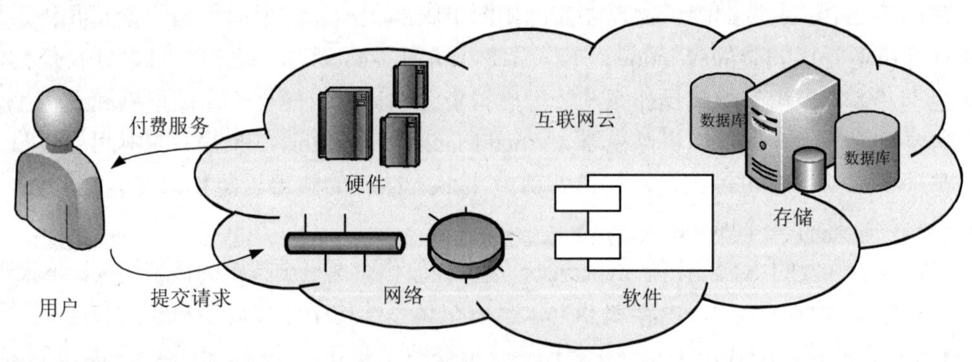

图 1-5 数据中心的虚拟化资源

云计算依托以下四个方面技术的融合：①硬件虚拟化和多核芯片；②效用和网格计算；③ SOA、Web2.0 和网络服务糅合；④原子计算和数据中心自动化。上述四个技术领域存在一个交互周期。硬件虚拟化和多核芯片使云中的动态配置成为可能。效用和网格计算技术是云计算必需的基础。近来在 SOA、Web2.0、平台糅合上的进展又推动云计算向前迈出一步。最后，云计算的增长要归功于自治计算和自动化的数据中心运作的进展。

在分布式系统领域，云计算是比数据中心模型更具变革性的尝试，从根本上改变了信息交互的方式。云计算在体系结构、平台、软件级别提供按需服务。云运行在一个极大的商用计算机集群上。对每个集群节点，多线程通过众核 GPU 集群的大量核心实现。数据密集型科学、云计算、多核计算在体系结构设计和编程上正向下一代计算集群化发展。它们激活了流水线使数据成为信息和知识，并促成了满足面向服务架构（Service-Oriented Architecture，SOA）期望的机器智能。

1.3 分布式系统的趋势

过去 30 年在变化负载和大数据集的应用驱动下，并行、分布式、云计算领域发生了巨大变革。一个并行的、分布式的计算系统使用大量的计算机解决互联网上的大规模计算问题，而不是使用一个集中式的计算机解决计算问题。分布式系统正经历巨大的变化，这可追溯到一系列有影响力的趋势：

①出现了泛在的联网技术；

②出现了无处不在的计算；

③增加了对多媒体设备的需求；

④更多地将分布式系统作为一个设施。

1.3.1 泛在联网和现代互联网

现代互联网是一个巨大的由多种类型计算机网络互连的集合，网络的类型一直在增加，包括多种多样的无线通信技术，如 WiFi、WiMAX、蓝牙和第三代移动电话网络。最终结果是互联网已成为一个泛在的资源，设备可以在任何时间、任何地方被连接。

互联网上的计算机程序通过传递消息进行交互，采用了公共的通信手段。互联网通信机制（互联网协议）的设计和构造是一项重大的技术成果，它使得一个在某处运行的程序能给另一个地方的程序发送消息。

互联网也是一个超大的分布式系统。它使得世界各地的用户都能利用诸如万维网、电子邮件和文件传送等服务。服务集是开放的，它能够通过服务器计算机和新的服务的增加而被扩展。互联网还连接了许多企业内部网——由公司和其他组织操作的子网。企业内部网通过主干网实现互相链接。主干网是具有高传送能力的网络链接，通常采用卫星连接、光缆和其他高带宽线路。内部网通常受防火墙的保护，防止未授权的消息进出网络。防火墙是通过过滤到达消息和外发消息来实现的，可以在源或目的地进行过滤，或者可以仅允许与电子邮件和 Web 访问相关的消息进出它保护的企业内部网。互联网服务提供商（Internet Service Provider，ISP）是给个体用户和小型组织提供宽带链接和其他类型连接的公司，使他们能获得互联网上任何地方的服务；同时提供诸如电子邮件和 Web 托管等本地服务。

组织可能至少有一些内部网与外部世界隔离（没有与互联网的任何物理连接可能是最有效的防火墙）。当内部用户和外部用户之间需要资源共享时，对服务的合法访问受到防火墙的阻碍，也会在分布式系统中出现问题。因此，必须用更细粒度的机制和策略作为防火墙的补充。互联网和其支持的服务的实现，使得必须开发实用解决方案来解决分布式系统中的许多问题。

1.3.2 移动和无处不在的计算

设备小型化和无线网络方面的技术进步已经逐步使小型和便携式计算设备集成到分布式系统中。这些设备包括：

①笔记本电脑；

②手持设备，包括移动电话、智能电话、GPS 设备、个人数字助理（PDA）、摄像机和数码相机；

③可穿戴设备，如具有类似 PDA 功能的智能手表；

④嵌入在家电（如洗衣机、高保真音响系统、汽车和冰箱）中的设备。

这些设备大多数具有可携带性，再加上它们具有可以在不同地方方便地连接到网络的能力，使得移动计算成为可能。移动计算是指用户在移动或访问某个非常规环境时执行计算任务的性能。在移动计算中，远离其本地的企业内部网（指工作环境或其住处的企业内部网）的用户也能通过他们携带的设备访问资源。他们能继续访问互联网，继续访问在他们本地内部企业网上的资源。移动性为分布式系统引入了一系列的挑战，包括需要处理变化的连接甚至断连、需要在设备移动时维持操作。

无处不在计算是指对在用户的物理环境（包括家庭、办公室和其他自然环境）中存在的多个小型、便宜的计算设备的利用。术语“无处不在”意指小型计算设备最终将在不会引人注意的日常物品中普及。也就是说，它们的计算行为将透明地紧密捆绑到这些日常物品的物理功能上。

各处的计算机只有在它们能相互通信时才变得有用。例如，如果用户能通过电话或一个“通用远程控制”设备控制家里的洗衣机和娱乐系统，那么用户会觉得很方便。而洗衣机在完成洗衣后能通过一个智能终端或电话通知用户，也会让人觉得很方便。

无处不在计算和移动计算有交叉的地方，因为从原理上说，移动用户能受益于遍布各处的计算机。但一般而言，它们是不同的。无处不在计算能让待在家里或医院这样单一的环境中而非移动的用户受益。

图 1-6 显示了一个正在访问一个组织的用户。该图显示出用户本地的企业内部网和用户正在访问的企业内部网。两个企业内部网都连接到互联网。

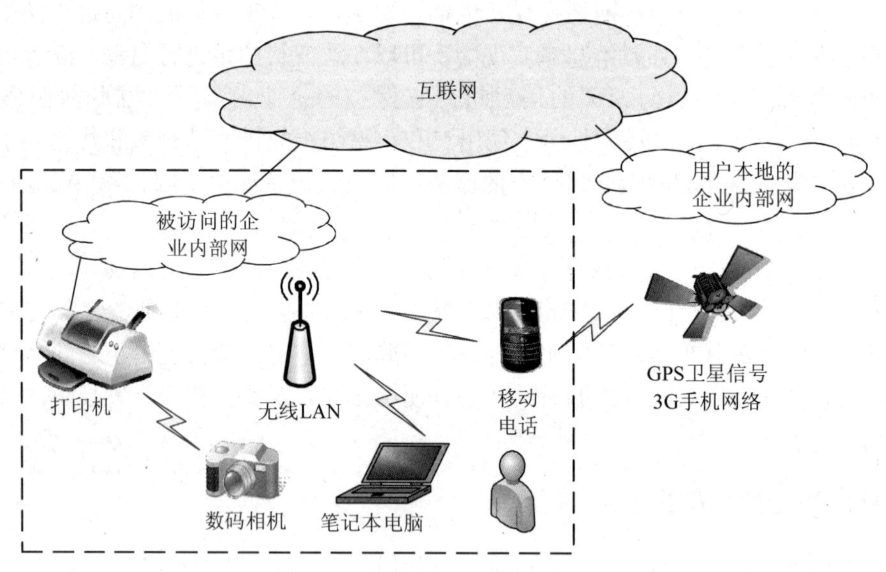

图 1-6 分布式系统中的便携式设备和手持设备

用户可以使用三种无线连接。笔记本电脑可以连接到被访问组织的无线 LAN。无线 LAN 覆盖方圆几百米的范围（即建筑物的一层）。它通过网关或访问点连接到被访问组织的企业内部网。用户还有一部连到互联网的移动电话，电话可以访问 Web 和其他互联网服务，只是所显示的内容受限于小的显示屏幕，电话也可以通过内置的 GPS 功能提供位置信息。最后，用户携带一台数码相机，它能通过一个个域无线网络（其覆盖范围大约为 10M）与打印机这样的设备通信。

利用适当的系统基础设施，用户能用他们携带的设备完成一些简单的任务。当用户到达其访问的地方时，他能通过移动电话从 Web 服务器上取得最新的各类信息，也能使用内置的 GPS 和路由寻找软件来获得到达目标位置的方向。在与访问单位开会时，通过把数码相机的照片直接发送到会议室的一台可用的本地打印机或投影仪上，用户就能展示最近的照片。这仅仅要求相机和打印机或投影仪器之间具有无线连接。原则上，用户可以利用无线 LAN 或有线的以太网链接从笔记本电脑上把文件发送到同一台打印机。

这个场景说明了支持自发互操作的需求，依靠自发互操作，设备之间的关联被例行地创建和拆除，定位和使用所访问地的设备（如打印机）是一个这方面的例子。这种情况下的最大挑战是让互操作快速和方便，即使用户可能在一个他们以前从来没有访问过的环境。这意味着，要让访问者的设备在访问地的网络上通信，并将设备与合适的本地设备相关联——这个过程称为服务发现。

1.3.3　分布式多媒体系统

另一个重要的趋势是在分布式系统中支持多媒体服务的需求。支持多媒体可以定义为以集成的方式支持多种媒体类型的能力。人们可以期望分布式多媒体系统支持离散类型媒体（如图片或正文消息）的存储、传输和展示。分布式多媒体系统应该能对连续类型媒体（如音频和视频）完成相同的功能，即它应该能存储和定位音频或视频文件，并通过网络传输它们（可能需要以实时的方式，因为这种实时流来自摄像机），从而能向用户展示多种媒体类型，以及在一组用户中共享多种类型的媒体。

连续媒体的重要特点是它们包括一个时间维度。媒体类型的完整性从根本上依赖于在媒体类型的元素之间保持实时关系。例如，在视频展示中，保持给定的吞吐量是必要的，它以帧/秒计，而对实时流来说，是给定帧传递的最大延迟。

分布式多媒体计算的好处是相当大的，因为能在桌面环境提供大量的新（多媒体）服务和应用，包括访问实况或预先录下的电视广播、访问提供视频点播服务的电影资料库、访问音乐资料库、提供音频和视频会议设施、提供集成的电话功能等。注意，该项技术对于制造商重新思考消费类设备方面是革命性的突破。

网络播放（Webcasting）是分布式多媒体技术的应用。网络播放是在互联网上广播连续媒体（典型的是音频或视频）的能力，现在常见以这种方式广播体育或音乐事件，它经常吸引大量的观看者。分布式多媒体应用（例如网络播放）对底层的分布式基础设施提出了大量的要求，包括：提供对一系列可扩展的编码和加密格式的支持，例如 MPEG 系列标准、MP3 标准和 HDTV；提供一系列机制来保障所需的服务质量；提供相关的资源管理策略，包括合适的调度策略，来支持所需的服务质量；提供适配策略来处理在开放系统中不可避免的场景，即服务质量不能得到满足或维持等情况。

1.3.4　把分布式计算作为一个公共设施

通常，一个分布式计算系统属于自治的管理域（如一个科研实验室或公司），运行一个固定的计算需求。然而，这些传统系统遭遇了几个性能瓶颈：日常系统维护、低利用率、硬件/软件升级引起的成本增加。

随着分布式系统基础设施的不断成熟，不少公司在推广这样的观点：把分布式资源看成一个商品或公共设施，把分布式资源和其他公用设施（例如水或电）进行类比。采用这个模型，资源通过合适的服务提供者提供，能被最终用户有效地租赁而不是拥有。这种模型可以应用到物理资源和更多的逻辑服务上。

联网的计算机可用诸如存储设备来处理这样的物理资源，从而无须自己拥有这样的资源。从一个维度看，用户可以为其文件存储（例如，照片、音乐或视频等多媒体数据的存储）需求或文件备份需求选择一个远程存储设施。类似地，利用这个方法，用户能租用一个或多个计算结点，从而满足他们的基本计算需求或者完成分布式计算。从另一个维度看，用户现在能用像 Amazon 和 Google 之类的公司提供的服务访问复杂的数据中心（网络化的设施，为用户或机构提供对拥有大量数据的数据仓库的访问）或计算基础设施。操作系统虚拟化是该方法关键的技术，它意味着实际上可以通过一个虚拟的而不是物理的结点为用户提供服务。这从资源管理角度给服务提供者提供了更大的灵活性。

用这种方法，软件服务也能在全球互联网全面使用。许多公司现在提供一整套服务用于租赁，包括诸如电子邮件和分布式日历之类的服务。例如 Google 将其旗下的一系列业务服务捆绑成 Google Apps。软件服务所遵循的标准，例如 Web 服务提供的标准，使得这类开发成为可能。

云被定义成一组基于互联网的应用，并且足以满足大多数用户需求的存储和计算服务的集合，这使得用户能大部分或全部免除本地数据存储和应用软件的使用。云推广“把每个事物看成一个服务”的观点，从物理或虚拟基础设施到软件，这样，服务可以根据使用而非购买来支付费用。云计算减少了对用户设备的需求，允许非常简单的桌面或便携式设备来访问可能很广范围内的资源和服务，使其成为一种公共设施。

云计算将基础设施、平台、软件作为服务发布，使得用户能够以即用即付的模式使用基于订阅的服务。在云上提供的服务可以分为三个不同的服务模型，即 IaaS、PaaS 和 SaaS。

（1）**基础设施即服务**（IaaS）

这个模型将用户需要的基础设施（即服务器、存储、网络和数据中心构造）组合在一起。用户可以在使用客户机操作系统的多个虚拟机上配置和运行指定应用。用户不管理或控制底层的云基础设施，但可以指定何时请求和释放所需资源。

（2）**平台即服务**（PaaS）

这个模型使用户能够在一个虚拟的云平台上配置用户定制的应用。PaaS 包括中间件、数据库、开发工具和一些运行时支持（如 Web 2.0 和 Java）。平台包括集成了特定程序接口的硬件和软件。提供商提供 API 和软件工具（如 Java、Python、Web 2.0 和 .NET）。用户从云基础设施的管理中得以解脱。

（3）**软件即服务**（SaaS）

这是指面向数千付费云用户的初始浏览器的应用软件。SaaS 模型应用于业务流程、工业应用、客户关系管理（CRM）、企业资源计划（ERP）、人力资源和协作应用。在用户这边，没有服务器或软件许可方面的前期投入。在提供商这边，同传统的用户应用服务器相比，成本相当低。

通常，云实现在集群计算机上，从而提供每个服务所要求的必要的伸缩性和性能。集群计算机（Cluster Computer）是互连的计算机集合，它们紧密协作提供单一的、集成的高性能计算能力。现在的趋势是计算机和互连网络都朝着利用商用硬件的方向发展。大多数集群由商用 PC 组成，这些 PC 运行操作系统（如 Linux）是标准版（有时是精简版），并通过局域网互联。

1.3.5 实现普适计算的物联网

普适计算（Pervasive Computing/Ubiquitous Computing）是指小型、便宜、网络化的处理设备广泛分布在日常生活的各个场所，计算设备将不只依赖命令行、图形界面进行人机交互，而更依赖“自然”的交互方式。其目的是建立一个充满计算和通信能力的环境，同时使这个环境与人们逐渐地融合在一起，在这个融合空间中人们可以随时随地、透明地获得数字化服务。

在普适计算环境中，整个世界是一个网络的世界，数不清地为不同目的服务的计算和通信设备都连接在网络中，在不同的服务环境中自由移动。无线传感器网络将广泛普及，在环保、交通等领域发挥作用；人体传感器网络会大大促进健康监控以及人机交互等的发展。各种新型交互技术（如触觉显示、OLED 等）将使交互更容易、更方便，计算设备的尺寸将缩小到毫米甚至纳米级。

传统的互联网是机器和机器或者网页和网页之间的连接。物联网的概念是 1999 年在 MIT 被提出。物联网是指日常生活中对象、工具、设备或计算机间存在网络互联。物联网可视做互联了所有我们生活中的对象的无线传感器网络。这些对象可大可小，随时间和地点的变化而变化。这个思路就是使用 RFID、相关传感器或电子技术（如 GPS）来标识每个物体。

随着 IPv6 协议的引入，IP 地址足以区分地球上的每个对象，包括所有计算机和专有设备。物联网研究者已经估计出每个人身边将会有 1 000～5 000 个对象。物联网能够设计成可同时追踪百万亿条静态对象或移动对象。物联网需要对所有对象进行统一编址。为了减少标识、搜索和存储的复杂性，可以通过设置阈值过滤掉细小的对象。物联网扩展、丰富了互联网。

物联网系统更像一个事件驱动的体系结构。如图 1-7 所示，它是一个三层体系结构，顶层是由应用驱动形成的。底层是各种类型的传感设备，有 RFID 标签、ZigBee 或其他类型的传感器，以及 GPS 道路映射导航仪等。传感器设备借助 RFID 网络、传感器网络和 GPS 的本地或者全局网络实现互联。这些传感器设备收集到的信号和信息通过中间云计算平台提交给应用。

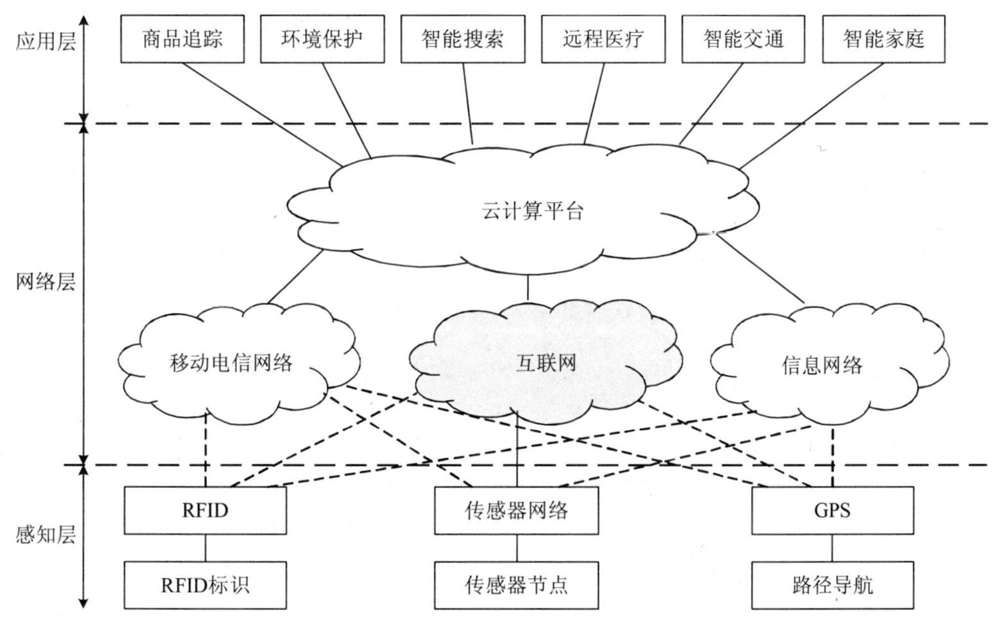

图 1-7　物联网体系结构

用于信号处理的云计算平台构建于移动网络、骨干互联网和各种信息网络之上，处在体系结构的中间层。在物联网中，感知事件的含义并不符合一种确定模型或语法模型，而是使用了 SOA 模型。大量的传感器和过滤器用于原始数据的收集，各种计算和存储云、网格用于处理数据，并把数据转化为信息和知识格式。感应获得的信息综合形成一个智能应用的决策系统。中间层也可以看做是语义网或语义网格。

在物联网时代，所有对象和设备都是工具化的、互连的和智能交互的。这种交流可以发生在人和物或者物和物之间。三种交流模式同时存在：H2H（人和人）、H2T（人和物）、T2T（物和物）。这里，物包括机器，如 PC 和手机。这里的交互是指在任何时间、任何地点以较低的成本智能地连接事物（包括人和机器对象）。任何地点连接包括在 PC 上、户内（不在 PC 上）、户外以及移动中。任何时间连接包括白天、晚上、户外和户内，也包括移动中。

动态连接将会指数型增长成为包含多个网络的一个新的动态网络，即物联网。物联网目前仍处在其发展的初级阶段，许多指定区域覆盖的物联网仍处于试验状态。云计算研究者希望用云和下一代互联网技术支持地球上人、机器、任何对象间的快速、有效、智能交互。智慧的地球应该有智能的城市、清洁的水资源、高效的能源、便利的交通、完善的食物供应、负责任的银行、快速的远程通信、绿色的信息技术、更好的学校、良好的医疗、丰富的资源等。要在世界的不同地区实现这个理想的生活环境，需要实现普适计算的物联网，这就意味着还需要花费一定的时间。

1.4 构造分布式系统的挑战

随着计算技术的平台和环境的变革，分布式系统的应用范围和规模不断扩展，分布式系统数据敏感和网络中心化的缺点显现出来，使得构造分布式系统面临诸多挑战。本节描述构建分布式系统主要面临的挑战。

1.4.1 异构性

互联网使得用户能在大量异构计算机和网络上访问服务和运行应用程序。下面列出了存在异构性（即存在多样性和差别）的因素：

（1）网络；

（2）计算机硬件；

（3）操作系统；

（4）编程语言；

（5）由不同开发者完成的软件实现。

虽然互联网由多种不同种类的网络组成，但因为所有连接到互联网的计算机都使用互联网协议来相互通信，所以这些不同网络的区别被屏蔽了。例如，连接在以太网中的计算机要在以太网上实现互联网协议，而在另一种网络上的计算机需要与前者通信，只需要在其所在的网络上实现互联网协议即可。

整型等数据类型在不同种类的硬件上可以有不同的表示方法。例如，整数的字节顺序就有两种表示方法。如果要在不同硬件上运行的两个程序之间交换消息，那么就要处理它们在表示上的不同。虽然互联网上所有计算机的操作系统均需要包含互联网协议的实现，但可以不为这些协议提供相同的应用编程接口。例如，UNIX 中消息交换的调用与 Windows 中的调用是不一样的，这就会为交换信息造成困难。

不同的编程语言使用不同的方式表示字符和数据结构（如数组和记录）。如果想让用不同语言编写的程序能够相互通信，那么必须解决这些差异。不同开发者只有使用公共标准，他们编写的程序才能相互通信。例如，网络通信和消息中的基本数据项和数据结构的表示均要使用公共标准。所以，要制订和采用公共标准，就像互联网协议一样。

中间件是指一个软件层，它提供了一个编程抽象，同时屏蔽了底层网络、硬件、操作系统和编程语言的异构性。公共对象请求代理（Common Object Request Broker，CORBA）就是一个中间件。中间件为服务器和分布式应用的程序员提供了一致的计算模型。这些模型包括远程对象调用、远程事件通知、远程 SQL 访问和分布式事务处理。例如，CORBA 提供了远程对象调用，它允许在一台计算机上运行的程序中的对象调用在另一台计算机上运行的某个程序中的一个对象的方法。它从实现上屏蔽了为了发送调用请求和应答，消息通过网络传递的事实。有些中间件，如 Java 远程方法调用（Remote Method Invocation，RMI），支持一种编程语言。大多数中间件在互联网协议上实现，由这些协议屏蔽了底层网络的差异。

适合在一种计算机上运行的代码未必适合在另一种计算机上运行，因为可执行程序通常依赖于计算机的指令集和操作系统。移动代码指能从一台计算机发送到另一台计算机，并在目的计算机上运行的代码，Java applet 是一个例子。虚拟机方法提供了一种使代码可在任何计算机上运行的方法：某种语言的编译器生成一台虚拟机的代码而不是某种硬件代码。例如，Java 编译器生成 Java 虚拟机的代码，虚拟机通过解释的方式来执行它。为了使 Java 程序能运行，要在每种计算机上实现一次 Java 虚拟机。

1.4.2　安全性

分布式系统中维护和使用的众多信息资源对用户具有很高的内在价值，因此它们的安全相当重要。信息资源的安全性包括三个部分：机密性（防止泄露给未授权的个人）、完整性（防止被改变或被破坏）、可用性（防止对访问资源的手段的干扰）。

虽然互联网允许一台计算机中的程序与另一台计算机上的程序通信，而且可以不考虑它们的位置，但安全风险与允许自由访问网内的所有资源的范围和程度密切相关。虽然防火墙能形成保护企业内部网的屏障，限制进出企业内部网的流量，但这不能确保企业内部网的用户恰当地使用资源，或恰当地使用互联网的资源，后一种资源不受防火墙保护。

在分布式系统中，客户发送请求去访问由服务器管理的数据，这涉及在网络上通过消息发送信息。例如：

（1）医生可能请求访问医院病人的数据或发送新增的病人数据；

（2）在电子商务和电子银行中，用户在互联网上发送信用卡号码。

上面两个例子所面临的挑战是以安全的方式在网络上发送敏感信息。但安全性不只是涉及对消息的内容保密，它还涉及确切知道用户或代表用户发送消息的其他代理的身份。

在第一个例子中，服务器要知道用户确实是一个医生；在第二个例子中，用户要确保他们正在交易的商店或银行的身份正确。这里，所面临的第二个挑战是正确地识别远程用户或其他代理的身份。利用加密技术可满足这两个挑战，因此加密技术已被广泛使用在互联网上。

然而，下列两个安全方面所面临的挑战目前还没有圆满解决：

（1）拒绝服务攻击：这个安全问题是出于某些原因恶意用户可能希望中断服务，于是用大量无意义的请求攻击服务，使得重要的用户不能使用它。这称为拒绝服务攻击。已发生几起对几个众所周知的 Web 服务进行的拒绝服务攻击。现在通过在事件发生后抓获和惩罚犯罪者来解决这种攻击，但这不是解决这种问题的有效方法，这需要从根本上提升网络管理的手段和水平。

（2）移动代码的安全性：移动代码的安全性需要更加重视。设想用户接收到一个作为电子邮件附件发送的可执行程序，如果没有有效的安全措施保障，那么运行该程序会带来的后果是不可预测的。它可能看似显示了一幅有趣的画，但实际上它可能在访问本地资源，或可能是拒绝服务攻击的一部分。因此确保移动代码安全必须采用更有效的手段。

1.4.3 可伸缩性

分布式系统可在不同的规模（从小型企业内部网到互联网）下高效地运转。如果资源数量和用户数量激增，系统仍能保持其有效性，那么该系统就称为可伸缩的。互联网上计算机数量和服务器数量不断增长，从 1993 年 Web 出现到 2005 年的 12 年间计算机和 Web 服务器数量有巨大的增长，而相关的百分比却趋于平稳，这个趋势可以用固定和移动个人计算的增长来解释。一个 Web 服务器也可以越来越多地部署在多个计算机上。

可伸缩分布式系统的设计面临下列挑战：

（1）控制物理资源的开销

当对资源的需求增加时，应该花费合理的开销扩展系统以满足要求。例如，在企业内部网上文件被访问的频率可能随用户和计算机数量的增加而增加。如果一台文件服务器不能处理所有的文件访问请求，那么必须增加服务器数量以避免可能出现的性能瓶颈。通常，要使有 n 个用户的系统成为可伸缩的，那么所需的物理资源数量应该至多为 $O(n)$，即正比于 n。例如，如果一个文件服务器能支持 30 个用户，那么两台这样的服务器应该能支持 60 个用户。虽然这听起来好像是理所当然的目标，但实际上未必容易达到。

（2）控制性能损失

如果数据集的大小与系统中的用户或资源数量成正比，设想一下这些数据的管理。例如，记录计算机的域名和对应的由域名系统持有的互联网地址的表，这种表主要用于查找如 www.baidu.com 这样的 DNS 名字。采用层次结构的算法其伸缩性要好于使用线性结构的算法。但即使使用层次结构，数量的增加仍将导致一些性能上的损失，即访问有层次的结构化数据的时间是 0（$\log n$），当 n 是数据集的大小时，对一个可伸缩的系统，最大的性能损失莫过于此。

（3）防止软件资源用尽

用作互联网 IP 地址的数字是缺乏伸缩性的一个例子。在 20 世纪 70 年代晚期，决定用 32 位作为互联网地址，但可用的互联网地址将会用尽。由于这个原因使用 128 位互联网地址的新版的协议正在被采用，这就要求对许多软件组件进行修改，工作量巨大。但过度考虑将来的增长可能比面临问题时再做改变的效果更糟，因为过长的互联网地址将占据额外的消息空间和计算机存储空间。

（4）避免性能瓶颈

通常，算法应该是分散型，以避免性能瓶颈，我们用域名系统的前身来说明这一点，那时名字表被保存在一个主文件中，可被任何需要它的计算机下载。当互联网中只有几百个计算机时这是可以的，但随着计算机增多，就变成了一个严重的性能和管理瓶颈。现在，域名系统将名字表分区，分散到互联网中的服务器上并采用本地管理的方式，从而解决了这个瓶颈。有些共享资源被非常频繁地访问。例如，许多用户访问同一 Web 页面，这会引起网络性能下降。缓存和复制技术可以用于提高频繁使用的资源的性能。

理想状态下，系统规模增加时系统和应用程序应该不需要随之改变，但这一点很难达到。规模问题是分布式系统开发中面临的主要问题。已经成功应用的技术包括复制数据的使用、缓存的相关技术、部署多服务器以处理经常执行的任务从而使几个类似的任务能并发地完成，都是用来解决性能瓶颈的方法和技术。

1.4.4　故障处理

计算机系统有时会出现故障。当硬件或软件发生故障时，程序可能会产生不正确的结果或者在它们完成应该进行的计算之前就停止了。分布式系统的故障通常是局部发生的，也就是说，有些组件出了故障而有些组件运行正常。分布式系统故障的处理相当困难。当前处理故障的主要技术有：

（1）检测故障

有些故障能被检测到，例如校验和可用于检测消息或文件中出错的数据。其他一些故障，例如互联网上一台远程服务器的崩溃，是很难甚至不可能被检测到。因此如何在有故障出现的情况下进行系统管理，使这些故障虽然不能被检测到，但可以被推测到，这都是故障检测计算面临的挑战。

（2）掩盖故障

有些被检测到的故障能被隐藏起来或降低它的严重程度。下面是隐藏故障的两个例子：

①消息在不能到达时进行重传；

②将文件数据写入两个磁盘，如果一个磁盘损坏，那么另一个磁盘的数据仍是正确的。

降低故障严重程度的例子是丢掉被损坏的消息，这样，该消息可以被重传。隐藏故障的技术不能保证在最坏情况下有效。例如，第二个磁盘上的数据可能也坏了，或消息无论怎样重传都不能在合理的时间内到达，这将造成严重的损失。

（3）容错

互联网上的大多数服务确实有可能发生故障，试图检测并隐藏在这样大的网络、这么多的组件中发生的所有故障是不太实际的。服务的客户应被设计成容错的。例如，当 Web 浏览器不能与 Web 服务器连接时，它不会让用户一直等待它与服务器建立连接，而是通知用户这个问题，让用户自由选择是否尝试稍后再连接。

（4）故障恢复

恢复涉及软件的设计，以便在服务器崩溃后，永久数据的状态能被恢复或回滚。通常在出现错误时，程序完成的计算是不完整的，被更新的永久数据（文件和其他保存在永久存储介质中的资料）可能处在不一致的状态。如何正确地恢复是一个挑战。

（5）冗余

利用冗余组件，服务可以实现容错。考虑下面的例子：

①在互联网的任何两个路由器之间，至少应该存在两个不同的路由。

②在域名系统中，每个名字表至少被复制到两个不同的服务器上。

③数据库可以被复制到几个服务器上，以保证在任何一个服务器出现故障后数据仍是可访问的。服务器应该被设计成能检测到其他备份服务器的错误，当检测到一个服务器上有错误时，客户就被重定向到剩下的服务器上。

设计有效的技术来保证服务器上数据的副本是最新的，而且不过度地损失网络的性能，这是一个挑战。

面对硬件故障，分布式系统需要提供高可用性。系统的可用性是对系统可用时间的比例的一个度量指标。当分布式系统中的一个组件出现故障时，仅仅是使用受损组件的那部分工作受到影响。如果用户正在使用的计算机出现故障，用户可以转移到另一台计算机上，并且服务器进程能在另一台计算机上启动，这是把故障影响降低到最小的最有效的方法。

1.4.5 服务质量

在分布式系统中仅提供对服务的访问是不够的。提供与服务访问相关的质量保障也是十分重要的。这种质量的例子包括可靠性、安全性和性能。满足变化的系统配置和资源可用性的适应性也已被公认为是服务质量的一个重要方面。

可靠性和安全性在设计大多数计算机系统时是关键问题。服务质量的性能方面源于及时性和计算吞吐量，它已被重定义成满足及时性保证的能力。

一些应用，包括多媒体应用，处理时间关键性数据——这些数据是要求以固定速度处理或从一个进程传送到另一个进程的数据流。例如，一个电影服务可能由一个客户程序组成，该程序从一个视频服务器中检索电影并把它呈现到用户的屏幕上。该视频的连续帧在指定的时间限制内显示给用户，才算是一个满意的结果。事实上，QoS 用于指系统满足这样的截止时间的能力，它的实现取决于所需要的计算和网络资源在相应时刻的可用性。这蕴涵着对系统的一个需求，即系统要提供有保障的计算和通信资源，这些资源要足以使得应用能按时完成每个任务，例如，显示视频一帧的任务。

通常今天使用的网络具有高性能，例如，BBC iPlayer 通常能令人满意地播放，但当网络负载很重时，它们的性能会恶化，不能提供令人满足的保障。除了网络之外，QoS 可以应用到操作系统。每个关键性资源必须被需要 QoS 的应用保留，并且必须有一个提供保障的资源管理器。不能满足的资源保留请求将被拒绝。

参考文献

[1] Ahmad F，Malik M A，Mir H. Distribution function for the system of galaxies for any ratio of gravitational potential to kinetic energies. 2014.

[2] Kuang Xiaohui，Yan Wen，Fei Xu，et al. A multi-dimension vulnerability analysis framework for large-scale distributed system.2012 International Conference on Systems and Informatics（ICSAI 2012）. 2012.

[3] Liu Fangcheng，Liu Jinjun，Zhang Bin，et al. Generalized stability criterion of multi-module distributed system.2013 IEEE ECCE Asia Downunder（ECCE Asia 2013）. 2013.

[4] Vizziello A，Favalli L. Smart Distributed System Architecture for Green Communications. 2013 Workshops of 27th International Conference on Advanced Information Networking and Applications（WAINA）. 2013.

[5] Severo S.L.S，Lerm A A P，Lippe E O，et al. Architecture of a distributed system for acquiring knowledge in supporting decision making in operation/maintenance of electric power plants. 2012IEEE/PES Transmission & Distribution Conference & Exposition：Latin America. 2012.

[6] Martinez Gregorio，Zeadally Sherali，Chao Han-Chieh. Editorial：Cloud computing service and architecture models. Information Sciences，2014.

[7] Durao Frederico，Carvalho J Fernandos，Fonseka Anderson，et al. A systematic review on cloud computing.The Journal of Supercomputing，2014.

[8] Jebbar Mostafa，Sekkaki Abderrahim，Benammar Othman. Architecting mobile cloud computing applications by RM-ODP. Proceedings of 2013 Science and Information Conference，SAI. 2013.

[9] Athreya A P，Tague P. Network Self-Organization in the Internet of Things. 2013 IEEE International Workshop of Internet-of-Things Networking and Control（IoT-NC 2013）. 2013.

[10] Trobec R，Depolli M，Skala K，et al. Energy efficiency in large-scale distributed computing systems. 2013 36th International Convention on Information and Communication Technology，Electronics and Microelectronics（MIPRO）. 2013.

第 2 章　分布式应用系统运维管理体系

运行与维护作为一项古老的职能，在国家安全、社会稳定、企事业发展和人民生活方面发挥着基本的保障作用。随着分布式应用系统建设与应用的深入，分布式应用系统已渗透到组织的方方面面，分布式应用系统的运行与维护已显得愈加重要，成为影响诸多分布式应用系统应用效果的重要因素和深入发展的主要瓶颈。

2.1　分布式应用系统运维概述

2.1.1　分布式应用系统运维的概念

传统意义上，分布式应用系统运行与维护是指网络管理员、系统管理员或数据库管理员所进行的工作，更多的是指分布式应用系统软件的运行与维护（Software Operation & Maintenance），具体是指软件为应对变化的内外环境，在软件发布交付之后对其所做的修改、调整，以提高运行效率，减少执行错误等。该定义以软件为主体，强调软件发布这个时间节点，同时将运维明确为分布式应用系统生命周期的最后一个阶段，其内容包含了以下观点：

①泛化的观点：指软件交付后围绕它所进行的任何工作。

②纠错的观点：指软件运行中错误的发现和更正。

③适应的观点：为适应内外环境的变化。

④用户支持的观点：指为软件最终用户提供的支持。

随着信息技术的飞速发展和深入应用，分布式应用系统运维工作受到了 IT 技术供应商和企业首席信息官（Chief Information Officer，CIO）的广泛关注，人们从各自不同的视角界定分布式应用系统运维，使分布式应用系统运维的概念更加广泛、专业。

（1）“管理”的视角

IT 运维管理（IT Operation）：指企业内部 IT 部门或外部相关服务部门采用相关的方法、手段、技术、制度、流程和文档等，对 IT 运行环境（如硬软件环境、网络环境等）、IT 业务系统和 IT 运维人员进行的综合管理。

（2）“服务”的视角

IT 运维服务管理（IT Service Management，ITSM）：Gartner 认为 ITSM 是一套通过服务级别来保证 IT 服务质量的协同流程，它融合了系统管理、网络管理、系统开发管理等管理活动和变更管理、资产管理、问题管理等许多流程的理论和实践；它以流程为导向，以客户为中心，通过整合 IT 服务于组织业务，为 IT 提供服务支持的能力及水平。

(3)“安全”的视角

首先，安全是一种状态；其次，在信息化、网络化条件下，为达到该状态，其内涵得到了进一步的拓展，由通信保密、计算机安全、分布式应用系统安全发展到信息保障乃至防御系统。可以看出，安全既是分布式应用系统运维的主要内容——重在预防的事前运维，又是分布式应用系统运维的主要目标。

(4)“治理”的视角

IT 治理（IT Governance）：领导和控制当前及将来使用 IT 的体系，涉及评估和领导支持组织的 IT 的使用，并监视 IT 的使用，以实现计划，包括组织内 IT 使用的策略和方针。IT 治理是纳入组织治理的一个重要方面，强调的是 IT 治理机制的建立及 IT 对业务一致性的支持，追求的是为组织建立一个长效均衡的治理结构，在风险可控的环境下帮助降低成本，提高收益，满足客户要求及建立良好的社会形象等。

(5)“实践”的视角

分布式应用系统运维对有关 IT 的系统、架构、设计、网络、存储、协议、需求、开发、数据库、测试、安全，甚至 IT 成本投入收益分析、客户 IT 体验分析等各个环节都需要了解，并要求对某些环节熟悉甚至精通，解决组织中种种看似凌乱、与 IT 不相干甚至矛盾的问题。

综上所述，可以看出：

①分布式应用系统运维作为知识本身已受到广泛的关注与重视；

②分布式应用系统运维的对象已不再局限于软件本身，界定更系统化；

③分布式应用系统运维于分布式应用系统生命周期中的启动时间被前置，并贯穿于生命周期的始终；

④分布式应用系统运维所需的知识体系比生命周期其他任何一个阶段都更综合、更精深；

⑤分布式应用系统运维已不再是单纯的技术角色，而是上升到服务、管理的角色，越发强调与业务的融合，并积极向事前运维、主动运维转变，其影响与组织战略高度一致。

因此，本书认为分布式应用系统运维是指基于规范化的流程，以分布式应用系统为对象，以例行操作、响应支持、优化改善和咨询评估等为重点，使分布式应用系统运行时更加安全、可靠、可用、透明和可控，提升分布式应用系统对组织业务的有效支持，实现分布式应用系统的价值。

2.1.2　分布式应用系统运维的框架

分布式应用系统运维是运维服务提供方按照需方的要求，对技术资产进行的服务活动。分布式应用系统运维的框架如图 2-1 所示。

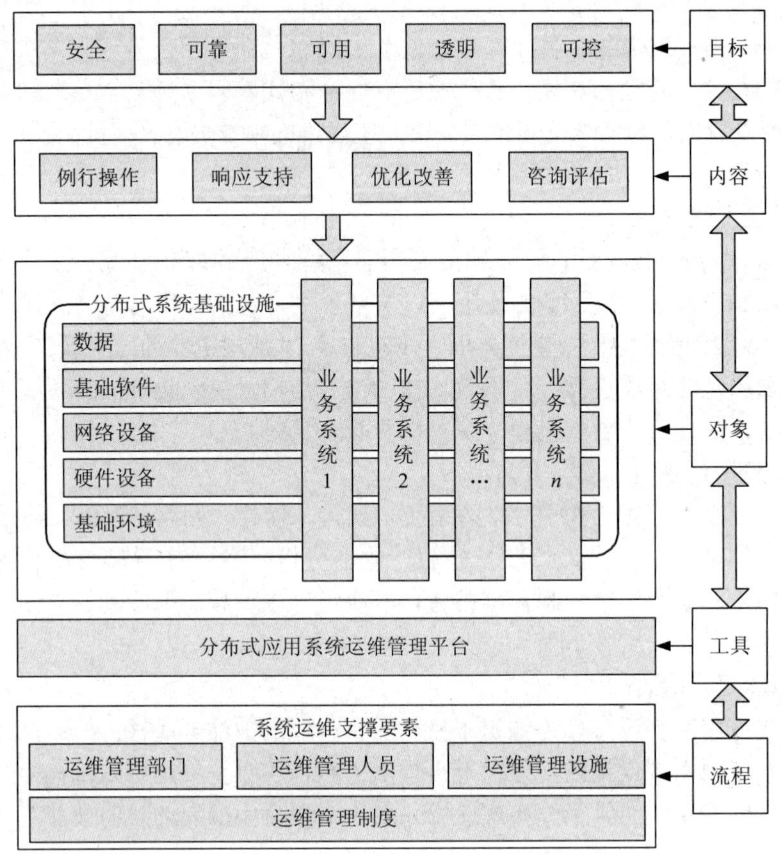

图 2-1　分布式系统运维的框架

(1) 分布式应用系统运维的基本目标

分布式应用系统运维的基本目标即通过建立一个高效、灵活的分布式应用系统运维体系，确保组织中分布式应用系统安全、可靠、可用、透明和可控，进而达到 IT 的充分利用，降低组织的运营成本，实现组织信息化建设的投资回报。

①安全：安全的目标是指分布式应用系统使用人员在使用过程中，有一整套安全防范机制和安全保障机制，使他们不需要担心分布式应用系统的实体安全、软件与信息内容的安全等。

②可靠：分布式应用系统有足够的可靠性不会发生宕机、系统崩溃、运行处理错误、数据容灾等。

③可用：分布式应用系统有良好的用户友好性，能够被用户所理解。

④透明：用户处理业务过程中对分布式应用系统的存在认为理所当然，并已感觉不到它的存在，从而只关心自身的业务，不去关注分布式应用系统。

⑤可控：指有关分布式应用系统 IT 资源的可管理，并应实现这些 IT 资产的保值增值，通过优化配置以实现 IT 的充分利用，发挥 IT 的最大价值。

（2）分布式应用系统运维的内容

分布式应用系统运维根据其工作目标、工作内容性质分为例行操作、响应支持、优化改善和咨询评估四个方面，具体如下：

①例行操作：运维提供方提供预定的例行服务，以及时获得运维对象的状态，发现并处理潜在的故障隐患。

②响应支持：运维提供方接到需求方运维请求或故障申告后，在双方达成的服务品质协议（Service-Level Agreement，SLA）承诺内尽快降低和消除对需方业务的影响。

③优化改善：运维提供方适应需方业务要求，通过提供调优改进服务，达到提高运维对象性能或管理能力的目的。

④咨询评估：运维提供方结合需方业务需求，通过对运维对象的调研和分析，提出咨询建议或评估方案。

（3）分布式应用系统运维的对象

分布式应用系统运维的对象是运维服务的受体，是运维人员或运维组织机构按运维需求所提供的运维服务及相关的信息技术资产，可以以分布式应用系统软件为对象，也可以以信息技术基础设施的组成要素为对象来组织，主要包括基础环境、网络设备、硬件设备、基础软件、分布式应用系统软件、数据等。

①基础环境，是指为分布式应用系统运行提供基础运行环境的相关设施，如安防系统、弱电智能系统等。

②网络设备，是指为分布式应用系统提供安全网络环境相关的网络设备、电信设施，如路由器、交换机、防火墙、入侵检测器、负载均衡器、电信线路等。

③硬件设备，是指构成分布式应用系统的计算机设备，如服务器、存储设备等。

④基础软件，是指为应用系统运行提供运行环境的软件程序，如系统软件。

⑤业务系统软件，是指由相关信息技术基础设施组成的，完成特定业务功能的系统，如 ERP、CRM、SCM 等。

⑥数据，是指应用系统支持业务运行过程中产生的数据和信息，如账务数据、交易记录等。

（4）分布式应用系统运维平台

将所有分布式应用系统运维对象、内容及流程内嵌到一个统一的平台级软件中，究其规模，可以是综合的运维制度与平台软件，也可以是局部的主要制度与运维工具。

（5）分布式应用系统运维支撑要素

分布式应用系统运维支撑要素有运维管理部门、运维管理人员、运维管理设施和运维管理制度四个方面，是支撑分布式应用系统运维工作的软环境。

2.1.3　分布式应用系统运维的发展历程

无论是国外还是国内，分布式应用系统建设都经历了从无到有，从单机到联网，从简单的“应用电子化”到复杂的“管理信息化”的发展过程。在此过程中，分布式应用系统的运维近些年来也经历了网络系统管理（Network System Management，NSM）、IT 服务管理（IT Service Management，ITSM）和业务服务管理（Business Service Management，

BSM）三个阶段，如图 2-2 所示，这是一个循序渐进的过程。

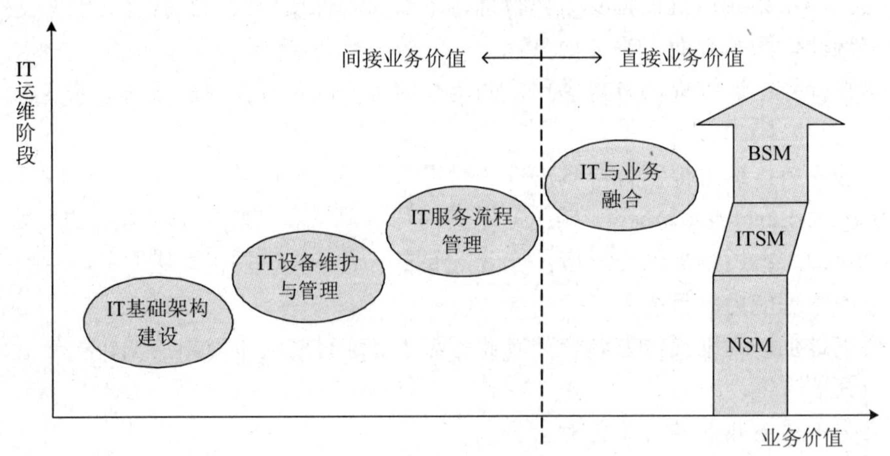

图 2-2　分布式系统运维的发展历程

（1）**网络系统管理阶段**

早期的分布式应用系统运维主要表现为 IT 基础架构建设和以 IT 设备为核心的 IT 基础设施管理两个任务。需要强调的是，IT 基础架构会有建设周期，同时随着技术的发展和需求的改变，即使建设完成也会存在淘汰更新、优化升级的过程。因此这两个核心任务是并行且融合的，它是 IT 服务管理 ITSM 和业务服务管理 BSM 的实现基础和不可跳过的起点。

IT 基础架构是对业务的支撑，包括网络、链路、路由、服务器、数据库等众多元素，组织对 IT 部门和 IT 管理的要求是硬件设备稳定，网络连通与顺畅，系统可用，最大程度减少各种故障，消除混乱无序的被动响应局面，实现对 IT 基础设施的有效掌控和管理。因此，该阶段主要通过网络实现对所有软硬件设施的技术元素的监控、数据采集和分析，以获得从整个 IT 信息环境到底层每个实体元素的运行状态信息，保证能够在故障发生时或发生之前提出故障定位、报警并采取主动的管理操作，有效提高 IT 环境的运行质量，同时也包括利用相应的技术实现对企业 IT 设施的远程、批量等各种形式的管理与操作，降低 IT 管理的成本及效率。

（2）**IT 服务管理阶段**

在实施网络系统管理并且实现对 IT 设施的所有技术元素的全面监控以后，IT 基础设施的运行质量有了明显改善，但仍然会有各种各样的问题发生。例如，各种 IT 设施的管理是独立的，相应的管理工具是分离的，一个问题出现，多米诺骨牌效应产生，因为缺乏智能关联，对网络、应用、服务器、终端等需逐一排查，甚至出现互相推诿的情况，带来了更大的资源浪费和效率低下。比如，全球范围内的调查表明，运维中超过 80%的问题是由于 IT 运维人员没有按照规范的操作流程来进行日常的维护管理，缺乏有效的协同机制造成的。也就是说，管理上的缺位远远多于基础设施和技术本身的问题，因此阻碍了 IT 部门工作效率与质量的提高，IT 部门不断地“救火”，业务应用上不断地“冒火”。随着整个社会信息化进程不断深入和加快，企业用户对业务信息化的体会也愈加深刻，相应地，他们对 IT 运维管理也有了更高的需求。ITSM 作为一种新兴的 IT 运维管理理念开始深入人心。ITSM 是对业务信息化流程的梳理，它最大的变革点就是不仅依托于技术，还依托于标准和制度——关于 IT 资源本身的一整套管理逻辑。

ITSM 被形象地称作 IT 管理的“ERP 解决方案”，因为分布式应用系统随着应用业务的深入而越来越复杂，像业务一样，需要有科学的管理机制和一套系统的管理 IT 本身的高质量方法来帮助组织对 IT 系统的规划、研发、实施和运营进行有效管理。

ITSM 强调以客户为中心，以流程为导向，提供低成本、高质量的 IT 服务。在分布式应用系统建设前，IT 服务管理需要针对组织业务和客户的真实、可用的需求对 IT 基础架构配置进行合理的安排和设计，避免盲目的 IT 投资和重复建设；在分布式应用系统运营以后，它不是传统的以系统功能为中心的 IT 管理方式，而是以流程为重点，从复杂的 IT 管理活动中梳理出那些核心的流程，如事故管理、问题管理和配置管理，将这些流程规范化、标准化，明确定义各个流程的目标和范围、成本和效益、运营步骤、关键成功因素和绩效指标、相关人员的责权利，以及各个流程之间的关系，以支持 IT 基础架构和组织业务的持续开展。

因此，从整个组织层面来看，ITSM 正努力将企业的 IT 部门从成本中心转化为服务中心和利润中心，并积极创造业务价值。

（3）业务服务管理阶段

ITSM 阶段的管理仍然是以 IT 业务为对象，针对业务提出的需求做被动式调整。随着 IT 服务管理工作逐渐理顺并有条不紊地开展起来，组织开始关心 IT 服务对业务带来的影响，关注整体业务的情况，强调从业务目标出发来优化 IT 服务，即 IT 与业务融合的阶段——BSM 阶段。

BSM 是基于业务确定服务目录，关注组织整体运营，定义出一个组织真正的核心竞争力，将 IT 战略与业务战略实现对接，以动态组织力量全面实现 IT 与业务动态关联和动态调整的一整套体系。

从 IT 到业务或者说从业务到 IT 的经历中业务目标和成果的实现依赖于实现关键业务流程的自动化工具——分布式应用系统软件，其故障或性能问题可能会导致严重的业务影响，而分布式应用系统软件的性能还与其本身以外的许多因素相关，如网络组件、服务器、操作系统和其他基础设施等。因此，实现 BSM 首先需要组织进行业务的梳理，定义业务，包括每一个业务的所有资源、过程、收益、成本、状态和绩效指标等；其次需要定义业务分布式应用系统软件的性能指标；再次需要获取 IT 基础设施运维的各项性能指标；最后需要将三类指标关联对应，深入研究和界定业务分布式应用系统软件和基础设施问题将影响到哪些关键业务领域并如何对业务成果产生影响，完成业务关联分析，进行更佳的 IT 服务配置。

由此，BSM 可以实现三张图景：一张是业务蓝图，它展现了一个组织所有业务的构成情况；一张是配置蓝图，它展现了一个组织 IT 架构的所有对象构成关系全景；最后一张是将业务蓝图与配置蓝图对接起来的全景图，它动态表达了当前架构的运行情况，并动态计算出当前的业务运行情况。

然而，真正实现 BSM 并非易事，它已不仅仅是 IT 部门的事情，在先进的 IT 平台之上，更需要强大的行政权力长时间地推进，因而成为一项超越技术的系统管理工程。虽然，市场上已开始出现以 BSM 为产品战略的软件或平台，描绘的是完全自动化的智能场景："当业务发生变化时，客户可以把业务变化的请求提交给 BSM 技术，通过这个技术可以对相应的基础设施做出动态的改变和配置，而且能对系统性能进行建模，实时地对系统性能进行跟踪和监控，以此动态地调整基础设施用于适应业务的变化。"但是，如此完善的工具离普及还有很大的距离。在我国，大多数用户组织目前的管理层次仍然停留在 ITSM 初步阶段，甚至是更早的 NSM 阶段，若以这样的网络管理架构匆忙就上 BSM 技术是非常不利于管理的，可能不仅无法实现 IT 与业务的有效结合，而且还可能导致业务混乱。事实上，从传统的 IT 运维服务向 BSM 迁移这中间存在着许多技术和管理的改进细节，也是 IT 与组织业务的相互匹配、相互磨合趋向融合的过程。从某种意义上而言，BSM 是在理念层面引导大多数组织的美好愿景。

因此，一个分布式应用系统运维的发展一般还是要沿着 NSM 阶段、ITSM 阶段、BSM 阶段按顺序地逐步推进。

2.1.4 分布式应用系统运维的发展趋势

附着分布式应用系统应用的广泛与深入，分布式应用系统运维也得到了前所未有的重视，分布式应用系统运维的概念也在不断地完善与发展。下面从三个层面讨论分布式应用系统运维的发展。

（1）**理念层面——运维之道**

分布式应用系统运维的理念是关于运维发展的思想，它是在实践中总结出来的并用于指导实践。人们持续关注的运维理念主要有"服务"和"敏捷"。

①服务：IT 运维已突破了其原有的技术范畴，上升到为业务服务的范畴。无论是分布式应用系统供应商还是分布式应用系统用户，都意识到了分布式应用系统产品的价值很大一部分在于分布式应用系统产品后期的服务，即分布式应用系统运维。因此，这两方都在寻求分布式应用系统产品对业务服务的最佳实践：变被动为主动、变分离为相融。

②敏捷：敏捷运维作为一种新兴理念引领运维研发者与实践者的相关活动。

敏捷运维主要来自于两个方面力量的驱动：

- 意识部署已成为产品发布的瓶颈的敏捷开发者。瓶颈表现为两个方面，一是运维人员的后期部署比较花费时间，甚至会有很大的延迟；二是开发和运维两个过程之间的脱节（职责、目标、动机、流程和工具等）及沟通的不足，开发者的意图在部署时被运维人员经常理解错位，从而导致冲突和低效。
- 来自于快速增长的 Web 2.0 企业。这些企业有时会在两个星期内增加上千台服务器，若试图手工完成，则所需的人力、时间和成本将无法想象，效果也会很差。因此，它们需要将架构纳入管理之中，将手工的操作转换为自动化的声明与执行，提高效率和效益。

不难看出，敏捷运维的实现一是依赖于自动化的工具，以快速、无误差地完成开发后的部署；二是需要 DevOps（Development+Operations），即开发与运维之间的沟通、协作和集成所需的流程、方法和体系的集合。但恰恰又是敏捷运维的理念催生出了这些自动化工具、协作流程、方法和体系。

（2）管理层面——运维之略

分布式应用系统运维管理层面是人们将思想理念落实以指导实际而形成的方法论。人们持续关注的运维管理主要有业务服务管理 BSM、IT 运维成熟度及外包。

由于我国的分布式应用系统运维管理绝大多数仍处于 ITSM 的初始阶段，甚至是 NSM 阶段，因此，业务服务管理 BSM 仍然将是被持续关注以指导实践的运维方法论。

目前，业界关于 IT 运维管理的方法、理论、概念层出不穷，市场上关于 IT 运维管理的工具和软件产品为数众多，IT 运维已成为企业信息化投入的一个新的成本点。但如何对企业自身的 IT 运维现状进行诊断和定级（如无序的被动服务、有序的被动服务、主动的预防性服务、可预期可承诺的服务、可财务计量的服务），如何根据企业自身情况去评估和规划其 IT 运维管理发展路径，仍然缺乏标准或相关的理论指导，很多企业在 IT 运维管理时重蹈了信息化建设初期的覆辙。因此，IT 运维和成熟度极具实际意义。

由于 IT 运维所涉及的技术精、专、深，考虑到此方面的成本和对本身主营业务的专注度，众多企业或公司都会选择将其部分或整体的 IT 资源与 IT 业务外包，成为另一种 IT 运维管理的方式，这对企业发包方如何管理外包服务商及他们提供的服务，还有外包服务商如何管理 IT 资源、人员和服务都将成为考验和挑战，都需要相关的理论指导。

（3）技术层面——运维之术

新兴 IT 技术趋势将对分布式应用系统的基础架构建设、组织与 IT 合作的方式带来深刻的影响，进而影响到 IT 运维服务管理的流程、规范、知识与技能，同时带动 IT 运维软件产品市场的激烈竞争。运维技术的最新发展主要有云计算、虚拟化、移动化、绿色化（节能减排）等。

①云计算

关于云计算的定义可谓百家争鸣、包罗万象：“云”是提供了对环境的某一部分的抽象，而这些是用户不需要去理解和关心的，如基于包的网络云、基于文件的万维网云、基于交互的计算云等；“云”是数据和应用的存储空间，并会演化成像“电力”一样即插即用；“云”是一个庞大的资源池，按需购买。云计算是一种基于 Web 的服务，目的是让用户只为自己需要的功能付钱，同时消除传统软件在硬件、软件、专业技能方面的投资，让用户脱离技术与部署上的复杂性而获得应用。无论何种定义或解释，其基本原理是通过使计算（硬件和软件资源封装成的服务）分布在大量的分布式计算机上，而非本地计算机或远程服务器中，通过互联网发布和共享，用户能够将资源切换到需要的应用上，根据需求访问计算机、应用程序和存储系统，并进行相关的配置和扩展。毋庸置疑，云计算是一种革新的 IT 运用模式。目前，公有云、私有云、混合云等各种云已开始在互联网的天空上“初露云端”，并衍生出“云运维”。

云运维分布于如下三个层面：

- 终端的运维，也就是针对最终的用户端或普通的计算机端的运维；
- 线路端的运维，即从最终用户端到云端的通道的运维；
- 服务器端的运维，也说是云端的运维，这个层面集中的资源最多，如数据、硬件、软件等，是云运维的焦点，而云端的安全也因用户的信任而备受争议。

云技术在许多方面都是伟大的创举，某种程度上也是帮助实现下述虚拟化、移动化、绿色化的新型技术手段，将彻底改变人们的思维定式，带来颠覆性的IT变革。

②虚拟化

虚拟化技术是当前热门的IT技术之一，是指对各种各样的资源，如操作系统等软件资源，CPU、硬盘、路由器等硬件资源，进行抽象隐藏了一些细节性的维护后形成的逻辑资源，可不受物力资源配置、地域实现等因素影响，而被访问和使用。

当企业信息化发展到一定的规模后，虚拟化技术有助于企业节省硬件资源投资，集中管理，提高IT资源的利用率，降低IT运维成本，提升企业信息安全水平。虚拟化将在服务器和PC上变得更普遍，传统的物理环境将逐步迁移到一个与虚拟化混搭的环境或完全虚拟的环境，如服务器虚拟化、存储虚拟化、网络虚拟化、桌面虚拟化等。

③移动化

基于移动互联网，平板电脑和智能手机等移动终端及其操作系统带来的移动IT体验已经触手可及，这是一种生活方式和工作方式的转变；对于企业应用，移动化正成为一种新的网络接入方式，能方便快捷地使用各种云服务，将PC上的各种企业级应用软件便捷、快速地迁移到各种移动终端。因此，移动信息化也越来越成为政府和企业的关注焦点，如移动办公、移动CRM、移动警务、移动病历等。

④绿色化

以数据中心为例，运行和冷却数据中心所需要的能源已经占到全球信息和通信产业能源总量的1/4。节能减排已成为全社会的责任和目标，IT信息中心及其管理者和运维者责无旁贷，如进一步地通过技术降低磁盘转速，对使用硬盘使用率、制冷设备与IT设备的组成、机房设计、电力分配、带宽分配、机柜使用率等多方面进行优化。能效问题正在成为分布式应用系统运维的又一个基本要求。

2.2 分布式应用系统运维管理

分布式应用系统运维管理是指分布式应用系统运维管理主体依据各种管理标准、管理制度和管理规范，利用运维管理系统和管理工具，实施事件管理、问题管理、配置管理、变更管理、发布管理和知识管理等分布式应用系统运维管理流程，对分布式应用系统运维部门、运维人员、分布式应用系统用户、分布式应用系统软硬件和信息技术基础设施进行综合管理，执行硬件运维、软件运维、网络运维、数据运维和安全运维等分布式应用系统运维的管理职能，以实现分布式应用系统运维标准化和规范化，满足组织分布式应用系统运维的需求。

2.2.1 分布式应用系统运维管理架构

分布式应用系统运维管理包括运维管理主体、运维管理工具、运维管理对象、运维管理制度、运维管理流程和运维管理职能等，分布式应用系统运维管理架构如图2-3所示。

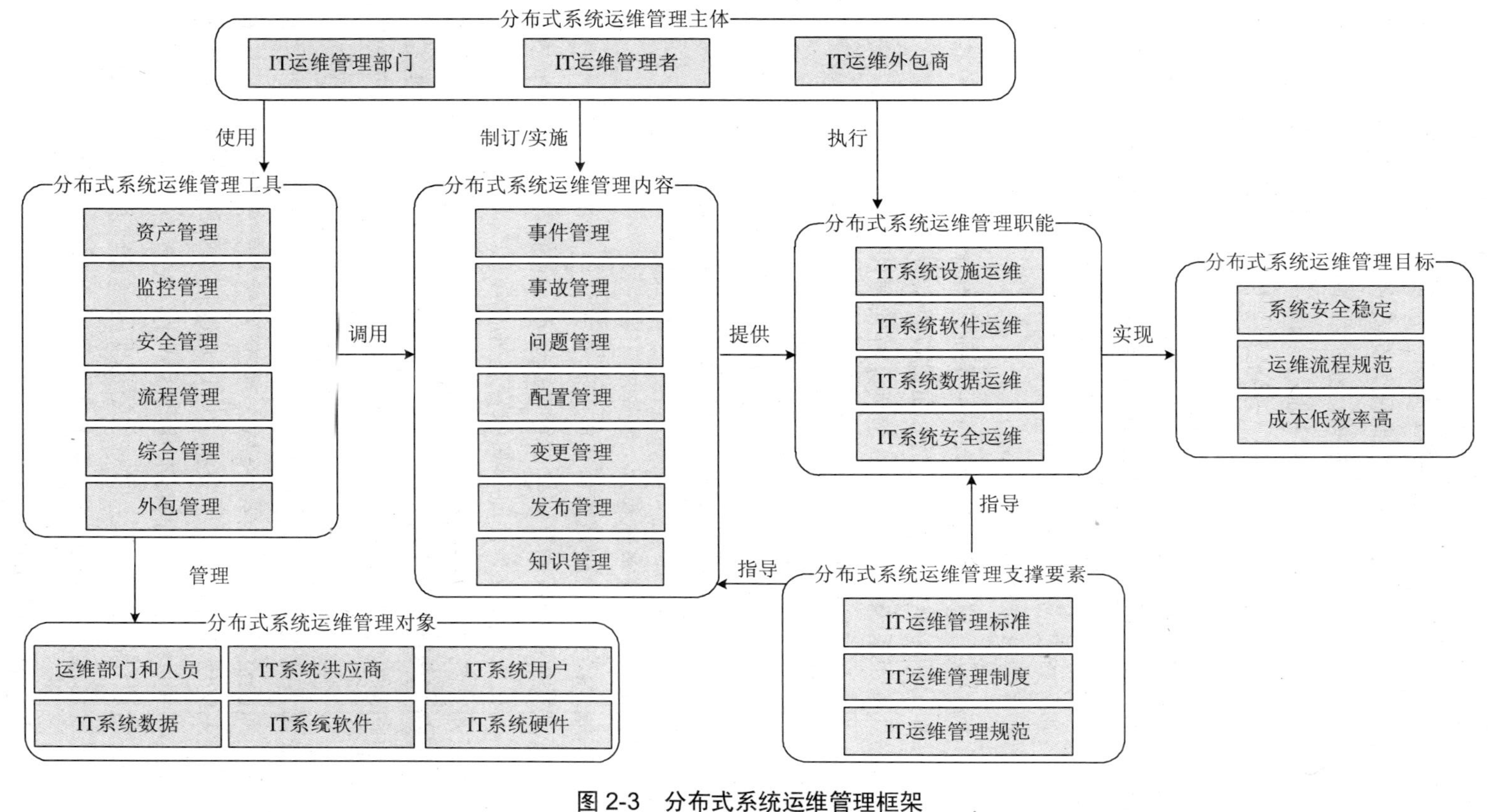

图 2-3　分布式系统运维管理框架

（1）分布式应用系统运维管理的目标

分布式应用系统运维管理的目标包括多个方面，首先是分布式应用系统的目标，即保证分布式应用系统安全、稳定、可靠运行，保证分布式应用系统持续满足组织的需求；其次是流程管理的目标，即实现分布式应用系统运维流程的标准化和规范化，实现分布式应用系统运维工作的集中管理、集中维护、集中监控；最后是成本目标，即控制分布式应用系统运维的成本，包括咨询顾问的人力成本、分布式应用系统运维工具的成本和分布式应用系统运维人员的培训成本等。

（2）分布式应用系统运维管理主体

分布式应用系统运维管理的主体是指掌握信息运维管理权力，承担运维管理责任，决定运维管理方向和流程的有关部门和人员，包括分布式应用系统运维管理者、分布式应用系统运维管理部门和分布式应用系统运维外包商。

（3）分布式应用系统运维管理对象

分布式应用系统运维管理对象即分布式应用系统运维管理客体，是指分布式应用系统运维管理主体直接作用和影响的对象，包括分布式应用系统运维部门和人员、分布式应用系统供应商、分布式应用系统用户、分布式应用系统软硬件和信息技术基础设施等。

（4）分布式应用系统运维管理职能

分布式应用系统运维管理职能是指在分布式应用系统运维管理过程中，各项行为内容的概括，是对分布式应用系统运维管理工作一般过程和基本内容所做的理论概括。根据信息运维管理工作的内在逻辑，可以将分布式应用系统运维划分为设施运维、软件运维、数据运维和安全运维等职能。

（5）分布式应用系统运维管理流程

分布式应用系统运维管理流程是指为了支持分布式应用系统运维的标准化和规范化，以确定的方式执行或发生的一系列有规律的行动或活动，包括事件管理、事故管理、问题管理、配置管理、变更管理、发布管理和知识管理等。

（6）分布式应用系统运维管理工具

分布式应用系统运维管理工具是指用于执行分布式应用系统运维管理工作的运维管理系统和软件，包括外包管理、综合管理、流程管理、安全管理、监控管理和资产管理等工具。

（7）分布式应用系统运维管理制度

在分布式应用系统运维过程中，需要建立一整套科学的管理制度、管理标准和管理规范，如分布式应用系统硬件管理制度、分布式应用系统软件管理制度、数据资源管理制度等，以保障分布式应用系统运维工作的标准化和规范化。完善的分布式应用系统运维管理，不仅是运维体系稳定运行的根本保证，同时也是实现运维管理人员按章有序地进行分布式应用系统运维，减少运维中不确定因素，提高工作质量和水平的重要保障。

2.2.2 分布式应用系统运维管理任务

（1）分布式应用系统的日常运行管理

分布式应用系统的日常运行管理工作量巨大，包括数据的收集、例行信息处理及服务工作、计算机硬件的运维、系统的安全管理四项任务。

①数据的收集。一般包括数据收集、数据校验及数据录入三项子任务。

如果系统数据收集工作不做好，整个系统的工作就成了“空中楼阁”。系统主管人员应该努力通过各种方法，提高数据收集人员的技术水平和工作责任感，对他们的工作进行评价、指导和帮助，以便提高所收集数据的质量，为系统有效地运行打下坚实的基础。

数据校验的工作，在较小的系统中，往往是由系统主管人员自己来完成的。在较大的系统中，一般需要设立专职数据控制人员来完成这一任务。

数据录入工作的要求是及时与准确。录入人员的责任在于把经过校验的数据送入计算机，他们应严格地把收到的数据及时、准确地录入计算机系统，录入人员并不对数据在逻辑上、具体业务中的含义进行考虑与承担责任，这一责任是由校验人员承担的，他们只需保证送入计算机的数据与纸面上的数据严格一致即可。

②例行信息处理及服务工作。常见的工作包括：例行的数据更新，统计分析，报表生成，数据的复制及保存，与外界的定期数据交流等。这些工作一般来说都是按照一定的规程，定期或不定期地运行某些事先编制好的程序，这是由软件操作员来完成的。这些工作的规程应该是在系统研制中已经详细规定好了的，操作人员应经过严格的培训，清楚地了解各项操作规则，了解各种情况的处理方法。组织软件操作人员，完成这些例行的信息处理及信息服务工作，是系统运行中又一项经常性任务。

③计算机硬件的运维。如果没有人对硬件设备的运行维护负责，设备就很容易损坏，从而使整个系统的正常运行失去物质基础，这种情况已经在许多单位多次发生。这里所说的运行和维护工作包括设备的使用管理，定期检修，备品备件的准备及使用，各种消耗性材料（如软盘、打印纸等）的使用及管理，电源及工作环境的管理等。

④系统的安全管理。这是日常工作的重要部分之一，是为了防止系统外部对系统资源不合法的使用和访问，保证系统的硬件、软件和数据不因偶然或人为的因素而遭受破坏、泄露、修改或复制，维护正当的信息活动，保证分布式应用系统安全运行所采取的手段。分布式应用系统的安全性体现在保密性、可控制性、可审查性、抗攻击性四个方面。

上述四项程序性的日常运行任务必须认真组织，切实完成。作为分布式应用系统的主管人员，必须全面考虑这些问题。组织有关人员按规定的程序实施，并进行严格要求，严格管理。否则，分布式应用系统很难发挥其应有的实际效益。另外，常常会有一些例行工作之外的临时性信息服务要求向计算机应用系统提出，这些信息服务不在系统的日常工作范围之内，然而，其作用往往要比例行的信息服务大得多。随着管理水平的提高和组织信息意识的加强，这种要求还会越来越多。领导和管理人员往往更多地通过这些要求的满足程度来评价和看待计算机应用系统。因此，努力满足这些要求，应该成为计算机应用系统主管人员特别注意的问题之一。系统的主管人员应该积累这些临时要求的情况，找出规律，把一些带有普遍性的要求加以提炼，形成一般的要求，对系统进行扩充，从而转化为例行服务。这是分布式应用系统改善的一个重要方面。当然，这方面的工作不可能由系统主管人员自己全部承担，因此，分布式应用系统往往需要一些熟练精干的程序员。

总之，分布式应用系统的日常管理工作是十分繁重的，不能掉以轻心。特别要注意的是，分布式应用系统的管理绝不只是对机器的管理，对机器的管理只是整个管理工作的一部分，更重要的是对人员、数据、软件及安全的运行维护管理。

（2）分布式应用系统运行情况的记录

系统的运行情况记录对系统管理、评价是十分宝贵的资料。人们对于分布式应用系统的专门研究还只是刚刚起步，许多问题有待探讨。即使从某一组织或单位来说，也需要从实践中摸索和总结经验，把信息处理工作的水平进一步提高。而不少单位却缺乏系统运行情况的基本数据，只停留在一般的印象上，无法对系统运行情况进行科学的分析和合理的判断，难以进一步提高分布式应用系统的工作水平。分布式应用系统的主管人员应该从系统运行的一开始就注意积累系统运行情况的详细材料。

在分布式应用系统的运行过程中，需要收集和积累的资料包括以下 5 个方面。

①有关工作数量的信息。例如，开机的时间、每天（周、月）提供的报表的数量、每天（周、月）录入数据的数量、系统中积累的数据量、修改程序的数量、数据使用的频率、满足用户临时要求的数量等反映系统的工作负担、所提供的信息服务的规模及计算机应用系统功能的最基本的数据。

②工作的效率。即系统为了完成所规定的工作，占用了多少人力、物力及时间。例如，完成一次年度报表的编制用了多长时间、多少人力；又如，使用者提出一个临时的查询要求，系统花费了多长时间才给出所要的数据；此外，系统在日常运行中，例行的操作所花费的人力是多少，消耗性材料的使用情况如何等。

③系统所提供的信息服务的质量。信息服务和其他服务一样，应保质保量。如果一个分布式应用系统生成的报表并不是管理工作所需要的，管理人员使用起来并不方便，那么这样的报表生成得再多再快也毫无意义。同样，使用者对于提供的方式是否满意，所提供信息的精确程度是否符合要求，信息提供得是否及时，临时提出的信息需求能否得到满足等，也都在信息服务的质量范围之内。

④系统的维护、修改情况。系统中的数据、软件和硬件都有一定的更新、维护和检修的工作规程。这些工作都要有详细及时的记载，包括维护工作的内容、情况、时间、执行人员等。这不仅是为了保证系统的安全和正常运行，而且有利于系统的评价及进一步扩充。

⑤系统的故障情况。无论故障大小，都应该及时地记录以下情况：故障的发生时间、故障的现象、故障发生时的工作环境、处理的方法、处理的结果、处理人员、善后措施、原因分析。需要注意的是，这里所说的故障不只是指计算机本身的故障，而是对整个分布式应用系统来说的。例如，由于数据收集不及时，使年度报表的生成未能按期完成，这是整个分布式应用系统的故障，并不是计算机的故障。同样，收集来的原始数据有错，这也不是计算机的故障，然而这些错误的类型、数量等统计数据是非常有用的资料，其中包含了许多有益的信息，对于整个系统的扩充与发展具有重要的意义。

对于分布式应用系统来说，这些信息主要靠手工方式记录。虽然大型计算机一般都有自动记载自身运行情况的功能，但是也需要有手工记录作为补充手段，因为某些情况是无法只用计算机记录的。例如，使用者的满意程度，所生成的报表的使用频率等只能用手工方式收集和记录。而且，当计算机本身发生故障时，是无法详细记录自身的故障情况的。因此，对于任何分布式应用系统，都必须有严格的运行记录制度，并要求有关人员严格遵守和执行。

为了使信息记载得完整、准确，一方面要强调在事情发生的当时、当地、当事人记录。另一方面，尽量采用固定的表格或本册进行登记，而不要使用自然语言含糊地表达。这些表格或登记簿的编制应该使填写者容易填写，节省时间。同时，需要填写的内容应该含义明确，用词确切，并且尽量给予定量的描述。对于不易定量化的内容，则可以采取分类、分级的办法，让填写者选择打钩等。总之，要努力通过各种手段，详尽、准确地记录系统运行的情况。

对于分布式应用系统来说，各种工作人员都应该担负起记载运行信息的责任。硬件操作人员应该记录硬件的运行及维护情况，软件操作人员应该记录各种程序的运行及维护情况，负责数据校验的人员应该记录数据收集的情况，包括各类错误的数量及分类，录入人员应该记录录入的速度、数量、出错率等。

（3）系统运行情况的检查与评价

分布式应用系统在其运行过程中除了不断进行大量的管理和维护工作外，应在系统分析员或专门的审计人员会同各类开发人员和业务部门经理共同参与下，定期对系统的运行状况进行审核和评价，为系统的改进和扩展提供依据。系统评价一般从以下三个方面考虑：

①系统是否达到预定目标，目标是否需做修改；

②系统的适应性、安全性评价；

③系统的社会经济效益评价。

对系统定期进行各方面的审计与评价，实际上是看系统是否仍处于有效适用状态。如果审计结果是系统基本适用但需要做一些改进，则要做好系统的维护工作，一旦审计结果确认系统已经不能够满足各项管理需求和决策需求，不能适应组织或组织未来的发展，则说明该分布式应用系统已经走完了它的生命周期，必须提出新的开发需求，开始另外一个新的系统生命周期，整个开发过程又回到系统开发的最初阶段。

2.2.3 分布式应用系统运维管理流程

作为分布式应用系统服务的一种管理方式，当前大部分分布式应用系统运维管理是基于流程框架展开的。这里的流程是指分布式应用系统运维管理的各种业务过程，运维管理流程将达到以下目标：

①标准化：通过流程框架，构建标准的运维流程。

②流程化：将大部分运维工作流程化，确保工作可重复，并且这些工作都能有质量地完成，提升运维工作效率。

③自动化：基于流程框架将事件与运维管理流程相关联，一旦被监控的系统发生性能超标或宕机，会触发相关事件及事先定义好的流程，可自动启动故障响应和恢复机制；此外，还可以通过自动化手段（工具）有效完成日常工作，如逻辑网络拓扑图、硬件备份等。

分布式应用系统运维管理流程主要包括事件管理、事故管理、问题管理、配置管理、变更管理、发布管理和知识管理等，如图 2-4 所示。

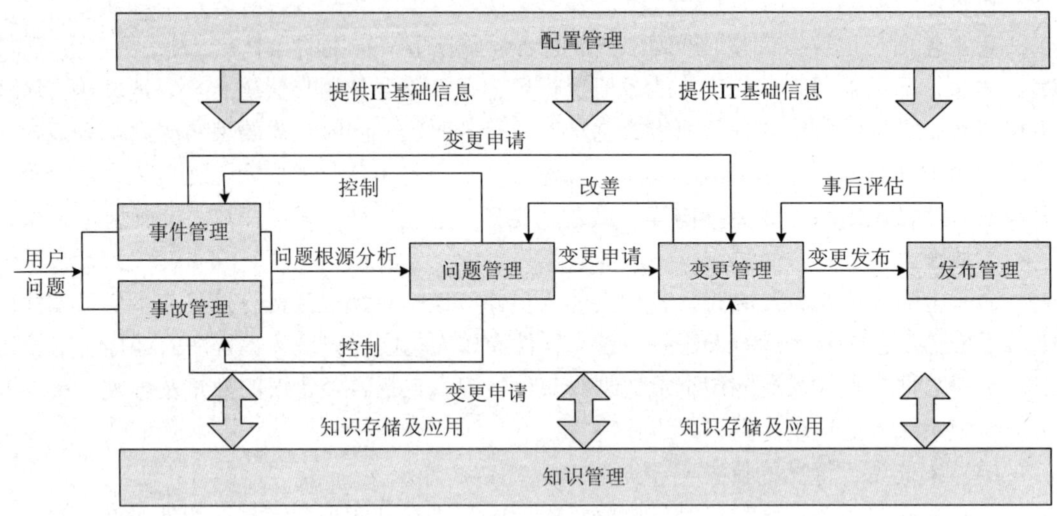

图 2-4 分布式系统运维管理流程

（1）**事件管理**

分布式应用系统运维事件管理负责记录、快速处理分布式应用系统运维管理中的突发事件，并对事件进行分类分级，详细记录事件处理的全过程，便于跟踪了解事件的整个处理过程，并对事件处理结果统计分析。事件是指引起或有可能引起服务中断或服务质量下降的不符合标准操作的活动，不仅包括软硬件故障，而且包括服务请求，如状态查询、重置口令、数据库导出等，因此又称为事故/服务请求管理。

事件管理流程的主要目标是尽快恢复分布式应用系统正常服务并减少对分布式应用系统的不利影响，尽可能保证最好的质量和可用性，同时记录事件并为其他流程提供支持。事件管理流程通常涉及事件的侦测记录、事件的分类和支持、事件的调查和诊断、事件恢复及事件的关闭。

①事件发生和通告。事件发生后，配置项以轮询和通知两种方式产生通告信息，其中轮询是通过管理工具的询问，配置项被动地提供相关信息；而通知是当特定状态满足后，配置项主动产生通告。

②事件检测和录入。事件发生后，管理工具通过两种方法对其进行检测，第一种是通过运行在同一系统之上的代理，检测和解析通告信息，并将其发送给管理工具；第二种是管理工具直接读取和解析通告信息的含义。

③事件过滤。当检测到事件后，应当对其进行过滤。过滤的目的是确定哪些事件应被通过，哪些事件可以被忽略。例如，连续产生的一系列相同事件通告，只通过第一个到达的通告，其余则可忽略。对于过滤掉的事件应当及时记录到日志文件中。

④事件分类。根据事件的重要性，将事件分为信息类、告警类和异常类。信息类事件通常存入日志文件中；告警类事件需要提交给事件关联做进一步分析，以决定如何处理；异常类事件需判定是否需要提交给事故、问题或变更管理中的一个或多个管理流程来处理。

⑤事件关联。事件关联是指通过特定的管理工具将告警类事件与一组事先规定的标准和规则进行比较，从而识别事件的意义并确定相应的事件处理行动。这些标准和规则通常被称为业务准则，说明了事件对业务的影响度、优先级、类别等信息。

⑥响应选择。根据事件关联的结果，可以选择自动响应，报警和人为干预，事故、问题或变更判定等方式处理告警类事件。如果告警类事件及其处理方法已被充分识别和认识，则可以为其定义合适的自动响应方式。如果告警类事件处理需要人为干预，则应该发出报警信息通知相关人员或团队。如果告警类事件处理需要通过事故、问题或变更管理的一个或多个流程完成，则需要启动相应的流程。当初始事件被判定为异常，或是在事件关联中管理工具将一类或一组告警类事件的发生定义为事故时，则应当启动事故管理；在故障尚未发生时，通过对事件进行完备成熟的评估和分析得出问题存在，则直接启动问题管理；当事件被判定为异常时，组织可能依据自身的事故管理和变更管理的策略确定启动哪个流程。

⑦事件关闭。不同类型的事件有不同的关闭形式。信息类事件通常不存在关闭状态，它们会被录入到日志中并作为其他流程的输入，直到日志记录被删除；自动响应的告警类事件通常会被设备或应用程序所自动触发的另一事件关闭；人为干预的告警类事件通常在合适的人员或团队处理完毕评估后关闭；异常类事件通常在成功启动事故、问题或变更管理流程后评估关闭。

⑧事件评估。因为事件发生频率非常高，不可能对每件事件都进行正式的评估活动。如果事件触发了事故、问题或变更管理，评估重点应当关注事件是否被正确移交，并且是否得到了所期待的处理；对于其他事件，则进行抽样评估。

（2）**事故管理**

事故管理流程包括对引起服务中断或可能导致服务中断、质量下降的事件的管理。这包括了用户提交或由监控工具提交的事故。事故管理不包括与中断无关的正常运营指标或服务请求信息。事故管理的主要目标是尽快恢复正常的服务运营，并对业务的影响降到最低，从而尽可能保证服务质量和可用性要求。

事故管理的流程包括事故识别和记录、事故分类和优先级处理、初步支持、事故升级、调查和诊断、解决和恢复、事故关闭等。

①事故识别和记录。通过对所有组件的监控，及时准确地检测出故障或潜在故障，尽可能在未对客户造成影响之前启动事故管理流程。事故记录包含事故基本描述、事故状态、事故类型、事故影响度、事故优先级等信息。

②事故分类和优先级处理。事故的分类通常采用多层次结构，一个类别包括多个子类。分类时将事故归入某一类别或某一子类中。分类时可以按事故发生的可能原因分类，也可按相关支持小组进行分类。当同时处理若干事故时，必须设定优先级。优先级通常用数字来表示，通常根据紧急度和影响度确定。其中，紧急度指在解决故障时，对用户或业务来说可接受的耽搁时间；影响度是指就所影响的用户或业务数量和大小而言，事件偏离正常服务级别的程度。

③初步支持。初步支持是指在服务台与用户协商并达成解决时限后，依据自己职责和能力有限尝试解决事故。如果用户满意解决结果，则服务台关闭事故；如果无法解决事故

或用户不满意，则应执行事故升级，转交给二线或三线支持处理。在初步支持过程中，可借助知识库提供帮助。

④事故升级。事故升级是指当前支持人员在规定的时间内不能解决或没有解决某个事故时，便转交给更有经验或更权威的其他人员处理，包括职能性升级和结构性升级两类。职能性升级又称水平升级，是指当前技术人员无法在规定时间内解决事故时，需要具有更多时间、专业技能或访问权限的技术人员参与解决事故；结构性升级又称垂直升级，是指当前机构的级别不足以保证事故能及时、满意地得到解决时，需要更多的高级别机构参与进来。

⑤调查和诊断。事故在提交给指定的支持小组后，支持人员应该对事故进行调查和诊断工作。具体活动包括确定事故发生的位置及用户需要的帮助；确认事故导致的所有影响，包括影响到的用户数量和规模；识别出由此事故触发的其他事件；通过搜索当前事故/问题记录、已知错误数据库、厂商/供应商错误日志或知识库等，整合相关知识。

⑥解决和恢复。通过对事故的调查和诊断，支持人员制定相关解决方案，并在对该方案进行必要的测试之后提交实施。根据事故性质的不同，实施的行为也有所不同，通常包括指导用户在他们的桌面或远程设备上实施解决方案；服务台实施解决方案，或是远程使用软件控制用户桌面实施解决方案；专业的支持小组实施恢复方案；供应商或厂商解决故障。

⑦事故关闭。故障解决完毕后，启动事故关闭流程完成事故处理。

（3）问题管理

问题管理流程包括诊断事故根本原因和确定问题解决方案所需要的活动，通过相应控制过程，确保解决方案的实施。问题管理还将维护有关问题、应急方案和解决方案的信息，以减少事故的数量和降低影响。问题管理流程的目标是通过消除引起事故的深层次根源以预防问题和事故的再次发生，并将未能解决的事故影响降到最低。

问题管理的流程包括问题检测和记录、问题分类和优先级处理、问题调查和诊断、创建已知错误记录、解决问题、关闭问题、重大问题评估等。

①问题检测和记录。问题检测的方法包括：服务台和事故管理等提交的事故需要进一步查明潜在原因；技术支持小组在日常维护工作中发现有尚未对业务产生影响的潜在问题存在；自动化的事件/告警检测工具检测出 IT 基础设施或应用存在问题；供应商或承包商通告其产品或服务存在的问题；主动问题管理通过趋势分析提交潜在的问题。问题记录包含问题描述、问题状态、问题类型、服务信息和设备信息等。

②问题分类和优先级处理。问题的分类原则与事故管理中事故的分类相同。问题优先级处理与事故处理中事故的优先级处理方法相同。

③问题调查和诊断。问题调查的技术包括借助于配置管理数据库定义问题的影响级别并调查故障点：问题匹配技术和故障重现技术。问题分析和诊断的常用方法包括时序分析法、KT 决策法、头脑风暴法、石川图法、帕累托分析法等。

④创建已知错误记录。针对调查和诊断的结果及解决方案创建已知错误记录，并将其存放在已知错误库中，以方便下次发生同样问题时能够快速匹配出已知错误。

⑤解决问题。根据制定出的解决方案，问题管理者组织问题处理人员实施方案。如果

解决方案需要对基础设施进行变更，则必须首先提交变更请求，启动变更管理流程。

⑥关闭问题。当变更完成并且解决方案成功实施使得问题解决之后，可正式关闭问题记录，更新已知错误库，将问题状态置成“已解决”。

⑦重大问题评估。重大问题解决之后应当召开重大问题评估会议，需探讨的问题包括：工作中的经验和教训、改进方案、预防措施、第三方责任等。

（4）配置管理

配置管理的范围包括负责识别、维护服务、系统或产品中的所有组件，以及各组件之间关系的信息，并对其发布和变更进行控制，建立关于服务、资产及基础设施的配置模型。配置管理的目标是对业务和客户的控制目标及需求提供支持；提供正确的配置信息，帮助相关人员在正确的时间做出决策，从而维持高效的服务管理流程；减少由不合适的服务或资产配置导致的质量和适应性问题；实现服务资产、IT 配置、TT 能力和对资源的最优化。

配置管理的流程包括管理规划、配置识别、配置控制、状态记录和报告、确认和审核等。

①管理规划。确定配置管理流程的政策、标准和战略，分析现有的信息，确定所需要的工具和资源，制定并记录一份总体计划，其内容包括配置管理的目标和范围，识别相关需求，现行适用的政策和标准，组建配置管理小组，设计配置管理数据库（Configuration Management Database，CMDB）、数据存放地点、与其他服务管理系统的接口和界面，以及其他支持工具等，实施配置管理活动的进度和程序，接口控制与关系管理，与第三方的接口控制和关系管理等。

②配置识别。配置识别活动是配置管理流程的基础，它确定了配置结构，定义了配置项的选择标准、命名规范、标签、属性、基线、类别及配置项之间关系等方面的内容。

③配置控制。配置控制活动负责对新的或变更的配置项记录进行维护，确保配置管理数据库只记录已授权和可识别的配置项，并且其配置记录与现实匹配。配置控制的政策和相关程序包括许可证控制、变更控制、版本控制、访问控制、构建控制、电子数据及信息的移植和升级、配置项在发布前制定基线、部署控制、安装控制等。

④状态记录和报告。配置项在其生命周期内有一个或多个离散状态，每一个状态详细信息和数据都应该被记录。记录的细节包括服务配置信息、配置项实施变更的进展及质量保证检测结果等。配置状态报告是指定期报告所有受控的配置项的当前状态及其历史变更信息。

⑤确认和审核。配置确认和审核是指通过一系列评价和审核确认有且只有授权的、注册的、正确的配置项存在于配置管理数据库中的活动，对于监测出的未授权或未注册的配置项应及时通过变更管理登记注册或将其移除。

（5）变更管理

变更管理负责管理服务生命周期过程中对配置项的变更。具体对象包括管理环境中与执行、支持及维护相关的硬件、通信设备、软件、运营系统、处理程序、角色、职责及文档记录等。变更管理流程的目标包括对客户业务需求的变化做出快速响应，同时确保价值的最大化，尽可能减少突发事件、中断或返工；对业务和 IT 的变更请求做出响应，使服务与业务需求相吻合。

变更管理的流程包括创建变更请求、记录和过滤变更请求、评审变更、授权变更、变更规划、协调变更实施、回顾和关闭变更等。

①创建变更请求。变更请求（RFC）由变更发起人负责创建并提交给变更管理者。变更请求可能涉及所有的 IT 部门，任何相关的人都可以提交一项变更请求。变更发起人虽然可能初步为变更分类和设定优先级，但最终的优先级必须在变更管理中确定。

②记录和过滤变更请求。变更管理者负责将接收到的变更请求按一套规范的形式记录成 RFC 文档。具体信息包括 RFC 标识号、相关联的问题/错误码、变更影响的配置项、变更原因、不实施变更的后果、变更的配置项当前的和新的版本、提交该 RFC 的人员/部门的信息、提交 RFC 的时间。

③评审变更。在接收到变更请求后，变更管理者、变更负责部门应从财务、技术及业务三方面对其进行审核，以确立变更的风险、影响度、紧急度、成本及利益等。

④授权变更。不同类别的变更有不同方式的授权。标准变更通常有预定的执行流程，不需要得到变更负责部门和变更管理者的授权，而直接转交“请求实现”处理；次要变更无须提交而直接由变更管理者批准实施；针对实质性变更，变更管理者根据变更风险、紧急度和影响度来决定是否事先征求变更负责部门的意见或召开会议；重大变更必须事先得到变更负责部门评审，再讨论具体实施方案。

⑤变更规划。得到变更授权后，变更咨询委员会成员应当对变更进行规划，同时制定变更进度计划表。变更规划和进度计划表的制定及发布是一个动态和持续的过程。此外，根据组织的变更策略，如果需要以发布包的形式将变更部署到生产环境中去，则应启动发布管理流程实施变更。

⑥协调变更实施。在得到变更授权并完成规划后进入变更实施阶段，具体包括变更构建、测试及实施。变更管理者在整个过程中起监控和协调作用。

⑦回顾和关闭变更。变更成功实施之后，变更管理者应当组织变更负责部门的成员召开实施后的评估会议。会议上要提交变更结果及在变更过程中发生的任何事故。

（6）**发布管理**

发布管理负责规划、设计、构建、配置和测试硬件及软件，从而为运行环境创建发布组件的集合。发布管理的目标是交付、分发并追溯发布中的一个或多个变更。发布管理的流程包括发布规划，发布设计、构建和配置，发布验收，试运营规划，沟通、准备和培训，发布分发和安装等。

①发布规划

发布规划包括协调发布内容，就发布日程安排、地点和相关部门进行协商，制定发布日程安排、沟通计划，现场考察以确定正在使用的硬件和软件，就角色和职责进行协商，获取详细的报价单，并与供应商就新硬件、软件和安装服务进行谈判协商，制定撤销计划，发布制定质量计划，由管理部门和用户共同对发布验收进行规划。

②发布设计、构建和配置

- 设计。根据发布策略和规划，为发布进行相应的设计活动。这些活动具体包括明确发布类型、定义发布频率和定义发布方式。

- 构建。一个发布单元可能会由多个发布组件构成，这些组件中有些可能是自主研发的，有些可能是外购的，发布团队应当整合所有发布组件，并对相关的程序进行规划和文档记录，并尽可能重复使用标准化流程。同时发布团队也需要获取发布所需的所有配置项和组件的详细信息，并对其进行必要的测试，确保构建的发布包中不包含具有潜在风险的项目。
- 配置。需要发布的所有软件、参数、测试数据、运行中的软件和其他软件，都应处于配置管理的控制之下。在软件被构建应用之前，需要对其执行质量控制审核。有关构建结果的完整记录也要求记录到配置管理数据库（Configuration Management Database，CMDB）中，以确保在必要时按照该配置记录重复构建。

③发布验收

用户代表应对发布进行功能测试并由 IT 管理人员进行操作测试。在测试过程中，IT 管理人员需要考虑技术操作、功能、运营、绩效，以及与基础设施其他部分集成等方面的问题。测试还应该涉及安装手册、撤销计划。在试运营开始之前，变更管理应安排由用户进行的初步验收及由开发人员签发的开发结束标记。发布应当在一个受控测试环境中验收，并确保该项发布可以被恢复至一个可知的配置状态。这种针对该项发布的基线状态应该在发布规划时明确，并应记录在配置管理数据库中。

④试运营规划

试运营规划包括制定日常安排，以及有关任务和所需人力资源的清单，制定有关安装配置项、停止配置项，以及退出使用的具体方式的清单，综合考虑可行的发布时间及所在时区，为每个实施地点制定活动计划，与有关方面进行沟通，制定硬件和软件的采购计划，购买、安全存储、识别和记录所有配置管理数据库中即将发布的新配置项。

⑤沟通、准备和培训

通过联合培训、合作和联合参与发布验收等方式，确保负责与客户沟通的人员、运营人员和客户组织的代表都清楚发布计划的内容及该计划的影响。如果发布是分阶段进行的，则应该向用户告知计划的详细内容。

⑥发布分发和安装

发布管理监控软件和硬件的采购、存储、运输、交付和移交的整个物流流程。硬件和软件存储设施应该确保安全，并且只有经过授权的人员才可以进入。为减少分发所需的时间，提高发布质量，推荐使用自动工具来进行软件分发和安装。在安装后，配置管理数据库中的相关信息应立即进行更新。

（7）知识管理

知识管理贯穿于整个服务管理生命周期。广义的知识管理涉及知识管理策略，知识的获取、存储、共享和创新等多个环节。知识管理的目标是确保在整个服务管理生命周期中都能获得安全可靠的信息和数据，从而提高组织运维管理决策水平。

知识管理的流程包括知识识别和分类、初始化知识库、知识提交和入库、知识过滤和审核、知识发布和分享、知识维护和评估等。

①知识识别和分类。对于组织而言，知识的数量非常多且来源范围非常广。为准确地获取到对自身有价值的知识，组织必须事先对知识进行定义，以便清楚地识别哪些及哪类

知识才是自己最需要的，同时也为知识分类做好准备。组织应当对知识来源进行归类。知识的来源包括内部来源和外部来源。知识所覆盖的范围非常广泛，为有效地管理知识，提高知识的使用效率，组织还应当对知识进行必要的分级和分类，以此建立知识目录。分级和分类的依据有很多，例如，按 IT 基础设施类别可将一级目录分为应用系统、业务操作、系统软件、网络通信、硬件设备、信息安全及其他等，然后再进一步划分二、三级目录；按知识用途将一级目录分为故障解决类、经验总结类、日常操作类等；按知识的使用权限将一级目录分为公共类、私有类、涉密类等。组织应根据自身情况合理选择和建立知识目录。

②初始化知识库。组织应当建立知识库来存储已获取的知识，并制定相应的管理策略对其进行维护。知识库是指用于知识管理领域的特殊数据库，它能够为知识管理提供电子化收集、存储和检索知识等功能，从而保证知识安全、可靠、长期地得到存储，同时也为组织成员分享知识提供帮助。

③知识提交和入库。知识提交人员可以来自组织中的任何部门。组织应当采取积极的政策和措施鼓励、帮助员工贡献出自己的知识，例如，提供 Web 录入、E-mail、电话通信、座谈会议及手工文档等方式。此外，组织还应制定统一的知识提交模板，以方便提交人员准确提交知识。知识库通常分为临时知识库和正式知识库。知识提交人员在提交知识时应对所提交的知识按照组织的知识目录结构进行初步的归类。所有提交的知识都应存入临时知识库，等待知识审核人员进行审批。

④知识过滤和审核。知识管理者对临时知识库中的知识记录进行初步筛选和过滤，去除明显错误和完全无实用性的知识，之前已重复提交、已接受的或已拒绝的以及仍处于评审状态的知识、不完善的知识等。对于过滤的知识记录，知识管理者应当反馈相应的意见和理由给知识提交人员。之后知识管理者负责将临时知识库中的知识分配给相应的知识审核人员进行审批。知识审核人员应当综合考虑知识的正确性、准确性及实用性等因素，对知识进行严格的评审。对于通过审核的知识需进行进一步分类和权限设置等，最后待管理者发布；对于未通过审核的知识，应当给出相应意见和理由，而后由知识管理者负责将其反馈给知识提交人员。

⑤知识发布和分享。知识管理者将通过审核的知识转移至正式知识库并将其发布。发布后的知识可供组织内相应的人员分享。组织成员分享知识的方式有很多，通常可以借助信息技术手段（如网络检索、视频或语音通信、数字期刊和文档及多媒体会议等）来提高知识分享的效率。

⑥知识维护和评估。知识管理者负责对知识库进行日常维护，并定期对每条知识记录进行详细评定，具体方法包括收集来自用户对知识记录使用的反馈意见，调查和统计知识记录的利用率和解决问题的成功率，定期召开知识评估会议，召集组织内的知识审核人员及聘请各领域知识专家对知识库中的知识记录进行评估。组织应为知识制定合理而有效的评估标准（如优、良、合格、不合格等），以此对知识记录进行考核，并对不同考核结果的知识记录进行相应的处理，例如，对判定为优的知识的提供者进行奖励；对需要改进的知识进行修订；对未达到标准的知识进行删除等。

2.3　分布式应用系统运维外包

分布式应用系统运维的对象包括各种硬件和软件，对这些软硬件的运维工作涉及大量专业性很强的技术，而且这些运维技术更新很快。对信息技术运维人员而言，保持服务能力与技术发展同步，需要不断学习，组织内单一的信息技术运维环境，一般来说不利于信息技术运维人员的成长和发展；对组织而言，招聘或培养掌握复杂分布式应用系统运维技术的专业人员也往往是非常不经济的。因此，为了控制人力成本，保证分布式应用系统的质量和应用效果，信息技术运维全面或局部外包成了组织在有限资源条件下实现效益最大化的必然选择。

2.3.1　分布式应用系统运维外包的概念

外包一词的英文是 Outsourcing，即外部寻求资源的意思。外包还没有统一的定义，美国外包协会把外包定义为：外包是通过合约把公司的非核心业务、无增值收入的生产活动包给外部专家；美国外包问题专家 Michael Corbett 则认为：“外包是大组织或其他机构把过去自我从事或预期自我从事的工作转移给外部供应商；而安达信（Anderson）对外包的定义是一个业务实体将原来应在组织内部完成的业务转移到组织外部由其他业务实体来完成，这种行为就称为外包。”尽管有许多不同说法，但定义的内涵基本上是一致的。外包是指组织为了将有限资源专注于其核心竞争力，以信息技术为依托，利用外部专业服务商的知识劳动力，来完成原来由组织内部完成的工作，从而达到降低成本、提高效率、提升组织对市场环境迅速应变能力并优化组织核心竞争力的一种服务模式。

分布式应用系统运维外包也称分布式应用系统代维，是指分布式应用系统使用单位将全部或一部分的分布式应用系统维护服务工作，按照规定的维护服务要求，外包委托给专业公司管理。一般认为，外包可以带来成本优势，使分布式应用系统使用单位保持长期的竞争优势。通过实行分布式应用系统运维服务外包托管，可以利用专业公司的信息技术，提高单位信息管理的水平，缩短维护服务周期，降低维护成本，实现分布式应用系统使用单位和分布式应用系统运维服务专业公司的共同发展，还可以使分布式应用系统运维管理部门工作简单化，将运维管理部门的人员减至最少，使得分布式应用系统使用单位能够专注于自身核心业务的发展，提升自身的核心竞争力。

分布式应用系统运维外包可以给组织带来众多好处，比如：

（1）有利于提高组织竞争力

专业化分布式应用系统运维公司调试设备齐全，运维技术专业、规范，队伍相对稳定，运维人员从业经验丰富，对行业规范的熟悉程度高，所以在分布式应用系统实际运维中动作熟练、观察到位、记录翔实，可向业主方提供优质专业的服务，有利于被服务单位提高自身竞争力。此外，把日复一日的繁杂的分布式应用系统日常运维外包出去，可以把精力集中在最核心、最关键的工作上，由此提高组织核心竞争力。

（2）借助专业公司的管理流程和工具软件降低分布式应用系统运维的成本

借助专业公司在分布式应用系统管理工具和方法方面的优势来实现组织内部分布式

应用系统运维的信息化和规范化，组织无须在分布式应用系统运维的管理流程、管理工具和管理人员的培训方面进行大规模的投资，减少了业主方分布式应用系统运维管理的投资成本，同时也规避了由于人员流失而造成的运维管理方法和工具不能继承的风险。

（3）提高服务质量、降低故障率

分布式应用系统运维服务外包后，由于分布式应用系统运维服务开始计价，分布式应用系统运维服务成本从隐性成本转变成显性成本，分布式应用系统运维服务外包公司提供的账单使组织能够了解分布式应用系统运维服务成本的来源。了解其来源，可采取有效的针对性措施来规避成本。另外，由于服务计费，分布式应用系统运维服务公司为了自身生存需要，更希望降低单次服务成本，由此追求服务方式的标准化和规范化；同时，为了达到与客户约定的服务水平协议要求，提高客户满意度，运维服务公司会不断追求自身服务品质的提高，这使得客户的服务质量得到有效保障。

（4）降低业务部门隐性成本

故障率的降低使得业务部门的分布式应用系统可用性大为提高，业务部门有更多的时间使用分布式应用系统开展业务，这大大降低了由于分布式应用系统故障频繁可能引发的业务部门隐形成本。

2.3.2 分布式应用系统运维外包的模式

在信息技术运维外包过程中，组织可能全部或部分将信息技术运维工作外包给其他信息系统运维外包服务公司，因此存在完全外包和部分外包两种分布式应用系统运维外包模式。

（1）完全外包模式

组织通过与其他组织签署运维外包协议，将所拥有的全部信息技术资源的运维工作外包给其他组织，即外包组织为本组织提供完全的分布式应用系统运维服务，组织的信息技术部门负责运维外包的管理工作。

（2）部分外包模式

组织对所拥有的一部分信息技术资源自行运维；同时，通过与其他组织签署运维外包协议，将所拥有的另一部分信息技术资源的运维工作外包给其他组织。一般情况下，组织信息技术部门负责运维工作和外包管理，即组织的信息技术部门和外包组织共同向组织提供分布式应用系统运维服务。在部分外包模式下，根据运维服务是否涉及组织的核心业务、关键任务等因素，对外包服务管理的具体要求各不相同。对涉及核心业务或关键任务的外包服务，需要对外包服务的过程和结果进行精细化管理；对只涉及非核心业务和非关键任务的外包服务，只需要对外包服务的结果进行粗放型管理。

2.3.3 分布式应用系统运维外包的内容

根据具体的维护环节和所出现的大部分问题分析，分布式应用系统运维外包主要包括桌面支持外包、IT 基础架构外包和应用系统外包。

（1）桌面支持外包

目前，许多品牌计算机专业服务商的售后服务部门正日益摆脱从属厂家的地位，开始走商业利润最大化之路，发展成为专业服务商。部分技术服务公司从大型组织集团客户服务体系（提供售后维修服务等）的成本服务中心成功转型，成为面对各类行业客户的独立的第三方专业技术服务提供商，大力开展 IT 运维外包业务，这类公司的出现逐渐使硬件厂商把服务部门从成本中心转化为利润中心。

信息技术桌面指的是员工在工作场所使用的一系列用于信息处理、通信和计算的设备，包括计算机软硬件和其他的相关设备，对它们的管理是每个使用信息技术桌面的单位机构最日常的工作。具体地说，就是办公环境的维护，详细的工作包括：

①系统初始检查。在办公环境刚刚建立或准备建立之时，提供对全局环境的检查，并得出最佳适合于单位的方案或找出不合理性、出现的问题。

②硬件故障解决。对计算机、笔记本、打印机等办公设备的故障进行定位和处理。

③硬件扩容升级。对不满足于办公环境的设备进行升级或更换处理。

④软件系统支持。对系统软件、一般运用软件进行维护，如选型、安装、使用、优化等，进行技术指导和处理，并可实现对系统的监控来实现维护的零距离。

⑤防病毒系统的支持。进行防病毒安全方面的技术处理，如查杀病毒、防病毒软件的解决方案、病毒防范安全策略等。

⑥网络系统的支持。对网络状况进行全局维护，并做出定制的优化和故障处理。

⑦日常维护管理。管理组织中各 IT 系统的资源资产情况，实现组织内部各部门之间更加方便的数据交互；规范和明确运维人员的岗位职责和工作安排，提供绩效考核量化依据，提供解决经验与知识的积累与共享手段，实现完善的 IT 运维管理，为组织提高经营水平和服务水平。

⑧咨询服务。对于以上的服务环节提供相应的咨询服务。

（2）基础架构外包

基础架构所涉及的内容包括网络设备、组织通信系统（如邮件）、数据库系统、服务器设备及系统、安全设备及系统、存储设备及系统等系统化但又是基础化的系统平台及设备配件，是组织 IT 信息化所依赖的基础和根本。

这类外包的业务以互联网数据中心（Internet Data Center，IDC）外包最为主要，市场的份额也是较大的。其次，重点行业用户对网络系统的运营维护外包服务的认知度和接受度明显上升，大型网络安全、存储系统外包也正在逐渐占据重要地位。将安全和存储外包给更专业和权威的机构不但能使 IT 基础架构的外来危险、数据损失风险较低，还能简化内部人员的结构，节省人员费用。

这类业务包括以下几方面：

①系统、服务器维护支持。UNIX、Linux、Windows Server 等较大型系统的安装、调试、维护、优化，并对小型服务器及 SUN、IBM 等高端服务器进行维护。

②软件、服务调试。对邮件系统、ISA、Exchange、Lotus、AD、Web、FTP 等较常用软件和服务的维护及技术支持（需要对 UNIX、Linux 及平台下的各项服务也比较熟悉，因为很多组织所使用的系统不只是 Windows 平台）。

③网络系统维护。对整体网络环境进行检测并优化，简化网络管理，提高网络整体性能和办公效率。

④系统迁移。设备更新时，对系统、软件、数据进行迁移，实现简捷而安全的迁移，降低对业务的影响。

⑤数据库维护支持。对 DB2、Oracle、SQL Server、My SQL 等数据库的维护。

⑥数据存储和容灾管理。对系统和业务数据进行统一存储、备份和恢复，找到更符合组织的存储方案和存储安全策略，并实施全方位的服务。

⑦安全系统的支持。针对网络安全隐患进行安全分析和安全处理，使组织内部安全性提高。

⑧网站支持。对组织进行量身定制业务网站、门户网站等一系列网站业务，并提供维护和升级支持。

⑨咨询服务。对于以上的服务环节提供相应的咨询服务。

（3）应用系统外包

应用系统外包与应用服务提供商（Application Service Provider，ASP）密切相关。ASP 的理念和模式与云计算很接近，就是集中为组织搭建信息化所需要的所有网络基础设施及软件、硬件运行平台，负责所有前期的实施、后期的维护等一系列服务，使得组织无须购买软硬件、建设机房、招聘 IT 人员，只需前期支付一次性的项目实施费和定期的 ASP 服务费，即可通过互联网享用分布式应用系统。中小组织用户通过采购 ASP 服务，可减少 IT 硬件设备的采购，减少 IT 支持人员的雇佣，提高应用系统的灵活性和稳定运行能力。最典型的应用有邮件系统、中小型 ERP、CRM（客户关系管理）、SCM（供应链管理）等的 ASP 服务。

2.3.4 分布式应用系统运维外包的风险管理

信息部门在以前常常以一个被动的、孤立的、分散的“救火队”的身份在进行分布式应用系统运维管理，随着信息技术的发展，这种方式早已不适应现在复杂的分布式应用系统运维环境。从风险规避的角度来看，分布式应用系统外包需要有一个循序渐进的过程。因此 IT 界提出了各个阶段分布式应用系统运维外包服务内容。

第一阶段：分别与各个应用软件系统的开发商签订维护合同，确保软件系统的正常升级。由于应用系统很少存在建设完成后就不再改动的情况，要确保应用系统始终都处于最佳使用状态，就要通过签订维护合同从法律途径来确保系统的正常升级和完善。在这一阶段，要注意收集系统的维护频率、完成时间、维护质量等信息，作为评价维护工作的基础数据，也作为后续维护工作的重要依据。

第二阶段：对硬件进行外包，特别是打印机、服务器、计算机、网络设备等硬件维护外包。一旦设备过了保质期，出现硬件损坏的概率就会增大，但外包服务商可以轻松解决这个问题，同时也可大大减少信息部门的日常维护工作量，减少信息部门人员，降低组织成本，提高人力资源的利用率。

第三阶段：根据第一、第二阶段的维护情况，逐步考虑信息运维的整体外包，如数据资源运维、安全的运维等。通过第一、第二阶段的维护外包情况的总结，制定详细的、具有可操作性的运行维护服务外包合同。在这一阶段，尽管大部分的工作已经外包，但本单位的信息部门仍需要参与到各项维护工作中，加强对维护情况的跟进，对出现的问题及时进行解决。

（1）风险分类

业主方运维外包的风险主要来源于以下四个方面：

①外部环境不确定性，如政治风险、自然风险、市场风险等。

②运维外包决策的复杂性，如运维外包可行性的研究，运营方的选择，与运营方的权责界定等问题。

③运维外包双方的关系复杂性，如双方组织的文化差异、沟通不力风险、信息泄露及人力资源风险等运维外包特有风险。

④运维工作本身的复杂性，如技术风险、设备风险、安全风险、运维管理风险和验收风险等。

（2）风险分析

运维服务外包是一个复杂的过程，存在许多风险，这些风险主要表现在：

①组织成本有可能增加。运维外包合同的价格相对固定，但在合同执行过程中，外包商可能会增加这样那样的附加服务，这些都是在合同中没有的，组织只好照单全收，从而导致组织运维成本增加。

②组织对服务商的依赖和外包合同缺乏灵活性可能降低组织的灵活性。组织之所以选择分布式应用系统运维外包，就是希望将自己不擅长的业务交给专业服务商去做，从而达到专注核心业务、节约成本的目的。而组织一旦选择了运维服务外包，就有可能切断了组织学习所处商业领域技术的最新发展及应用途径的机会，形成对服务商的依赖。同时，外包合同通常是中长期的，外包时间越长，组织对服务商的依赖越大。

③可能会泄露组织的商业机密。信息技术已经渗透到组织业务的方方面面，不仅非核心业务，而且核心业务也离不开信息技术的支持，服务商完全有可能通过运维外包而接触到组织的商业秘密。一旦外包服务商和组织之间的关系以合同形式加以固定，组织内部的信息技术业务或资源交由外包商管理之后，组织便无法对外包的内容进行直接控制，也得不到来自外包商服务人员的直接报告，加之合同中双方权利、义务的界定不清，失控的风险显而易见。因此，将分布式应用系统运维业务外包出去势必会带来“信息安全”的风险，可能造成业务知识流失或商业秘密泄露。

④对外包商缺乏恰当的监管。组织与外包商两者毕竟是相互独立的经济实体，没有任何的隶属关系，虽然组织可以在一定程度上影响外包商的人员调配、资金投入等决策，但仍不能完全保证组织对外包商的有效监管。

（3）风险识别

分布式应用系统外包风险评估是在风险识别的基础上，按照一定的参数和方法对风险清单中的风险进行系统评估的过程，主要评估产生的风险的严重程度及给业主方可能带来的损失大小。分布式应用系统运维外包的风险评估方面的方法很多，如风险矩阵法、层次分析法、蒙特卡罗法、关键风险指标法、压力测试法等。

（4）风险规避

在复杂的分布式应用系统运维外包过程中，风险无处不在，但存在风险并不可怕，只要组织有足够的风险防范意识并采用恰当的风险规避措施，就可以防患于未然。

①核算外包成本，控制额外支出

组织实施运维服务外包成本核算，就可以清楚了解外包是否能够降低成本，提高利润，以避免高成本风险。外包成本包括显性成本和隐性成本，其中因为隐性成本不好估计，往往造成外包成本大大高于最初的预计成本。因此，核算和控制外包的综合成本十分必要，这其中尤其要考虑到一些隐性成本。

外包执行过程中，由于情况的变化可能会要求外包商做一些原合同中没有规定的额外工作，这会产生额外费用。签订合同前，应充分考虑这些因素，在合同中加以体现，防止外包商漫天要价，从而控制组织外包的成本。

②组织仍需不断学习

运维服务外包并不意味着组织可以一包了之，不再需要信息管理人员，不用学习相关知识。因为运维服务外包的目的并不是把一个运维项目包出去，而是为了让这个项目为组织的日常运作服务。选择了运维服务外包的同时，一定不能切断组织学习所处商业领域技术最新发展及应用的机会，不管外包项目的大小，都需要保留一部分原先信息管理部门的精英来应对外包后可能发生的各种情况。组织相关高层应该在组织内部倡导良好的信息技术学习氛围，以使组织更好地适应变化的信息环境。

③选择合适的外包商

选择一个合适的外包商对于分布式应用系统运维外包的成功与否至关重要。组织应通过各种途径，充分了解、评估和确定合适的服务商。主要从技术实力、经营管理状况、财务状况、信誉程度、文化背景等方面对服务商进行评估。

选择了合适的外包商之后，在合同的执行期间，应该重视对外包商的管理。成立监管小组，定期、不定期地对合约的执行情况进行监督，及时补充修改组织的业务需求，及时与外包商进行谈判、磋商等。另外，在对外包商进行管理的同时，还需积极发展与外包商的关系。基于信任、交流、满意与合作的长期互动的关系对于运维外包的成功是非常关键的。

④签订完整而灵活的外包合同

一份完整而灵活的外包合同是外包能否成功的基石，不同的外包目的和类型，需要不同的外包合同，但一般的外包合同主要包括规定的服务、合同的期限、费用、移交、绩效的标准、争议的解决、保证和责任、合同的终止、其他条款。除一般条款外，还要考虑保密条款、知识产权问题，这对防止商业泄密及知识产权的盗用是相当重要的。

在长期的外包合同执行期间，组织很可能会经历自己独特的增长和变化，所以合同条款应该具有一定的灵活性。需求分析应该对增长和变化做出分析，制定合同时可考虑加入以下内容使合同更灵活：需求变更、价格调整方法、争议解决机制、有关额外服务的条款、合同终止时双方的责任与义务等。

2.4 分布式应用系统运维的管理标准

运维管理是对分布式应用系统整个生命周期的管理，包括信息技术部门内部日常运营管理及面向用户服务的管理。因此，分布式应用系统运维管理涉及人、组织架构、管理、流程及技术等诸多方面，是围绕着技术、人和业务流程 3 个基本元素展开的。业务目标是保证分布式应用系统正常、可靠、高效、安全地运行，为业务部门提供优质服务。技术指各种管理手段；人员指信息技术支持部门各级员工及面向的用户；流程指分布式应用系统运维的各种业务过程。因此，分布式应用系统运维需要遵照一定的规范、标准对运维服务中的人员、技术、流程进行组织、量度和控制，这几方面互相协调、配合才能够提高运维服务的效率和质量。当前较为典型的分布式应用系统运维管理标准有 ITIL、ITSM 和 COBIT 等。

2.4.1 ITIL

20 世纪 80 年代中期，英国政府发现 IT 服务质量普遍不理想，甚至提供给其的 IT 服务质量也很差，于是就责成其下属机构——中央计算机与电信管理中心（Central Computer and Telecommunications Agency，CCTA），启动一个项目对此进行调查，并开发一套有效的可进行财务计量的 IT 资源使用方法以供本国的政府和企业使用。这个项目的最终成果是一套公开出版的 IT 服务管理最佳实践指南，即信息技术基础设施库（Information Technology Infrastructure Library，ITIL）。

在此之后，一些主流 IT 资源管理软件厂商在进行了一系列的实践和探索的基础之后，总结了 IT 服务的最佳实践经验，形成了一系列基于流程的分布式应用系统运维的方法标准，用以规范分布式应用系统运维服务的水平，并在 2000—2003 年推出了新的 ITIL V2.0 版本。在 V2.0 版中，ITIL 主要包括六个模块，即业务管理、服务管理、ICT 基础架构管理、IT 服务管理规划与实施、应用管理和安全管理。这六个模块基本涵盖了企业 IT 服务管理的各个方面，对 ITIL 服务管理模块的 10 个核心流程和 1 项服务职能进行了较详细的描述。其中服务管理是其最核心的模块，该模块包括“服务提供”和“服务支持”两个流程组。ITIL V2.0 的主体框架如图 2-5 所示。

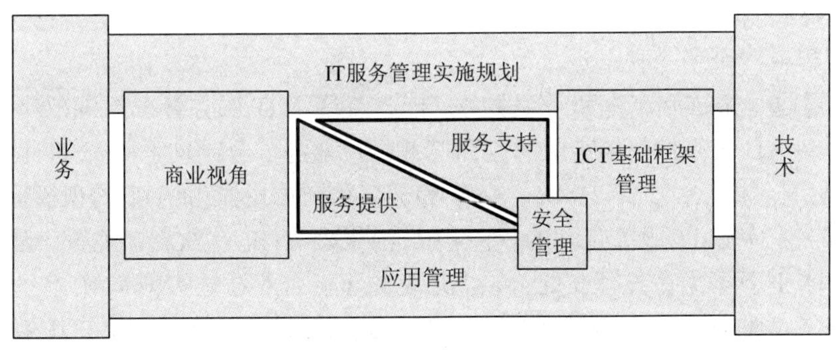

图 2-5 ITIL 主体框架示意

ITIL 最新版本是 V3.0，它包含五个生命周期：战略阶段（Service Strategy）、设计阶段（Service Design）、转换阶段（Service Transition）、运营阶段（Service Operation）、改进阶段（Service Improvement）。

ITIL 为组织的分布式应用系统运维管理实践提供了一个客观、严谨、可量化的标准和规范，组织的 IT 部门和最终用户可以根据自己的能力和需求，定义自己所要求的不同服务水平，参考 ITIL 来规划和制定其 IT 基础架构及服务管理，从而确保运维管理能为组织的业务运作提供更好的支持。对组织来说，实施 ITIL 的最大意义在于将 IT 与业务紧密地结合起来，从而让组织的 IT 投资回报最大化，克服分布式应用系统运维质量提升的阻力，提高运维资源利用率，降低成本，提高适应变化的灵活性，科学地管控运维风险，最终实现分布式应用系统运维目标以支持组织战略转型。

ITIL 将 IT 服务分为十个核心流程和一项服务职能，分别是：

①服务级别管理：它的目标是通过定义、协商、订约、检测和评审提供给客户的 IT 服务，实现特定的、一致的、可测量的服务水平，为客户节省成本，提高生产率。

②可用性管理：通过分析用户和业务方的可用性需求，优化和设计 IT 基础架构的可用性，从而确保以合理的成本满足不断增长的可用性需求。

③能力管理：指在成本和业务需求的双重约束下，通过配置合理的服务能力，使组织的 IT 资源发挥最大的效能。

④服务连续性管理：在尽量少中断客户业务情况下提供 IT 服务，并在 IT 系统出现问题时以可控的方式恢复。

⑤财务管理：确定 IT 服务的预算，监督预算执行情况，根据服务收取费用。

⑥事件管理：在出现事件时尽可能快地恢复服务的正常运作。避免它造成业务中断，以确保最佳的服务可用性级别。

⑦问题管理：旨在找到问题的源头，积极地预防问题的再次发生。

⑧变更管理：确保使用标准方法和规程有效且迅速处理所有变动，旨在提高组织的日常运作水平。

⑨配置管理：识别、控制、维护和检验现有的包括基础设施和服务在内的 IT 资产。

⑩发布管理：目的是为了保证发布的成功，主要应用于大型的或关键硬件、主要软件及打包或批处理一组变更。

一项服务职能即服务台：服务台不是服务过程，而是一个服务职能，目的是为用户和 IT 服务组织提供一个统一联系点。

正是通过这十个核心流程和一项服务职能，实现了 IT 服务管理的规范化、流程化。

ITIL 作为 IT 服务管理事实上的国际标准已经得到了全球几乎所有 IT 巨头的全力支持。IBM、惠普、微软、CA、BMC、ASG 等著名跨国公司作为 ITIL 的积极倡导者，基于 ITIL 分别推出了实施 IT 服务管理的软件和实施方案。ITIL 在欧洲、北美、澳洲已得到广泛应用，全球 1 万多家在各行业处于领先地位的著名企业通过实施 ITIL 大大改进了企业 IT 服务的质量，促进了 IT 与业务的融合。事实上，这 15 年来的发展，ITIL 在全球尤其是欧美地区一直是如火如荼。它已经被全球近 20 000 多家在不同领域和行业领先的组织在不同程度上使用。

ITIL 最早是 1999 年被引入中国的。在被引入的前三年，由于了解它的单位不多，这方面的成功案例也相当有限，所以在国内处于一种不温不火的状态。但是从 2002 年开始，ITIL 在国内开始受到越来越多的关注。特别是在 2003 年，ITIL 在国内的发展历程中出现了多个第一：翰纬 IT 管理研究咨询中心出版了第一本中文 ITIL 专著；《中国计算机用户》周刊创办了中国第一个 IT 服务管理专栏，第一个面向 ITIL 的门户网站“ITSM 资讯网”，也在翰纬 IT 管理研究咨询中心和 ITSM PORTAL International 的合作下正式创办。

目前我国一些企业通过在 IT 部门实施 ITIL 的最佳服务管理实践，取得了良好的经济效益。总体上讲，实施 ITIL 可以带来以下商业价值：确保 IT 流程支撑业务流程，整体上提高了业务运作的质量；通过事故管理流程、变更管理流程和服务台等提供了更可靠的业务支持；客户对 IT 有更合理的期望，并更加清楚为达到这些期望他们所需要付出的成本；提高了客户和业务人员的生产率；提供更加及时有效的业务持续性服务；客户和 IT 服务提供者之间建立更加融洽的工作关系；提高了客户满意度。

2.4.2 ITSM

ITSM（IT Service Management，IT 服务管理）起源于 ITIL，它把英国在 IT 管理方面的方法归纳起来，变成规范，为企业的 IT 部门提供一套从规划、研发、实施到运维的标准方法。这套标准已经被欧洲、美洲和澳洲的很多企业采用，当前在欧洲 40%～60%的 IT 经理都知道 ITSM，在美国有 20%～30%的 IT 经理了解 ITSM，而在国内了解 ITSM 的人还很少。国际 IT 领域的权威研究机构加特纳（Gartner）认为，ITSM 是一套通过服务级别协议（SLA）来保证 IT 服务质量的协同流程，它融合了系统管理、网络管理、系统开发管理等管理活动和变更管理、资产管理、问题管理等许多流程的理论和实践。而 ITSM 领域的国际权威组织 ITSMF（国际 IT 服务管理论坛）则认为 ITSM 是一种以流程为导向、以客户为中心的方法，它通过整合 IT 服务与组织业务，提高组织 IT 服务和服务支持的能力及其水平。

ITSM 有以下三个特点：

①共性：ITSM 是一种基于 ITIL 标准的信息化建设的国际管理规范。ITIL 体系提供了“通用的语言”，为从事 ITSM 的相关人员提供了共同的模式、方法和同样的术语，使用户和服务提供者通过有共性的工具深入讨论用户的需求，很容易达成共识。

②中立：ITSM 为 IT 管理提供了实施框架，这样可以让用户不会受制于任何单独的服务提供商。ITSM 不针对任何特殊的平台或技术，也不会因下一代操作系统的发布而改变。

③实用：ITSM 是一种以流程为导向、以客户为中心的方法，它在兼顾理论和学术的同时，非常注重实用和灵活。

正是有这些显著的特点，ITSM 得到了广泛应用。例如，一汽大众在谈到为什么要引入 ITSM 服务管理的理念时就提出了以下原因：为 IT 系统用户提供单一的联系点，任何用户在发现问题时都可以有统一的接口；为 IT 部门管理层提供具体的统计报告，对 IT 部门工作可以量化衡量；丰富和完善已知问题的知识库；协助提高服务台支持人员解决问题的整体能力；能够预测系统资源的支持能力；能够进行主动性问题处理；提高客户满意度。这些原因既代表了企业客户在 IT 服务管理方面的典型需求，同时也是 ITSM 的目标等。

ITSM 的基本原理可简单地用“二次转换”来概括，第一次是“梳理”，第二次是“打包”，如图 2-6 所示。首先，将纵向的各种技术管理工作（这是传统 IT 管理的重点），如服务器管理、网络管理和系统软件管理等，进行“梳理”，形成典型的流程，比如 ITIL 中的 10 个流程。这是第一次转换。流程主要是 IT 服务提供方内部使用的，客户对他们并不感兴趣。仅有这些流程并不能保证服务质量或客户满意，因此还需将这些流程按需“打包”成特定的 IT 服务，然后提供给客户，这是第二次转换。

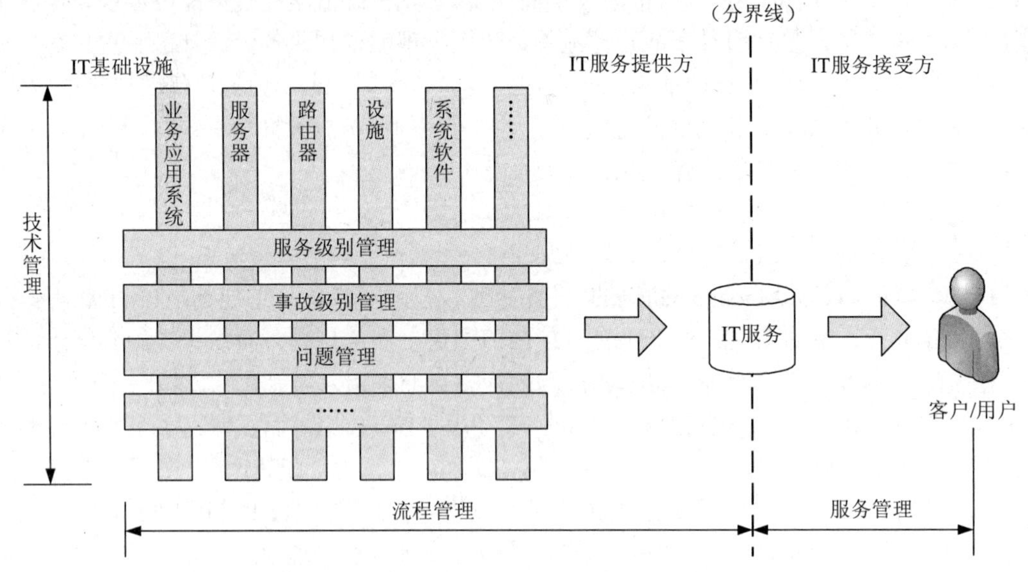

图 2-6 ITSM 的基本原理

第一次转换将技术管理转化为流程管理，第二次转换将流程管理转化为服务管理。之所以要进行这样的转换，有多方面的原因。从客户的角度说，IT 只是其运营业务流程的一种手段，不是目的，需要的是 IT 所实现的功能。客户没有必要，也不可能对 IT 有太多的了解，他和 IT 部门之间的交流，应该使用“商业语言”，而不是“技术语言”，IT 技术对客户应该是透明的。为此，服务提供商需要提供灵活、及时和有效的 IT 服务，并保证服务质量、准确计算有关成本。服务提供商必须事先对服务进行一定程度上的分类和“固化”。流程管理是满足这些要求的一种比较理想的方式。

ITSM 只是一套方法论，其最终的实施还是要依靠相应的工具和经验。由于国内的信息化仍处于起步阶段，因此以前更多的是关注技术，例如很多客户也采用了网络管理、系统管理等管理工具，但技术只保证了服务的质量和效率，标准流程则负责监控 IT 服务的运行状况，而人员素质则关系到服务质量的高低。而 ITSM 最强调的就是流程、人员和技术三大要素的有机结合。

2.4.3 COBIT

分布式应用系统和技术控制目标（Control Objectives for Information and Related Technology，COBIT）目前已成为国际上公认的 IT 管理与控制标准。该标准为 IT 治理、安全与控制提供了一般适用的公认框架，以辅助管理层进行 IT 治理。COBIT 是基于已有的许多架构建立的，如 SEI（Software Engineering Institute）的能力成熟度模型（Capability Maturity Model，CMM）对软件组织成熟度五级的划分，以及 ISO 9000 等标准。COBIT 在总结这些标准的基础上重点关注 IT 组织需要什么，而不是组织需要如何做。它不包括具体的实施指南和实施步骤，它是一个控制架构，而非具体过程架构。它在商业风险、控制需要和技术问题之间架起了一座桥梁，以满足管理的多方面需要。该标准体系已在世界 100 多个国家的重要组织与企业中运用，指导这些组织有效利用信息资源，有效地管理与信息相关的风险，其目前已经更新至 5.0 版。

COBIT 覆盖整个分布式应用系统的全部生命周期（从分析、设计到开发、实施，再到运营、维护的整个过程），从战略、战术、运营层面给出了对分布式应用系统的评测、量度和审计方法，起到了组织目标与信息技术治理目标之间的桥梁作用，在业务风险、控制需求和技术观点之间建立了一种有机联系。

COBIT 将 IT 过程、IT 资源与企业的策略与目标（准则）联系起来，形成一个三维的体系结构，如图 2-7 所示。IT 准则维集中反映了企业的战略目标，主要从质量、成本、时间、资源利用率、系统效率、保密性、完整性、可用性等方面来保证信息的安全性、可靠性、有效性。IT 资源维主要包括以人、应用系统、技术、设施及数据在内的信息相关的资源，这是 IT 治理过程的主要对象。IT 过程维是在 IT 准则的指导下，对信息及相关资源进行规划与处理，从信息技术规划与组织、采集与实施、交付与支持、监控四个方面确定了 34 个信息技术处理过程和 318 个详细控制目标，每个处理过程还包括更加详细的控制目标和审计方针对 IT 处理过程进行评估。

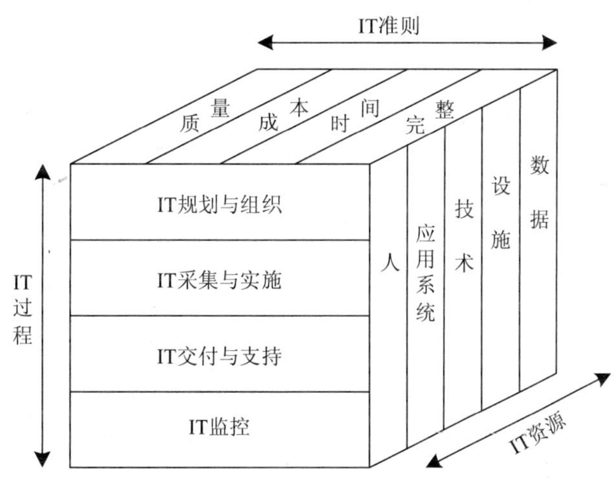

图 2-7 COBIT 体系结构

COBIT 是一个非常有用的工具，也非常易于理解和实施，可以帮助企业在管理层、IT 与审计之间交流的鸿沟上搭建桥梁，提供了彼此沟通的共同语言。几乎每个机构都可以从 COBIT 中获益，来决定基于 IT 过程及他们所支持的商业功能的合理控制。当我们知道这些业务功能是什么，其对企业的影响到什么程度时，就能对这些事件进行良好的分类。所有的分布式应用系统审计、控制及安全专业人员应该考虑采用 COBIT 原则。

通过实施 COBIT，增加了管理层对控制的感知及支持。COBIT 帮助管理层懂得如何控制影响、业务功能。COBIT 提供的实施工具集包括优秀的案例资料（提供模板业务过程，使得优秀范例能够迅速移植），有助于向管理层很好地表述 IT 管理概念。管理层在基于最佳控制实践基础上做出正确决策的能力也得到了提高。

总之，COBIT 模型实现了企业战略与 IT 战略的互动，并形成持续改进的良性循环机制，为企业提供了具有一定参考价值的解决方案。因此，针对我国信息化存在的问题，借鉴 COBIT 的 IT 治理思想和框架，科学、系统地对信息及相关技术进行管理，逐步试行建立 IT 治理机制，对推动我国信息技术的发展和应用具有十分重要的现实意义。

参考文献

[1] Kim Sung-Hyun，Lee Jong-Kwang，Yu Seung-Nam，et al. Remote operation and maintenance of processing equipment using the remote handling system in the PRIDE facility. 13th International Conference on Control，Automation and Systems（ICCAS2013）. 2013.

[2] Iden Jon，Eikebrokk T Roar. Using the ITIL Process Reference Model for Realizing IT Governance：An Empirical Investigation. Information Systems Management. 2014.

[3] Bin-Abbas Hesham，Bakry S Haj. Assessment of IT governance in organizations：A simple integrated approach. Computers in Human Behavior. 2014.

[4] Iden J，Eikebrokk T R. Understanding the ITIL Implementation Project：Conceptualization and Measurements. 2011 22nd International Conference on Database and Expert Systems Applications（DEXA 2011）. 2011.

[5] Parvizi R，Oghbaei F，Khayami S R. Using COBIT and ITIL frameworks to establish the alignment of business and IT organizations as one of the critical success factors in ERP implementation. 2013 5th Conference on Information and Knowledge Technology（IKT）. 2013.

[6] Zhang Yajun，Zhang Jinlong，Chen Jiangtao. Critical success factors in IT service management implementation：people，process，and technology perspectives. 2013 International Conference on Service Sciences（ICSS 2013）. 2013.

[7] Iden J，Eikebrokk T R. Implementing IT Service Management：A systematic literature review. International Journal of Information Management. 2013.

[8] Ozen G，Karagöz N A，Chouseinoglou O，et al. Assessing organizational learning in IT organizations：An experience report from industry. Proceedings-Joint Conference of the 23rd International Workshop on Software Measurement and the 8th International Conference on Software Process and Product Measurement（IWSM-MENSURA）. 2013.

[9] Jantti M，Rout T. Improving IT Service Operation Processes. Product-Focused Software Process Improvement. 14th International Conference（PROFES）. 2013.

[10] Meland Ole，Rdseth Harald. Maintenance management models-A crucial tool for achieving a world-class maintenance function. 11th International Probabilistic Safety Assessment and Management Conference and the Annual European Safety and Reliability Conference 2012（PSAM11 ESREL）. 2012.

第 3 章　分布式应用系统运维管理平台概述

随着分布式应用系统规模的不断扩大，分布式应用系统面临着巨大的运维压力，利用人工的日常巡检来发现与排除故障已不能满足分布式应用系统的可用性和性能要求，为了获得更高的性能和可用性，就需要借助运维管理平台自动实现对分布式应用系统中的各类资源进行状态监测和性能分析。

3.1　分布式应用系统运维管理平台业务范围

分布式应用系统运维管理平台是从运维管理的整体视角，基于运维流程，以服务为导向的业务服务管理和运维管理支撑平台，提供统一管理门户，其产品功能涵盖了资产管理、监控管理、性能管理、配置管理、告警管理、日志管理和操作审计等方面，最终帮助运维对象实现分布式应用系统管理规范化、流程化和自动化的全局化管理。分布式应用系统运维管理平台的整体架构如图 3-1 所示。

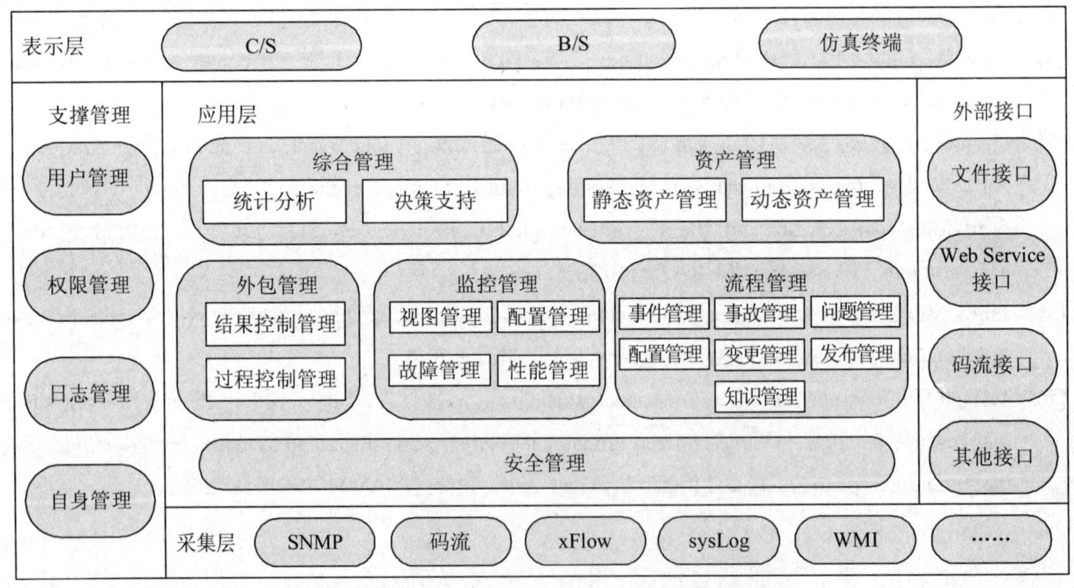

图 3-1　分布式应用系统运维管理平台的整体架构

3.1.1　资产管理功能

资产管理实现对网络设备、服务器、PC、打印机、各种配件（显示器、显卡、网卡、硬盘）、软件、备品备件等设备资产信息的维护、统计及资产生命周期管理。根据资产信息获取方式的不同，资产管理可分为静态资产管理和动态资产管理。

（1）**静态资产管理**

①资产信息维护：包括资产信息的获取与更新、查询、导出和打印。

②资产信息分析统计：实现静态资产的统计分析，关键指标为设备利用率。

③资产生命周期管理：对资产的采购、入库、维修、借调、领用、折旧、报废等生命周期各阶段的管理功能。

④辅助决策：包括预警功能，如资产过保修期预警、资产报废预警等；同时包括基于规则的运维费用的计算，运维费用包括资产维护费用和相关的维护人员费用，能够灵活调整计算规则。

（2）**动态资产信息管理**

动态资产信息管理是在静态资产信息管理的基础上实现资产信息的自动发现和采集，资产信息的自动同步和更新。

3.1.2　监控管理功能

监控管理包括对分布式应用系统相关设备的监控管理，实现视图管理、配置管理、故障管理和性能管理等。

（1）**视图管理**

以图形方式呈现分布式应用系统相关设施的信息。能够动态实时显示各类资源的运行状态，了解资源的分布与状态信息，以及对网络中的资源进行监控。系统应支持网络拓扑图、机房平面图、机架视图、设备面板图等视图。

（2）**配置管理**

系统实现设备资源、应用、人员和供应商等各类资源信息的维护和分析统计，以及配置信息的下发等功能。具体包括：

①资源信息维护：对动态资源信息的自动采集，以及方便的静态资源信息手工录入，并支持对资源信息的更新、同步等维护手段。

②资源模型编辑：通过模型的编辑工具，快速实现管理功能的调整。

③可视化监控：实现直观的可视化管理，通过形象的展现方式直观展现设备工作情况。

④配置信息下发和配置文件管理：对可配置资源管理信息进行下发控制。能够快速批量设置整个分布式应用系统环境的工作模式。能够对网络设备配置文件进行管理，包括配置文件上传、配置文件下载及配置文件比较等功能。

⑤资源信息统计分析：能够对资源信息进行灵活查询与统计，报表统计的结果以图形（如直方图、曲线图、饼图等）或表格方式显示。

（3）**故障管理**

包括告警信息采集、处理、显示、清除和故障定位等功能。具体包括：

①实时采集告警信息，对设备资源的运行状态进行任务化的监视，支持设置不同的任务执行策略，完成不同监测粒度的需要。

②实现告警的过滤、升级和压缩，并能够对告警过滤、升级和压缩条件进行灵活设置。

③系统将用户关心的告警信息以列表、视图、颜色等形式呈现给运维人员，并支持对告警显示过滤条件的灵活设置。

④系统将这些事件信息通过电子邮件和短信息的方式及时告知相关运维人员，并支持信息发布规则的灵活设置，包括设置首次前转条件、间隔前转条件、延时前转条件、升级前转条件等。

⑤系统提供故障原因分析手段，能够准确定位网络故障的原因，能够自动压缩重复告警，记录告警的重复次数。

⑥系统提供自动和手动的告警清除功能，支持灵活设置自动清除的周期和清除时保留的告警时间窗口。

⑦系统记录故障发生的现象和处理的方法，为管理人员提供故障处理经验库。当故障发生时，能够方便地查看该类故障的处理经验。

（4）性能管理

性能管理包括性能数据采集、处理、统计分析和性能门限管理等功能。具体包括：

①可采用任务方式对设备进行性能数据采集，性能数据能反映设备的运行情况和运行质量，能够对性能数据采集任务进行灵活的设置。

②支持对不同的性能指标进行阈值设置，提供相应的阈值管理和越限告警机制，能够按照对象类型和针对具体对象两种方式设置性能门限。

③性能数据可保存到数据库中，实现统计、分析和比较功能，统计、分析和比较的结果能够以图形方式呈现，能生成性能趋势曲线；能够同时选中多个对象，在同一坐标系中进行性能趋势对比，对比曲线应支持直接存为图片。

④性能数据趋势分析具备性能门限提醒功能。在性能趋势分析图中，能绘制出该对象的性能门限阈值线。

3.1.3 安全管理功能

通过信息化手段实现安全管理支撑能力，安全管理应包括但不限于通信及操作管理、访问控制、信息安全事件管理及风险评估和等级保护。在具体实施中会依据信息安全管理体系和分布式应用系统安全等级保护的相关国家标准。安全管理功能一般应与事件管理和问题管理相关联。

（1）通信及操作管理

支持防范恶意代码和移动代码；支持依据既定的备份策略对信息和软件进行备份并定期测试；能对网络进行充分的管理和控制并以防范威胁，保持使用网络的系统、应用程序和信息传输的安全；支持对可移动媒体的管理；支持对通过物理媒体、电子消息及业务分布式应用系统交换的信息进行安全控制；具有审计日志、管理员和操作者日志、错误日志等日志功能，并提供对日志信息的保护、分析和呈现。

（2）访问控制

系统支持对网络访问的控制，包括远程用户的鉴别，网络设备识别，诊断和配置端口的物理及逻辑访问控制，网内隔离，网络连接控制和网络路由控制等；支持对应用系统和信息的访问控制，进行统一集中的身份认证、授权和审计。

（3）信息安全事件管理

系统能发现并报告信息安全事件，并对安全事件做出响应；跟踪、记录安全事件及其处理过程；支持对安全事件的统计分析，能够量化安全事件的类型、数量、成本，并支持统计分析结果的输出。

（4）风险评估和等级保护

支持安全风险的评估及评估结果的上报，支持依据评估结果生成相应的等级保护方案，等级保护的方案应可映射到环境、资产、设备、网络、系统等安全系统运维的各个方面，支持等级保护方案的上报。

3.1.4　流程管理功能

流程管理功能应实现 IT 运维管理中所要求的管理流程，并对其进行监控，确保运维服务质量。流程管理功能要实现两个目标：一是对运维流程进行管控，按照服务等级协议（Service-Level Agreement，SLA）调用必要的资源，保证处理时限，确保服务质量，支持对故障和服务申请的跟踪，确保所有的故障和服务申请能够以闭环方式结束；二是利用运维管理系统固化运维服务的工作流程，提供标准的、统一的服务规范，提供灵活的流程定制功能。

（1）事件管理

事件管理负责记录、快速处理 IT 基础设施和应用系统中的突发事件。事件管理应支持自定义事件级别、事件分类，提供方便的事件通知功能，支持对事件进行灵活的查询统计，并可以详细记录事件处理的全过程，便于跟踪了解事件的整个处理过程。事件管理应支持以下功能：

①支持事件记录的创建、修改和关闭。

②支持向事件记录输入描述和解决方案信息，支持创建事件记录时自动记录创建时间、创建日期和事件流水号。

③支持将事件记录自动分派到相应支持组和个人。

④提供对事件记录的查询功能。

⑤支持灵活定制相关报表，可利用历史事件记录生成管理报表。

⑥支持与问题管理、配置管理、变更管理等其他管理流程的集成。

（2）事故管理

针对所有事件中的事故事件，事故查询、事故与客户信息关联、运维管理系统应对采集到的事故事件支持以下功能：事故统计、事故确认、事故同步、事故升级、事故清除、事故通知、事故知识库关联等。

①事故查询。运维管理系统支持多种条件组合的基本事故查询和统计功能，查询和统计功能针对当前事故和历史事故进行，并且应能根据事故源、事故级别、状态、类型、发生时间等组合条件对事故信息进行过滤查询。

②事故与客户信息关联。运维管理系统应支持事故和客户信息的关联，根据事故对象自动获取客户的名称、联系人信息及 SLA 签约信息，并结合 SLA 签约信息确定事故的级别和后续处理策略。

③事故同步。运维管理系统应具有事故同步的功能，当由于某些因素造成运维管理系统与 IT 资源的事故信息不同步时，可以启动同步功能，完成事故信息的同步。运维管理系统可以向被管系统主动请求网络的当前活跃事故信息，或者请求某一时间段的事故信息。

④事故确认。运维管理系统应提供事故确认的功能。运维管理系统应能对单个事故或符合条件的一组事故进行确认。

⑤事故升级。对单位时间内频次过高或历时过长（门限可由用户设置）的事故自动提高事故级别，从而保证事故信息的有效性。运维管理系统应提供界面，可以由用户对事故升级的条件进行灵活配置。

⑥事故清除。运维管理系统应具有事故清除的功能。事故清除功能应支持两种清除方式：自动清除和手工清除。自动清除是指运维管理系统能自动将超过事故保存时间的历史事故记录删除，而手工清除是指运维管理系统能够对用户选定的事故进行清除。

⑦事故统计。运维管理系统应具有事故统计功能。运维管理系统应能以报表、图形等形式根据事故对象、事故类型、事故级别、事故产生的时间等条件对事故进行分类统计和比较。

⑧事故通知。运维管理系统提供事故通知条件的设置，包括事故时间范围、事故级别、类型、事故设备等。运维管理系统支持查询、增加、删除、修改事故通知条件的功能，允许创建多个通知条件；运维管理系统提供将事故通知条件关联到相关的运维人员的功能，一个事故通知条件应可以关联到多个运维人员。当出现事故时，运维管理系统会自动根据事故通知条件通过特定手段（如 E-mail 或短信）通知相关的运维人员。

（3）问题管理

问题管理流程的主要目标是预防问题和事故的再次发生，并将未能解决的事件的影响降到最低。系统应支持以下功能：

①支持问题记录的创建、修改和关闭，创建问题记录时自动记录创建时间、日期。

②支持对事件、问题和已知错误的区分。

③支持自动分派问题记录到定义的支持组或个人。

④支持对问题记录定义严重等级和影响等级。

⑤支持对问题记录的跟踪和监控。

⑥支持生成可定制的管理报表。

⑦支持向问题记录输入描述和解决方案信息。

⑧提供对问题记录的查询功能。

⑨支持与变更管理、配置管理、事件管理等其他管理流程的集成。

（4）配置管理

配置管理负责核实 IT 基础设施、应用和用户终端环境中实施的变更，以及配置项之间的关系是否已经被正确记录下来，监控 IT 组件的运行状态，以确保配置管理数据库能够准确地反映现存配置项的实际版本状态。

配置管理相关的内容包括：分析现有信息，确定所需工具和资源，选择和识别配置构架，创建配置项，记录所有的 IT 基础设施组件及其相互关系（包含组件所有人、状态及可用的文档等），通过认可记录和监控已授权及确认的配置项来确保配置数据库的及时更新，核实配置项的存在性和准确性，根据配置项的使用情况产生趋势和发展的报告，为其他管理流程提供可靠的信息等。

配置管理应追踪和监控基础设施及其状态，记录管理对象的相互关系，为事件、问题与变更管理等提供相关的设备系统信息，应能帮助事件管理、问题管理中的故障和问题正确快速解决，应能帮助评估变更影响并快速解决。

配置管理应确保客户所有配置元素及其配置信息得到有效完整的记录和维护，包括各配置元素之间的物理和逻辑关系。

配置管理应支持以下功能：

①支持对配置项的登记和变更管理。

②支持对配置项属性的记录，如序列号、版本号、购买时间等。

③支持配置项间关系的建立和维护。

④支持配置项及其关系的可视化呈现。

⑤支持对配置管理数据库访问权限的控制。

⑥支持对配置项变更的历史审计信息的记录和查询。

⑦支持配置项的状态管理。

⑧支持针对配置项的统计报表。

⑨支持与事件管理、问题管理、变更管理等其他管理流程的集成。

⑩配置管理与其他流程的集成要求。

（5）变更管理

变更管理实现所有 IT 基础设施和应用系统的变更，变更管理应记录并对所有要求的变更进行分类，应评估变更请求的风险、影响和业务收益。其主要目标是以对服务最小的干扰实现有益的变更。系统应支持以下功能：

①创建并记录变更请求：系统应支持信息的输入，并确保只有授权的人员方可提交变更请求。

②审查变更请求：系统应支持对变更请求进行预处理，过滤其中完全不切实际的、不完善的或之前已经提交或被拒绝的变更请求。

③变更请求的分类和划分优先级：系统应支持基于变更对服务和资源可用性的影响决定变更的类别，依据变更请求的重要程度和紧急程度进行优先级划分。

④系统应支持对变更请求的全程跟踪和监控，支持在变更全程控制相关人员对变更请求的读、写、修改及访问。

⑤系统应支持将变更请求分派到合适的授权人员。

⑥系统应支持对变更请求的审批流程，并支持对变更请求的通知和升级处理。

⑦系统应提供可定制的管理报表，方便按类型、级别对变更进行统计和分析，对变更实施的成功率、失败率等进行统计和分析。

⑧支持与事件管理、问题管理、配置管理等其他管理流程的集成。

（6）发布管理

发布管理负责对硬件、软件、文档、流程等进行规划、设计、构建、配置和测试，以便为实际运行环境提供一系列的发布组件，并负责将新的或变更的组件迁移到运行环境中。其主要目标是保证运行环境的完整性被保护及正确的组件被发布。系统应支持以下功能：

①支持发布的分发和安装。

②支持与配置管理、变更管理、服务级别管理等流程的集成。

(7) 知识管理

知识管理负责搜集、分析、存储和共享知识及信息，其主要目的是通过确保提供可靠和安全的知识及信息以提高管理决策的质量。知识管理应支持以下功能：

①添加知识：提供支持人员提交经验和知识输入的接口或界面，支持 Word/Excel/TXT 等格式文档作为附件的输入。

②支持知识库的更新。

③查询知识：提供完善的查询功能，如查询关键字、知识列表等。

④提供模糊匹配、智能查询、点击统计等增强功能。

3.1.5 综合管理功能

运维管理系统的综合管理功能应在资产管理、监控管理、安全管理、流程管理和外包管理功能的基础上，实现分布式应用系统整体运维信息统计分析，并支持管理决策。

(1) 统计分析

运维管理系统应能在收集到的各种事件信息和配置信息的基础上进行综合分析，帮助运维人员进行故障问题的定位。同时，系统应支持在各类管理信息的基础上建立综合分析指标，来反映 IT 环境的总体运行趋势。运维管理系统应支持通过界面、邮件和短信等多种方式发布分析结果。对分析结果发布的规则可以灵活设置，能够为分布式应用系统运维的不同角色提供不同界面和分析结果。

(2) 决策支持

决策支持应该包括数据、模型、推理和人机交互四个部分。系统应支持管理者就分布式应用系统运维相关的人员、费用及资源配置等管理关注的方面制定决策目标，通过建立、维护并运行决策模型，利用综合资产、监控、安全、流程及外包管理的特征数据，借助知识推理功能，以人机交互方式进行半结构化或非结构化决策。

3.1.6 外包管理功能

运维管理系统的外包管理功能是面向分布式应用系统管理者，实现对外包的分布式应用系统运维服务的结果控制管理和过程控制管理。

(1) 结果控制管理

结果控制管理应支持对外包分布式应用系统运维服务质量和效果的控制。具体包括：

①系统应支持对服务级别协议的查询。

②系统应支持基于服务级别协议中规定的内容定制并提交服务质量报告。

③系统应支持服务级别违例报告。

(2) 过程控制管理

过程控制管理应实现对分布式应用系统运维服务提供过程的控制。具体包括：

①系统应支持查询外包运维工作的详细情况，如事件和问题处理情况、变更执行情况等。

②系统应支持服务级别违例相关的服务质量恢复和处理情况的查询及报告。

③系统应支持对外包单位和外包运维人员的工作量及绩效进行查询、统计和定期报告。

3.2　分布式应用系统基础设施运维业务需求

分布式应用系统基础设施是指支撑分布式应用系统业务活动的系统软硬件资产及环境。分布式应用系统基础设施运维属于基础运维，是整个系统运维的前提和保证，其核心任务是有效地管理分布式应用系统的设备资源，对相关设备进行日常运行维护、综合监控管理，保障分布式应用系统稳定、可靠地运行，从而保证信息服务的质量。

分布式应用系统基础设施运维的范围包含分布式应用系统所涉及的所有设备及环境，主要包括基础环境、硬件设备、网络设备、基础软件等，如图 3-2 所示。

（1）**基础环境**

包括机房供配电系统、机房 UPS 系统、机房空调系统、机房弱电系统、机房消防系统等在内的，维持机房安全正常运转，确保机房环境满足分布式应用系统设备运行要求的各类设施。

（2）**网络**

保证分布式应用系统内部、分布式应用系统与外部连接的网络及网络设备，包括内部局域网、互联网、网络线路，以及路由器、交换机、入侵检测器、负载均衡器等。

（3）**硬件**

分布式应用系统所涉及的相关硬件，如服务器设备、安全设备、存储备份设备、音视频设备、终端设备及其他相关设备等。

（4）**基础软件**

支持分布式应用系统运行的系统软件，包括操作系统、数据库系统、中间件等。

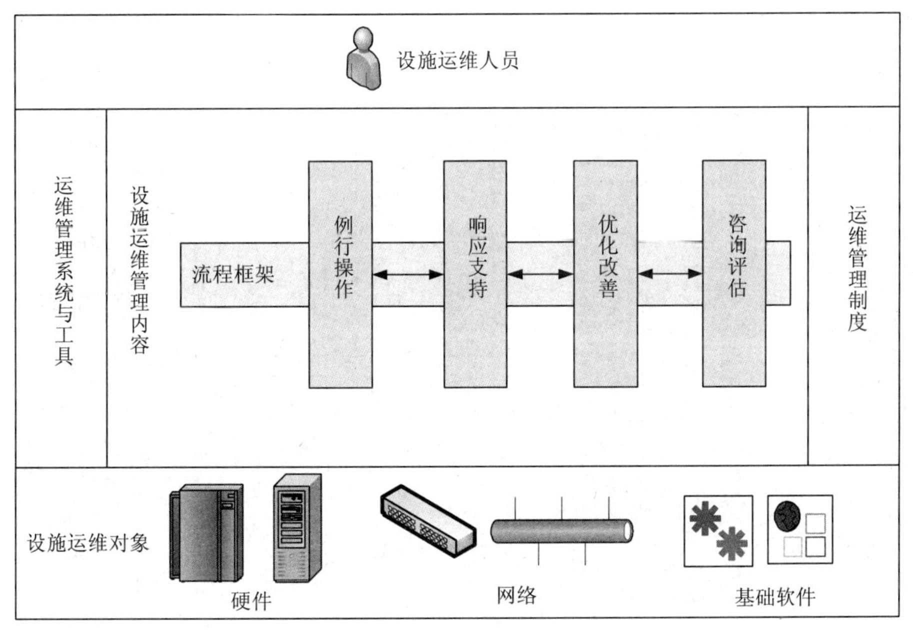

图 3-2　分布式应用系统基础设施运维的管理体系

3.2.1 分布式应用系统网络运维

分布式应用系统网络运维指为保证路由设备、网络交换设备等网络基础设施的安全、可靠、可用和可扩展，保证网络结构的优化，定期评估网络基础平台的性能，制定故障维护预案，及时消除可能的故障隐患，制定应急预案，保证网络基础平台的可靠和可用。

网络运维的对象主要包括通信线路、通信服务、网络设备及网络软件。通信线路即网络传输介质，主要有双绞线、同轴电缆、光纤等；通信服务即网络服务器，网络控制的核心是通过运行网络操作系统，提供硬盘、文件数据及打印机共享等服务功能；网络设备即计算机与计算机或工作站与服务器连接时的设备，主要包括网络传输介质互连设备（T 形连接器、调制解调器等）、网络物理层互连设备（中继器、集线器等）、数据链路层互连设备（网桥、交换机等）及应用层互连设备（网关、多协议路由器等）；网络软件是指支撑网络设备运转的软件。

网络运维的四个对象是紧密关联的，运维人员在面对用户反映“网络不通”问题的时候，往往发现问题可能不是出在通信线路上，而是由通信服务、网络设备或网络软件引起的。网络运维中的关键不是针对具体设施对象的管理，而是能够满足网络运维需要，能够快速定位问题，有效响应请求的拓扑管理、状态管理和监控管理等。

(1) 网络拓扑管理

在网络运维工作中，如果对网络的监控只是单点地针对设备进行观察及排错，或者仅有静态的逻辑拓扑图，均不利于运维人员对网络进行整体有效的认识或监控。网络运维需要能够反映网络中所有设备的工作状态、线路流量状态并能进行智能告警通知的拓扑图，通常称之为物理拓扑图，如图 3-3 所示，通过物理拓扑图能真实地反映网络设备的物理运行状态。目前，网络运维平台（工具）能动态提供物理拓扑图，通过该拓扑图，运维人员可以及时地了解网络中的故障点和压力点，并对网络中的所有设备进行快速的浏览及配置，提高工作效率。

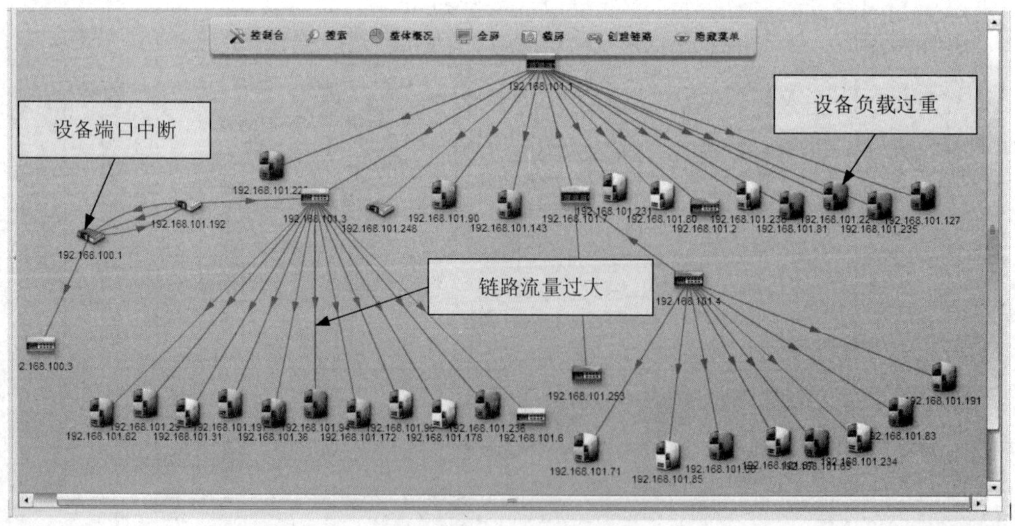

图 3-3 网络运维物理拓扑图

（2）网络状态管理

通过网络状态管理对网络物理链路连接状态进行监视和管理，通过运维平台对指定链路设定告警阈值，如链路带宽占用率阈值、链路速率阈值等。在链路连接发生故障或达到告警阈值时，链路以颜色的改变提醒运维人员，并产生相关告警。

（3）网络监控管理

网络监控管理包括网络设备 IOS 版本、网路线路带宽状况、网络设备 CPU 利用率、内存利用率、网络设备端口、ICMP 连通性及 SNMP 监测等，其中以端口监测最为关键，主要监测端口的数据流量，包括入速率、出速率、入丢帧速、出丢帧速、单播入帧速、单播出帧速、非单播入帧速、非单播出帧速、入错误帧速、出错误帧速等，如图 3-4 所示，通过监测及时发现异常的网络流量。

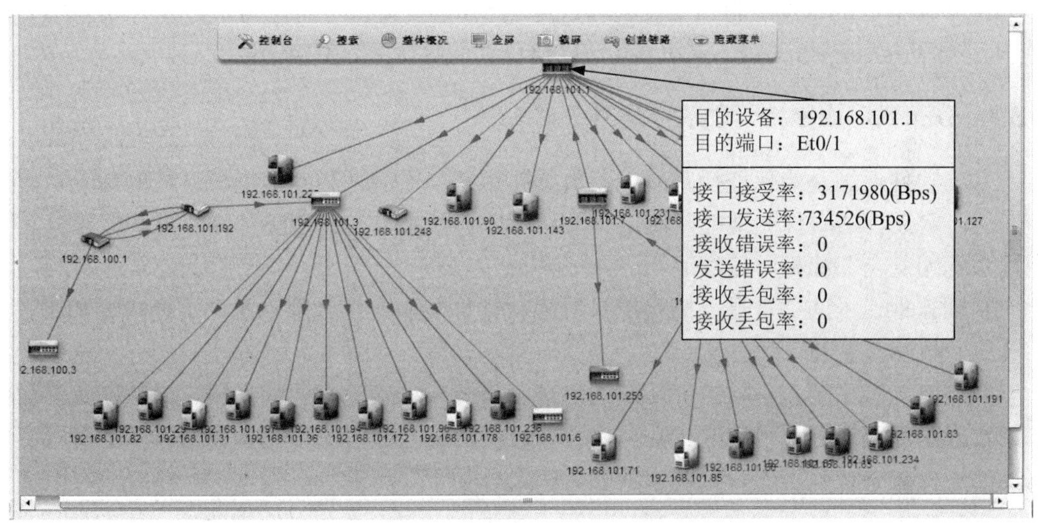

图 3-4　分布式系统链路及相关参数显示

通过网络丢包率监测能够监测端口通信链路的稳定性、抖动率，及时发现系统隐患，保证业务正常。

3.2.2　分布式应用系统硬件运维

分布式应用系统硬件运维指为保证服务器设备、集群系统、存储阵列、存储网络等硬件的安全性、可靠性和可用性，保证存储数据的安全，定期评估硬件设备的性能，确认数据存储的安全等级，制定故障应急预案，及时消除故障隐患，保障分布式应用系统的安全、稳定、持续运行。

硬件运维的关键是对服务器设施的运维，主要包括 Web 服务器、应用服务器、邮件服务器、文件服务器、FTP 服务器、DHCP 服务器、DNS 服务器、打印传真服务器、数据库服务器、域服务器等。不同规模的分布式应用系统其服务器的分布也不尽相同。例如，小型企业可能将 Web 服务器和应用服务器合二为一，大中型企业可能采取多个服务器集群完成文件服务器的任务及基于云计算的分布式服务器管理模式。

硬件运维的关键在于能够尽早发现硬件的性能瓶颈和故障隐患，即要做好硬件监控管理，主要监控服务器的基本信息、CPU 负载、内存利用率、磁盘空间和吞吐率、事件与错误日志等。

①硬件状态监控：主要监控和管理服务器状态，如风扇转速、湿度、电压和 CMOS 电池容量。

②性能监控：主要监控服务器 CPU 负载、内存和磁盘使用量、并发会话数等性能指标和运行状态参数。

③应用服务监控：对服务器上运行的 HTTP、HTTPS、FTP、Telnet、FTP、ICMP、IMAP、POP3、SMTP 和任意 TCP 端口上的应用服务进行监控，通过服务器的响应速度来提前预知服务异常。

④针对 Windows 服务器的监控：通过对 WMI 的支持，可监控 Windows 服务器的事件日志、MS Exchange Server、SQL Server、LDAP、IIS 等服务的可用性。

3.2.3 分布式应用系统基础软件运维

基础软件运维是为保证操作系统、数据库系统、中间件和其他支撑系统的安全、可靠和可用，定期评估软件的性能，制定软件故障应急预案，及时消除故障隐患，保障分布式应用系统的安全、稳定、持续运行。

基础软件运维的关键在于能够尽早发现软件性能瓶颈和故障隐患，主要内容如下。

（1）数据库监控

数据库监控主要包括数据库系统的性能、事务、连接等方面的数据，如数据库工作状态、数据库表空间的利用情况、数据文件和数据设备的读写命中率、数据碎片的情况、数据库的进程状态、数据库内存利用状态等，具体如下。

①基础监控：数据库是否装载，指定表或视图是否存在，制定指定表空间的使用率。

②基本信息采集：监测数据库服务器的基本信息，包括实例状态、主机名、DB 名称、DB 版本、位长、并行状态、例程名、例程开始时间、限制模式、归档模式、归档路径、只读模式、是否使用 spfile 启动及启动路径。

③表空间监测：监测数据库服务器指定表空间的使用量、使用百分率、PSFI 值、读写时间、扩展次数、Next 扩展大小。

④数据文件监测：监测指定文件大小及状态。

⑤回滚段监测：监测数据库服务器指定回滚段命中率、大小、压缩次数。

⑥ SGA 配置监测：监测数据库服务器 SGA 性能、高速缓冲区大小、冲区大小、共享池大小、数据字典缓存大小、共享库缓存大小等。

⑦链接会话监测：监测数据库服务器中会话的 CPU 时间、内存排序次数、提交次数、占用游标数、缓冲区命中率。

⑧安全访问监测：监测表空间使用率、连接会话数等。

⑨资源锁定监测：监测数据库服务器中自定资源的锁定时长。

⑩命中率监测：监测数据库服务器的高速缓存区命中率、共享库缓存区命中率、共享区字典缓存命中率、回退段等待次数与获取字数比率、磁盘排序与内存排序比率。

⑪数据空间监测：监测指定数据空间。

⑫数据库大小监测：监测数据库实例当前大小。

（2）中间件监控

中间件监控主要监控中间件的各项运行状态参数，包括配置管理、连接池、线程队列、负载监测、通道情况监测等，具体如下。

①系统信息采集：监测中间件的基本信息，包括操作系统、操作系统版本、当前可用堆栈及大小、当前目录、重启次数、开启线程数。

② JVM 使用监测：监测 JVM 的堆栈大小和使用率。

③ JDBC 连接池监测：监测 JDBC 数据连接池资源分配情况。

④ JTA 事务监测：监测中间件中数据处理事务的活动情况。

⑤线程池监测：监测指定线程类的线程平均数、空闲线程平均数及线程吞吐量。

⑥ Servlet 监测：监测指定 Servlet 的执行和调用情况。

⑦ EJB 监测：监测指定 EJB 激活次数、钝化次数、缓存个数、事务提交次数、事务回滚次数、事务超时次数、访问次数。

⑧通道情况监测：监测通道情况，包括每秒接收字节、每秒发送字节、通道状态、发送间隔、事务数。

⑨队列深度监测：监测消息队列的队列深度。

⑩ Web 应用监测：指定 Web 应用中 Session 的当前个数、最大值及累积个数。

⑪ JMS 队列深度监测：监测中间件中 JMS 消息队列活动情况。

⑫ Tuxedo 负荷监测：监测 Tuxedo 的机器状态是否被激活、每秒处理的队列服务数、每秒入队的队列服务数、当前客户端数、当前 Workstation 客户端数。

⑬数据连接池：监测中间件数据库连接信息，如最大、最小连接数，可用、创建、关闭、等待连接数等。

⑭数据库应用性能监控：主要监测系统线程情况、请求队列情况、吞吐量、发送/接收字节数等信息。

（3）应用服务监控

应用服务监控通过对分布式应用系统基础应用平台（如 IIS、Apache 等）的基础信息、连接测试、基本负载等重要信息的监测，有效、实时地分析 HTTP/HTTPS、DNS、FTP、DHCP、LDAP 等常见通用服务的运行状态和参数，深入分析服务响应速度变化的技术原因和规律，从根本上解决服务响应性能的问题。

应用服务监控内容具体包括：

① Web 服务器可用性监测：监测 HTTP、HTTPS 和 Web Service 服务器是否连接及是否正常运行，可以监测指定 HTTP 的 URL 路径是否包含或不包含指定内容。

②标准邮件服务器监测：监测 IMAP、POP3、SMTP 邮件服务器是否连接以及是否正常运行，可以监测具体的邮箱邮件数及邮箱使用量。

③ Active Directory（AD）服务监测：监测 AD 服务运行情况、请求的响应情况及服务复制列表情况等。

④基础服务监测：主要是对 DNS、FTP、LDAP 服务的监测，内容包括监测相关服务

器是否连接，是否正常运行以及连接时间等。

⑤通用资源监测：主要对 TCP 端口和 SNMP 进行监测，包括监测多个 TCP、端口，采集连接时间，可指定端口开启或关闭时告警和监测多个 SNMP 表达式（支持四则运算、时间差值运算等）对应的采集结果，并可设定告警阈值。

3.2.4 分布式应用系统基础软件的安全运维

为保证软件的安全运行，必须建立安全的操作系统，保证服务器上的操作系统软件、防病毒软件和防火墙软件的安全。

（1）操作系统的安全

为了建立安全的操作系统，首先，必须构造操作系统的安全模型（单级安全模型、多级安全模型、系统流模型等）和实施方法；其次，应该采用诸如隔离、核化（最小特权等）和环结构（开放设计和完全中介）等安全科学的操作系统设计方法；最后，还需要建立和完善操作系统的评估标准、评价方法和测试质量。处理操作系统中常见的方法可归纳为：

①加强程序开发阶段的安全控制，防止有意破坏并改善软件的可靠性。比如，采用先进的软件工程进行对等检查、模块结构、封装和信息隐藏、独立测试和程序正确性证明及配置管理等。

②在程序的使用过程中实行科学的安全控制。比如，利用信息分割限制恶意程序和病毒的扩散；利用审计日志跟踪入侵者和事故状态，促进程序间信息的安全共享。

③制定规范的软件开发标准，加强管理，对相关人员的职责进行有效监督，改善软件的可用性和可维护性。

（2）服务器上的操作系统软件、防病毒软件和防火墙软件的安全

分布式应用系统软件都要依托于服务器设备。为保证安装在服务器上的操作系统软件、防病毒软件和防火墙软件的安全，必须做到以下 4 点。

①根据应用软件的需求和服务器硬件架构选择安装合适的操作系统，服务器操作系统软件应当定期更新操作系统的安全升级补丁。

②服务器应当安装防病毒软件，系统管理人员要定期更新防病毒软件补丁和病毒特征库。系统管理人员要为防病毒软件定制自动病毒扫描策略，定期检查策略的执行情况。

防范病毒的最佳方法是制定完善的计划。为将病毒带来的危害降到最小，可采取下列防范措施：安装优秀的反病毒软件；至少每周对硬盘进行一次病毒扫描；对 U 盘进行写保护，并在使用之前进行扫描；对程序磁盘进行写保护；完整和频繁地备份数据；不要信任外部 PC；在建立关联和同步文档之前进行病毒扫描；制定反病毒策略；在发生病毒攻击的情况下明确风险领域，包括：直接损失（包括还原系统所需的时间等）、因系统停机而损失客户与供应商、因组织对外传播病毒（一般都是由于员工的疏忽造成的）而损害了第三方等。

针对病毒防范还可以采用下列管理措施为员工制定严格的与处理电子邮件相关的规章制度，使用电子邮件服务对接收到的电子邮件进行扫描；使用互联网服务提供商来提供病毒检测和控制服务，通过这种方式，可以使用最新的技术，使内部人员无法实施犯罪，并可以将风险转嫁给服务提供商；在合同中注明相应条款，避免客户/供应商因系统受到攻击而蒙受损失；指导员工对发送给业务合作伙伴的电子邮件进行扫描。

③服务器应当安装防火墙软件，系统管理人员要定期为防火墙软件更新补丁。系统管理人员要为防火墙软件配置出入操作系统的防火墙安全防护策略，阻止可疑的不安全访问。

④系统管理人员要定期对服务器操作系统进行安全检查，并出具书面检查报告。

3.3　分布式应用系统业务软件运维业务需求

分布式应用系统软件运维是指业务软件在开发完成投入使用后，为改正软件中隐含的错误，或为提高分布式应用系统软件的适应性、可靠性和完善分布式应用系统功能，对业务软件进行的软件工程活动。

业务软件运维在分布式应用系统生命周期中有着举足轻重的作用，它是软件生命周期中耗费最多、延续时间最长的活动，与开发费用比值也越来越大。业务软件由于运维不善或某种程度的不易维护，常常造成有些分布式应用系统软件会提早结束其生存周期，造成资源的极大浪费。因此，要想延长业务软件的生命周期，充分发挥业务软件的作用，就应做好分布式应用系统软件运维这项基础性工作。

业务软件是分布式应用系统的灵魂，没有业务软件的支持，分布式应用系统将一事无成。在传统的软件产品生命周期中，业务软件运维往往受关注程度较低，但此阶段却是服务于用户并接受用户反馈意见最直接的阶段，维护工作是否及时、有效将直接影响用户的使用和业务软件产品的声誉。因此，有必要研究分布式业务应用系统业务软件运维的规律，理解其概念和内涵，以提高分布式应用系统运维水平，保障分布式应用系统可靠、安全、低成本地运行。

业务软件运维是分布式应用系统软件工程的一项重要内容，在业务软件的规划设计阶段即应开展软件可维护性的设计工作，通过针对可维护性的体系结构分析，将维护性的要求反映在软件上，保证软件的可维护性。业务软件运维被视为分布式应用系统业务软件生存期中的一个独立阶段，它与业务软件开发环节中的需求分析、设计、编码和测试息息相关。业务软件运维体系如图 3-5 所示。

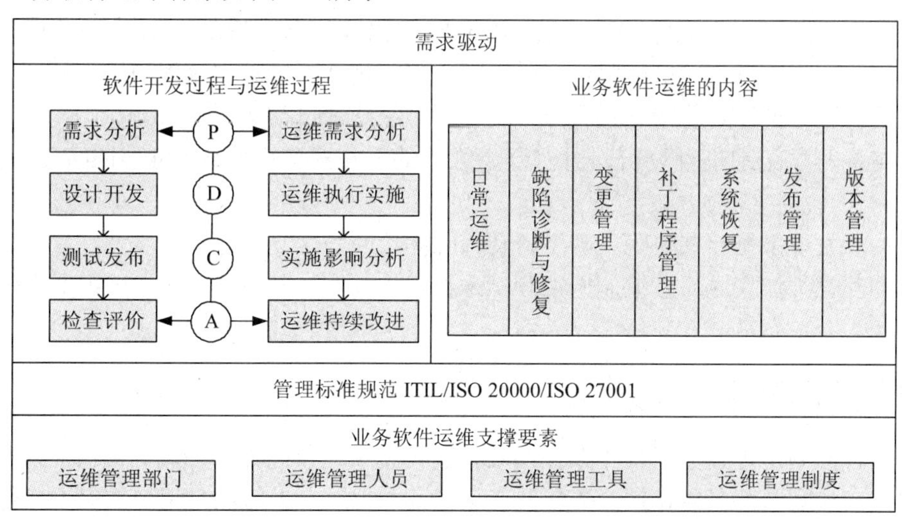

图 3-5　分布式应用系统业务软件运维的管理体系

3.3.1 业务软件的日常运维

业务软件日常运维的主要内容包括：监控、预防性检查、常规操作。

业务软件监控的主要内容有进程状态、服务或端口响应情况、资源消耗情况、日志、数据库连接情况、作业执行情况等。

业务软件预防性检查的主要内容有典型操作响应时间、系统病毒定期查杀、口令安全情况、日志审计、分析、关键进程及资源消耗分析、队列等。业务软件常规操作的主要内容有日志清理，启动、停止服务或进程，增加或删除用户账号，更新系统或用户密码，建立或终止会话连接，作业提交，软件备份等。

日常运维是指按照业务软件运维服务协议定时、定点、定内容重复进行的业务软件的常规维护活动。日常运维的常规操作包括查阅系统日常运行记录，处理运行过程中的随机事件，对不能解决的事件申请维护处理；对日常维护中发现的系统缺陷，申请转入缺陷诊断与修复流程；同时做好日常运行报告的编制工作，将日常运行报告与日常运行过程中产生的其他文档一并归档备查。

业务软件的日常运维操作活动主要包括例行测试维护和定期测试维护。

（1）例行测试维护

按照例行测试的测试结果进行业务软件常规维护活动。例行测试流程的要点如下：

①开展例行测试前应先制定测试计划及准备测试用例。

②按计划依据用例执行测试。

③对测试结果进行分析，对需更新或修改的测试结果申请运维处理。

④对业务软件运维后若发现有缺陷不能解决，则申请进入缺陷诊断与修复。

⑤例行测试完成后应编制例行测试报告，并与例行测试过程中产生的文档一并归档。

（2）定期测试维护

定期测试维护指按照分布式应用系统软件开发或提供厂商规定的维护周期进行分布式应用系统软件的测试与维护活动。定期测试维护的周期依据分布式应用系统软件的使用手册和运行规范设定。其周期一般有周测试维护、月测试维护和季度测试维护三种基本类型。不同周期的测试内容详略程度可有所不同。定期测试维护基本流程的要点如下：

①定期测试维护开始前应先查阅分布式应用系统软件日常运行记录。

②对定期测试记录进行分析，对有需要维护的分布式应用系统功能则申请进行维护处理。

③维护后发现系统存在缺陷，则申请转入缺陷诊断与修复流程。

④定期测试维护完成后应编制定期测试维护报告，并与定期测试运维过程中产生的文档一并归档。

3.3.2 业务软件的缺陷诊断与修复

业务软件缺陷是指业务软件中存在的某种破坏正常运行能力的问题、错误，或者隐藏的功能缺陷。缺陷的存在会导致业务软件产品在某种程度上不能满足用户的需要。从业务软件产品内部看，缺陷是业务软件产品开发或运维过程中存在的错误；从业务软件产品外部看，缺陷是分布式应用系统所需实现的某种功能的失效或违背。

一旦发现业务软件缺陷，就要设法找到引起缺陷的原因，分析其对分布式应用系统产品质量的影响，然后确定缺陷的严重性和处理这个缺陷的优先级。各种缺陷所造成的后果是不一样的，有的仅仅是不方便，有的可能是灾难性的。一般问题越严重，其处理优先级就越高，缺陷通常分以下四种：

①微小的：对业务软件功能几乎没有影响的一些小问题，业务软件产品仍可使用。

②一般的：不太严重的错误，如业务软件次要功能模块丧失，提示信息不够准确，用户界面差和操作时间长等。

③严重的：严重错误，指业务软件功能模块或特性没有实现，主要功能部分丧失，次要功能全部丧失，或出现致命的错误声明。

④致命的：致命的错误造成分布式应用系统崩溃、死机，或造成系统数据丢失、主要功能完全丧失等。

除了缺陷的严重性之外，还需要判断缺陷所处的状态，以便及时跟踪和管理。业务软件缺陷状态分为三种：

①活动状态：问题没有解决，业务软件测试人员最新报告的缺陷或者验证后缺陷仍旧存在。

②已解决状态：分布式应用系统开发人员针对缺陷，进行业务软件修正，问题已解决或通过单元测试。

③关闭状态：业务软件测试人员经过验证后，确认缺陷不存在之后的状态。

发现业务软件缺陷后，要尽快修复。小范围内的错误不及时修复，可能会扩散成大错误，导致后期修改工作更多，成本也更高。业务软件缺陷发现或解决得越迟，业务软件运维的成本就越高。

按照业务软件开发提供的测试检查方法、测试检查工具或第三方测试工具，按测试规范对业务软件进行缺陷诊断与修复。对于诊断流程发现的缺陷按缺陷诊断和处理办法能够解决的缺陷问题在此流程范围内解决。缺陷诊断与修复流程如下：

缺陷诊断与修复流程主要包括以下方面：

①接受问题申请后，应对问题进行初步诊断。

②经检查分析，对属于异常的缺陷进行修复，对属于常见问题的缺陷则进行技术支持。

③对不能修复的异常缺陷申请重大缺陷处理。

④缺陷诊断与修复完成后应编制缺陷诊断与修复报告，并同缺陷诊断与修复过程中产生的文档一并归档。

3.3.3　业务软件的变更管理

变更管理是业务软件变更过程的管理，业务软件变更是不可避免的，因为：

①业务软件上线使用后，新的需求会不断出现。

②业务软件已有的需求会随着业务环境的变化而变化。

③业务软件运行中的错误要进行修改。

④业务软件其他性能和非功能特性需要修改。

业务软件最终的目的是要满足用户需求，而用户的需求总是在不断地变化，用户的一个需求变更作为一个新需求，等到一个新的迭代周期开始的时候将新变更需求引入，业务软件所有的规划、分析设计、实现、测试、部署都根据新的需求变更进行更新，形成一个周而复始的业务软件迭代变更过程。

业务软件变更流程是分布式应用系统运维的基本控制流程之一。业务软件应具有独立的变更管理功能，负责控制分布式应用系统运行及运维过程中发生的变化，相应地指定级别足够高的相关人员负责变更管理，负责制定变更计划，监督变更实施等工作。业务软件变更管理应从工具和流程两个层面紧密地结合在一起，选用适当的软件来支持和管理流程。

好的业务软件产品通常会有一定的用户群。用户新需求的不断积累最终会带来软件产品的变更问题。业务软件在原有版本可用的前提下，为了更好地满足用户需要而对原有业务软件在功能、界面、性能、用户交互性等方面做出大范围的变更，可能涉及架构和界面的整体修改，会变更原有软件已形成的用户使用习惯。如何让变更后的业务软件产品向下兼容，如何在保持原有功能的基础上，使得变更后的业务软件产品在性能、功能、用户使用的便捷性等方面更加优越，针对这些特性，业务软件产品平滑变更的基本原则如下：

①与原有业务软件的兼容：原有功能升迁到新的业务软件中，继续保留原有业务软件中适用的功能，并对原有的业务软件中不足的功能进行改进，使之更加实用。

②用户透明性：业务软件的变更对用户来说，是一种功能增强、性能改善和业务处理逻辑更加合理化的过程。所谓的用户透明性不是指用户感觉不到，而是指用户不需要从头学习新业务软件，就能根据原有软件产品的使用经验流畅地转入新系统的使用。

③可扩展性：由于业务软件产品具有较长的生命周期，因此在兼顾原有业务软件的同时，还必须考虑新业务软件未来的可扩展性。

3.3.4 业务软件的补丁程序管理

补丁程序管理指为修复原有业务软件在功能和易用性上的问题，对分布式应用系统原有程序或存在的漏洞进行修改和补充形成的程序，通常可自由安装和卸载。如何有效安装业务软件补丁，管理好补丁是业务软件运维管理的重要内容。业务软件补丁管理涉及业务、流程、管理和技术，是业务软件运维整体框架中不可缺少的组成部分之一，是提高业务软件整体可维护性和安全性必不可少的组成部分。

补丁程序管理主要是对制作完成的业务软件补丁进行检测、发布、跟踪，运维人员获取并安装业务软件补丁程序。补丁程序管理流程主要包括：现状分析、补丁跟踪、补丁分析、部署安装、疑难处理、补丁检查六个环节，同时由于补丁程序管理是一个长期、周而复始的工作，因此这些工作又形成了一个环状的流程，其中既有时间驱动工作，又有例行工作。

3.3.5 业务软件的系统恢复管理

系统恢复管理是针对已不能正常运行的业务软件执行恢复安装的管理。它属于维修性质的服务管理，通常涉及恢复安装与发布的原因分析、检查、审核、用户沟通、过程跟踪、记录、测试以及测试的关闭等流程。对业务软件实施恢复安装操作后，使业务软件尽快正常、稳定运行。

业务软件恢复管理流程的要点如下：

①系统恢复申请被提出。

②分析业务软件故障原因。

③恢复安装前检查，恢复系统后测试。

④对恢复安装过程进行跟踪、确认。

⑤系统恢复申请单、故障原因分析记录、恢复安装记录等过程文档存档。

3.3.6　业务软件的发布及版本管理

（1）发布管理

发布管理负责对业务软件的网络环境、服务器、操作系统环境、运行平台软件及相关的变更文档等进行规划、设计、构建、配置和测试，以便为实际运行环境提供稳定的支持，并负责将新的或变更的程序补丁和数据库补丁迁移到运行系统中。其主要目标是保证业务软件能正常稳定地运行。业务软件发布类型包括：主发布、服务包发布、紧急补丁包发布等。业务软件发布管理主要包含以下内容。

①部署规划、设计；

②设计验证；

③硬件实施；

④构建软件产品；

⑤实施、运行及优化。

业务软件发布时要指定专人负责发布工作，建立发布结构，编写草稿，说明软件已完成的功能和已达到的性能、尚未解决的各种问题、运行环境、操作方法、发布内容的清单等（文档、安装包、数据包等）。清单一定要完整，体现业务软件开发工作的完整性。功能描述要遵循用户需求中的轻重次序，提高用户认可度。对现有问题的说明要客观，说明解决问题的成本。发布时可采用增量式发布。

（2）版本管理

在业务软件运维的过程中，许多因素都有可能导致对软件的需求、文档、源程序等内容进行修改，小的可能只是对某个源文件中某个变量的定义改动，大到重新设计程序模块甚至可能是整个需求的分析变动，会形成众多的软件版本，所以有必要进行业务软件版本的管理。

版本管理是软件配置管理的核心功能。所有置于配置库中的元素都应自动予以版本标识，并保证版本命名的唯一性。版本在生成过程中，自动依照设定的使用模型自动分支、演进。除了系统自动记录的版本信息以外，为了配合软件开发，运维流程的各个阶段还需要定义、收集一些元数据（Metadata）来记录版本的辅助信息和规范开发流程。

目前主要的版本控制工具有：VSS、CVS、SVN 等。

3.3.7 业务软件的安全运维

（1）Web 应用系统上传漏洞和 SQL 注入防范

Web 应用系统的主要防范技术包括防范上传漏洞和 SQL 注入防范。

①防范上传漏洞。文件上传漏洞在多个开源 Web 系统中存在，具有普遍性。由于漏洞形成的原因在于未对用户输入的数据进行严格检查，因此，可以采取如下解决办法：服务器端路径参数应尽可能地使用常量，而不是变量，即将文件路径改为常量，而不是通过客户端提交的数据，这样有助于防范文件上传漏洞；对于用户提交的数据，应该进行全面检查，如检查文件后缀名，不应该仅仅检查最后的四位；或者禁止用户定义文件名；加强操作系统的安全配置，限制某些可执行文件的执行权限。

② SQL 注入防范。要防止这类攻击，必须在软件开发程序代码上形成良好的编程规范和代码检测机制，仅仅靠勤打补丁和安装防火墙是不够的。

（2）Web 应用系统漏洞检测技术

Web 应用系统漏洞检测工具采用的技术主要有以下四种。

①智能爬虫技术。指搜索引擎利用的一种技术，它可以从一个页面去跟踪所有的链接，到达其他页面。利用这种技术，可以遍历所有的网页，从而达到分析整个应用系统的目的。

② Web 应用系统软件安全漏洞检测技术。主要利用爬虫，对目标系统的架构进行分析，包括 Web 服务器基本信息、CGI（Common Gateway Interface）程序等，进而利用 Web 安全工具手段建立数据库，进行模式匹配分析，找出系统中可能存在的漏洞或问题。

③ Web 系统应用软件安全漏洞验证技术，用于对发现的漏洞进行验证。

④代码审计。对 Web 应用软件代码进行检查，找出系统中可能存在的弱点。在理想的情况下，检测系统能够从有缺陷的代码行中找到安全漏洞，这种功能可能会像代码编辑功能一样成为开发工具的基本组件。为了提高代码安全性，一些厂商已经开始推出相应的开发工具，但这些工具的销售情况目前并不是太好，因为大多数这类工具不能提供完整的应用程序理解能力，而只能针对特定的模式进行操作。

（3）防火墙技术

防火墙是放置在本地网络与外界网络之间的一道安全隔离防御系统，是为了防止外部网络用户未经授权的访问，用来阻挡外部不安全因素影响内部的网络屏障。它是一种计算机硬件和软件的结合，使 Internet 与 Intranet 之间建立起一个安全网关（Security Gateway）。防火墙主要由服务访问政策、验证工具、包过滤和应用网关四个部分组成。美国有 98%的公司使用防火墙实施访问控制策略。防火墙按照严格的准则来允许和阻止流量。所以，防火墙只有拥有清晰、具体的规则，才能够正确地设定哪些访问是允许的。一套分布式应用系统中可以使用多个防火墙。防火墙的主要作用体现在以下几个方面：

①可以把未授权用户排除到受保护的网络外，禁止脆弱的服务进入或离开网络，过滤掉不安全服务和非法用户。

②防止各种 IP 盗用和路由攻击。

③防止入侵者接近防御设施。

④限定用户访问特殊站点。

⑤为监视 Internet 安全提供方便。随着对网络攻击技术的研究，越来越多的攻击行为已经或将被挡在防火墙之外。

防火墙可以用来存储公开信息，使无法进入公司网络的访问者也能够获得关于产品和服务的信息，以及下载文件和补丁等。但值得注意的是，虽然防火墙很有用，却无法阻止潜伏在互联网上的病毒，病毒可以隐藏在电子邮件的附件中逃过防火墙的过滤。

（4）入侵检测技术

入侵检测技术（IDS）是指对计算机和网络资源的恶意使用行为（包括系统外部的入侵和内部用户的非授权行为）进行识别和相应处理。为了保证计算机系统的安全而设计与配置的一种能够及时发现并报告系统中未授权或异常现象的技术，是一种用于检测计算机网络中违反安全策略行为的技术。许多政府机构（如美国能源部和美国海军）及大型公司（如花旗集团等）都采用了入侵检测方法。入侵检测方法也能够检测到其他情况，如是否遵守安全规程等。人们经常忽略安全机制，但系统能够检测到这些违规行为，及时改正违规行为。

从检测方法上，可将检测系统分为基于行为和基于知识两种；从检测系统所分析的原始数据上，可分为来自系统日志和网络数据包两种，前者一般以系统日志、应用程序日志等作为数据源，用以监测系统上正在运行的进程是否合法，后者直接从网络中采集原始数据包，其网络引擎放置在需要保护的网段内，不占用网络资源，对所有本网段内的数据包进行信息收集并判断。通常采用的入侵检测手段有：

①监视、分析用户及系统活动。

②系统构造和弱点的审计。

③识别反映已知进攻的活动模式并向相关人士报警。

④异常行为模式的统计分析。

⑤评估重要系统和数据文件的完整性。

⑥操作系统的审计跟踪管理，并识别用户违反安全策略的行为。

3.4　分布式应用系统数据资源运维业务需求

分布式应用系统的稳定运行不仅取决于完善的硬件设施和软件环境，还依赖于数据资源的完整性、可用性、易用性与安全性。数据存储策略不当、存储介质损毁、误操作等均有可能破坏分布式应用系统数据资源，导致分布式应用系统出错或不可持续使用。为预防潜在的内外部风险，保障数据资源的高可用性，实现分布式应用系统的可持续稳定运行，进行分布式应用系统数据资源运维成为分布式应用系统运维的重要环节之一。

3.4.1　数据资源运维的管理对象

数据是分布式应用系统管理的对象与结果，分布式应用系统在运行过程中会不断累积产生各类数据，反映组织发展过程中有关的组织状态、特征、行为、绩效，是组织生存和发展的重要战略性资源。

数据资源管理包括数据资源运行维护的全过程管理活动，是对各种形式数据进行收集、整理、存储、分类、排序、检索、计算、统计、汇总、加工和传输等一系列活动的总称。从制度的角度来看，主要有日常管理流程和应急管理制度等。从技术上来看，主要有备份技术、恢复技术、数据利用技术等。数据资源运维管理体系如图 3-6 所示。

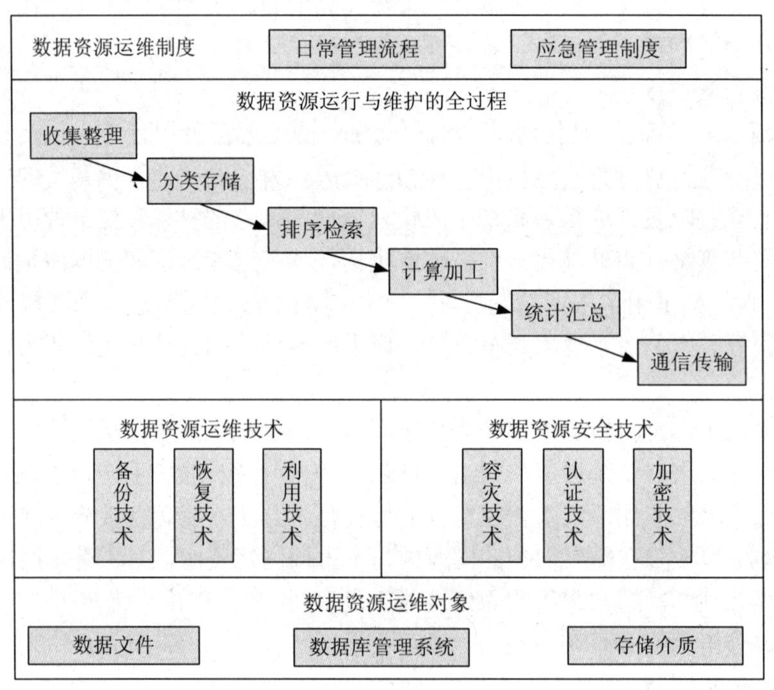

图 3-6 分布式应用系统数据资源运维的管理体系

分布式应用系统数据资源的运维包括建立数据运行与维护各项管理制度，规范运行与维护业务流程，有效开展运行监控与维护、故障诊断排除、数据备份与恢复、归档与检索等，保障数据库正常运转，使分布式应用系统可持续稳定运行。

分布式应用系统数据资源运维的对象包括数据文件、数据管理系统和存储介质。

①数据文件：数据文件是数据资源的物理表现形式，通常以文件的形式存储在存储介质上。

②数据管理系统：数据管理系统是实现数据收集、更新、存储的管理系统，如操作系统、数据库管理系统等。其中，数据库管理系统是数据资源运维过程中的主要管理对象。

③存储介质：存储介质是存储数据的物理载体，包括磁带、磁盘、U 盘、光盘等。

3.4.2 数据资源运维的管理类型

数据资源运维作为分布式应用系统运维的重要组成部分，其运维工作可以分为例行操作、响应支持和优化改善。

（1）例行操作

数据资源例行操作运维是指数据运维人员进行的周期性的、预定义的运维管理活动，以及时获得数据资源的状态，包括实时监控、预防性检查和常规作业。

①实时监控：采用系统提供的工具化管理模块（如磁盘检查、数据库日志管理等）或第三方的各类数据监测工具，对数据资源的存储与传输状态和相关设备进行记录和监控。主要监控内容包括：数据的完整性；数据变化的速率；数据存储；数据对象应用频度；数据引用的合法性；数据备份的有效性；数据产生、存储、备份、分发、应用过程；数据安全事件等。

②预防性检查：为保证分布式应用系统的稳定运行，运维管理人员根据监控记录、运行条件和运行状况进行检查及趋势分析，以便及时发现问题并消除和改进。数据的预防性检查包括：数据完整性的检查、数据冗余的检查及数据脆弱性的检查。

③常规作业：对数据产生、存储、备份、分发、销毁等过程进行的操作，或对数据的应用范围、应用权限、数据优化、数据安全等内容按事先规定的程序进行例行性作业，如数据备份、数据恢复、数据转换、数据分发、数据清洗等。

（2）响应支持

响应支持运维是运维管理人员针对服务请求或故障申报而进行的响应性支持服务。响应支持服务根据响应的前提不同，分为事件驱动响应、服务请求响应和应急响应。

①事件驱动响应：由于不可预测的原因导致服务对象整体或部分功能丧失、性能下降，触发将服务对象恢复到正常状态的服务活动。事件驱动响应的触发条件包括外部事件、系统事件和安全事件三种。

②服务请求响应：由于需方提出各类服务请求，引发的需要针对服务对象、服务等级做出调整或修改的响应型服务。此类响应可能涉及服务等级变更、服务范围变更、技术资源变更、服务提供方式变更等。

③应急响应：对于数据资源运维而言，应急响应是指运维人员应对事故和灾难（如磁盘损毁、服务器宕机、机房事故等），保障分布式应用系统的可持续性运行而采取的综合管理措施。运维人员基于用户的可持续性运行的基本需求和目标，预先配置各类数据资源保障措施（如采用 RAID、双机热备、异地备份等数据冗余保护和可持续性应用技术），在事故和灾难发生后，根据应急预案执行对数据资源的保护与恢复等工作。

（3）优化改善

优化改善运维是运维管理人员通过提供调优改进，达到提高设备性能或管理能力的目的。例如，运维人员通过调整数据库索引或空间提高用户访问速度；通过增强设备投入或调整备份与恢复策略降低数据丢失风险，提高业务的可持续性等。

3.4.3 数据资源运维的管理内容

具体来说，数据资源运维管理包括以下内容：

（1）数据资源运维方案

①明确数据资源运行与维护管理的组织体系，确定职责任务，落实防范重点和关键环节。

②根据分布式应用系统的应用需求、可能产生的破坏程度、经济损失、社会影响程度，划分应急处理等级和响应时间，制定数据运行与维护总体方案。广义地说，分布式应用系

统、分布式应用系统产生的数据文件和分布式应用系统的支撑系统（操作系统）都可以纳入数据资源运维的范畴，用户不希望系统崩溃、数据丢失导致高昂的损失，保障数据资源的高可用性变得越来越重要。高可用性意味着更高的运维投入，用户必须在经济合理的原则下，努力平衡可接受的损失程度和保障成本的关系，对数据资源进行重要性划分，对不同重要等级的数据资源采用不同的运维手段和策略，并据此制定经济合理的运维配置方案。

（2）数据资源运维的例行管理

①对数据资源载体（存储介质）和传输、转储的设备进行有效管理，对历史数据进行定期归档。

②对数据库管理系统和数据库维护，确保数据库得到经常性的监控、维护和优化。包括：数据库一致性检查，数据目录和索引更新与重建，系统冲突性检查，监测批处理，检查数据查询作业是否正确执行，整理数据库碎片，对各系统进行维护和性能调优等。数据库表空间监测如图 3-7 所示。

	TABLESPACE_NAME	FILE_ID	FILE_NAME	TOTAL_SPACE
1	ANITATEST	10	/home/oracle/app/oracle/oradata/gbk10g/anitatest01.dbf	10
2	ANITATEST	11	/home/oracle/app/oracle/oradata/gbk10g/anitatest02.dbf	10
3	SYSAUX	3	/home/oracle/app/oracle/oradata/gbk10g/sysaux01.dbf	370
4	SYSTEM	1	/home/oracle/app/oracle/oradata/gbk10g/system01.dbf	4000
5	UNDOTBS1	2	/home/oracle/app/oracle/oradata/gbk10g/undotbs01.dbf	15475
6	USERS	9	/home/oracle/app/oracle/oradata/gbk10g/users06.dbf	5120

图 3-7 数据库表空间监测示意图

③对数据资源的备份与恢复管理：建立备份系统，实现数据备份的统一管理；选择合理的备份设备及数据传输设备并考虑其扩展性；制定组合的备份策略和计划，确定各类数据资源需备份的内容、频次及方式；根据产生故障的类型，对数据进行恢复，如前滚恢复、日志恢复和崩溃恢复等。

（3）数据资源运维的应急响应

应急响应的主要目标是在面临事故和灾难时能保障数据的高可用性和系统的可持续性，而事故和灾难具有时间上和程度上的高度不确定性，运维人员在充分考虑各类风险、损失和保障成本的情况下，要预先制定应急预案并配置各类数据资源保障措施，以便在事故和灾难发生后，根据应急预案执行对数据资源的保护与恢复等工作。主要包括：

①制定应急故障处理预案，设立应急故障处理小组，确定详细的故障处理步骤和方法。

②制定灾难恢复计划，定期进行灾难演练，以防备系统崩溃和数据丢失。

③灾难发生后，应急故障处理小组能及时采取措施实现数据保护及系统的快速还原与恢复。

（4）数据资源的开发与利用

对数据资源进行整理和分析，采用有目的性地挖掘数据，从中获取新的信息或知识。

3.4.4 数据资源的安全运维

为保证分布式应用系统中数据的安全，需要通过一定的控制机制来预防事故性灾害，遏制故意的破坏，尽快检测到发生的问题，加强灾难恢复能力和对存在的问题进行修正。控制机制可以在系统开发阶段集成到硬件和软件中（这是效率最高的方法），也可以在系统开始运行时或进行维护期间添加到系统中。防御的重点是预防。下面从容灾与数据备份、身份认证和数据加密角度讨论数据安全措施。

（1）容灾与数据备份

①容灾系统：业务处理连续能力最高的是容灾系统。一般在容灾系统中处于激活状态的系统通常由一个双机热备份系统构成，由于数据同时保存在两个物理距离相对较远的系统中，因此当一个系统由于意外灾难而停止工作时，另外一个系统会将工作接管过来。

②高可用群集系统：业务连续性处理比容灾系统低的是高可用群集系统。高可用群集系统是为了解决由于网络故障、应用程序错误、存储设备和服务器损坏等因素引起的系统停止服务问题。当越来越多的分布式应用系统从庞大而昂贵的主机系统移植到开放系统上时，却面临开放系统服务器在安全性、工作连续性上的严重不足，为了解决这个问题，人们提出了高可用系统和群集系统。在一个高可用群集系统中，外置的磁盘阵列系统保证了在单个磁盘失效的情况下服务器依然可以访问数据，通过群集软件管理的多个服务器可以在其中任何一个服务器的软硬件故障的情况下将应用系统切换到另外一个服务器上。

③智能存储系统：智能存储系统不仅仅是一个外置阵列系统，它还具有很多独特的功能，在进行数据备份、数据采集、数据挖掘和灾难恢复时不会影响业务系统的连续性。一般智能存储系统可以独立于服务器完成对数据的高级管理，如数据的远程复制和同步复制等。

④备份系统：无论数据破坏出于何种原因，达到了何种严重程度，只要掌握着灾难发生前的数据备份，就可以保证分布式应用系统数据的安全。因此，数据备份及灾难恢复是信息安全的重要组成部分，应与网络建设同期实施。备份系统通常是一个软硬件集成在一起的系统，一般包括备份软件、备份客户机、备份服务器和自动磁带库四个部分，随着光纤通道技术在存储系统中的广泛应用，以及存储区域网（Storage Area Network，SAN）的出现，渐渐形成了 LAN 自由备份（LAN Free Backup）和无服务器备份（Server Free Backup）的备份方式。实施数据备份应做到以下三点：

- 系统管理人员要制定针对数据库、前置机服务平台、应用服务平台的详尽的备份策略。备份策略中应包含文件系统备份、数据库系统在线和离线数据备份、日志备份。应根据应用系统数据的重要程度和应用系统的工作负荷灵活制定数据备份的方式和频率。
- 系统管理员应定期检查备份策略执行日志检查备份执行情况。
- 所有备份数据的介质集中保存在异地，并由专人保管。

（2）身份认证

身份认证的主要目标是检验身份，即确定合法用户的身份和权限，识别假冒他人身份的用户。认证系统可以与授权系统配合使用，在用户的身份通过认证后，根据其具有的授权来限制其操作行为。目前，常见的分布式应用系统身份认证方式主要有入网访问控制和权限控制。

①入网访问控制

入网访问控制为网络访问提供了第一层访问控制，限制未经授权的用户访问部分或整个分布式应用系统。用户要访问分布式应用系统，首先要获得授权，然后接受认证。对分布式应用系统进行访问包含三个步骤：第一步，能够使用终端；第二步，访问进入系统；第三步，访问系统中的具体命令、交易、权限、程序和数据。目前，从市场上可以买到针对计算机、局域网、移动设备和拨号通信网的访问控制软件。访问控制规程要求为每个有效用户分配一个唯一的用户身份标识（UID），使用这个 UID 对要求访问分布式应用系统用户的真实身份进行验证。可以使用数字证书、智能卡、硬件令牌、手机令牌、签名、语音、指纹及虹膜扫描等生物特征鉴别。

其中，数字证书就是互联网通信中标志通信各方身份信息的一系列数据，提供了一种在 Internet 上验证身份的方式，其作用类似于司机的驾驶执照或日常生活中的身份证。它是由一个权威机构——CA 机构，又称证书授权（Certificate Authority）中心发行的，人们可以在网上用它来识别对方的身份。数字证书有两种形式，即文件证书和移动证书 USBKEY。其中移动证书 USBKEY 是一种应用了智能芯片技术的数据加密和数字签名工具，其中存储了每个用户唯一、不可复制的数字证书，在安全性上更胜一筹，是现在电子政务和电子商务领域最流行的身份认证方式。其原理是通过 USB 接口与计算机相连，用户个人信息存放在存储芯片中，可由系统进行读/写，当需要对用户进行身份认证时，系统提醒用户插入 USBKEY 并读出上面记录的信息，信息经加密处理送往认证服务器，在服务器端完成解密和认证工作，结果返回给用户所请求的应用服务。

生物特征鉴别通过自动验证用户的生理特征或行为特征来识别身份。多数生物学测定系统的工作原理是将一个人的某些特征与预存的资料（在模板中）进行对比，然后根据对比结果进行评价。

②权限控制

网络的权限控制是针对网络非法操作所提出的一种安全保护措施。用户和用户组被赋予一定的权限。网络控制用户和用户组可以访问哪些目录、子目录、文件和其他资源；可以指定用户对这些文件、目录、设备能够执行哪些操作；可以根据访问权限将用户分为特殊用户（系统管理员）和一般用户，系统管理员根据用户的实际需要为他们分配操作权限。网络应允许控制用户对目录、文件、设备的访问。用户在目录一级指定的权限对所有文件和子目录均有效，用户还可进一步指定目录下子目录和文件的权限。对目录和文件的访问权限一般有 8 种：系统管理员权限、读权限、写权限、创建权限、删除权限、修改权限、文件查找权限、存取控制权限。

（3）数据加密

加密是实现数据存储和传输保密的一种重要手段。加密能够实现 3 个目的：验证身份（确定合法发送方和接收方的身份）、控制（防止更改交易或信息）和保护隐私（防止监听）。

数字签名就是一种常见的数据加密，是解决网络通信中发生否认、伪造、冒充、篡改等问题的安全技术。该技术的原理是：发送方对信息施以数学变换，所得的信息与原信息唯一对应；接收方进行逆变换，得到原始信息。只要数学变换方法优良，变换后的信息在传输中就具有很强的安全性，很难被破译、篡改。这一过程称为加密，对应的反变换过程称为解密。

数据加密的方法有对称密钥加密和非对称密钥加密。

①对称密钥加密。对称密钥加密指双方具有共享的密钥，只有在双方都知道密钥的情况下才能使用，通常应用于孤立的环境之中，比如在使用自动取款机（ATM）时，用户需要输入用户识别号码（Personal Identification Number，PIN），银行确认这个号码后，双方在获得密码的基础上进行交易。对称密钥加密的优点是加密解密速度快，算法易实现，安全性好，缺点是密钥长度短，密码空间小，“穷举”方式进攻的代价小。但如果用户数目过多，超过了可以管理的范围，则这种机制并不可靠。

②非对称密钥加密。非对称密钥加密也称为公开密钥加密，密钥是由公开密钥和私有密钥组成的密钥对，用私有密钥进行加密，利用公开密钥可以进行解密，但是由于公开密钥无法推算出私有密钥，所以公开密钥并不会损害私有密钥的安全。公开密钥无须保密，可以公开传播；而私有密钥必须保密，丢失时需要报告鉴定中心及数据库。

参考文献

[1] Khoonrak S，Ketpetch D，Achariyapagon P. New remote operation and maintenance system for offshore platform application. 2013 13th International Conference on Control，Automaton and Systems（ICCAS）. 2013.

[2] Frigerio Simone，Schenato Luca，Bossi Giulia. A web-based platform for automatic and continuous landslide monitoring：The Rotolon（Eastern Italian Alps） case study. Computers and Geosciences. 2014.

[3] Johnston H，Howimil F. Engineering maintenance of safety instrumented functions. In Tech（USA）. 2013.

[4] Tormos B，Olmeda P，Gomez Y，et al. Monitoring and analysing oil condition to generate maintenance savings：a case study in a CNG engine powered urban transport fleet. Insight-Non-Destructive Testing and Condition Monitoring. 2013.

[5] Zenuna Marina，Loureiro Geilson. A framework for completeness in requirements engineering：An application in aircraft maintenance scenario. 20th ISPE International Conference on Concurrent Engineering（CE）. 2013.

[6] Kolesnikow A，Behrens R，Westerkamp C，et al. Remote engineering solutions for industrial maintenance. 2013 IEEE 11th International Conference on Industrial Informatics（INDIN）. 2013.

[7] Teo T，Bhattacherjee A. Knowledge transfer and utilization in IT outsourcing partnerships：A preliminary model of antecedents and outcomes. Information and Management. 2014.

[8] Sun Tao，Wang Xinjun. Research on heterogeneous data resource management model in cloud environment. International Journal of Database Theory and Application. 2013.

[9] Li Zhaoming，Yang Xu. The environmental information monitoring network set up based on service discovery mechanism. 3rd International Conference on Energy，Environment and Sustainable Development（EESD）. 2013.

[10] Freire M，Accioly P，Sizilio G，et al. A Model-Driven Approach to Specifying and Monitoring Controlled Experiments in Software Engineering. Product-Focused Software Process Improvement. 14th International Conference（PROFES）. 2013.

[11] Liukkonen Mika，Juntunen Petri，Laakso Ilkka，et al. A software platform for process monitoring：Applications to water treatment. Expert Systems with Applications. 2013.

第 4 章　分布式应用系统运维管理平台系统架构

系统架构是组织信息化建设的基础，“没有规矩，不成方圆”。没有适合组织业务需求的系统架构，信息化建设犹如建立在沙漠上。本章首先介绍了系统架构规划管理的主要框架和方法，然后从系统的计算元素执行的计算和通信任务方面来描述系统架构模型，在此基础上定义了运维管理平台的系统架构和功能技术规格。

4.1　分布式应用系统架构规划管理概述

4.1.1　系统架构规划管理的内涵与意义

就组织而言，系统架构规划有广义和狭义之分。广义的系统架构规划包含三个层面：信息化规划、信息系统规划和信息技术规划；狭义的系统架构规划专指信息技术规划。

①信息化规划：是指在组织发展战略目标的指导下，对信息化目标和内容进行整体规划，全面系统地指导信息化的进程，优化组织业务流程，提出组织信息化建设的愿景、目标和战略，为组织的业务战略目标服务，也称为信息化战略规划。信息化规划是信息化建设的基本纲领和总体指向，是信息系统设计和实施的前提与依据。

②信息系统规划：是指在深入研究组织的发展愿景、业务策略和管理的基础上，根据组织业务战略的目标，制定信息系统的愿景及系统架构，确定信息系统各部分的逻辑关系、架构设计、选型和实施策略，以支撑组织业务规划的目标达成。

③信息技术规划：是指承接信息系统规划之后，对支撑信息系统各部分的硬件技术、软件技术、网络通信技术以及信息技术人员的业务能力提升等进行计划与安排。

世界是开放的世界，市场是开放的市场。随着组织不断地融入世界经济环境之中，信息化建设对组织发展的重要作用也越来越明显，决策层对信息精确性的要求越来越高，而组织中业务系统繁多，数据量巨大，如何集成数据，共享数据，如何提供满足组织决策层需要的各种信息便成为最大的难题。组织希望通过信息化建设来提升组织的核心竞争能力，但在信息化建设的过程中却常常忽略了对于信息化建设的总体规划，从而导致了组织在信息化建设过程中出现了各种各样的问题。因此，信息化系统再多，数据不共享、不集成也难以满足组织长期发展的需要。由此看来，按照组织发展战略规划和愿景进行有效的系统架构规划是非常必要的。

系统架构规划的作用主要体现在以下四个方面：

（1）为组织指定行动的方向，使组织所有 IT 工作围绕一个中心来努力

系统架构规划帮助管理层树立以组织战略为导向、以外界环境为依据、以业务与 IT

整合为重心的观念，从而正确定位 IT 部门在整个组织中的作用，保证信息系统的战略目标能够和组织业务战略目标相协调。

（2）**有助于组织明确日常工作的目标与重点**

为了保障规划目标在组织内的成功推行，需要成立信息化领导小组来保证总体战略目标能够从上而下贯彻执行，使决策层的意图能够贯彻到组织的执行层，并通过执行层提供决策和评估活动所需要的信息。下层在应用过程中要和组织总体目标采用相同的原则，提供评估业绩的衡量方法，从而保证信息系统目标的实现。

（3）**使管理者能预见到行动的结果，减少重复性和浪费性活动，提高组织的工作效率**

信息化项目开始于规划和组织过程，该过程主要根据组织战略目标进行信息化战略规划、组织和流程的重新设计，以及从不同的角度对信息化项目进行计划、沟通和管理。“项目不是在结束时失败，而是在开始时失败的。”许多实施过项目的人都会对这句话感触良深。这也说明，项目的规划与组织过程工作对于整个项目的成功具有十分重要的决定性作用。为了尽快进入实施过程，许多组织避开了重要的规划要素，仓促地开展规划与组织工作会产生一些有缺陷或者不完整的需求，这是导致项目失败的主要原因。

（4）**使设立的目标和标准便于控制**

策略与流程的目标是通过最大限度地控制达到的。因此，在进行外部审计和内部管理时，必须考虑管理策略与流程。同时，策略与流程应该有完备的文档，描述职能的范围、活动以及和其他职能的联系等。所有策略和流程都应该被编制成标准化手册，此手册与组织目标紧密相连。

迄今为止，国内外不少研究机构和学者对系统架构规划进行了深入的探索和研究，提出了很多著名的用于系统架构规划的框架与架构，比如：Zachman 框架、开放组体系架构框架（The Open Group Architecture Framework，TOGAF）、面向服务架构（Service-Oriented Architecture，SOA）等。

这些系统架构规划框架与架构的精髓，特别是一些经典的框架与架构，对组织的信息化规划起到了积极的借鉴作用。下面各节将对一些常用的系统架构规划框架和架构进行简单描述。

4.1.2 Zachman 框架

（1）Zachman 框架概述

Zachman 框架，全称为企业架构和企业信息系统结构架构（Zachman Framework for Enterprise Architecture and Information Systems Architecture）。

早在 1987 年，John Zachman 就提出“为了避免企业分崩离析，信息系统架构已经不再是一个可有可无的选择，而是企业的必需”。此后，Zachman 的企业架构理论得到了不断的发展，成为很多组织理解、表述企业信息基础设施的一个直观模型，并为组织当前的以及未来的信息基础设施建设提供了可供参考的蓝图和架构思路。

Zachman 框架是一种逻辑结构，目的是为 IT 企业提供一种可以理解的信息表述，它对企业信息按照特定的要求进行分类，从不同的角度进行描述。Zachman 框架提炼和吸收了传统方法中的精髓，是一款独立于信息企业所使用的平台。根据抽象规则，它定义企业信息的一个方面，一个框架包括 6 行，每行中包含 36 个子单元的格式，这 6 行又包括了范围模式、企业模式、系统模式、技术模式、详细模式和功能模式，相对应的 6 列分别为谁、什么、什么时间、什么地点、为什么和如何做。

Zachman 框架是目前国际上最为权威的企业 IT 架构规划模型，美国国防部、财政部等政府部门于 20 世纪 90 年代率先基于这个框架进行了 IT 架构的规划工作，并细化和制订了相应的 IT 标准，使政府部门在规范的框架指导下进行工作。在此基础上，美国国标局制定了美国政府部门的 IT 架构规划的方法论体系。

20 世纪 90 年代中后期，美国的大部分企业都把 IT 架构规划作为 IT 部门的核心工作来做，并且为了评估企业的 IT 架构规划能力，制定了分级别的 IT 架构能力的评估模型。近年来，国内企业也逐渐认识到了 IT 架构规划才是企业信息化工作应围绕的核心，部分企业已引入 Zachman 的架构规划框架模型，并结合企业信息化的实际情况，制订出相应的 IT 架构规划的方法论，进行了 IT 架构规划工作，取得了很大的成绩。

（2）Zachman 框架的主要内容

Zachman 框架模型分两个维度：横向维度采用 6W（What，How，Where，Who，When，Why）进行组织，纵向维度反映了 IT 架构层次，从上到下（Top—Down），分别为范围模型、企业模型、系统模型、技术模型、详细模型、功能模型。

横向结合 6W，Zachman 框架分别由数据、功能、网络、人员、时间、动机分别对应回答 What，How，Where，Who，When 与 Why 六个问题。

纵向按企业中不同角色的关注点进行划分：

①规划人员关注范围模型，能够看到企业的发展方向、业务宗旨和系统边界范围。

②系统所有者关注企业模型，能够用企业术语定义企业的本质，看到的是企业的结构、处理及组织等。

③体系结构师设计人员关注系统模型，能够用更严格的术语定义企业业务，看到的是每项业务处理所要完成的功能。

④构造人员关注技术模型，使用技术模型来解决企业业务的信息处理需求。

⑤集成工作者关注详细模型，需要去解决关于特定语言、数据库存储表格及网络状况等具体细节。

⑥使用人员也是系统的最终用户关注的是功能模型，考虑系统能否支持自身的工作。

从这两个维度将所有 IT 构件进行分割，可以划分成更小的相对独立的模块，便于独立管理。如图 4-1 所示。

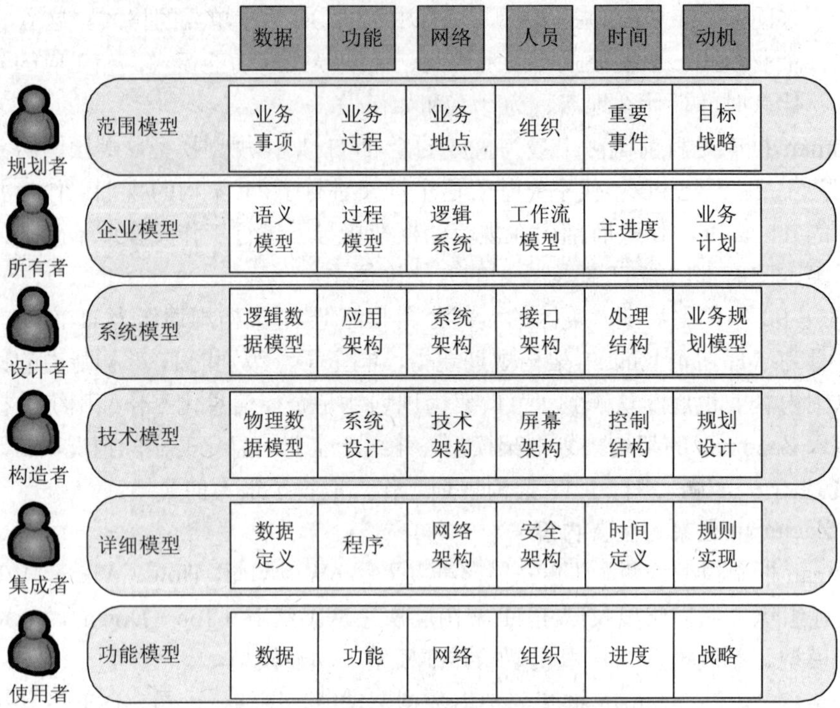

		数据	功能	网络	人员	时间	动机
规划者	范围模型	业务事项	业务过程	业务地点	组织	重要事件	目标战略
所有者	企业模型	语义模型	过程模型	逻辑系统	工作流模型	主进度	业务计划
设计者	系统模型	逻辑数据模型	应用架构	系统架构	接口架构	处理结构	业务规划模型
构造者	技术模型	物理数据模型	系统设计	技术架构	屏幕架构	控制结构	规划设计
集成者	详细模型	数据定义	程序	网络架构	安全架构	时间定义	规则实现
使用者	功能模型	数据	功能	网络	组织	进度	战略

图 4-1　扩展的 Zachman 的模型

（3）Zachman 框架实施步骤

采用 Zachman 框架进行 IT 规划的一般步骤如下。

①确定组织的愿景和原则

- 确定 IT 架构业务、组织与 IT 系统范围，识别业务驱动力；
- 确定 IT 架构愿景和目标；
- 制定 IT 架构定义的原则；
- 识别 IT 架构相关需求；
- 业界 IT 架构最佳实践研究与学习。

②现状描述分析

- 搜集现有 IT 系统现状资料；
- 业务现状分析，识别现有 IT 系统对业务支撑上存在的问题。

③目标架构定义

引入最佳实践，并结合企业实际，定义目标 IT 架构，包括：数据、应用和基础设施架构。

④差距与改进点分析

- 目标架构与现状的差距与改进点分析；
- 把具体 IT 需求纳入目标架构框架。

⑤改进点优先级排序

对 IT 架构的改进点，以及具体需求进行优先级排序。

⑥制订 IT 架构的实施计划

- 确定向目标 IT 架构迁移的具体实施计划；
- 确定目标 IT 架构实施的推行组织。

⑦持续改进优化

- IT 架构规划过程中，各个环节不断优化；
- 制定目标 IT 架构的持续改进计划；
- 制定 IT 架构的管理维护机制。

4.1.3 开放组体系架构框架

（1）TOGAF 概述

开放组体系架构框架（The Open Group Architecture Framework，TOGAF）是一个行业标准的体系架构框架，任何一个基于内部使用的组织，开发信息系统体系架构时都可免费使用，该框架是为组织设计、评价和建立正确的架构服务的。

TOGAF 是由开放组织（Open Group）开发的，其最初的版本，于 1995 年由新成立的架构论坛基于美国国防部技术构造框架开发并颁布的。TOGAF 目前最高版本是企业版 V8.1，是为开发企业架构的一个详细的方法和相关支持资源的集合。

以下四种被接受为企业架构子集的架构，TOGAF 都能够支持。

①业务（或业务流程）体系架构：此架构了商业策略、管理、组织和关键业务流程。

②应用体系架构：此架构为待配置的个人应用系统提供了一个蓝图，从他们的交互、他们的关系直到该组织核心的业务流程。

③数据体系架构：描述了一个组织逻辑的、物理的数据资产和数据管理资源的结构。

④技术体系架构：描述了支持核心部署和关键任务应用的软件基础设施。这种软件有时也叫做中间件。

（2）TOGAF 的主要内容

TOGAF 是一个开放的标准化的架构框架，是为组织设计、评价和建立正确的架构服务的，并包括一个工具箱。

TOGAF 是设计用于 IT 支持技术的体系结构的开发，也支持对 IT 体系结构开发有影响的一部分商业体系结构。它主要关心有意支持核心配置和任务关键性应用的软件基础结构。

TOGAF 包含其架构开发方法（Architecture Development Method，ADM），基础架构和资源库。

TOGAF 的关键是 TOGAF 架构开发方法（ADM），这是一个开放的、行业公认的、可靠的、用于开发满足业务需求的企业架构开发方法，正确地解释了如何从基础体系结构获取具体组织的体系结构。

ADM 架构开发方法的特点：

①一个可靠的，被证实的体系结构开发途径；

②体系结构视图，使体系结构的构造者能够确保一组复杂的需求可被准确的定位；

③可实现一个处理过的实例与实际案例研究的连接；

④已成为体系结构开发的实用工具。

ADM 是一个循环的流程，需要不断根据业务需求进行验证。主要步骤包括：

①初始化，建立框架；

②基准描述；

③目标体系架构；

④时机和解决方案；

⑤迁移规划；

⑥实施；

⑦架构维护。

架构开发方法各阶段的描述，见图 4-2。

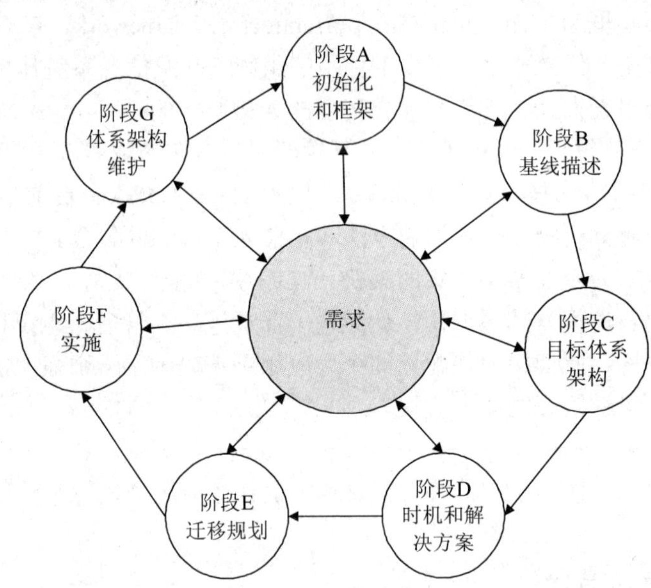

图 4-2 TOGAF 的 ADM 体系结构开发循环示意图

- 阶段 A 初始化和框架：确认需求，初始化体系结构开发循环；
- 阶段 B 基线描述：捕获现有的相关环境：
- 阶段 C 目标体系架构：定义目标体系结构；
- 阶段 D 时机和解决方案：评价和选择主工作包；
- 阶段 E 迁移规划：区分工作的优先级，开发概要计划；
- 阶段 F 实施：开发完整计划并执行；
- 阶段 G 体系架构维护：建立维护新架构的进程。

TOGAF 的重点集中在阶段 C 目标体系架构的创建。基础架构是一个通用服务和实现功能的架构，需要基础架构上建立专门的架构和架构构建模块。基础架构包括技术参考模型（TRM）和标准信息库（SIB）等。TRM 提供一个通用平台服务的模型和分类法。标准信息库（SIB）是一个开放的行业标准的数据库，并根据 TRM 分类法进行了结构化。资源库（RB）是应用 TOGAF 的各种资源，如技术参考模型库（ADML）、架构兼容的评论、架构原理、架构视图、业务情景、案例研究及 IT 治理战略等。

TOGAF 提供了一个很好的框架，用于将可管理性作为架构质量属性包括进来，因为 TOGAF 促进了架构组件的结构、架构组件的相互关系、设计和发展的原则和指导方针的定义。TOGAF 本质上是一种用于开发架构的方法，并包括最佳实践、对实际案例研究的引用和开发指导原则。

TOGAF 的可交付内容之一是一组目标架构，这些架构是通过将现有实现的优点和约束的信息与变更需求组合在一起而获得的。

4.1.4　面向服务架构

（1）SOA 概述

面向服务架构（Service-Oriented Architecture，SOA）是一个组件模型，它将应用程序功能单元，也称为服务，通过这些服务之间定义良好的接口和契约联系起来。接口是采用中立的方式进行定义的，独立于实现服务的硬件平台、操作系统和编程语言。这使得构建在各种这样的系统中的服务可以一种统一和通用的方式来进行交互。

早在 1996 年，高德纳咨询公司（Gartner Group）首次提出了 SOA 的概念，2002 年 12 月，Gartner Group 公司提出 SOA 是“现代应用开发领域最重要的课题”，并预言 SOA 将成为下一代软件的革命性技术，对其描述的远景目标为：让 IT 变得更有弹性，以更快地响应业务单位的需求，实现实时企业。当时缺乏实现 SOA 的技术基础，SOA 并没有立即引起企业用户和 IT 公司的重视。直到近年来 XML、SOAP、WSDL、UDDI 等 Web 服务标准逐渐成熟，SOA 才真正成长为可部署的技术、产品和下一代应用系统的方法论，开始被业界广泛接受，并进入了部署期。

（2）SOA 的主要内容

为了更好地理解 SOA 的内涵与内容，首先应关注一下各个厂商对它的定义。SOA 最初的定义是由 Gartner 公司给出的，但到目前为止，由于各厂商、个人和专家对 SOA 的理解不同，所以出现了很多关于 SOA 的定义。

Gartner 将 SOA 描述为：“客户端/服务器的软件设计方法，一项应用由软件服务和软件服务使用者组成，SOA 与大多数通用的客户端/服务器模型的不同之处，在于它着重强调软件组件的松散耦合，并使用独立的标准接口。”

Service-architecture.com 将 SOA 定义为：“其本质是服务的集合。服务间彼此通信，这种通信可能是简单的数据传送，也可能是两个或更多的服务协调进行某些活动。服务间需要某些方法进行连接。所谓服务就是精确定义、封装完善、独立于其他服务所处环境和状态的函数。”

Looselycoupled.com 将 SOA 定义为：“按需连接资源的系统。在 SOA 中，资源被作为可通过标准方式访问的独立服务，提供给网络中的其他成员。与传统的系统结构相比，SOA 规定了资源间更为灵活的松散耦合关系。”

这种具有中立的接口定义（没有强制绑定到特定的实现上）的特征称为服务之间的松耦合。松耦合系统的好处有两点，一点是它的灵活性，另一点是当组成整个应用程序的每个服务的内部结构和实现逐渐地发生改变时，它能够继续存在。

对松耦合的系统需要来源于业务应用程序，要求根据业务的需要变得更加灵活，以适应不断变化的环境，比如经常改变的政策、业务级别、业务重点、合作伙伴关系、行业地位以及其他与业务有关的因素，这些因素甚至会影响业务的性质。一般称能够灵活地适应环境变化的业务为按需（On-Demand）业务，在按需业务中，一旦需要，就可以对完成或执行任务的方式进行必要的更改。

由于SOA考虑到了系统内的对象，所以，虽然SOA是基于对象的，但是作为一个整体，它却不是面向对象的，而是面向服务的。不同之处在于接口本身。SOA系统原型的一个典型例子是通用对象请求代理体系结构（Common Object Request Broker Architecture，CORBA），它已经出现很长时间了，其定义的概念与SOA相似。

现在的SOA依赖于一些更新的进展，这些进展是以可扩展标记语言（eXtensible Markup Language，XML）为基础的。通过使用基于XML的语言（Web服务描述语言，Web Services Description Language，WSDL）来描述接口服务已经转到更动态且更灵活的接口系统中，非以前CORBA中的接口描述语言（Interface Description Language，IDL）可比了。

Web服务并不是实现SOA的唯一方式，CORBA是另一种方式，这样就有了面向消息的中间件（Message-Oriented Middleware）系统，比如IBM的MQseries。但是为了建立体系结构模型，所需要的并不只是服务描述。需要定义整个应用程序如何在服务之间执行其工作流。尤其需要找到业务的操作和业务中所使用的软件的操作之间的转换点。因此，SOA应该能够将业务的商业流程与它们的技术流程联系起来，并且能映射这两者之间的关系。例如，给供应商付款的操作是商业流程，而更新零件数据库，以包含新供应的货物却是技术流程。因而，工作流还可以在SOA的设计中扮演重要的角色。

动态业务的工作流不仅可以包括部门之间的操作，甚至还可以包括与外部合作伙伴进行的操作。因此，为了提高效率，需要定义如何得知服务之间的关系的策略，这种策略常常采用服务级别协定和操作策略的形式。

所有这些都必须处于一个信任和可靠的环境之中，以同预期的一样根据约定的条款来执行流程。因此，安全、信任和可靠的消息传递应该在任何SOA中都起着重要的作用。

图4-3给出了SOA的基础结构，从中可以看出SOA是在计算环境下设计、开发、应用、管理分散的逻辑（服务）单元的一种规范。这个定义决定了SOA的广泛性。SOA要求开发者从服务集成的角度来设计应用软件，即使这么做的利益不会马上显现。SOA要求开发者超越应用软件来进行思考，并考虑复用现有的服务，或者检查如何让服务被重复利用。SOA鼓励使用可替代的技术和方法（例如消息机制），通过把服务联系在一起而非编写新代码来构架应用。经过适当构架后，这种消息机制的应用允许组织不用被迫进行大规模新的应用代码的开发，而仅通过调整原有服务模式，在商业环境许可的时间内对变化的市场条件做出快速的响应。

SOA不仅仅是一种开发的方法论，它还包含管理。应用SOA后，管理者可以方便地管理这些搭建在服务平台上的企业应用，而不是管理单一的应用模块。

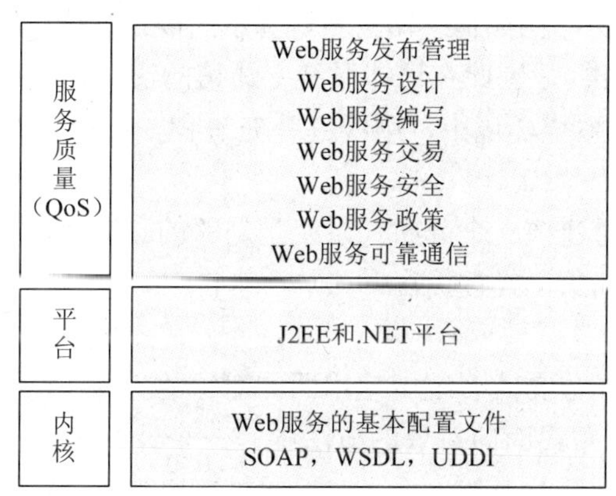

图 4-3　SOA 基础结构

SOA 的一个中心思想就是使得企业应用摆脱面向技术的解决方案的束缚，轻松应对企业中的商业服务变化和发展的需要。通过将注意力放在服务上，使应用程序能够集中起来提供更加丰富、目的性更强的商业流程。其结果就是，基于 SOA 的企业应用系统通常会更加真实地反映出与业务模型的结合。服务是从业务流程的角度来看待技术的。这种角度同一般的从可用技术所驱动的商业视角是相反的。服务的优势很清楚：它们会同业务流程结合在一起，因此能够更加精确地表示业务模型、更好地支持业务流程。相反可以看到以应用程序为中心的企业应用模型迫使业务用户将其能力局限为应用程序的能力。

4.2　分布式应用系统架构模型

一个系统的架构是用独立指定的组件以及这些组件之间的关系来表示的结构。整体目标是确保结构能满足现在和将来可能的需求。主要关心的是系统可靠性、可管理性、适应性和性价比。本节将描述分布式系统采用的几种主要的系统架构模型，即分布式系统的体系结构。

4.2.1　体系结构元素

为了设计一个分布式系统的基础构建块，必须考虑下面四个关键问题：

①在分布式系统中进行通信的实体是什么；

②它们如何通信，特别是使用什么通信范型；

③它们在整个体系结构中扮演什么（可能改变的）角色，承担什么责任；

④它们怎样被映射到物理分布式基础设施上（它们被放置在哪里）。

（1）通信实体

上述前两个问题是理解分布式系统的关键；什么是通信和这些实体如何相互通信为分布式系统开发者定义了一个丰富的设计空间。它对从面向系统和面向问题的角度解决第一个问题是有帮助的。从系统的观点，回答通常是非常清楚的，这是因为在一个分布式系统中通信的实体通常是进程，这导致普遍地把分布式系统看成是带有恰当进程间通信范型的多个进程，有两个注意事项：

- 在一些原始环境中，例如传感器网络，基本的操作系统可能不支持进程抽象（或甚至任何形式的隔离），因此在这些系统中通信的实体是结点；
- 在大多数分布式系统环境中，用线程补充进程，所以，严格说来，通信的末端是线程。

在某个层面上，这对建模一个分布式系统是足够的。然而，从编程的观点来看，这还不够，更多面向问题的抽象已经被提出：

①对象

对象已被引入以便在分布式系统中使用面向对象的方法（包括面向对象的设计和面向对象的编程语言）。在分布式面向对象的方法中，一个计算由若干交互的对象组成，这些对象代表分解给定问题领域的自然单元。对象通过接口被访问，用一个相关的接口定义语言（IDL）提供定义在一个对象上的方法的规约。分布式对象已经成为分布式系统研究的一个主要领域。

②组件

因为对象的引入，许多重要的问题已被认为与分布式对象有关，组件技术的出现及使用是对这些弱点的一个直接响应。组件类似于对象，因为它们为构造分布式系统提供面向问题的抽象，也是通过接口被访问。关键的区别在于组件不仅指定其（提供的）接口而且给出关于其他组件/接口的假设，其他组件/接口是组件完成它的功能必须有的。换句话说，组件使得所有依赖显式化，为系统的构造提供一个更完整的合约。这个合约化的方法鼓励和促进第三方开发组件，也通过去除隐含的依赖提升了一个更纯粹的组合化方法来构造分布式系统。基于组件的中间件经常对关键领域如部署和服务器方编程支持提供额外的支持。

③Web 服务

Web 服务代表开发分布式系统的第 3 种重要的范型。Web 服务与对象和组件紧密相关，也是采取基于行为封装和通过接口访问的方法。但是，相比较而言，通过利用 Web 标准表示和发现服务，Web 服务本质上是被集成到万维网（即 W3C）的。W3C（World Wide Web）联盟把 Web 服务定义为：一个软件应用，通过 URI 被辨识，它的接口和绑定能作为 XML 制品被定义、描述和发现。基于互联网的协议一个 Web 服务利用基于 XML 的消息交换支持与其他软件代理的直接交互。换句话说，Web 服务采用的基于 Web 的技术在一定程度上定义了 Web 服务。另一个重要的区别来源于技术使用的风格。对象和组件经常在一个组织内部使用，用于开发紧耦合的应用，但 Web 服务本身通常被看成完整的服务，它们可以组合起来获得增值服务，它们经常跨组织边界，因此可以实现业务到业务的集成。Web 服务可以由不同的提供商用不同的底层技术实现。

(2) 通信范型

在分布式系统中实体如何通信应考虑三种通信范型：

- 进程间通信；
- 远程调用；
- 间接通信。

①进程间通信

它指的是用于分布式系统进程之间通信的相对底层的支持，包括消息传递原语、直接访问由互联网协议提供的 API（套接字编程）和对多播通信的支持。

②远程调用

它代表分布式系统中最常见的通信范型，覆盖一系列分布式系统中通信实体之间基于双向交换的技术，包括调用远程操作、过程或方法。

③请求—应答协议

这是一个有效的模式，它加在一个底层消息传递服务之上，用于支持客户—服务器计算。特别地，这样的协议通常涉及一对消息的交换，消息从客户到服务器，接着从服务器返回客户，第一个消息包含在服务器端执行的操作的编码，然后是保存相关参数的字节数组，第二个消息包含操作的结果，它也被编码成字节数组。这种范型相对原始，实际上仅被用于嵌入式系统，对嵌入式系统来说性能是至关重要的。正如下面讨论的，大多数分布式系统将选择使用远程过程调用或者远程方法调用，但注意底层的请求—应答交换支持两种方法。

④远程过程调用

远程过程调用（Remote Procedure Call，RPC）的概念，代表了分布式计算中的一个主要突破。在 RPC 中，远程计算机上进程中的过程能被调用，好像它们是在本地地址空间中的过程一样。底层 RPC 系统隐藏了分布的重要方面，包括参数和结果的编码和解码、消息的传递和保持过程调用所要求的语义。这个方法直接支持了客户—服务器计算。其中，服务器通过一个服务接口提供一套操作，当这些操作本地可用时客户直接调用这些操作。因此，RPC 系统（在最低程度上）提供访问和位置透明性。

⑤远程方法调用

远程方法调用（Remote Method Invocation，RMI）非常类似于远程过程调用，但它应用于分布式对象的环境。用这种方法，一个发起调用的对象能调用一个远程对象中的方法。与 RPC 一样，底层的细节都对用户隐藏。不过，通过支持对象标识和在远程调用中传递对象标识符作为参数，RMI 实现做得更多。它们也从与面向对象语言的紧密集成中获得更多的好处。

上述技术具有一个共同点：通信代表发送者和接收者之间的双向关系，其中，发送者显式地把消息/调用送往相关的接收者。接收者通常了解发送者的标识，在大多数情况下，双方必须同时存在。相比较而言，已经出现若干技术支持间接通信，通过第三个实体，允许在发送者和接收者之间的深度解耦合。尤其是：

- 发送者不需要知道他们正在发送给谁（空间解耦合）。
- 发送者和接收者不需要同时存在（时间解耦合）。

⑥组通信

组通信涉及消息传递给若干接收者，因此是支持一对多通信的多方通信范型。组通信依赖组抽象，一个组在系统中用一个组标识符表示。接收方通过加入组，就能选择性接收发送到组的消息。发送者通过组标识符发送消息给组，因此，不需要知道消息的接收者。组通常也要维护组成员，具有处理组成员故障的机制。

⑦发布—订阅系统

许多系统被归类于信息分发系统，其中，大量生产者（或发布者）为大量的消费者（或订阅者）发布他们感兴趣的信息项（事件）。采用前述的任一核心通信范型来实现这个需求是复杂且低效的，因此，出现了发布—订阅系统（有时也叫分布式基于事件的系统）用于满足此项重要需求。发布—订阅系统共享同一个关键的特征，即提供一个中间服务，有效确保由生产者生成的信息被路由到需要这个信息的消费者。

⑧消息队列

虽然发布—订阅系统提供一种一对多风格的通信，但消息队列提供了点对点服务，其中生产者进程能发送消息到一个指定的队列，消费者进程能从队列中接收消息，或被通知队列里有新消息到达。因此，队列是生产者和消费者进程的中介。

⑨元组空间

元组空间提供了进一步的间接通信服务，并支持这样的模型：进程能把任意的结构化数据项（称为元组）放到一个持久元组空间，其他进程可以指定感兴趣的模式，从而可以在元组空间读或者删除元组。因为元组空间是持久的，读操作者和写操作者不需要同时存在。这种风格的编程，也被称为生成通信。目前已经开发了不少分布式实现，采用了客户—服务器风格的实现或采用了更分散的对等方法。

⑩分布式共享内存

分布式共享内存（Distributed Shared Memory，DSM）系统提供一种抽象，用于支持在不共享物理内存的进程之间共享数据。提供给程序员的是一套熟悉的读或写（共享）数据结构的抽象，就好像这些数据在程序员自己本地的地址空间一样，从而提供了高层的分布透明性。基本的基础设施必须确保以及时的方式提供副本，也必须处理与数据同步和一致性相关的问题。

（3）角色和责任

在一个分布式系统中，进程或者说，对象、组件、服务，包括 Web 服务相互交互完成一个有用的活动，例如支持一次聊天会话。在这样做的时候，进程扮演给定的角色，在建立所采用的整体体系结构时，这些角色是基本的。本节考察两种起源于单个进程角色的体系结构风格：客户—服务器风格和对等风格。

①客户—服务器

这是分布式系统最常引用的体系结构。它是历史上最重要的体系结构，现在仍被广泛地使用。图 4-4 给出了一个简单的结构，其中，进程扮演服务器和客户的角色。特别是为了访问服务器管理的共享资源，客户进程可以与不同主机上的服务器进程交互。

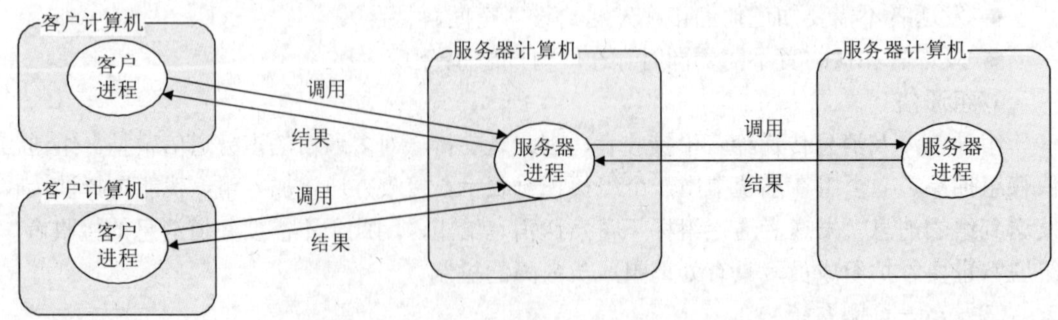

图 4-4 客户调用单个服务器

如图 4-4 所示，一台服务器也可以是其他服务器的客户。例如，Web 服务器通常是管理存储 Web 页面文件的本地文件服务器的客户。Web 服务器和大多数其他互联网服务是 DNS 服务的客户，DNS 服务用于将互联网域名翻译成网络地址。另一个与 Web 相关的例子是搜索引擎，搜索引擎能让用户通过互联网查看 Web 页面上可用的信息汇总。这些信息汇总通过称为“Web 抓取”的程序形成，该程序在搜索引擎站点以后台方式运行，利用 HTTP 请求访问互联网上的 Web 服务器。因此，搜索引擎既是服务器又是客户：它回答来自浏览器客户的查询，并且运行作为其他 Web 服务器客户的 Web 抓取程序。在这个例子中，服务器任务（对用户查询的回答）和 Web 抓取的任务（向其他 Web 服务器发送请求）是完全独立的，很少需要同步它们，它们可以并行运行。事实上，一个典型的搜索引擎正常情况下包含许多并发执行的线程，一些线程为它的客户服务，另一些线程运行 Web 抓取程序。

②对等体系结构

在这种体系结构中，涉及一项任务或活动的所有进程扮演相同的角色，作为对等方进行协作交互，不区分客户和服务器或运行它们的计算机。在实践中，所有的参与进程运行相同的程序并且相互之间提供相同的接口集合。虽然客户—服务器模型为数据和其他资源的共享提供了一个直接和相对简单的方法，但客户—服务器模型的伸缩性比较差。将一个服务放在单个地址中意味着集中化地提供服务和管理，它的伸缩性不会超过提供服务的计算机的能力和该计算机所在网络连接的带宽。

针对这个问题，已经形成了一系列的放置策略，但它们都没有解决根本问题：如何将共享资源进行更广泛的分布，以便将访问资源带来的计算和通信负载分散到大量的计算机和网络链接中。促使对等系统发展的主要观点是一个服务的用户所拥有的网络和计算资源也能被投入使用以支持服务。这将产生有益的结果，即可用于运行服务的资源随用户数而增加。

今天台式计算机具有的硬件容量和操作系统功能已经超过了以前的服务器，而且大多数计算机配备有随时可用的宽带网络连接。对等体系结构的目的是利用大量参与计算机的资源（数据和硬件）来完成某个给定的任务或活动。对等应用和对等系统已经被成功地构造出来，使得无数计算机能访问它们共同存储和管理的数据及其他资源。最早的系统之一是共享数字音乐文件的 Napster 应用程序。虽然它不是一个纯粹的对等体系结构，但它验证了对等系统的可行性，并使体系结构模型向多个有价值的方向发展。最近一个广泛使用的实例是 BitTorrent 文件共享系统。

图 4-5a 说明了对等应用的形式。应用由大量运行在独立计算机上的对等进程组成，进程之间的通信模式完全依赖于对应用的需求。大量数据对象被共享，单个计算机只保存一小部分应用数据库，访问对象的存储、处理和通信负载被分布到多个计算机和网络链接中。每个对象在几个计算机中被复制，以便以后分散负载，并在某个计算机断链时仍能正常工作（这在对等系统针对的大型异构网络中是不可避免的）。在众多计算机上放置对象并检索，同时维护这些对象的副本，这种应用需求使得对等体系结构本质上比客户—服务器体系结构要复杂得多。

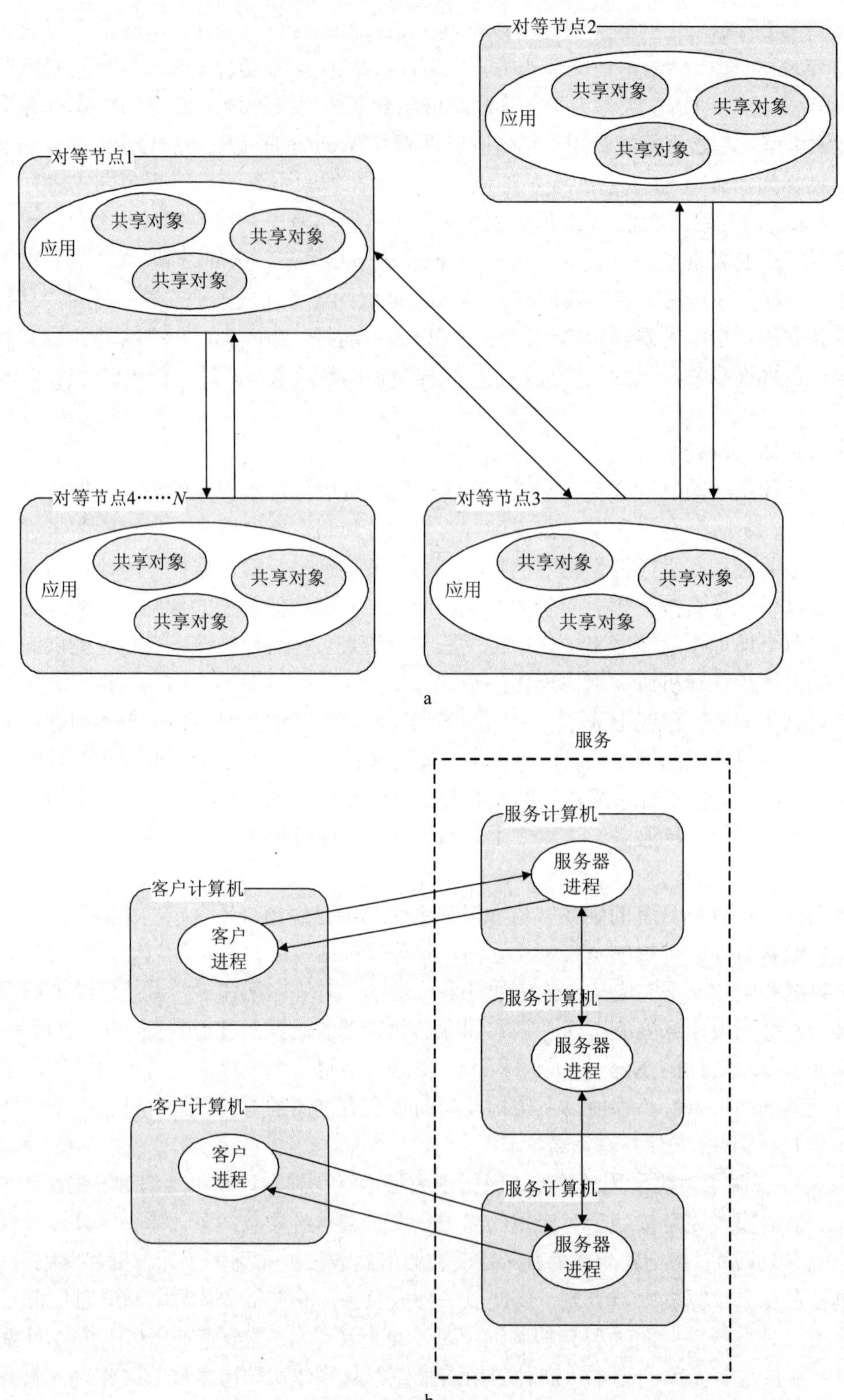

图 4-5　由多个服务器提供的服务

(4) 部署

部署最后要考虑的问题是诸如对象或服务这样的实体是怎样映射到底层的物理分布式基础设施上的，物理分布式基础设施由大量的机器组成，这些机器通过一个任意复杂的网络互联。从决定分布式系统特性的角度而言，部署是关键的，这些特性大多数与性能相关，也包括其他特性如可靠性和安全性。

从机器和机器内部进程的角度看，在哪里部署一个给定客户或服务器的问题是需要仔细设计的。部署需要考虑实体间的通信模式、给定机器的可靠性和它们当前的负载、不同机器之间的通信质量等。必须用有说服力的应用知识来确定部署，有些通用的指导方针可以用来获得一个优化的解决方案。因此，我们主要关注下列部署策略，它们能显著地改变一个给定设计的特征：

- 将服务映射到多个服务器；
- 缓存；
- 移动代码；
- 移动代理。

①将服务映射到多个服务器

服务可实现在一个单独主机上的几个服务器进程，在必要时进行交互以便为客户进程提供服务（参见图 4-5b）。服务器可以将服务所基于的对象集分区，然后将这些分区分布到各个服务器上，或者服务器可以在几个主机上维护复制的对象集。这两种选择可用下列例子说明。Web 就是一个常见的将数据分区的例子，其中的每个 Web 服务器管理自己的资源集。用户可以利用浏览器访问任一个服务器上的资源。一个基于复制数据的服务是 Sun 网络信息服务（Network Information Service，NIS）。它使得 LAN 中的计算机能在用户登录时访问到相同的用户认证数据。每个 NIS 服务器有它自己的口令文件副本，该副本记录了用户登录名和加密的口令清单。

多服务器体系结构中紧耦合程度更高的是集群。一个集群最多可用数以千计的商用处理主板构成，可在这些主板上对服务处理进行分区或复制。

②缓存

缓存用于存储最近使用的数据对象，这些被存储的数据对象比对象本身更靠近一个客户或特定的一组客户。当服务器接收一个新对象时，就将它存入缓存，必要的时候会替换缓存中已存在的对象。当客户进程需要一个对象时，缓存服务首先检查缓存，如果缓存中有最新的拷贝可用就提供缓存中的对象；如果缓存没有可用的对象，才去取一个最新的拷贝。每个客户都可以配置缓存或者将缓存部署在由几个客户共享的代理服务器上。

缓存在实际工作中被广泛使用。Web 浏览器维护一个缓存，它在客户本地的文件系统中存放最近访问的 Web 页面和其他 Web 资源，并在显示前用一个特殊的 HTTP 请求到原来的服务器上检查被缓存的页面是否是最新的。Web 代理服务器（图 4-6）为一个或多个地点的客户机提供共享的存放 Web 资源的缓存。代理服务器的目的是通过减少广域网和 Wet、服务器的负载，提高服务的可用性和性能。代理服务器能承担其他角色，例如它们可以用于通过防火墙访问远程 Web 服务器。

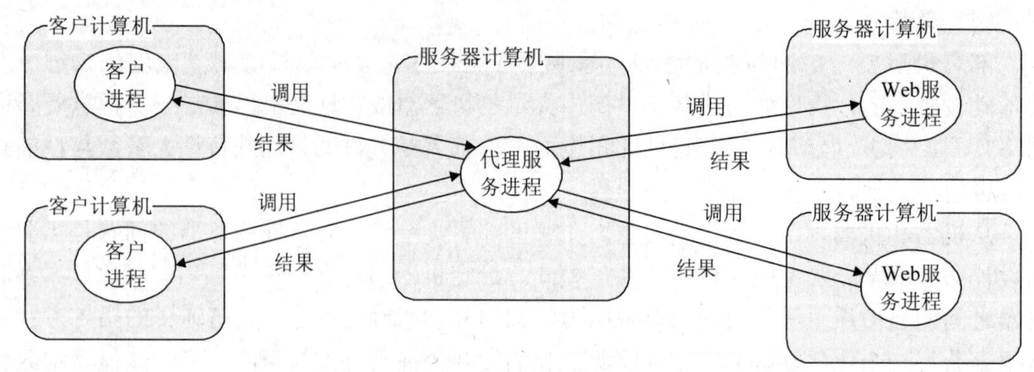

图 4-6 Web 代理服务器

③移动代码

applet 是一个众所周知并被广泛使用的移动代码例子，即运行浏览器的用户选择了一个到 applet 的链接，applet 的代码存储在 Web 服务器上，将 applet 的代码下载到浏览器并在浏览器端运行。在本地运行下载的代码的好处是能够提供良好的交互响应，因为它不受与网络通信相关的延迟或带宽变化的影响。

访问服务意味着运行能调用服务所提供的操作代码。一些服务可能进行了标准化，所以能用一个已有的且众所周知的应用对其进行访问——Web 就是一个大家很熟悉的例子，但有些 Web 站点使用了在标准浏览器中找不到的功能，还要求下载额外的代码（例如，用额外的代码与服务器通信）。考虑一个应用时，该应用要求用户应该与发生在服务器信息源端的变化保持一致。这一功能不能通过与 Web 服务器的正常交互获得，因为那种交互总是由客户发起。解决方案是使用另外一种被称为推模式操作的软件，在这种方式下由服务器而不是客户发起交互。例如，股票经纪人可能提供一个定制的服务来通知顾客股票价格的变动。为了使用这个服务，每个顾客都要下载一个特殊的、能接收来自经纪人服务器的更新的 applet，该 applet 可向用户显示更新，还可能自动地完成买卖操作，这些操作是根据顾客设置的、存储在客户本地计算机上的条件而触发的。

移动代码对目的计算机中的本地资源而言是一个潜在的安全威胁。因此，浏览器对 applet 访问本地资源进行了限制。

④移动代理

移动代理是一个运行的程序（包括代码和数据），它从一台计算机移动到网络上的另一台计算机，代表某人完成诸如信息搜集之类的任务，最后返回结果。一个移动代理可能多次调用所访问地点的本地资源。例如访问一个数据库条目。如果将这种体系结构与对某些资源进行远程调用的静态客户相比，那么后者可能会传输大量的数据，前者通过用本地调用替换远程调用而降低了通信开销和时间。

移动代理可用于安装和维护一个组织内部的计算机软件或通过访问每个销售商的站点并执行一系列数据库操作，来比较多个销售商的产品价格。一个类似想法的早期例子是在 Xerox PARC 开发的所谓蠕虫程序，该程序利用空闲的计算机完成密集型计算。

移动代理（和移动代码一样）对所访问的计算机上的资源而言是一个潜在的安全威

胁。接收一个移动代理的环境应该根据代理所代表的用户的身份决定允许使用哪些本地资源——它们的身份必须以安全的方式被包含在移动代理的代码和数据中。另外，移动代理自身是脆弱的——如果它们访问所需信息的要求被拒绝，那么它们可能完不成任务。由移动代理完成的任务可以通过其他手段完成。例如，需要经由互联网访问 Web 服务器上资源的 Web 抓取程序可以通过远程调用服务器进程而运行得相当成功。基于上述理由，移动代理的适用性是有限的。

4.2.2　体系结构模式

体系结构模式构建在上述讨论过的相对原始的体系结构元素之上，提供组合的、重复出现的结构，这些结构在给定的环境中能运行良好。它们未必是完整的解决方案，但当与其他模式组合时，它们会更好地引导设计者给出一个给定问题域的解决方案。

这是一个大的主题，已经有了许多用于分布式系统的体系结构模式。本节中，我们给出分布式系统中几个关键的体系结构模型，包括分层体系结构（Layering Architecture）、层次化体系结构（Tiered Architecture）和瘦客户相关的概念（包括虚拟网络计算的特定机制）。我们也把 Web 服务当做一个体系结构模式进行了考察，给出了其他可以应用在分布式系统中的模式。

（1）分层

分层的概念是一个熟悉的概念，与抽象紧密相关。在分层方法中，一个复杂的系统被分成若干层，每层利用下层提供的服务。因此，一个给定的层提供一个软件抽象，更高的层不清楚实现细节，或不清楚在它下面的其他层。

就分布式系统而言，这等同于把服务垂直组织成服务层。一个分布式服务可由一个或多个服务器进程提供，这些进程相互交互，并与客户进程交互，维护服务中的资源在系统范围内的一致视图。例如，在互联网上基于网络时间协议（Network Time Protocol，NTP）可实现一个网络时间服务，其中服务器进程运行在互联网的主机上，给任一发出请求的客户提供当前的时间，作为与服务器交互的结果，客户调整它们的当前时间。给定分布式系统的复杂性，这些服务组织成若干层经常是有帮助的。

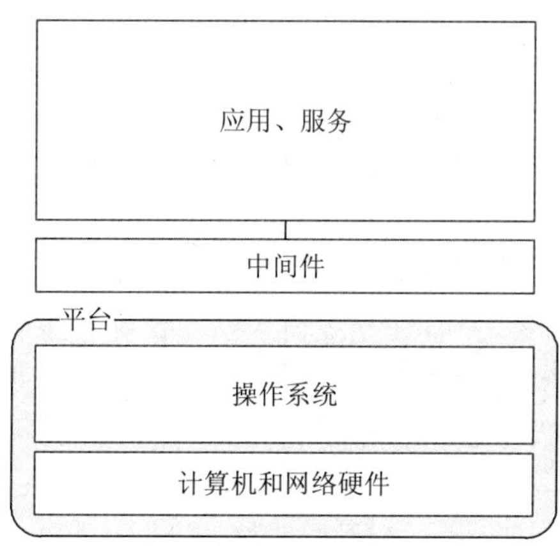

图 4-7　分布式系统中软件和硬件服务层

图 4-7 给出了一个分层体系结构的常规视图。分层体系中有两个重要的概念：

①平台

一个服务于分布式系统和应用的平台由最底层的硬件和软件层组成。这些底层为其上层提供服务，它们在每个计算机中都是独立实现的，提供系统的编程接口，方便进程之间的通信和协调。主要的例子有 Intel x86/Windows，Intel x86/Solaris，Intel x86/Mac OS X，Intel x86/Linux 和 ARM/Symbian。

②中间件

中间件是一个软件层，其目的是屏蔽异构性，给应用程序员提供方便的编程模型。中间件表示成一组计算机上的进程或对象，这些进程或对象相互交互，实现分布式应用的通信和资源共享支持。中间件提供有用的构造块，构造在分布式系统中一起工作的软件组件通过对抽象的支持，如远程方法调用、进程组之间的通信、事件的通知、共享数据对象在多个协作的计算机上的分布、放置和检索、共享数据对象的复制以及多媒体数据的实时传送，提升应用程序通信活动的层次。

（2）层次化体系结构

层次化体系结构与分层体系结构是互补的。分层将服务垂直组织成抽象层，而层次化是一项组织给定层功能的技术，它把这个功能放在合适的服务器上，或者作为第二选择放在物理结点上。这个技术可以应用到一个分布式系统体系结构的所有层。

首先查看两层和三层体系结构概念。为了说明这些概念，考虑如下对一个给定应用的功能分解：

①表示逻辑，涉及处理用户交互和修改呈现给用户的应用视图；

②应用逻辑，涉及与应用相关的（也称为业务逻辑，虽然这个概念不仅仅限于业务应用）详细的应用特定处理；

③数据逻辑，涉及应用的持久存储，通常在一个数据库管理系统中。

现在考虑用客户—服务器技术实现这样一个应用。图 4-8 和图 4-9 分别给出了相关的两层和三层体系结构解决方案，以便于比较。

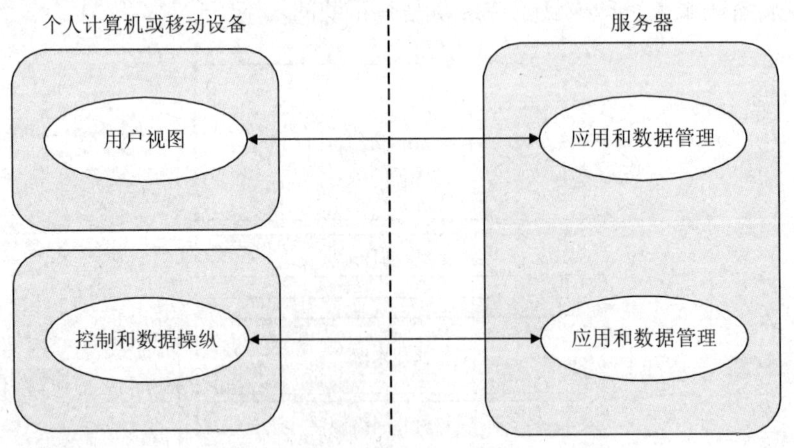

图 4-8 两层体系结构

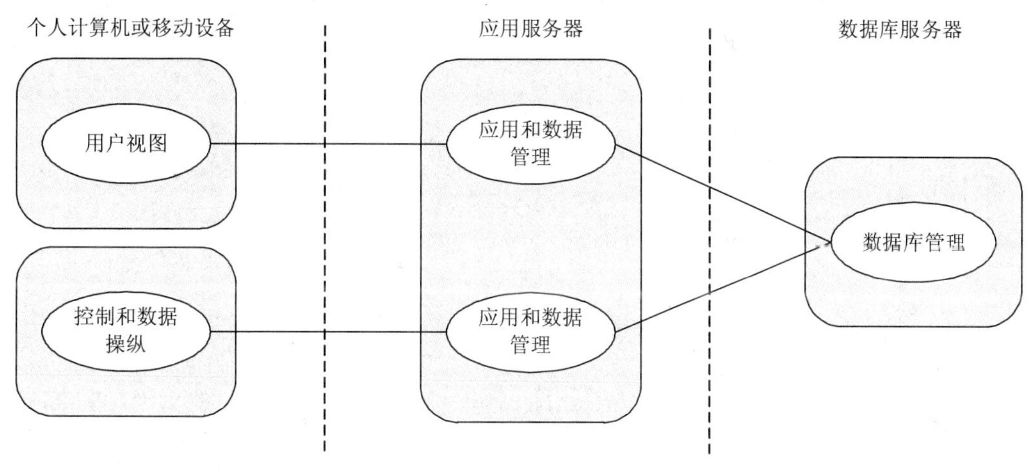

图 4-9　三层体系结构

在两层解决方案中，上面提及的三个方面必须被分到两个进程（客户和服务器）中。通常通过分隔应用逻辑来完成这个划分，把一些应用逻辑放在客户端，剩下的放在服务器端（虽然其他解决方案也是可以的）。这个模式的好处是具有交互的低延迟，仅有调用操作的消息交换，不足是将应用逻辑分离到不同的进程，带来的后果是一部分逻辑不能被另一部分直接调用。

在三层解决方案中，有从逻辑元素到物理服务器的一对一映射，应用逻辑放在一个地方，能提高软件的可维护性。每一层都有定义明确的角色，例如，第三层仅仅是一个提供（可能是标准的）关系服务接口的数据库。第一层也可以是一个简单的用户界面，提供对瘦客户的内在支持。缺点是增加了管理三个服务器的复杂性，也增加了与每个操作相关的网络流量和延迟。

注意这个方案可以推广到 *n* 层（或多层）的解决方案，其中一个给定的应用领域划分为 *n* 个逻辑元素，每个逻辑元素映射到一个给定的服务器元素。以维基百科基于 Web 的可供公众编辑的百科全书为例，它采用了多层次体系结构来处理大量的 Web 请求（每秒请求高达 6 万页）。

（3）瘦客户

分布式计算的趋势是将复杂性从最终用户设备移向互联网服务。这点在向云计算发展的趋势中最明显，在上面讨论的层次化体系结构中也能看到。这个趋势导致了对瘦客户概念的兴趣，它使得能以很少的对客户设备的假设或需求，获得对复杂网络化服务的访问，这些服务可以通过云解决方案提供。更具体来说，瘦客户指的是一个软件层，在执行一个应用程序或访问远程计算机上的服务时，由该软件层提供一个基于窗口的本地用户界面。例如，图 4-10 给出了一个瘦客户，它在访问互联网上的一台计算服务器。这种方法的好处是有可能通过大量的网络化服务和潜在能力极大地增加简单的本地设备（例如，智能电话和其他资源有限的设备）。瘦客户体系结构的主要缺点是在交互频繁的图形活动（如 CAD 和图像处理）中，因为网络和操作系统的延迟，用户感受到的延迟会因为在瘦客户和应用进程之间传输图像和向量信息而增大到不可接受的程度。

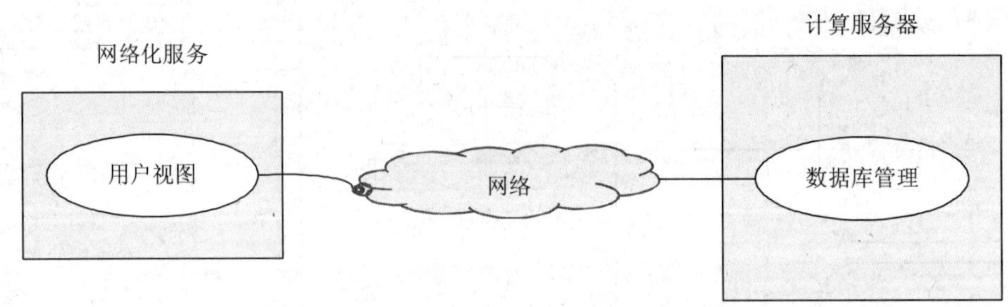

图 4-10 瘦客户和计算机服务器

这个概念导致虚拟网络计算（Virtual Network Computing，VNC）的出现。VNC 在概念上是简单的，即为远程访问提供图形用户界面。在这个解决方案中，VNC 客户（观众）通过 VNC 协议与 VNC 服务器交互。从图形支持角度看，协议在原语层次上操作，基于帧缓冲区，以下操作为特色：在屏幕上的给定位置放置矩形像素数据（一些解决方案如 Citrix 的 XenApp 从窗口操作方面来看在较高层次操作）。这种低层方法确保协议能工作在任何操作系统或应用中。虽然这很直接，但它隐含着用户能用不同设备从任何地方访问他们的计算机设施，这代表了在移动计算方面迈出的重要的一步。

虚拟网络计算已经取代了网络计算机，后者是以前的瘦客户解决方案的实现方法，它通过简单、廉价、完全依赖网络化服务的硬件设备，从远程文件服务器下载它们的操作系统和用户所需的应用软件。因为所有的应用数据和代码由一个文件服务器存储，所以，用户可以从一个网络计算机迁移到另一个。事实上，虚拟网络计算被证明是一个更灵活的解决方案，现在占有很大的市场份额。

4.3 运维管理平台系统的逻辑架构及管理架构

4.3.1 逻辑层级与架构

运维管理平台的逻辑架构包括数据逻辑架构和功能逻辑架构。数据逻辑架构对系统中的数据流向进行了分层级的描述，功能逻辑架构对系统提供的功能进行了分层级的描述。

（1）数据逻辑层

运维管理平台数据逻辑划分为 3 层：数据采集层、数据处理层、数据展现层。运维管理平台系统数据逻辑层次如图 4-11 所示。

数据采集层：采集主机、网络、数据库、存储、备份、中间件、应用软件等对象（数据源）的状态信息，包含配置数据、性能数据、故障数据和准确性数据等。

数据处理层：通过触发告警发生器，将收集到的各类状态信息与 KPI 阈值对比后进行分析、配置或处理，形成资源分类的告警信息后，集中传送到告警服务器进行告警关联和自动化处理。

数据展现层：针对分类管理信息进行统一汇总和多维展现，实现对网络、系统硬件设备资源和软件运行状况的统一监控和管理。

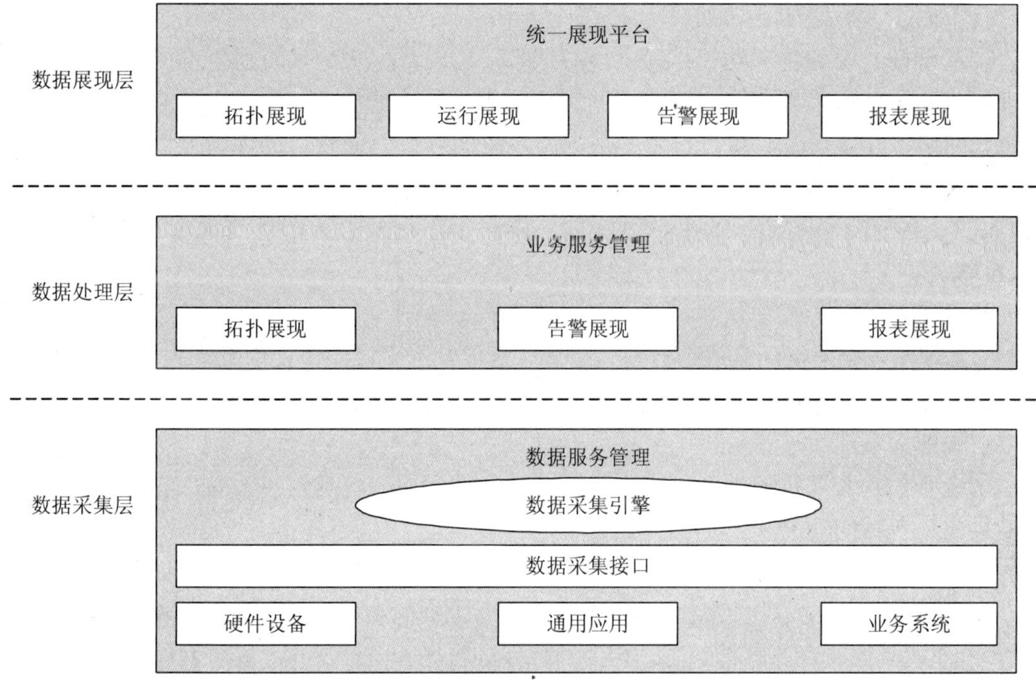

图 4-11　运维管理平台系统数据逻辑层次

(2) 功能逻辑层

运维管理平台的功能逻辑层级如图 4-12 所示。

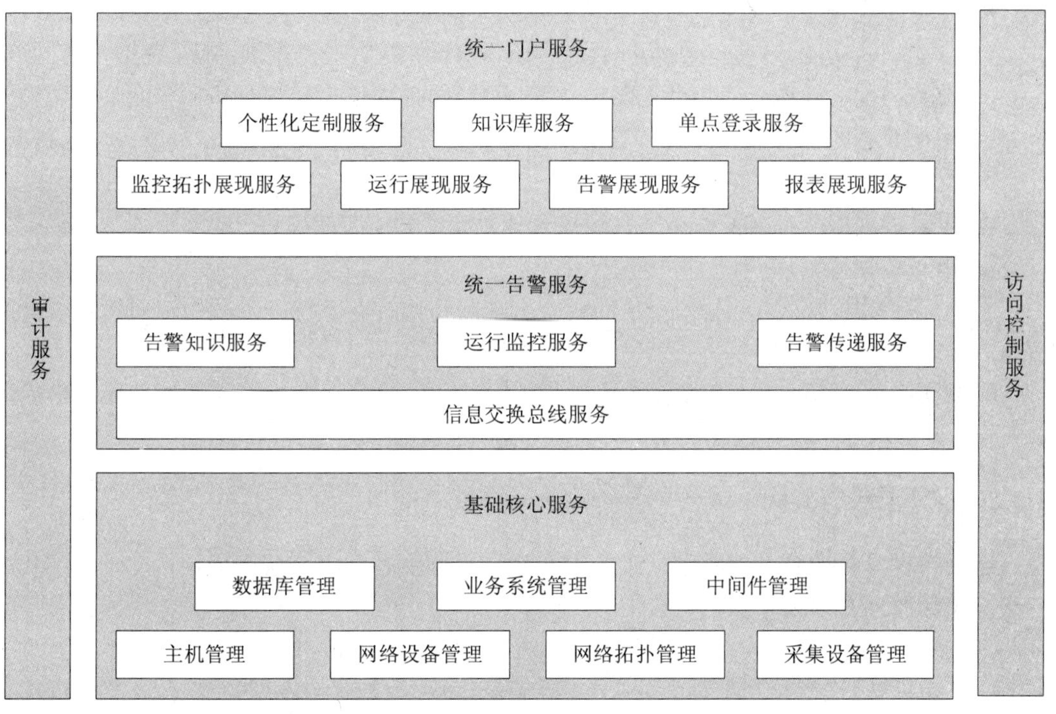

图 4-12　运维管理平台系统功能逻辑层级

自下而上，提供如下功能：

①基础核心服务管理功能：提供核心服务，实现数据采集和资源管理的功能。针对被管理资源的类别和采集数据类型的不同划分为不同的功能模块，负责实时监控和管理包括主机、网络、存储设备、备份设备、数据库、中间件在内的软、硬件，采集的数据类型包括资产信息、流量信息、告警信息、拓扑信息、性能信息，采集方式包括 SSH、SNMP、TELNET、WMI、ODBC、Syslog、HTTP、FRP、NETBIOS、TCP、UDP、JMX、Script、Agent 等。

②统一告警服务管理功能：整合来自管理对象范围内各告警源的告警数据，负责告警机制的实现与告警数据的生成、转发与传递。告警管理平台提供管理系统的信息交换总线，实现智能相关性处理，可扩展的分布式告警处理结构、自动化任务执行体系和基于角色的多用户视图等功能。

③统一门户服务管理功能：为用户直接操作的界面，负责信息发布，实现管理系统界面的集成。包括的功能如下：

- 监控拓扑展现服务：包括网络拓扑和业务拓扑。其中网络拓扑直观展示被监控资源及资源之间的连接关系。可作为运维实时数据的访问入口，通过在拓扑图上选择各个被监控的资源可看到与之相关的性能、告警和资产数据。拓扑可根据监控策略定期刷新，并在下级和上级之间实现数据贯通。业务拓扑展现业务服务与 IT 组件的关联关系，并根据告警展现业务服务与 IT 组件的健康状态。
- 运行展现服务：以面向业务的方式组织展现，将底层实时运行数据分类展现给最终用户。支持层层单击进入，查看相关细节，也支持高级查询功能。
- 告警展现服务：对统一告警管理的输出数据进行展现。提供基于 Web 服务的告警自动刷新功能，作为一线维护人员的工作界面；提供多种查询手段，包括按时间段、告警类别、地域、告警状态等；支持可定制的告警列表，在 Web 界面上展现最终用户关心的告警信息；支持告警订阅、短信订阅功能，用户可定制所关注的告警；支持导航树方式的告警分类展现。
- 报表展现服务：该服务提供系统报表与发布，系统性能趋势分析，管理信息数据分析与数据挖掘功能。

④访问控制服务：通过基于身份的用户管理与访问控制，统一管理用户对管理系统的访问。

⑤审计服务：通过对用户操作的记录和分析，提供访问运维系统的审计功能与事后监督机制。

4.3.2 管理层级与架构

运维管理平台应满足中心、一级分中心和二级分中心三级分层管理结构，管理结构的三级分层如图 4-13 所示。

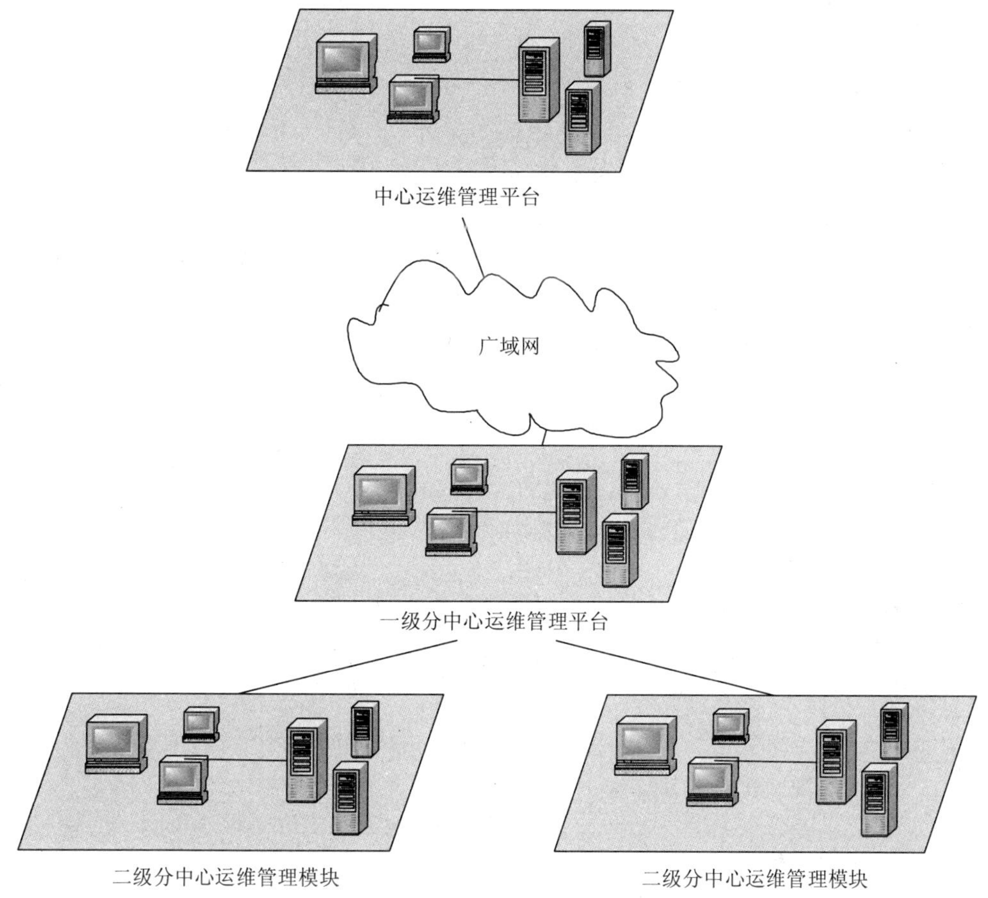

图 4-13　运维管理平台管理结构三级分层

第一级：中心运维管理平台，负责全面监控、维护和管理组织信息业务系统运行状态，与一级分中心运维管理平台通过广域网相连，实现数据的上下贯通。

第二级：一级分中心运维管理平台，负责全面监控、维护和管理运维范围内信息业务系统运行状态。一级分中心运维管理平台与二级分中心运维管理模块通过广域网相连，以实现数据的集中汇总和处理。

第三级：二级分中心运维管理模块全面监控、维护和管理运维范围内的网络系统，本地进行处理后将汇总至一级分中心运维管理平台。

各级之间关系如下：

①下级运维管理模块向上级运维管理平台提供告警管理、性能管理、拓扑管理和 IT 资源管理的功能，同时运维故障在本地处理后汇总到上级运维管理平台。

②下级运维管理模块向上级运维管理平台提供实时数据查询的能力。根据上级运维管理平台的要求，可发送原始数据，也可根据设定的规则发送预处理后的数据。

③下级运维模块间无关联关系，下级运维管理模块独立存在，上级运维管理平台与下级运维管理模块之间采用松耦合模式，其中一方的变化不会影响到另一方。

4.3.3 物理架构

（1）总体设计

根据运维管理平台逻辑架构和功能结构需求在第二级与第三级被监控资源与监控中心之间建立数据采集中心和集中监控中心。

数据采集中心位于监控层，主要包括由系统监控引擎、网络监控引擎、资产采集引擎组成的数据采集引擎、告警适配器和业务应用监控引擎。同时，数据采集中心还应实现数据的初步整合（例如将网络配置数据和系统配置数据进行整合，将网络告警、系统告警和资产告警数据进行整合）。

通过第二级集中监控中心和数据采集中心，提供综合网络管理服务、统一告警服务和统一管理门户服务。

（2）物理架构

物理拓扑结构如图 4-14 所示。

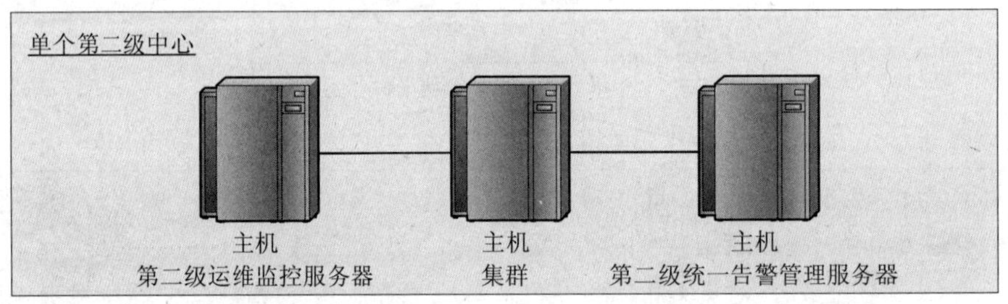

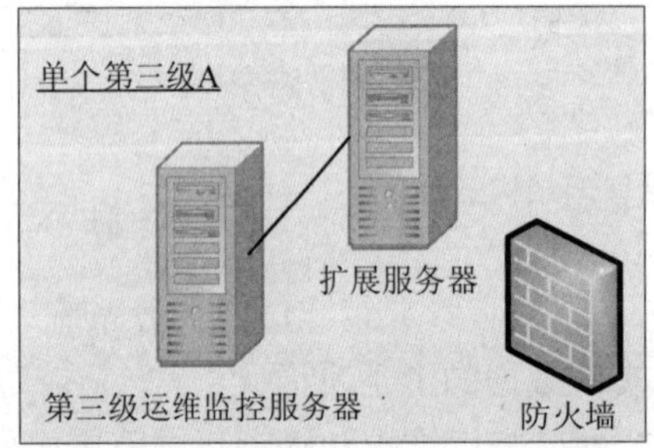

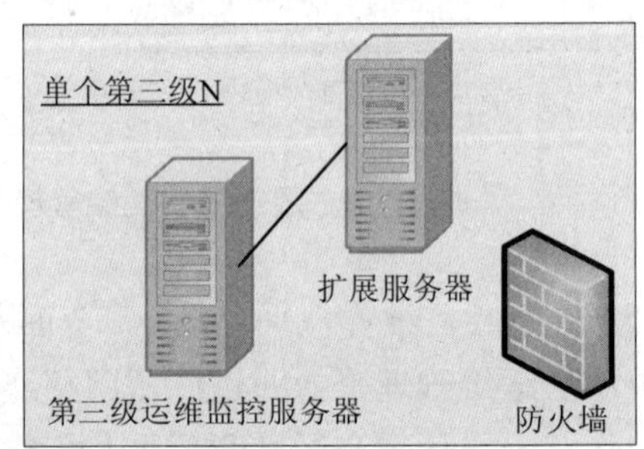

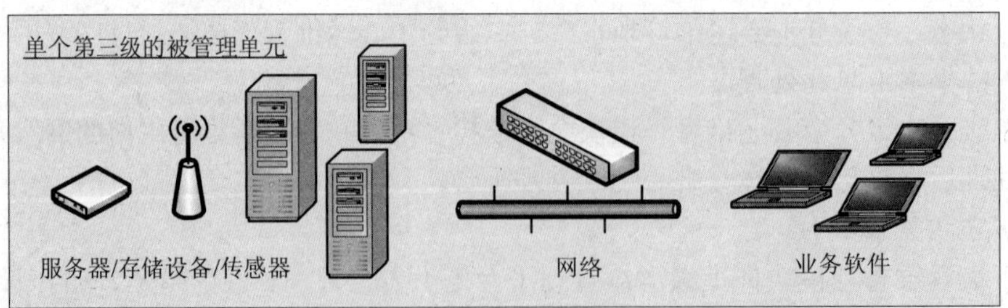

图 4-14　运维管理平台物理拓扑结构

其中第二级监控管理中心服务器通过集群实现高可用（分别部署第二级的监控服务器和第二级统一告警管理服务器，两者构成集群）。

第三级采用 1 台服务器实现运维监控功能，如果被管理对象较多，或第三级有高可用性的需求，也可通过增加多台服务器实现功能的拓展。

在被管理对象与第三级运维监控服务器之间，需要根据不同监控对象对应的采集方式开通相应的防火墙端口。例如通过 SNMP 协议管理的网络设备或服务器与第三级运维监控服务器之间，需要开通防火墙相关端口。

在第二级运维监控服务器与省监控与告警服务器之间，需要为告警传输、IE 访问及报表数据传输等开通相应的防火墙端口。

4.4 运维管理平台的系统功能及技术规格

运维管理平台应能够采集来自网络上所有网络设备、主机、通用软件及应用的配置、运行、性能及事件等数据，通过对采集数据的分析处理，为组织提供网络系统、主机及通用应用系统的状态监控管理自动化手段。

运维平台在监控信息系统方面的功能要求包括：网络管理、系统及通用应用管理、IT 资源信息库管理、数据采集管理、统一告警管理等。

4.4.1 网络管理

网络管理功能作为必备基本功能之一，应实现拓扑管理、性能管理、告警管理、配置管理、故障管理等功能。

（1）**网络拓扑管理**

①网络拓扑自动发现

（a）能够采用多种算法，进行有条件的拓扑结构自动发现。迅速搜索整个网络内的所有节点、自动发现并生成设备间的冗余连接、备份连接、均衡负载连接等；

（b）进行拓扑发现的条件包括：特定网段条件、网元类型条件等；

（c）支持物理拓扑发现和逻辑拓扑发现；

（d）对于已经发现的某一个或某几个子网能够进行再次发现。

②网络浏览功能

● 拓扑图查看功能，包括：

（a）拓扑图的背景地图应能定制，拓扑图应能放大和缩小，并能上下、左右移动，在拓扑图上用不同的图标来标识不同类型的节点（网元、网元组、子网或其他）；

（b）拓扑图应正确反映网络的实际组网情况以及各级子网中各网元之间的连接关系；

（c）拓扑图应通过多种方式（包括颜色、下标、提示框等）实时反映网元、网元组或子网、连接线路的各种性能负载情况；

（d）可配合使用导航树，查找网元、网元组或子网；

（e）通过相应的拓扑图，可查看网元、网元组、子网等的配置信息；

（f）可根据需要选择是否显示或隐藏某些类型的网元、网元组（网元显示过滤）。

● 拓扑图导航功能，包括：

（a）可逐层进入各级子网，逐渐细化显示子网的信息，并提供返回前一视图与返回上层视图的功能；

（b）可根据需要切换到不同的网络视图；

（c）可拖动鼠标浏览不在当前视野范围的视图。

- 拓扑图缩放功能，包括：

（a）可根据需要对拓扑图进行无损平滑放大、缩小和平移；

（b）可指定放缩区域、指定放缩比例进行刷新；

（c）可根据需要将多个网元合并为图标显示。

- 拓扑图定位功能，包括：

（a）可通过当前窗口，在拓扑图上定位指定的网元；

（b）可根据需要使用不同的方式选择网元，如单个网元选择和区域选择。

③拓扑监视功能

网络拓扑应能够动态、实时显示被管网络的运行状态，包括：

- 实时反映网络设备配置的变更情况；
- 能将管理范围内网元设备的增删情况、网元配置信息的改变情况通过特定方式在拓扑图中提示用户；
- 可直接了解各线路流量、设备状况和属性，拓扑图中的节点能够显示该图标是否有子图；
- 实时反映网络设备及逻辑功能的性能越限事件；
- 当网络资源（如网元）出现性能越限时，系统应以可视、可闻的方式显示此越限告警；
- 实时反映被管系统的告警事件；
- 系统对实时的业务告警事件作出及时反应，并可深入显示告警相关的业务通道，在拓扑图中以相应链路变色、节点闪烁等形式提示；告警信息未确认则应以特定方式保持对用户的提录；系统应能提供告警信息的语音提示；
- 提供各类性能告警门限默认值，具有性能告警门限设置功能。

④拓扑编辑功能

可通过拓扑编辑手工生成部分拓扑图，包括如下功能：

- 手工添加虚拟网元到拓扑图；
- 手工添加、修改、删除网元之间的连线；
- 手工定义、修改、移动网元位置、名称等；
- 可增加、修改、删除网元组节点；
- 保存当前视图；
- 拓扑图可备份与导入，并支持打印功能和将拓扑图发布到 Web 信息系统中。

⑤拓扑网元管理

拓扑网元管理应具有以下功能：

- 增量备份网元的系统运行配置参数；
- 自动识别堆叠式设备及显示；
- 支持发现网元中的 VLAN 划分设置；

- 自动辨识端口所在 VLAN 及打开和关闭网元物理端口；
- 提供真实网元面版图显示和管理，能直观展现各端口运行状态；
- 可以根据需要显示或隐藏特定 VLAN 的端口。

⑥图例管理功能

可对图例进行管理，包括：

- 查询各种图例及其颜色的意义；
- 定制图例，包括重新选择或修改图例的形状、大小和颜色等。

（2）**性能管理**

性能管理功能主要面向各类网络设备的性能综合监测和分析，应具有性能监测管理、性能数据上报管理、性能数据管理、性能门限管理、性能分析等子功能。

- 应支持分布式数据采集，可以将不同网段范围内设备的性能数据交由不同服务器上的数个系统进行采集，并集中提供运维平台处理和访问；
- 应能适应不同取数间隔，自动重用已获得的性能数据，避免大量重复取数造成的网络资源浪费。

①性能监测管理

应提供被管理对象性能参数的外部查询接口，支持不同间隔的查询，查询条件包括：

（a）被管对象（指定的设备，如网络设备可具体到设备端口）；

（b）监测周期；

（c）要监测的性能参数，如 CPU 利用率、内存占用率等。

应支持随时启动、停止对被管对象的性能参数监测，提供阻塞式和非阻塞式查询接口，以便上级系统可灵活、主动查询。

②性能数据管理

在每次性能报告周期到达后，应能够获取到相应的性能数据，并将性能数据保存到数据库中，性能数据包括如下内容：

（a）测量对象；

（b）具体测量属性及其值；

（c）测量周期；

（d）本次测量间隔的结束时间。

性能上报收到后，需对各类性能数据进行相应的处理，并提供以下数据管理功能：

（a）性能数据查询：可查询所有采集的各类性能数据。应提供性能数据的历史记录，支持通过逻辑名称进行查询和统计，保证历史记录数据的连续性；

（b）性能数据备份：数据库中存储的性能数据定期或按照要求导出备份到指定的外围存储介质中，备份的性能数据应可用来制作反映性能变化的统一设计报表，或用于系统历史性能数据的恢复；

（c）性能数据删除：可对已备份的或不再需要的性能数据进行删除，可以指定要删除的数据条件。

③性能门限管理

（a）设置性能门限：设置性能门限是指管理员可设置相关性能数据的门限。当收集到性能数据后，应自动根据当前性能指标值或其运算值与预先定义的性能门限进行比较，当超越定义的门限时，会发出相应的越限告警；一旦恢复到正常值范围，告警会自动清除。

（b）查询/修改性能门限：可查询/修改性能门限参数。

（c）越限告警的上报：当收集到的性能数据值超越定义的门限时，会向指定人员发出相应的越限告警，告警参数包括：告警源、告警时间、告警级别、告警原因、逾值信息。

④性能分析管理

应能对定期收集到的数据进行统计、分析和处理，结合网络中管理资源的构成情况，将收集到的性能数据通过特定算法进行分析和处理，以此来反映网络的性能质量。

应能根据收集到的性能数据和告警情况对网络运行的性能质量或运行的性能趋势进行分析，并以适当方式显示，包括表格、直方图、曲线图（折线图）、饼图等。

⑤性能 TopN 分析

提供对指定管理对象范围内的性能参数，包括 CPU、内存、流量等参数，按照天、周、月等时间间隔进行统计并排序，并可获得符合检索条件的 TopN 排序数据。

（3）**告警管理**

应具有告警收集与显示、告警确认与清除、告警过滤、告警级别管理、告警通知与动作等功能。

①告警收集与显示

应能对网络中的告警（包括标准告警和厂商自定义告警）进行实时监视，并能在网络拓扑图上将相应的告警信息直观显示出来，在拓扑图上显示告警发生的位置和告警的级别等信息。同时，应支持将告警信息以电子邮件或手机短信形式发送到指定运维人员。

在图形界面方式下，系统对告警的显示应支持以下功能：

- 在拓扑图上使用不同的颜色表示不同级别的告警，采用多层图形、逐层激活的方式，实时显示当前告警位置。
- 对同一资源，当有多个告警发生时，图标的颜色应与当前最高级别的告警相对应；当较高级别告警清除后，再顺序显示次等级告警的对应颜色。
- 对于当前告警和历史告警，用户可以指定查询条件进行查询，查询条件包括告警对象、时间范围、告警原因、告警级别、告警类型、告警是否确认、告警是否清除等。
- 告警信息应能以有声方式提醒用户，声音音量可进行调节或开关。
- 应能根据需求以列表方式显示详细告警信息，对于设备告警，内容应至少包括以下几方面：

（a）告警源；

（b）告警类型；

（c）告警级别；

（d）告警发生时间；

（e）告警原因；

（f）告警信息描述；

（g）告警确认状态；

（h）告警确认时间；

（i）告警清除状态；

（j）告警清除时间。

②告警确认与清除

- 告警确认：应提供告警确认功能。支持对所有告警进行单条或批量确认。未经确认的告警应保持对用户的提示，直到用户进行确认。
- 告警清除：应提供告警清除功能。清除手段包括人工和自动清除两种方式，当收到报警设备自动上报的告警清除后，应将当前告警中相应的记录转移至历史告警中。对由网络通信故障造成告警清除信息丢失，用户可手动清除指定告警。处于清除状态的未确认告警，称为锁定告警。锁定告警保留在历史告警列表中，并应有相应图标显示。

③告警过滤

- 告警上报过滤：可设置告警上报条件，即告警抑制，根据设定上报符合条件的告警。
- 告警显示过滤：告警显示过滤是指根据设定的显示过滤条件，有选择地显示当前告警事件。告警显示过滤仅是告警信息的屏幕显示过滤，在拓扑图上不再显示屏蔽后的当前告警事件，不应影响任何告警事件的上报及其存储，也不影响对告警事件的查询和统计。
- 告警相关性分析与定位：应能对各个告警信息进行相关性分析，可基于告警源、告警类型、告警时间、告警级别等过滤条件对告警进行相关性分析，以减少告警信息的冗余度，尽可能缩小故障发生原因的范围，以便在网络层对故障进行准确定位。
- 告警查询与统计：应提供对当前告警或者历史告警的查询和统计功能，并能够以表格或图形（直方图、曲线图、饼图等）方式显示。提供对当前告警的实时统计功能，即按照某种条件（如告警级别、告警源、告警厂商等）实时统计当前告警的数目，在需要时可查看具体的当前告警信息。

④告警级别管理

告警级别管理功能可用来对上报的告警级别进行重新设置，通过该功能，可根据实际情况灵活地改变告警的级别。

⑤告警通知与动作

- 系统应支持多种告警通知方式，包括合成语音、电子邮件、短信、屏幕输出、Syslog、SNMP Trap 等，支持向多个用户及用户组发送告警通知；
- 网络管理的各类故障和预警事件，要求通过统一数据接口将告警收集到统一事件平台，通过统计事件平台进行进一步的事件分析处理，并进入运维服务流程。

4.4.2　系统及通用应用管理

系统管理功能提供对服务器、数据库、中间件、存储、通用应用系统的全面监控和分析，并提供故障的事前预警机制，帮助系统管理人员进行自动巡检。

（1）系统监测

①服务器管理

对 CPU 状态、内存、磁盘空间、操作系统等进行实时监测。

②数据库监测

对数据库的状态、各类命中率、表空间使用情况、碎片率等指标进行实时监测。

③ Java 中间件监测

对中间件的运行状态、Servlet、EJB、JDBC 等指标进行实时监测。

④ Domino 监测

对 Domino 服务状态、数据库状态、邮件情况进行实时监测。

⑤ Web 服务器

对 IIS、Apache 等主流 Web 服务器的监视，监测功能要求包括：

- Web 站点的响应时间以及请求数的变化趋势；
- 当前匿名连接用户数、找不到文件的错误数；
- 网站访问分布和访问量统计。

⑥标准应用监测

对标准应用如 FTP、HTTP、POP3、DNS 等进行实时监测。

⑦业务应用监测

应用监测数据采集实现业务应用的可用性和性能状态，与底层 IT 平台部件和业务部件关联起来。通过 Syslog 协议，运行日志文件解析，业务应用 API 调用等方式获取业务系统数据。需采集的业务数据主要包括：

- 业务系统的 KPI 数据：包括业务可用性、业务性能指标；
- 业务系统的关键质量指标 KQI 数据：包括业务系统的服务质量评价指标。

（2）性能管理

性能管理要求如下：

①性能数据可通过定时方式、周期方式等进行采集；

②性能数据计算与汇总：提供的基于趋势、比较、TopN 的各类性能分析报表，可将采集到的性能数据转换成有价值的管理信息；

③性能数据展现：对性能数据进行准实时的监控（采集频率、图形展现），并能灵活配置展现界面；

④性能数据门限分析：按照日、周、月等对性能数据进行统计，计算最大值、最小值、平均值，描述具体发生时间，分析关键指标的趋势。

（3）告警管理

①性能报警的配置支持如下：

- 固定门限告警：对任意一种性能指标，任意一个节点或接口设置相应指标值上下行告警门限，并可分别设置告警压制时间与级别；
- 基线告警：根据实际值与标准值的偏移设置告警门限；
- 组合告警：根据多个系统监测器的监测组合进行告警判断。

②故障采集的接口支持要求如下：

- 可扩展定义新的告警、告警解析处理方式，具有接收和处理新的故障告警能力；
- 对于无相应监控产品可通过开发接口，调用应用系统的命令行或者直接编写相应的监控程序，以实现对其监控。

③提供基本的系统事件规则配置支持如下：

- 提供友好的配置界面：能够方便地定制各类事件的标准化处理规则，以及定制将标准化事件转化为告警事件的规则；
- 配置规则的内容：包括事件过滤、事件标准化、告警传递、告警升级、告警清除等内容。

4.4.3　IT 资源信息库

IT 资源信息库是运维管理平台数据库的核心，保存了各类被管理和资源的基本信息，并在资源信息基础上提供了相关维护支持。

（1）IT 资源信息库内容

提供完整的信息资产类别：网络设备、服务器、桌面主机、软件资产、网络链路、布线系统，为每类资产提供管理、来源、维护、保修等属性类别，包括以下内容：

①资源基本信息：包括资源的内部标识、名称、类型、IP 地址、物理地址、厂商、操作系统版本等基本信息，作为资源的最基本的识别、判断信息；

②资源管理信息：包括资源的管理分类、用途分类、管理部门、管理人、安装位置、开始使用时间、终止使用时间、使用状态、重要级别、风险级别等，作为资源的管理属性，支持进一步的管理需求；

③资源来源信息：包括购买日期、资产价值、资产来源类型、资产来源描述；

④资产属性信息：资源具有附加配置属性，不同类型资源的配置属性有所不同，例如网络设备的固件版本、设备模块组成、端口种类、服务器的操作系统类型、硬件配置、存储设备、软件资源的使用许可（License）、服务端口、模块组成等；

⑤资源状态信息：资源当前的运行状态信息，例如网络设备的端口状态、数据库运行状态、服务器的进程状态、数据的实例名、归档模式等；

⑥资源关联信息：提供资源的关联信息，必须提供网络节点的拓扑信息，可选提供资源的父子、安装等其他关联信息；

⑦资源维护信息：包括资产编号、资产的负责人、资产的集成商、产品支持厂商、当前质保期、历次故障记录、历次购保记录、历次维护记录，为资产维护提供数据的支持。

（2）资源信息管理功能

要求达到以下扩展能力：

①资源类型可扩充：通过资产管理模板进行扩展，建立最适合的资源类型；

②资源属性可扩展：每一类资源的属性是可以通过配置定义进行扩展；

③支持关联特性：资源实体可以进行相互的关联，至少要求支持网络拓扑关联关系，可选提供资源的安装、访问等依赖关系；

④即时属性类别客户化：用户能够即时增加、减少各资产类别所需要的资产属性信息，以适应不同的管理需求；

⑤资源资产自动同步：资源资产与网络管理设备、主机系统、桌面终端的同步更新、自动发现功能。

4.4.4 数据采集管理

(1) 数据采集层

包括平台数据采集方式和应用数据采集方式，分为性能数据采集、故障数据采集和配置数据采集。

①平台系统采集方式

对于平台系统的采集方式通常要求有以下几种：

- 通过监听 Agent 实时获取数据；
- 通过定时轮循机制来获取被管资源对象的数据；
- 通过设备厂家提供的监听工具（如 Netflow 和 Cflowd）获取数据；
- 通过读取 Syslog 获取数据；
- 通过专用监视设备获取数据；
- 通过手工录入或批文件导入基础数据；
- 无法直接采集的数据，可以通过模拟手段获取。

②业务应用采集方式

对于业务应用的采集方式通常要求有以下几种：

- 通过 Java MBean 捕获 J2EE 系统运行信息；
- 通过日志文件来监控应用的运行状况；
- 通过查询后台数据库中指定表的信息来获取应用的运行状态；
- 通过各种脚本程序来监控应用的运行状态。

③采集要求

对于数据采集的要求有以下几种：

- 性能数据应可通过定时方式、周期方式等进行采集；
- 故障数据的实时性要求较高，应根据具体的接口方式采用不同采集机制，保证故障数据及时获得；
- 配置数据相对稳定，建议在系统比较闲时进行采集；
- 采集程序必要时应能进行补采或重采，以保证数据采集的完整性。

④平台系统的可管理性要求

平台系统的可管理性要求包括主机设备、网络设备、数据库、中间件、存储设备、备份设备等的可管理性要求，见表 4-1。

表 4-1 平台系统可管理性要求

类 别	要 求
主机设备	支持 SNMP 等协议，日常运行时 SNMP 的 Agent 作为一个后台进程保持正常运行
网络设备	支持 SNMP 协议，完成相应的端口/协议的设置，Agent 保证正常运行
数据库	支持 SNMP 等协议，不支持 SNMP 的应提供日志功能和相应的工具/接口
中间件	支持 SNMP 等协议，不支持 SNMP 的应提供日志功能和相应的管理工具/接口
存储设备	支持 SNMP 等协议，不支持 SNMP 的应提供日志功能和相应的管理工具/接口
备份设备	支持 SNMP 等协议，不支持 SNMP 的应提供日志功能和相应的管理工具/接口

⑤业务系统可管理性要求

应用系统应支持下列常见管理接口：

- 数据库接口；
- 文件接口（日志文件等）；
- SNMP；
- 其他 API 接口。

（2）**数据采集方式**

①网络对象的监测数据采集

对网络对象主要的采集手段如下：

- 主动采集：包括 SNMP Polling、ICMP、ARP、Traceroute、NetBIOS、Telnet、Sniffer 等，支持 SNMPv1、v2 及 v3；
- 被动采集：包括 Syslog、SNMP Trap。

采集主要遵循以下技术指标：

- 支持大规模广域网、局域网拓扑发现，并且可进行自动拓扑更新，而非人工再次发现，支持 MPLS、VLAN 等复杂网络环境，提供三层路由、二层链路等网络视图，并支持分级拓扑展现；
- 提供运维发现的高级调优参数：包括发现周期、轮询速度、发包速度等，为不同网络环境提供更好的兼容性；
- 集成运维工具箱：包括 Ping、Traceroute、Telnet、MIB 浏览器等；
- 拓扑界面集成配置、性能、告警的浮动展现。

②主机、软件、通用应用的监测数据采集

对主机、软件与应用的采集手段见表 4-2。

表 4-2　采集手段说明

方式	采集手段
远程监测方式	（1）ICMP （2）SNMP Polling （3）SNMP Trap （4）Telnet/SSH/CLI （5）WBEM/WMI （6）Syslog （7）JMX （8）Database API or Protocol （9）Corba （10）Socket （11）MML/TL 1 （12）HTTP/POP3/SMTP/LDAP " " "
代理监测方式	代理采集在被管对象上部署 Agent，通过 Agent 收集被管对象的信息，可通过加密通信通道返回采集数据

对主机、软件与通用应用的采集遵循以下技术指标：

①面向对象的IT组件模型

数据采集层应以面向对象方式提供统一的方法，以描述、收集、存储和提供IT基础设施组件信息及它们之间的关系，通过属性形式展示IT组件的信息和组件间的关系，通过方法展示TF组件支持的功能操作（如开/关端口），以事件形式通知IT组件状态变化，从而向基于其的上层应用隐藏IT组件所支持管理协议的差异。

②统一的数据获取接口

通过统一接口提供IT组件信息，隐藏各具体管理协议的细节，上层应用可以方便地使用接口获取数据而无须关心具体协议的细节（如用户名、口令等）。

③多管理协议支持

支持使用SNMP、WMI等多种管理协议从IT基础设施环境中获取IT组件的信息，便于用户根据环境选择相应的数据采集方式。

④可扩展的IT组件支持

可通过配置方便地扩展出对新类型IT组件的支持，对于IT组件的性能属性数据，可根据不同取数方式扩展出对应的数据提供者，并且不影响已部署的应用。IT组件模型提供采集扩展体系框架（Plugin Framework），符合数据插件要求的数据采集器，均可部署到系统中完成相应采集任务，数据插件为用户提供二次开发接口。

⑤支持分布式数据采集

分布式数据采集将被监控的对象分成若干个集群，每个集群都有负责采集监控信息的可分布部署的数据采集器，每个可分布部署的数据采集器分别监控集群中的IT组件，按照一定的频度从所负责的监控集群中采集监控信息。

⑥智能化网络访问控制

数据采集层能根据使用情况自动调整数据获取的网络请求发送，根据访问概率、信息性关联等进行数据预取和缓存控制，提高数据访问速度。

⑦灵活的采集调度

数据采集层支持灵活的采集事件调度，支持根据上层应用策略从10 s级别到1 h级别的自适应数据采集周期，并能够自动重用、合并已获取的性能数据，减低网络负载。

⑧提供开放API及函数接口

允许用户通过运维管理平台提供的API、函数进行二次开发，将应用软件的报警信息发送到监控中心，实现统一报警。

4.4.5 统一告警管理

集中的统一告警管理针对来自平台管理类（包括网络、服务器、操作系统、中间件等系统的管理告警）、应用管理类、安全类、桌面管理类的告警，进行告警定位、告警过滤、告警压缩、告警升级、告警级别定义、告警清除、信息丰富等操作，并为服务支持功能提供告警数据的双向交互接口，包括对上层的业务服务的接口和对未来流程管理平台的接口。

（1）告警等级

根据告警信息的严重程度，将告警级别进行划分，具体分为以下 6 个级别，见表 4-3。

表 4-3　告警级别

严重级别	说　明
致命	致命告警。仅由严重告警升级而成。当严重告警时间超过一定范围（如 0.5 h）没有处理时需要升级为致命告警。致命告警需要上报总部，并需要进入流程平台生成工单进行处理。致命告警需要通过短信、邮件、界面告警等方式通知用户
严重	严重告警。当网络、设备、数据库、中间件、操作系统、应用系统等 DOWN 或不可用时，产生严重告警。例如服务器、网络设备的宕机、数据库实例停止运行、应用服务器端口关闭等。严重告警需要上报总部，并需要进入流程平台生成工单进行处理。严重告警需要通过短信、邮件、界面告警等方式通知用户
次严重	次严重告警。性能数据超过一定的阈值，会威胁到系统可用性时产生次严重告警。当次严重告警未处理时间超过一定范围（如 0.5 h）时，升级为严重告警。次严重告警可选择手工生成工单。次严重告警需要通过邮件、界面告警等方式通知用户，也可以选择短信方式
警告	警告告警。当性能数据超过一定阈值时作为预警信息反映当前系统运行状况。告警可选择手工生成工单，并可定期清除。警告告警需要通过界面告警方式通知用户，也可以设置邮件方式
无害	无害告警。可能是流程平台的工单返回信息，或系统的一些提示信息。不需要生成工单，可定期清除。无害告警仅需要通过界面告警方式通知用户
未知	未知级别的告警。需要人工判断其告警级别。未知告警在确定其告警级别后，再进行相应处理

根据设备或应用的重要程度，以及告警的严重级别，可确认此告警的紧急度（Priority）。紧急程度具体分为高、中、低 3 个级别。

告警严重级别定义可参照表 4-3。告警的紧急程度定义如表 4-4 所示。

表 4-4　告警紧急程度定义

重要度 / 告警等级	致命	严重	次严重	警告	无害
一级	高	高	高	中	低
二级	高	高	中	中	低
三级	高	中	中	低	低
四级	中	中	低	低	低

（2）告警响应

通过告警管理软件的自动化任务，为不同告警设置不同的响应方式，可以在告警管理服务器或远程服务器，甚至是同时在多个系统上执行。

对告警需要提供声音、邮件、短信及自动化任务等告警响应。对于这些告警响应实现方式的设计如下：

①声音告警：当特定的告警发生后，在指定的工作站发出告警声音，提示管理员发生了故障；不同的告警级别将采用不同的告警声音进行区分；

②邮件报警：当特定的告警发生后，发送邮件通知到对应的管理维护人员告知或敦促

其进行处理；用户可以在“告警订阅”界面中设定发送邮件的告警类别或告警级别；

③短信通知：当特定的告警发生后，发送手机通知到对应的管理维护人员告知或敦促其进行处理；用户可以在“告警订阅”界面中设定发送短信的告警类别或告警级别；

④自动化任务：最常见的情况就是当发现某些服务、进程处于 Down 的状态时，可自动重新启动这些服务和进程；或者当发现某个文件系统可用空间非常紧张的时候，能够自动分配空间；任何自动化响应的动作都需要留下日志记录。

（3）告警处理规则

①告警处理应遵循以下原则：

- 实时性：保证关键告警信息及时得到处理；
- 准确性：保证告警信息根据所属级别得到准确处理；
- 参数化管理：提供灵活的参数化配置，保证告警处理具有较强适应性。

②告警管理服务器中的告警处理引擎能够根据规则库中的各种规则对告警进行处理，包括进行以下的操作：

- 告警故障定位

告警故障定位应与 IT 资源管理数据和应用逻辑相结合，根据设备厂商或应用软件开发商提供的最小粒度定位，如 CPU、路由模块、网络接口卡、关键业务点等。

- 告警过滤

针对单位时间内发生大量告警的情况，按维护要求和管理部门的要求及实际管理情况，过滤从底层提取的告警信息中不重要的信息，减少轻微告警的干扰，以提高监控与处理的效率。同时可以根据业务与平台的关联关系，对业务与平台两层面的告警数据进行关联分析，定位主要告警、过滤掉关联告警，提高告警的处理效率。

告警过滤需要提供灵活的过滤规则，可按告警网元、告警级别、告警类别或告警标题等设置过滤规则。可根据告警信息的内容，屏蔽掉一些次要的字段。对已设定的过滤规则需要提供保存和修改功能，便于维护人员灵活选择。告警过滤应实现对以下告警的过滤：

（a）频繁发送的同一告警；

（b）由主要告警引起的相关大量的关联告警；

（c）已进入服务管理流程进行处理，重复发送的告警；

（d）特殊情况下，只记录不需要展现的特殊资源的相关告警。

- 告警升级

对于持续出现以及超过规定处理时间仍未解决的告警，需要升级该告警的告警级别，以保证得到优先及时的处理。

- 告警重定义

根据系统平台及应用逻辑在结构、功能等方面发生的变化，重新定义告警数据所属的类别和级别，保证告警系统处理的正确性。

- 告警前转

将告警信息以多种手段（手机短信、电子邮件等）转至指定的维护人员。

（a）告警前转方式：自动前转：根据事先设定，将告警信息自动前转其他运维系统或相关人员；手工前转：由监控人员把告警手工前转其他系统或相关人员。

（b）告警前转条件：告警前转的设置条件：告警级别、告警类型、被管资源类型、告警设备所在地区、需要通知的相关系统和人员、告警的处理时间等。

可存储设定的告警前转条件，并可对告警前转条件列表进行增、删、改、查等操作。

- 告警清除

对于已经处理完毕的告警信息，需设置相关的标志，标记为清除，退出告警处理流程。

4.4.6　系统权限管理

（1）运维管理平台权限管理架构

运维管理平台的权限管理架构以资源为中心，建立资源和角色，角色和用户之间的关联关系来进行统一的权限管理，从而跨越多个产品之间的局限，实现统一集中的权限管理架构，实现一次授权，多处应用。

①授权单位

具备两种授权粒度，可根据实际情况采用不同的粒度划分方法：

- 以资源为最小的授权单位。以硬件资源和软件资源为最小的授权单位，同时支持根据实际的需求对资源进行分组，以资源组为授权单位。比如按照 IP 网段对 IP 设备进行分组，按照业务应用对 IT 组件进行分组，按照地域对服务器进行分组等方法。完成资源组的定义以后，就可以以资源组为单位进行授权，从而简化授权工作，贴近维护工作的现状。以资源为授权单位意味着将与该资源相关的所有数据和所有操作功能整体分配给单个角色进行授权。如在运营维护组织内部需要更细的角色职责划分，需采用第二种授权单位，将同一资源的不同类型的数据、不同类型的操作功能授予不同的角色。
- 以资源相关的数据和操作功能为最小的授权单位。与资源相关的数据包括告警数据、性能数据、IT 资源管理数据、拓扑数据等。与资源相关的操作功能包括浏览、修改、创建、删除等。在完成资源的授权以后，可对该资源相关的不同类型数据和操作功能进行再次授权给不同的角色（如告警管理值班人员、性能分析人员、配置管理员等）。

②权限管理架构

权限管理架构如图 4-15 所示。各级负责管理本级的用户信息，包括用户名、口令、手机号码、邮编地址等。各级用户可以通过其用户名登录本级运维管理平台，实现单点登录。

运维管理系统可利用各级的用户信息实现统一身份认证、消息通知等操作。上级权限管理系统可以用只读的方式，对下级权限管理系统的用户和权限信息进行检索。下级运维系统中保留特殊角色，上级运维系统的特殊用户可以以下级运维系统特殊角色的身份直接登录，实现只读方式的数据访问。

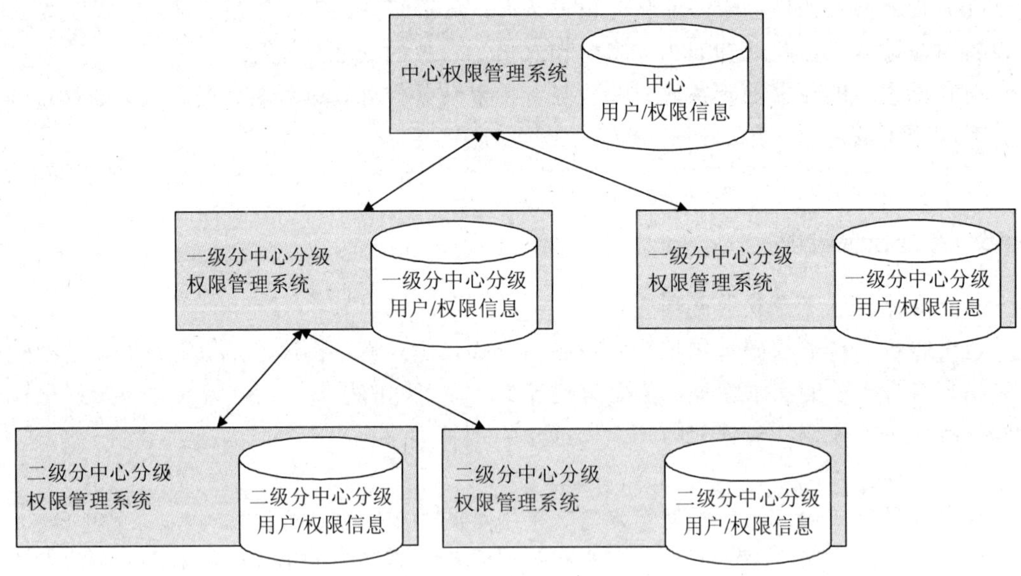

图 4-15 权限管理架构

③授权管理功能架构

授权管理功能架构如图 4-16 所示。

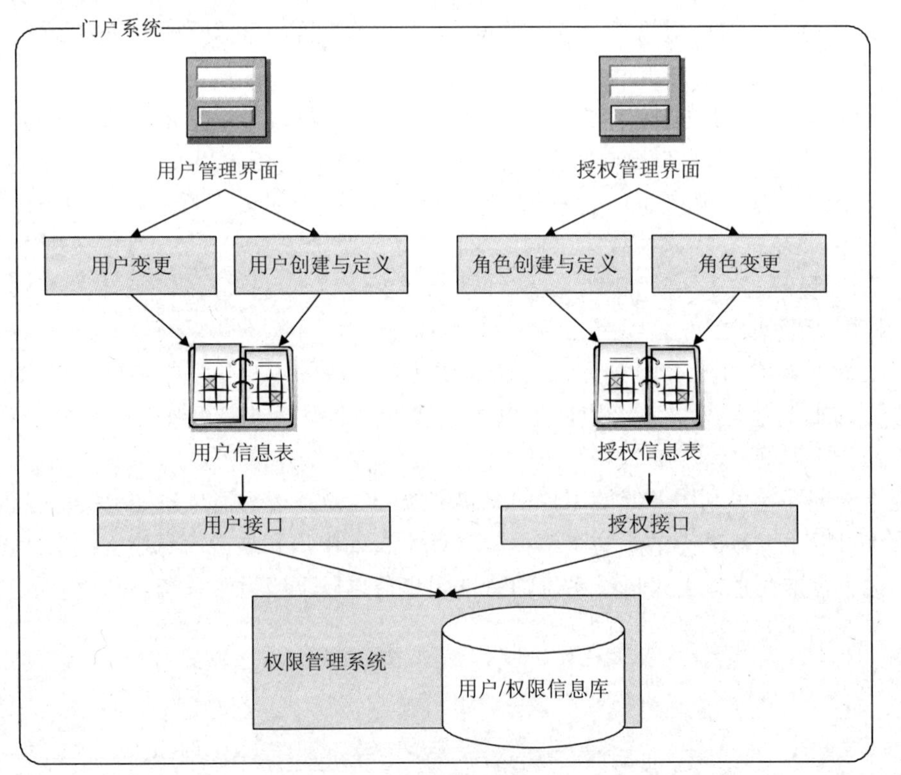

图 4-16 授权管理功能管理架构

④身份验证和权限验证

系统使用者通过统一展现平台进行用户登录，并由门户系统完成统一的用户认证操作。在下级用户使用上级运维平台的情况下，统一认证模块可能会远程访问下级权限管理系统中存储的用户信息，从而获得用户身份验证结果。

用户在进入统一展现平台后，可看到被授权进入的多个功能管理界面的入口。用户选择进入某一个功能界面，当前用户的授权信息被传送给统一权限管理模块，通过访问本地或者下级的用户访问控制策略，获得当前用户授权范围内的可访问数据范围及可操作的功能列表。

统一权限管理系统将当前用户的授权信息传递给当前用户选定的功能模块，该功能模块经过预处理，并过滤出定制后的展现界面。用户进而可进行下一步的授权操作或者浏览数据。用户登录与操作过程如图 4-17 所示。

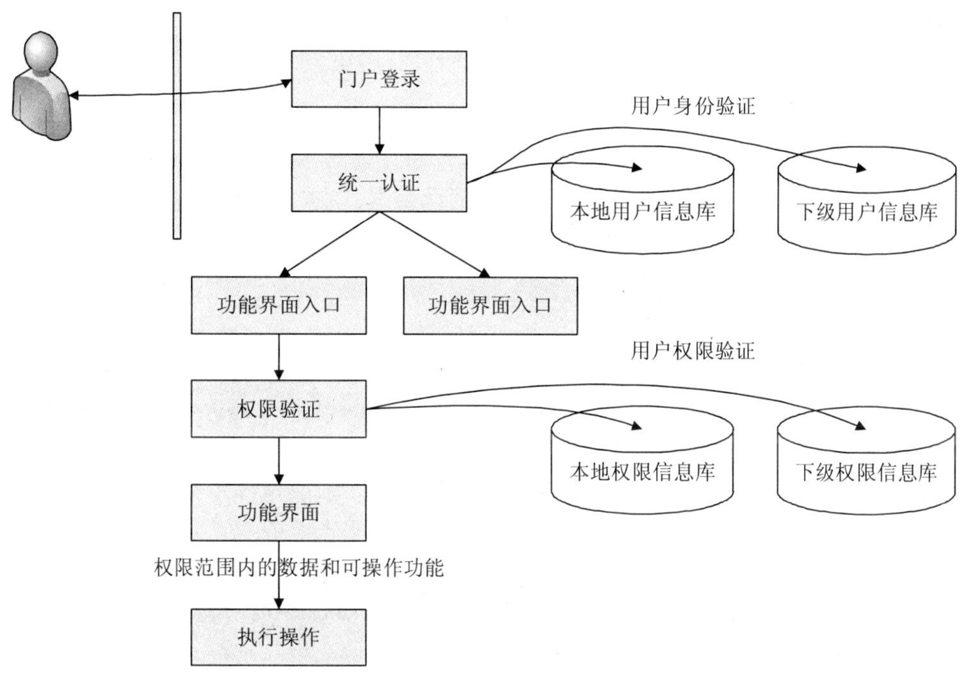

图 4-17　用户登录与操作过程示意图

（2）**用户管理**

为了方便将来实现用户相关的告警通知与响应以及告警的信息关联与服务，对于用户的管理设计包括以下用户信息表，包含用户的移动电话、所在地市、所在部门、电子邮件以及所属角色，其中所属角色决定了该用户相应的管理权限。

（3）**角色管理**

用户角色大致可分为以下三类：

①管理者：拥有所有的权限；

②操作者：拥有除管理权限外的所有权限，但是这些权限仅对用户所属的地区（如省、地市）有效。

③查看者：只具有用户所属地区管理对象和告警的查看权限，不能对被管对象做任何修改，也不能进行添加/删除的操作。

④用户权限定义包括：

- 数据管理的权限：数据查询、数据增加、数据修改、数据删除的权限；
- 用户资料管理的权限：用户查询、增加用户、修改用户资料、删除用户资料的权限；
- 系统功能模块的使用权限；
- 运维管理平台配置参数修改权限；
- 系统使用时间的选择权限；
- 网元的选择权限；
- 告警的查看、选择、操作权限。

4.4.7 系统自身管理

系统自身管理的功能包括数据存储、用户管理、数据安全、日志分析、操作系统漏洞管理和安全技术手段。

（1）数据存储要求

①原始数据保存 3 个月；

②数据处理层数据至少存储 6 个月；

③应用（报表）数据至少存储 2 年。

（2）权限、角色、用户管理

①权限管理

定义运维平台中的对象，基于每个对象建立读、写、更改、删除、停止、启动等权限，对象应可灵活分类；运维平台中的对象分类参考：

- 性能指标数据：从网元采集到运维平台中的网元性能指标数据；
- 告警信息数据：从网元采集到运维平台中的网元告警数据；
- 配置信息数据：从网元采集或手工配置到运维平台中的配置信息；
- 统计汇总数据：经处理后的统计汇总数据，包括经汇总、过滤、统计、分类后的数据；
- 用户属性信息数据：运维平台用户的各类属性；
- 其他数据。

在实施过程中可根据具体情况对对象进行分类。

②角色管理

根据对象权限的划分，定义不同的角色，每种角色由不同对象（或对类）的权限组合而成。一个角色可对应有多个对象（类）/多种权限，多个角色可同时拥有一个权限。

角色分类如下，如有需要可以继续扩充：

- 监控角色：对某类对象如告警信息数据有读权限；
- 平台管理角色：对系统平台相关对象有读、写、操作等权限；
- 数据库管理角色：对数据库相关对象有读、写、操作等权限；
- 网络管理角色：对网络相关对象有读、写、操作等权限；

- 中间件管理角色：对中间件相关对象有读、写、操作等权限；
- 应用软件管理角色：对应用软件相关对象有读、写、操作等权限；
- 统计分析角色：对经过处理的统计汇总数据有各类操作权限；
- 安全管理角色：对用户属性数据有各类操作权限；
- 备份管理角色：对所有类别的数据都有读取的权限；
- 其他角色。

③用户管理

用户管理用于认证运维平台管理员的身份和控制运维平台管理员的管理权限。每个用户有相应的账号和口令，运维平台可通过用户账号和口令等方式完成对用户的身份认证。每个用户有特定的管理权限，运维平台通过用户的管理权限完成对用户管理操作的授权。用户的管理权限可通过角色等方式来赋予，系统可以将某一个或几个角色赋予一个用户。在角色定义的基础上定义不同用户，每类用户由不同的角色组合而成。一个用户可对应有多种角色，多个用户可对应一个角色。用户的分类可以根据级别把用户由高到低分为系统管理员、管理员和一般用户；根据所处位置可以把用户分为中心级用户、一级分中心用户及二级分中心用户。

根据以上分类方法的结合，可分为九类用户：中心级系统管理员、中心级管理员、中心级一般管理员、一级分中心系统管理员、一级分中心管理员、一级分中心一般用户、二级分中心系统管理员、二级分中心管理员、二级分中心一般用户。以上九类用户又可进行细分，如管理员可分为主机管理员、数据库管理员、中间件管理员等。

(3) 数据传输安全

对于使用 Agent 进行数据采集的方式，Agent 端和 Server 端之间能够提供包括加密措施在内的安全通信手段。

①如果有控制性质的操作需求，全部用带外方式或者直接对设备的 console 端口操作（如修改网络设备的配置等）；带外网络可以是独立的带外物理网或者虚拟专用网（VPN）；

②禁止主机设备的 root 口令等信息在带内网上的（明文）传输；

③对于 SNMP、Netflow、Syslog 等方式，应能对联网设备的路由发布进行控制，防止数据被错误导向。

(4) 数据存储安全

①对于敏感的用户密码，要求在数据库中采用加密存储；

②对于存储在数据库中的内容，要求只有被授权的用户才可以查看，非授权用户不能访问；

③对于备份在磁带机或物理磁盘中的数据库内容，要有专人妥善保管，并定期检查登记。

(5) 日志分析

各主机、路由器、交换机、防火墙等对安全事件作记录，对违背安全策略的事件应能作出分析。日志本身应是安全的，应提供一定的安全措施，对被篡改的日志信息提供恢复功能并告警。

(6) 操作系统漏洞的管理

各主流操作系统厂商不定期会发布关于操作系统漏洞补丁，应该严格执行软件版本的管理规定，防止利用操作系统漏洞进行的攻击。

（7）安全技术手段

①被动式的检查，即漏洞扫描和风险评估；

②主动式的预防，即入侵检测；

③防病毒工具等。

系统扫描、系统入侵检测等工具会占用一定的系统资源，应评估使用。

（8）其他非技术的手段

严格执行相关的系统安全行为管理规范。

4.4.8 系统技术规格

（1）基本技术要求

对运维管理平台系统本身的技术要求如下：

①可靠性

系统应考虑硬件和软件的容错、数据存储的备份等系统可靠性措施。核心系统（软件、硬件和操作系统）在99.95%的时间内都能够正常运作，故障停机时间3个月内不得超过1 h。运维服务器应采用相应的机制，以保证服务器故障不影响和少影响信息采集。系统具有自检功能，能监视系统各功能模块的运行情况，随时发现系统自身的问题。

②可用性

系统设备应能支持7×24小时连续不间断工作。

运维管理平台数据采集不能影响被管系统的稳定性，也不能明显影响被管系统的性能。如有部分监控进程需运行在业务服务器上，则要求其所占系统资源要小于3%。同时在系统业务繁忙时，业务服务器上的监控进程必须自动降低所占用的系统资源，避免系统资源的争用。运维平台软、硬件配置，画面平均调用响应时间须小于3 s。

③安全性

运维管理平台应具备统一且完善的安全机制，以保障被管网络系统的安全性。运维管理平台与被管系统之间采取严格的权限控制或设置防火墙等措施，保证被管系统的安全性。登录数据库的口令要求加密。数据能定期归档和备份。保证所有数据库操作的事务完整性。

④易维护性

系统应该具有对自身的集中维护配置功能，如：集中的系统参数设置、集中的系统日志管理等。对于运维平台中的网元变化，导致的拓扑展现、故障告警、报表系统等更新，易于维护。

⑤扩展性

- 产品为模块化结构，可根据需求组合采用相应的产品模块以实现相应的监控目标；
- 硬件系统具有可扩充能力，以保证系统功能、处理器及储存容量的扩展；
- 硬件配置的升级不应引起应用级软件的修改和开发；
- 应用软件的结构应能保证功能的扩展。

⑥操作性

- 用户界面采用中文界面，提示信息通俗易懂，操作及选择键（热键、菜单选择等）

的功能定义在全系统保持一致；

- 提供在线帮助信息；
- 对于查询界面，应提供跳页和滚动显示功能；
- 对于查询/统计结果、报表等，提供可选的打印功能，并提供电子文档的存储功能；
- 采用模块化结构，提供开放的接口，有二次开发能力，并且便于扩容。

⑦数据库的存储与恢复

- 运维管理平台以集中的方式，灵活地支持系统性能、运行和配置采集数据的存储和恢复；
- 操作员应能灵活地安排系统数据的存储和恢复；
- 操作员应能在每次数据恢复后进行数据的一致性和兼容性检测。

⑧接入方式要求

- 系统应支持本地接入和远程接入；
- 系统应提供 C/S 或 B/S 的客户端，应支持并发的多用户访问；
- 采用 C/S 客户端的情况下，要求系统支持客户端自动安装和更新功能，即只需更新系统 Server 端软件，客户端登录系统时自动更新；
- 应提供统一的系统入口，并提供丰富的右键功能和各功能模块之间的导航功能；
- 展现风格应尽量统一，美观实用。

（2）性能要求

①准确性

保证信息采集准确、可靠，采集的数据能够真实有效地反映系统本身情况。

②传输安全可靠

保证采集数据和故障事件信息的准确传输。

③完整性

对于采集的数据必须保证完整性、连续性，应提供重采、补采机制。

④采集方式多样性

数据采集能够提供多样化的采集手段，完成对原始数据的采集，如 SNMP 方式、文件方式等。对于配置数据的采集还可以采用手工录入、批量文件导入等方式。

⑤松耦合

数据采集不对运维管理平台的稳定运行造成影响。

⑥Agent 最少的资源占用

在被管理元素上安装 Agent 来采集数据并且和运维服务器进行通信，应保证在被管理主机上安装的客户端程序无论是硬盘占用空间、内存占用空间、网络占用带宽，还是 CPU 使用率都保持最小，最大不超过 3%。

⑦软件分发

Agent 程序应提供自动分发和升级机制。

⑧数据存储与恢复

数据库数据保存的要求达到以下时限：

- 原始数据保存 3 个月；

- 数据处理层数据至少存储 6 个月；
- 应用（报表）数据至少存储 2 年。

（3）监控分析要求

对网络对象进行实时监控处理时，要求：

①对网络对象性能的实时监测分析的最小采样间隔可达 10 s，性能快照 5～10 min，性能分析的原始历史信息可以保留 3 个月，归并信息可以保留 2 年；

②告警的延时最大不超过 10 min，重要告警的延时小于 3 min。

对主机、软件与通用应用的监测，数据采集层支持灵活的采集事件调度，支持根据上层应用策略从 10 s 级别到 1 h 的自适应数据采集周期，并能够自动重用、合并已获取的性能数据，降低网络负载。

在对网络性能参数查询功能实现上，支持不同间隔（至少支持 10 s 级别）的周期性查询。 对网络对象进行性能 TopN 分析时，用户可以获得其前 10 名、前 50 名的数据。

4.4.9 系统接口规格

（1）接口类型

①上下贯通接口

通过上下贯通接口可以实现地市、省、总部之间的数据连通。

②采集层和被管对象的接口

通过采集工具和被管对象的接口，可定义数据采集方式、数据格式等。

③采集层和集中告警平台的接口

通过采集工具和集中告警平台的接口，可实现跨地域、跨采集工具的告警汇总，实现集中处理、存储和展现。

④监控平台和流程平台的接口

通过实现监控平台和流程平台的集成接口，可实现工具使用方法的规范化，运营流程的自动化。

⑤知识管理集成接口

应能够提供知识库建设的集成接口。

（2）接口协议

运维平台的接口应支持主流协议（SNMP、CORBA、SOAP、Socket 等）中的一种或多种。

（3）接口原则

①松耦合

接口方式与信息模型的松耦合，即无论采取何种接口方式或技术，其交互的信息都应遵循统一的信息模型，与外部信息源的松耦合，即通过接口的信息交互，与采集信息源或监控对象之间不应存在强依赖的关系。

②可靠性

接口方式是信息模型的载体，无论采取何种接口方式，都应保证所传递的信息是可靠、完整和一致的。接口可靠性不仅要求交互方式的可靠与稳定，还要求接口的实现不能对参与接口的系统的可靠性造成任何不良影响，如当采集链路或程序异常时，不应造成数据丢失以及对接口相关系统的正常工作造成影响。

③安全性

系统与外部系统通过接口交互的信息有着不同的安全保密要求，如配置信息通常比性能信息更需要保密，根据信息的安全级别可采取内网传输等多种方式进行保护。

④扩展性

接口的可扩展性包括多个层面：

- 管理功能的可扩展性：接口的定义不应限制管理系统的功能实现，并且在将来系统管理功能发生改变时（增加或调整），接口方式应能继续提供支持。
- 信息模型的可扩展性：网络结构、网络设备及业务应用发生变化，管理对象的种类和具体指标都应能很好地支持信息模型的改变。
- 自维护能力：接口在异常中断后，具有一定的自我恢复能力。

（4）采集层和被管对象的接口

采集层（即监控管理平台的采集工具）与监管对象的接口如图 4-18 所示。

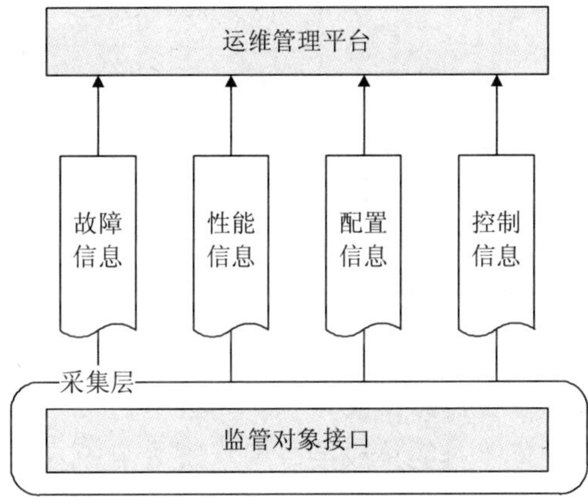

图 4-18　采集层与监管对象接口

①接口功能要求及适用环境

本接口实现对包括主机、网络、数据库、中间件、存储与备份等设备的指标采集、控制功能，适用于监控管理平台与平台部件之间。

- 数据采集功能：完成性能、配置、告警等信息的采集；
- 手工录入：手工录入包括配置、其他数据及性能等数据；
- 控制功能：实现对被管平台的控制操作，如控制进程的运行、调整系统配置、控制通道的通断、资源的挂接与删除等操作。

对不同平台的控制功能分别示例如下：

（a）主机：主机进程的启停、系统配置调整、系统资源清理；

（b）网络：网元配置调整、增删网络模块、控制通道的通断；

（c）数据库：数据库对象（表空间、表、用户、权限等）维护、数据内容修改；

（d）中间件：中间件配置更改、服务启停；

（e）存储：存储配置调整、存储设备挂接、存储设备启停；

（f）备份：备份策略调整、备份源及目的的设定、备份设备挂接。

②接口协议

接口应支持 SNMP、CORBA、SOAP、Socket、Sniffer 等中的一种或多种协议。

③数据格式

● 采集的数据格式

分性能指标、配置指标、告警指标三类。指标描述包括：KPI ID、KPI 名称、KPI 描述最大采样间隔、数据类型、级别。采集要素包括：采集时间、KPI 代码、指标值等。

● 控制的数据格式

因管理者对被管平台的控制依赖于各平台的具体实现，因此无法抽象出严格的数据格式，只要求被管平台提供其能被识别的接口数据格式，如命令行、接口文件、接口表。

④接口性能要求

由于提供管理信息而带来的通信量不应明显地增加网络的通信量。被管设备上的代理不应明显增加系统处理的额外开销，避免该设备的主要功能被削弱。

⑤接口实现方式和策略

● 平台部件的数据采集接口的实现方式和策略

（a）数据采集方式：可分为轮询（polling）、自陷（trap）、面向自陷的轮询方法。

（b）采集的策略：可分为定时、周期、实时。

● 平台部件的控制方式和策略

（a）控制方式：可分为同步控制和异步控制。

（b）控制策略：可分为手工触发和自动触发。

（5）采集层和集中告警平台的集成接口

集中告警平台和监控采集工具的集成接口规范如图 4-19 所示。

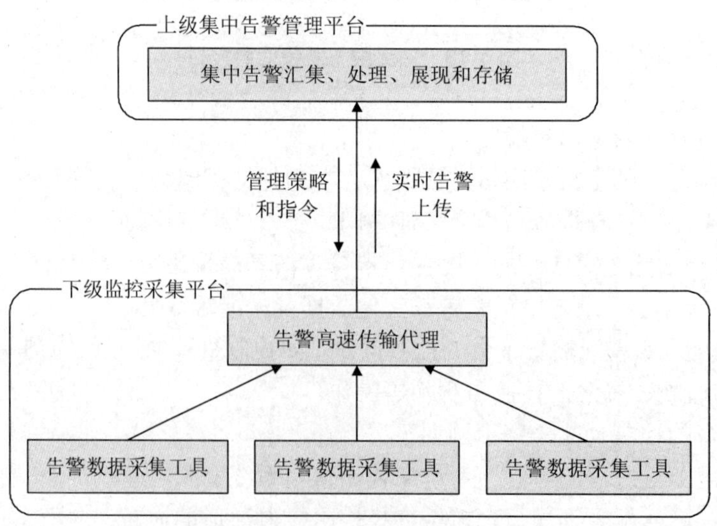

图 4-19　告警平台与采集工具接口规范

如图 4-19 所示，下级监控采集平台专门负责采集网络和系统故障告警信息，通过告警高速传输代理进行高效的、大吞吐量的告警信息实时上传。该传输代理实现告警数据的初步汇聚，减低集中告警管理平台的压力，还可将收到的告警信息同步转给上级集中告警管理平台。同时，集中告警管理平台还可以将管理策略和指令下发给下级监控采集平台。这样，告警事件接口实现了双向的告警相关信息传输的功能需求，同时满足了高效率、大吞吐量等非功能性需求。在下级监控采集平台压力不大，数据来源也不是很多，没有穿越多个防火墙的情况下，可考虑不用告警传输代理，而是直接将采集工具和上级的集中告警管理平台联通。

参考文献

[1] Schutz N，Rezg J，Leger B，et al. Periodic and sequential preventive maintenance policies over a finite planning horizon with a dynamic failure law. Journal of Intelligent Manufacturing，2011.

[2] Pengwen Xu，Yanmei Wu，Ziran Li，et al. Research on the equipment acquisition information service management based on ITIL. 2011 6th IEEE Joint International Information Technology and Artificial Intelligence Conference. 2011.

[3] Maria-Cruz Valiente，Elena Garcia-Barriocanal，Miguel-Angel Sicilia，et al. Applying an ontology approach to IT service management for business-IT integration. Knowledge-based systems，2012.

[4] Ibarra L A C，Calarge F A. A proposal to leverage improvements on integrated management systems applying zachman's corporative architecture. 3rd International Conference on Energy，Environment and Sustainable Development（EESD）. 2013.

[5] Mantilla S M R，Giraldo O L. Model maintenance based in COBIT for the applications architecture in TOGAF enterprise architectures. 2013 8th Computing Colombian Conference（8CCC）. 2013.

[6] Moreland J，James D. Experimental research and future approach on evaluating Service-Oriented Architecture（SOA）challenges in a hard real-time combat system environment. Systems Engineering，2014.

[7] Vizziello Anna，Favalli Lorenzo. Smart distributed system architecture for green communications. 27th International Conference on Advanced Information Networking and Applications Workshops（WAINA）. 2013.

[8] Bhandari S R，Bergmann N W. An Internet-of-Things system architecture based on services and events. 2013 IEEE Eighth International Conference on Intelligent Sensors，Sensor Networks and Information Processing（ISSNIP）. 2013.

[9] 中国电子技术标准化研究所．中国信息技术服务标准白皮书．2010.

[10] 中华人民共和国工业和信息化部．IT 运维服务管理技术要求　第 4 部分：服务管理运维管理系统（报批稿）[EB/OL]. http://www.ccsa.org.cn/publish/download_bp.php?stdtype =yd1&sno=167.

第 5 章　基础软件系统监控技术研究与应用

基础软件系统运行维护技术在应用方面的研究主要集中在对商用软件的监控上，如对服务器软件的监控，以及对数据库系统的监控等。监控技术已被广泛应用到生活中的各个领域，如银行、电信等大型企业的软件系统中的主要业务。这不但简化了管理过程，而且也提高了管理效率，管理者能够时刻掌握系统的运行状况，并及时处理产生的异常，以保证系统正常稳定地安全运行。

5.1　基础软件系统监控对象

基础软件系统是业务应用系统的基础运行环境，保证业务应用系统的运行正常首先要保证支撑它运行的基础系统运行正常。这类监控软件已经有了比较成熟的产品，功能也很强大和完善。表 5-1 列出了目前基础软件系统运维的主要对象。

表 5-1　基础软件系统运维对象

操作系统运维	数据库运维	中间件运维
Unix 操作系统运维 Linux 操作系统运维 Windows 操作系统运维	IBM DB2 数据库管理 Oracle 数据库管理 My SQL 数据库管理 SQL Server 数据库管理	BEA WebLogic 应用服务器监控 IBM WebSphere 应用服务器监控 Tomcat Web 服务器监控 Tuxedo 交易中间件监控 IBM MQ 消息中间件监控 TONGLINK 消息中间件监控 ESB 企业服务总线监控

（1）操作系统运维

操作系统运维主要是指对操作系统的监控，目前主要的操作系统有 Microsoft Windows 系列、Unix/Linux 等。对这几类系统的监控目标大致一样，主要分为以下四个方面：

① CPU 利用率，主要是检查 CPU 的利用情况；

②内存利用率，主要是检查内存的使用情况，避免系统中因内存溢出而发生问题，并且在内存利用过高时发出通知；

③磁盘利用率，主要是检查磁盘的利用情况，保证磁盘存在一定的未用空间；如果磁盘空间过低则发出通知，并运行磁盘清理程序；

④进程监控，主要是监控系统中的一些重要进程，并在某些进程出现异常时发出报警通知。

（2）**数据库运维**

数据库是一个软件系统的存储基地，系统的注册信息、发布信息等都要存到数据库中。数据库能否正常、稳定运行，对一个软件系统可靠运行也是非常重要的。目前常用的数据库产品有 IBM DB2、Oracle、My SQL、Microsoft SQL Server 等。

对数据库监控时的指标主要包括表空间使用率、状态、应答时间、表空间状态、表空间明细、数据文件的性能、回退字段的信息、连接时间、连接统计、请示统计、主键效率、线程明细等。

（3）**中间件运维**

应用服务器是软件系统的运行环境，应用服务器的正常、稳定的运行，对于软件系统的可靠运行非常重要。因此，对应用服务器进行监控，掌握应用服务器运行过程中的各个参数，及时了解应用服务器的运行状况具有重大意义。

目前，比较常用的应用服务器有 JBoss、WebLogic、Tomcat 和 WebSphere，对以上应用服务器的监控指标有所不同。在对 JBoss 的监控中，主要关注的有 Java 虚拟机内存利用率、线程池（Thread Pool）、Enterprise JavaBeans 等；在对 WebLogic 的监控中，主要关注的是 Java 虚拟机的堆栈使用情况、用户 session 及相关信息、Servlet、线程池、等待连接的时间、自定义的 MBean 属性等；在对 Tomcat 进行监控时，主要关注的有内存利用率、线程明细、应用的概要和明细、可用性、JSP 的请求及应答时间等；对 WebSphere 监控时，除了关注 Java 虚拟机利用率和服务器应答时间外，还必须掌握 CPU 利用率、所有 Web 应用的指标以及用户会话和相关信息等。

而对于交易或消息中间件监控主要是对消息队列的监控，对特定消息队列的监控信号量的监控，对应用服务器的总请求数量、各请求队列等待情况、有无阻塞情况等提供请求数量统计及合理性分析功能的监控等。

5.2 基础软件系统监控核心技术

5.2.1 SNMP 协议

运维管理平台通过 SNMP 协议（Simple Network Management Protocol，简单网络管理协议）自动识别被监控网络上的业务系统主机，获取业务系统主机的信息包括：主机名称、操作系统名称、操作系统版本、操作系统位数、机器开机运行时间等基本信息；端口个数、物理连接关系、各端口分配 IP、端口流量等网络信息。SNMP 由一组网络管理的标准组成，包含一个应用层协议（Application Layer Protocol）、数据库模型（Database Schema）和一组资料物件。该协议能够支持网络管理系统，用以监测连接到网络上的设备情况。

SNMP 的核心思想是在每个网络节点上存放一个管理信息库（MIB），由节点上的代理（Agent）负责维护，管理站（Manager）通过应用层协议对这些信息库进行管理。

SNMP 标准主要由三部分组成：简单网络管理协议（SNMP）、管理信息结构（SMI）和管理信息库（MIB）。

① SNMP 是由 Internet 工程任务组织（Internet Engineering Task Force）的研究小组为

了解决 Internet 上的路由器管理问题而提出的，提供了一种从网络上的设备中收集网络管理信息的方法，也为设备向网络管理中心报告问题和错误提供了一种方法。

SNMP 用于在网络中管理一些配置，如防火墙、计算机系统以及路由器等，并提供了一种从网络上的设备中收集网络管理信息的方法。从路由器到计算机、打印机，所有连入网络中的设备都可以通过 SNMP 来监控和管理，因此被 IT 系统管理员所广泛使用。

② MIB 是管理信息库（Management Information Base）的缩写。它是由网络管理协议访问的管理对象数据库，包括可以通过网络设备的 SNMP 管理代理进行设置的变量。包括所有代理进程的所有可被查询和修改的参数。

MIB 的定义与具体的网络管理协议无关，这对于厂商和用户都有利。厂商可以在产品（如路由器）中包含 SNMP 代理软件，并保证在定义新的 MIB 项目后该软件仍遵守标准。用户可以使用同一网络管理客户软件来管理具有不同版本的 MIB 的多个路由器，而一个没有新的 MIB 项目的路由器不能提供这些项目的信息。

③ SMI 是管理信息结构（Structure of Management Information）的缩写，是关于 MIB 的一套公用的结构和表示符。它用于定义通过网络管理协议可访问的对象的规则。SMI 定义在 MIB 中使用的数据类型及网络资源在 MIB 中的名称或表示。

5.2.2 JMX 技术

随着企业 IT 规模的不断增长，IT 资源数量不断增加，IT 资源的分布也越来越分散。对于一家只有几百台计算机公司的 IT 管理人员来说，如果分发一个安全补丁并且要保证其在每台计算机上正确安装，仅仅靠人工完成简直不可想象，因此 IT 管理系统应运而生。在这种情况下，日趋成熟的 Java 管理扩展 JMX 为 IT 管理系统提供了一个新的管理框架，它能为应用程序、设备、系统等植入管理功能，并且可以跨越一系列异构操作系统平台、系统体系结构和网络传输协议，提供灵活的开发、无缝集成的系统、网络和服务管理应用。

（1）JMX 技术概述

JMX（Java Management Extensions），翻译成中文就是 Java 管理扩展，是 Sun 公司为了对正在运行中的 Java 程序进行检测而提出的，它能够把具有管理功能的框架嵌入应用程序、设备、系统等的内部。JMX 的优点是能够跨越一系列异构的系统体系结构、操作系统平台和网络传输协议，使得在开发集成系统、网络和服务管理应用时更加灵活，集成起来做到更加无缝。

如图 5-1 所示，JMX 的体系结构可分为如下四个层次：

①设备层（Instrumentation Level）：主要定义了信息模型。在 JMX 中，各种管理对象以管理构件的形式存在，需要管理时，向 MBean 服务器进行注册。该层定义了如何实现 JMX 管理资源的规范。一个 JMX 管理资源可以是一个 Java 应用、一个服务或一个设备，它们可以用 Java 开发或者至少能用 Java 进行包装，并且能被置入 JMX 框架中，从而成为 JMX 的一个管理构件（Managed Bean），简称 MBean。管理构件可以是标准的，也可以是动态的，标准的管理构件遵从 Java Beans 构件的设计模式；动态的管理构件遵从特定的接口，提供了更大的灵活性。该层还定义了通知机制以及实现管理构件的辅助元数据类。

②代理层（Agent Level）：主要是为各种服务以及通信模型定义了一个标准。这一层的核心部分是 MBean 服务器，其他所有的管理构件要想被管理，都需要向它申请注册。虽然管理构件在 MBean 服务器上进行了注册，但这些管理构件并不直接和远程应用程序进行通信，它们必须通过协议适配器和连接器才能进行通信。而协议适配器和连接器要想提供相应的服务，也必须以管理构件的形式向 MBean 服务器申请注册。

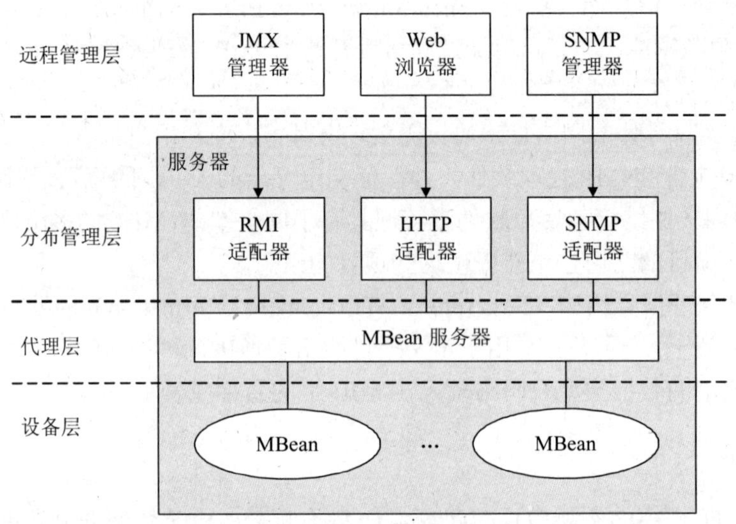

图 5-1 JMX 架构图

③分布服务层（Distributed Service Level）：主要定义了能对代理层进行操作的管理接口和构件，这样管理者就可以操作代理。然而，当前的 JMX 规范并没有给出这一层的具体规范，使用者可以根据需要自定义自己的 HTTP 适配器、SNMP 适配器、专用连接器，以实现分布式访问管理。

④远程管理层：该层包含 JMX 的附加管理协议 API，其主要定义了用来支持当前已经存在的网络管理协议的 API，诸如 CIM/WBEM、SNMP、TMN 等。

JMX 管理扩展的这种体系结构降低了不同服务器之间的耦合性，每一种服务在系统中都有一个 MBean 服务器，并且被注册到中心 MBean 服务器上，MBean 服务器成为各种分离的服务之间互相调用的总线，一种服务通过查询 MBean 服务器来获取另外一种服务的调用方式，大大降低了模块之间的耦合度。

（2）JMX 技术标准

①设备层标准

设备层规定了如何实现 JMX 管理资源的标准。JMX 的管理资源包括 Java 应用、服务和设备，它们一般可以用 Java 开发，或者至少能用 Java 进行包装，并且能被纳入 JMX 框架的管理中，从而变成 JMX 的一个管理构件（Managed Bean），简称为 MBean。管理构件有标准的和动态的之分：标准管理构件按照 Java Beans 构件的设计模式来设计；动态的管理构件实现了特定的接口，具有非常大的灵活性。

设备层还规定了通知机制的操作标准和一些实现管理构件的辅助元数据类。

JMX 管理构件（MBean）有 4 种，即标准 MBean、动态 MBean、开放 MBean 和模型 MBean，表 5-2 中给出了 4 种 MBean 的详细说明。

表 5-2　MBean 说明

MBean 种类	MBean 说明
标准 MBean	标准 MBean 的特点如下：①与它相关的所有事件、属性和操作都已在它的接口内静态指定；②必须实现特定的管理接口，实现方式要按照固定编码标准，即 JMX1.1 中的词法设计模式；③JMX 代理能够检测到标准 MBean 的管理接口，检测方式为“自省（introspection）”
动态 MBean	动态 MBean 的优点是使得 JMX 的资源可管理，并且资源的事件、属性和操作能够随时间的改变而改变。例如，使用的服务器可能为 Tomcat4.1.4，以后也可能改为 Tomcat5.0.27。动态 MBean 也适合网络技术工具环境，例如 Jini/Jiro
模型 MBean	模型 MBean 实质上是对动态 MBean 的扩展。模型 MBean 的优点是提供了 MBean 的实现，这样就可以方便而快速地使用 JMX 可管理资源，还允许在程序运行过程中添加或覆盖符合应用要求的实现。这样 JMX 体系结构就能够管理基于 Java 的、非工具化的资源，并且还能在运行时提供保证兼容的 MBean 虚包
开放 MBean	开放 MBean 实质上也是一种动态 MBean，只不过它比一般的动态 MBean 的功能更强大。开放 MBean 定义了一套数据类型，有与 Java 的数据类型相同的，也有更加复杂的。利用这些数据类型，MBean 就能够定义更加复杂的操作方法参数

②代理层标准

代理层实际上是一个运行在 JVM（Java 虚拟机）上的管理实体，它位于管理资源和管理者之间，用于直接管理资源，使得这些资源能够被远程的管理程序所控制。代理层包括一个 MBcan Server 和一组用于处理被管资源的服务。代理层的组成如图 5-2 所示。

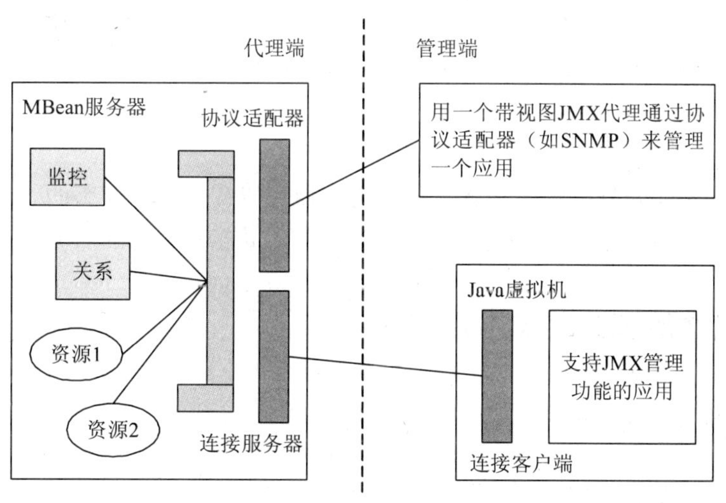

图 5-2　JMX 代理层

从图 5-2 中可以看出，代理层由 3 部分组成：

- MBean 服务器（MBean Server）。代理层的核心是 MBean 服务器，MBean 服务器只提供了管理构件的接口。因此，设备层的任何一个管理构件都在其上注册，Java

虚拟机外的资源才能够被纳入 MBean 服务器的管理中。当然，管理者要想访问管理构件，也必须经过 MBean 服务器的同意。

- 代理服务（Agent Services）。代理服务是能够对注册到 MBean 服务器上的 MBeans 执行管理操作的对象。通过在代理中引入智能管理，JMX 帮助开发者建立了功能强大的管理解决方法。代理服务本身通常也表现为 MBeans，因此代理服务也可以被 MBean 服务器控制。
- 协议适配器和连接器（Protocol Adaptors and Connectors）。代理层依靠协议适配器和连接器与远程的管理应用程序保持联系。协议适配器和连接器通过特定的协议为实例化并注册到 MBean 服务器上的所有 MBeans 提供了一张视图，这样的话，在 Java 虚拟机外的管理应用程序就能够做到：获取或设置已经存在的 MBeans 的属性、管理已经存在的 MBeans、实例化并注册新的 MBeans、接收并登记 MBeans 发出的通知。

③分布服务层标准

当前，Sun 并没有给出这一层的具体标准，只是给了一个简要描述。该层规定了实现 JMX 应用管理平台的接口。这一层定义了能对代理层进行操作的管理接口和组件。这些组件可以提供的功能如下：

- 为管理应用程序提供一个接口，以便它通过一个连接器能透明和代理层或者 JMX 管理资源进行交互。
- 通过各种协议的映射（如 SNMP、HTML 等），提供了一个 JMX 代理和所有可管理组件的视图。
- 分布管理信息，以便构造一个分布式系统，也就是将高层管理平台的管理信息向其下众多的 JMX 代理发布。
- 收集多个 JMX 代理端的管理信息并根据管理终端用户的需要筛选用户感兴趣的信息并形成逻辑视图送给相应的终端用户。
- 提供了安全保证。

通过分布服务层与代理层、设备层的联合，就可以提供一个完整的 IT 资源管理的解决方案。这个解决方案带来了轻便、根据需要部署、动态、安全的服务优点。

5.3 基础软件系统监控技术路线

5.3.1 操作系统监控技术路线

（1）操作系统运维关键技术

针对 UNIX 和 Linux 系列操作系统，平台通过 SSH 协议、TELNET 协议技术实现对操作系统的监控，针对 Windows 系列操作系统，平台通过在目标操作系统上安装托盘代理程序技术实现对操作系统的监控。

SSH 为 Secure Shell 的缩写，由 IETF 的网络工作小组（Network Working Group）所制定；SSH 为建立在应用层和传输层基础上的安全协议。SSH 是目前较可靠，专为会话和其他网络服务提供安全性的协议。利用 SSH 协议可以有效防止远程管理过程中的信息泄露问题。SSH 最初是 UNIX 系统上的一个程序，后来又迅速扩展到其他操作平台。SSH 在正确使用时可弥补网络中的漏洞。SSH 客户端适用于多种平台。几乎所有 UNIX 平台，包括 HP-UX、Linux、AIX、Solaris、Digital UNIX，以及其他平台都可运行 SSH。

Telnet 协议是 TCP/IP 协议族中的一员，是 Internet 远程登录服务的标准协议和主要方式。它为用户提供了在本地计算机上完成远程主机工作的能力。在终端使用者的电脑上使用 Telnet 程序，用它连接到服务器。终端使用者可以在 Telnet 程序中输入命令，这些命令会在服务器上运行，就像直接在服务器的控制台上输入一样，即可以实现在本地控制服务器。Telnet 是常用的远程控制 Web 服务器的方法。

针对 AIX，主要涉及的 SSH 命令如表 5-3 所示。

表 5-3　AIX 中监控相关的 SSH 命令

<table>
<tr><th>名　称</th><th>命　令</th></tr>
<tr><td>用户访问信息监控命令</td><td>export LANG=en_US;who</td></tr>
<tr><td>获取 IO 信息命令</td><td>sh-c \"iostat 1 2 | awk 'begin{times=0;line=0};/tm_act/{times=times+1} {if(times==2) {line=line+1;if(line>1) {print \\$1,\\$5+\\$6,\\$5,\\$6}}}' | grep-v cd \</td></tr>
<tr><td>获取内存物理内存总量命令</td><td>"sh-c \"svmon | awk 'begin{line=0};{line=line+1;if(line==2) {print\\$2,\\$4, \\$6};if(line==3) {print \\$3,\\$3-\\$4}}'\""</td></tr>
<tr><td>获取进行信息命令</td><td>ps-Ao 'user,ppid,pid,pCPU,args' | awk '{line=line+1;if(line>1){print $0}}'</td></tr>
<tr><td>获得静态主机名称命令</td><td>Hostname</td></tr>
<tr><td>获取 CPU 硬件信息命令</td><td>export LANG=\"en_US.UTF-8\";prtconf | awk '/Processor Type/||/CPU Type/||/Number Of Processors/||/Processor Clock Speed/{print}'"</td></tr>
<tr><td>获取主板硬件信息命令</td><td>lscfg-pv-l sysplanar0 |grep-p BACKPLANE:</td></tr>
<tr><td>获取硬盘硬件信息命令</td><td>lscfg-vp | awk '/hdisk/{print $1}'</td></tr>
</table>

针对 Linux，主要涉及的 SSH 命令如表 5-4 所示。

表 5-4　Linux 中监控相关的 SSH 命令

<table>
<tr><th>名　称</th><th>命　令</th></tr>
<tr><td>获取内存信息命令</td><td>"sh-c \"cat/proc/meminfo | awk '/MemTotal:/{print \\$2};/MemFree:/{print\\$2}; /SwapTotal:/{print \\$2};/SwapFree:/{print \\$2};/Buffers:/{print \\$2};/Cached:/ {print \\$2} '\""</td></tr>
<tr><td>获取进行信息命令</td><td>"bash-c \"ps-Ao 'user,ppid,pid,pCPU,args' | awk '{line=line+1;if(line>1){print \\ $0}}'\""</td></tr>
<tr><td>获得静态主机名称命令</td><td>sh-c \"hostname\"</td></tr>
<tr><td>获得硬盘信息命令</td><td>sh-c \"df-PmT | awk 'begin{line=0};{line=line+1;if(line!=1) {print \\$1,\\$2,\\ $3,\\$4,\\$5,\\$7}}'\"</td></tr>
<tr><td>获得 CPU 硬件信息命令</td><td>sh-c \"cat/proc/CPUinfo\"</td></tr>
<tr><td>获得主板硬件信息命令</td><td>sh-c \"dmidecode |grep-A5 \"Base Board Information$\"\"</td></tr>
<tr><td>获得硬盘硬件信息命令</td><td>sh-c \"df | awk '/dev/{print $1}'|awk '/dev/{print $1}'\"</td></tr>
</table>

针对 Windows，主要采用托盘程序方式实现。托盘程序就是运行时在系统托盘区（就是桌面右下角显示时间的区域）出现一个小图标的程序。代表它运行的图标称作托盘图标（右击一般都可以控制它代表的程序的运行状态）。

运维管理平台通过 SIGAR 来实现对操作 Windows 的监控：

SIGAR（System Information Gatherer And Reporter），提供了跨平台的系统信息收集的 API，可以收集的信息包括：

① CPU 信息，包括基本信息（vendor、model、mhz、cacheSize）和统计信息（user、sys、idle、nice、wait）；

②文件系统信息，包括 Filesystem、Size、Used、Avail、Use%、Type；

③事件信息，类似 Service Control Manager；

④内存信息，物理内存和交换内存的总数、使用数、剩余数、RAM 的大小；

⑤网络信息，包括网络接口信息和网络路由信息；

⑥进程信息，包括每个进程的内存、CPU 占用数、状态、参数、句柄；

⑦ IO 信息，包括 IO 的状态、读写大小等；

⑧服务状态信息；

⑨系统信息，包括操作系统版本，系统资源限制情况，系统运行时间以及负载，Java 的版本信息等。

（2）AIX、UNIX、Linux **操作系统监控技术路线**

运维管理平台对 AIX、UNIX、Linux 操作系统监控的实现，需要预先在被监控操作系统上建立具有执行系统命令的用户，具体的监控技术路线如图 5-3 所示。

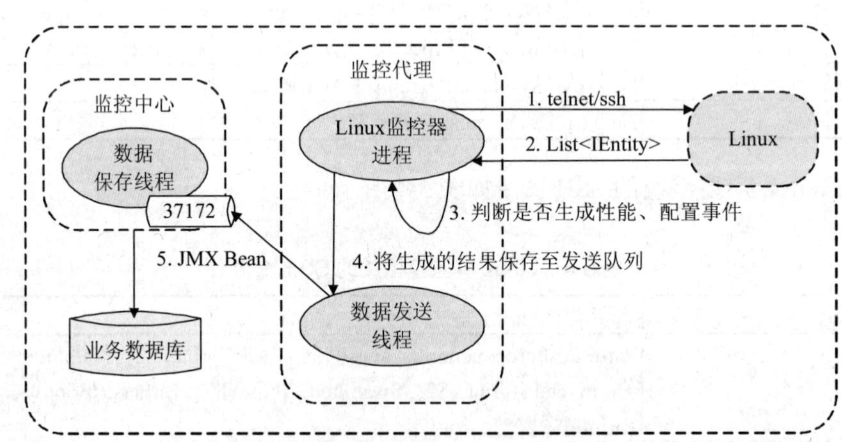

图 5-3　AIX、UNIX、Linux 操作系统监控技术路线

①获取监控数据

以预先建立的用户使用 Telnet、SSH2 方式登录到目标操作系统上，执行一系列系统状况查询命令，获取关键系统运行状况数据，具体命令见第 4 章。

②监控数据处理

使用命令获取的返回结果格式多种多样，不利于程序处理，所以会应用 awk 等命令对结果进行一定的处理，从而降低程序解析命令返回结果的复杂度。

③生成事件及发送

代理解析命令返回值后，将数据封装成 Bean，并与设定的阈值进行比较，判断是否生成故障、性能和配置事件，然后将数据信息和事件信息发送到数据发送线程中等待发送，通过 JMX 方式将各种信息发送至监控中心，由其入库。

（3）Windows 2008 Server 操作系统监控技术路线

运维管理平台对 Windows 2008 Server 操作系统监控的实现，需要预先在目标系统 Windows 2008 Server 上部署代理程序，具体的监控技术路线如图 5-4 所示。

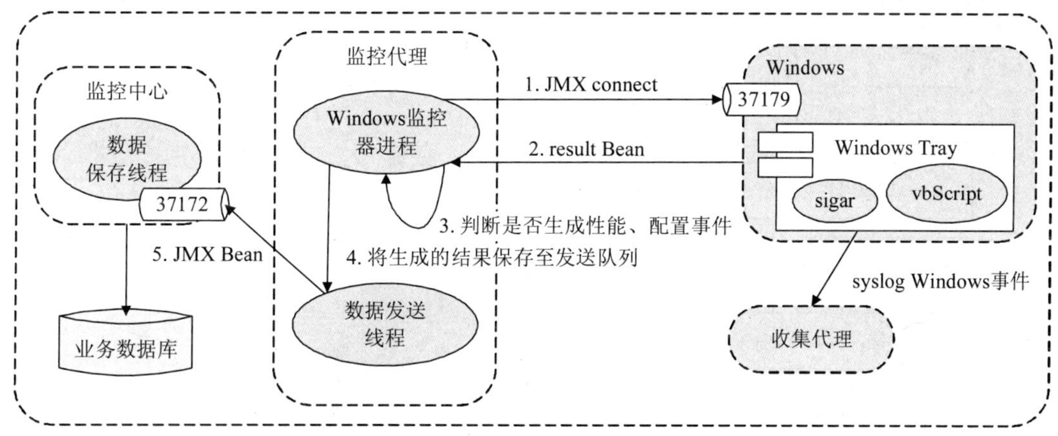

图 5-4　Windows 操作系统监控技术路线

①获取监控数据

Windows 主机监控的托盘程序开放一个 JMX 端口供应用系统运行管理软件监控代理程序调用。每调用一次，托盘程序会通过第三方包 SIGAR 去获得所需的大部分信息。另外一些 SIGAR 不能取得的信息如主板、内存等硬件的物理信息，通过 VBScript 进行获取。

②监控数据处理

托盘将所需信息封装成 Bean 返回监控代理。

③生成事件及发送

获取处理过的监控数据后，与设定的阈值进行比较，判断是否生成故障、性能和配置事件，然后将数据信息和事件信息发送到数据发送线程中等待发送，通过 JMX 方式将各种信息发送至监控中心，由其入库。

5.3.2　数据库监控技术路线

（1）数据库运维关键技术

对数据库的监控，平台通过 JDBC 方式连接目标数据库的系统表，从而实现对目标数据库的监控。

JDBC（Java Data Base Connectivity，Java 数据库连接）体系结构是用于 Java 应用程序

连接数据库的标准方法。它是一种用于执行 SQL 语句的 Java API，可以为多种关系数据库提供统一访问，它由一组用 Java 语言编写的类和接口组成。对工具/数据库开发人员，JDBC 提供了一个标准的 API，以构建更高级的工具和接口，使数据库开发人员能够用纯 Java API 编写数据库应用程序。对实现与数据库连接的服务提供商而言，JDBC 是接口模型。作为 API，JDBC 为程序开发提供标准的接口，并为数据库厂商及第三方中间件厂商实现与数据库的连接提供了标准方法。JDBC 使用已有的 SQL 标准并支持与其他数据库连接标准，如 ODBC 之间的桥接。JDBC 实现了所有这些面向标准的目标并且具有简单、严格类型定义且高性能实现的接口。

① DB2 数据库

运维管理平台针对 DB2 数据库采集的监控信息如图 5-5 所示。

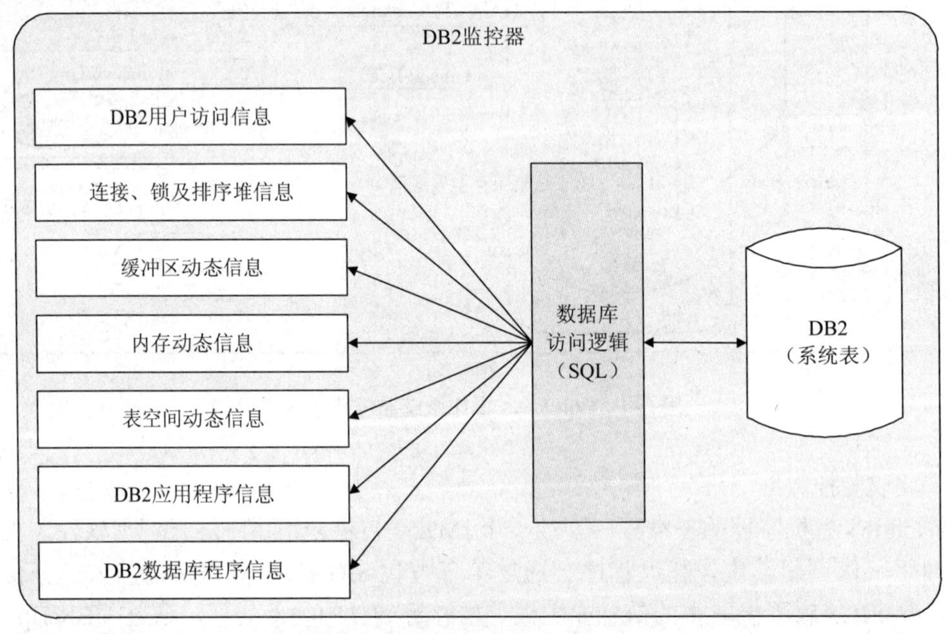

图 5-5 DB2 数据库监控信息采集

- 利用 JDBC 建立连接，连接到数据库（添加 URL，USERNAME，PASSWORD）；
- 建立连接后，远程执行相关的 SQL 语句，从 SYSIBM.SYSVERSIONS、SYSIBM.SNAPDB、SYSIBMADM.APPLICATIONS 等系统表中获取 DB2 数据库的信息，具体信息包括：DB2 用户访问信息、数据库连接信息、锁与排序堆信息、缓冲区动态信息、内存动态信息、表空间动态信息、DB2 应用程序信息、DB2 数据库程序信息。

② Oracle 数据库

运维管理平台针对 Oracle 数据库采集的监控信息如图 5-6 所示。

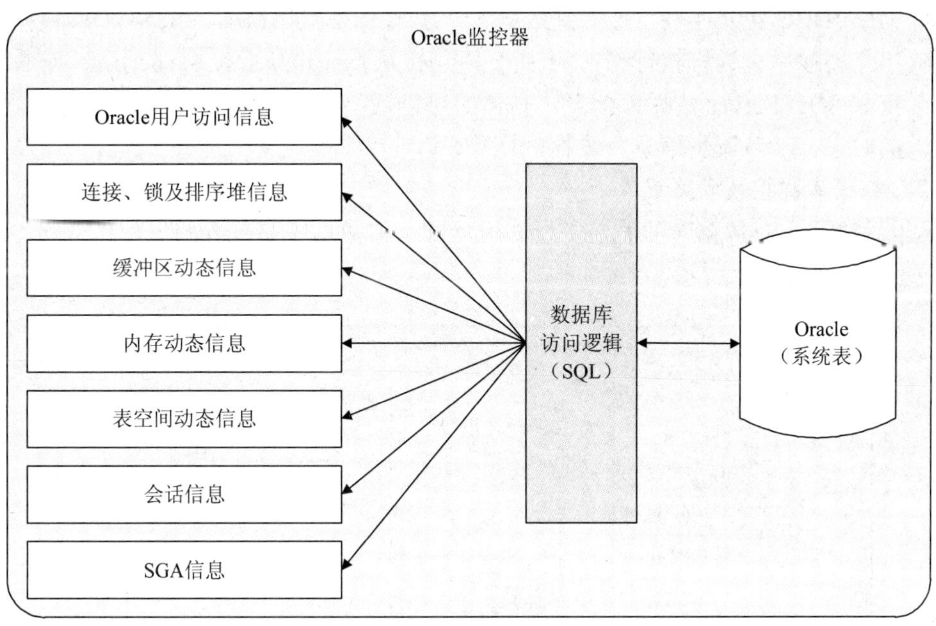

图 5-6　Oracle 数据库监控信息采集

- 利用 JDBC 建立连接，连接到数据库（添加 USERNAME，PASSWORD）；
- 建立连接后，远程执行相关的 SQL 语句，从 v$$database、gv$$session、gv$$sqltext 等系统表中获取 Oracle 数据库信息，具体信息包括：Oracle 用户访问信息、会话信息、实例信息、数据文件、日志文件、SGA 信息、等待会话、缓冲区信息、缓冲区命中率、表空间、全局阻塞锁信息、静态信息。

③ SQL Server 数据库

运维管理平台针对 SQL Server 数据库采集的监控信息如图 5-7 所示。

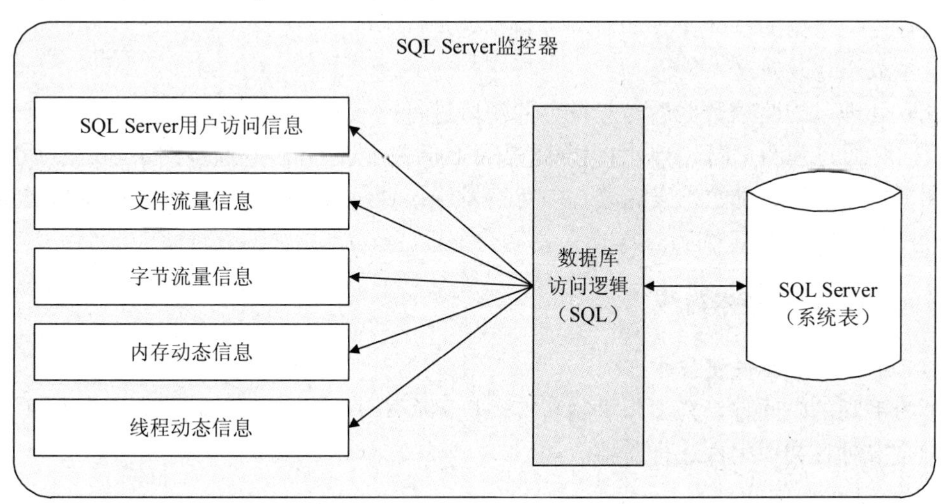

图 5-7　SQL Server 数据库监控信息采集

- 利用 JDBC 建立连接，连接到数据库（添加 USERNAME，PASSWORD）；
- 建立连接后，远程执行相关的 SQL 语句，从 sysdatabases、sysperfinfo 等系统表中获取 SQL Server 数据库信息，具体信息包括：用户访问信息、内存信息、文件流量信息、字节流量信息、线程信息等。

（2）**数据库监控技术路线**

运维管理平台对数据库的监控需要知道能够读取数据库系统表的用户和密码，具体的监控技术路线如图 5-8 所示。

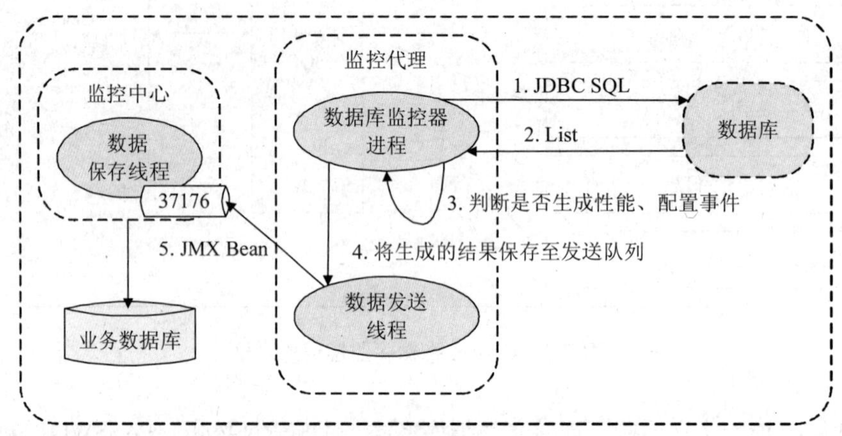

图 5-8　数据库监控技术路线

①获取监控数据

应用系统运行管理软件的监控代理程序使用系统管理账号通过 JDBC 方式连接数据库的系统表，执行 SQL 语句，获取关键数据库信息，具体命令见第 4 章。

②监控数据处理

进行监控数据的统计计算和拼串等数据处理。

③生成事件及发送

获取处理过的监控数据后，与设定的阈值进行比较，判断是否生成故障、性能和配置事件，同时通过判断 URL 的返回码确定是否上报关于该 URL 联通性的事件。然后将数据信息和事件信息发送到数据发送线程中等待发送，通过 JMX 方式将各种信息发送至监控中心，由其入库。

5.3.3 中间件监控技术路线

（1）**中间件运维关键技术**

因为不同的中间件，其工作机制和实现机制有所不同，因此运维管理平台将采用不同的运维技术对各类中间件进行监控。

① WebLogic 中间件

WebLogic 监控主要是利用 JMX 进行监控，实现对主要监控项为 ServerRuntime、JVM、ThreadPool、JMSServer、SAF、JTA、Application、Component、JDBC、EJB 等项的监控。

JMX（Java Management Extensions，即 Java 管理扩展）是一个为应用程序、设备、系统等植入管理功能的框架。Java 应用程序可以使用 JMX 提供的服务实现管理。业务系统中应用的提供是通过中间件系统来作为支撑的，通过 Java 应用程序实现的中间件，可以使用 JMX 提供的服务实现管理和监控。

运维管理平台通过 JMX 获取 WebLogic 的监控指标如表 5-5 所示。

表 5-5　WebLogic 监控指标

获取信息	技术实现
JVM 信息	通过 JMX 连接 WebLogic 管理模块，获得 MBean 中各种统计信息的属性。目前支持 T3 和 RMI 两种协议； 连接 WebLogic 代码； connector = JMXConnectorFactory.connect（serviceURL，table）； MBeanServerConnection mc = connector.getMBeanServerConnection(); 然后从 mc 中获得需要监控的节点的各种属性
线程池信息	
JMS 信息	
SAFAgent 信息	
JTA 信息	
应用信息	
故障事件	WebLogic 未启动；URL 连接失败

② WebSphere 监控

运维管理平台对 WebSphere 的监控主要是通过 IBM 官方提供的性能监控服务 wasPerfTool，平台获取 wasPerfTool 返回的数据后，进行解析，以实现监控。

平台通过性能监控服务 wasPerfTool 获取 WebSphere 的监控指标如表 5-6 所示。

表 5-6　WebSphere 监控指标

获取信息	技术实现
会话动态信息	利用 HTTP 连接访问一个 URL，返回 XML，进行读取解析，获取监控信息
进程池信息	
JDBC 连接池动态信息	
事务动态信息	
事务的平均持续时间	
JVM 动态信息	
应用信息	
故障事件	WebSphere 未启动；URL 连接失败

③ IBM MQ 监控

运维管理平台对 IBM MQ 的监控主要是通过 IBM MQ 所提供的管理 API 接口来实现，平台调用相应的 API 接口，获取 MQ 的运行状态数据后，进行解析，以实现监控。

平台通过管理 API 接口获取 IBM MQ 的监控指标如表 5-7 所示。

表 5-7 IBM MQ 监控指标

获取信息	技术实现
队列监控信息	通过 IMB MQ 提供的管理 API 接口实现监控： MQQueueManager qmgr = new MQQueueManager（mqManager）； PCFMessageAgent agent = new PCFMessageAgent（qmgr）； agent.setCharacterSet（1383）
监控器监控信息	
通道监控信息	
故障事件	通过监控所报的事件

④ TUXEDO 监控

运维管理平台对 TUXEDO 的监控主要是通过 TUXEDO 用户登录后，执行管理命令，对返回的结果进行解析，以实现监控。

平台获取 TUXEDO 的监控指标如表 5-8 所示。

表 5-8 TUXEDO 监控指标

获取信息	技术实现
Tuxedo 的机器状态	使用 TUXEDO 用户登录，执行管理命令，解析返回结果。命令如： 接口信息命令：ud32-C tpsysadm＜$TUXDIR/T_INTERFACE.txt | grep-E 'TA_NUMSERVERS'
T_CLIENT 信息	
T_MSG 信息	
T_QUEUE 信息 T_SERVER 信息	
故障事件	TUXEDO 机器处于非正常状态；不能连接 TUXEDO 中间件

（2）中间件 WebSphere 监控技术路线

运维管理平台对中间件 WebSphere 监控的实现，需要预先在目标 WebSphere 服务器上开启 perfServletApp 应用，具体的监控技术路线如图 5-9 所示。

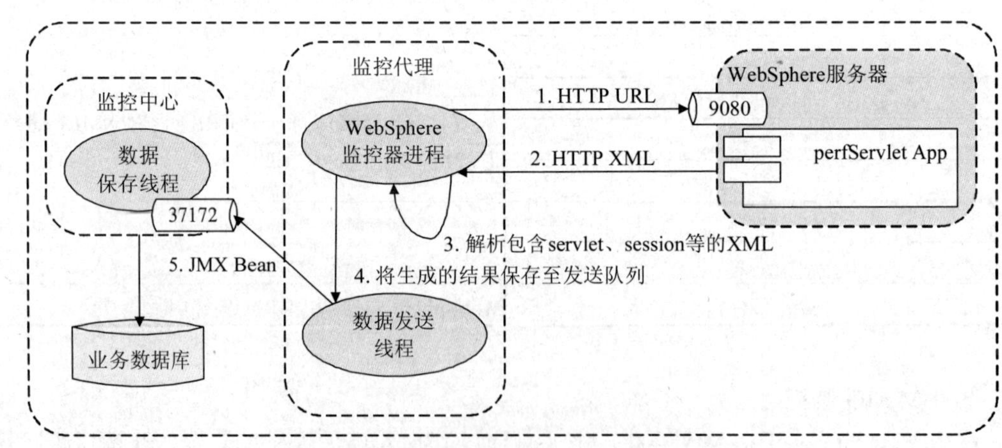

图 5-9 WebSphere 中间件监控技术路线

①获取监控数据

应用系统运行管理软件的监控代理程序通过 http 请求访问 WebSphere 的 perfServletApp

应用，会得到一个包含 WebSphere 各种性能信息的 XML。

②监控数据处理

监控代理得到包含结果信息的 XML 后，会首先将其简单处理，降低该 XML 的复杂度，然后通过对其的解析，得到 Servlet、Session、Web 应用、数据库连接池、线程、事务等各种信息。

③生成事件及发送

获取处理过的监控数据后，与设定的阈值进行比较，判断是否生成故障、性能和配置事件，然后将数据信息和事件信息发送到数据发送线程中等待发送，通过 JMX 方式将各种信息发送至监控中心，由其入库。

5.4　操作系统监控技术应用

5.4.1　操作系统监控流程

运维管理平台针对操作系统的监控按照图 5-10 的流程进行。

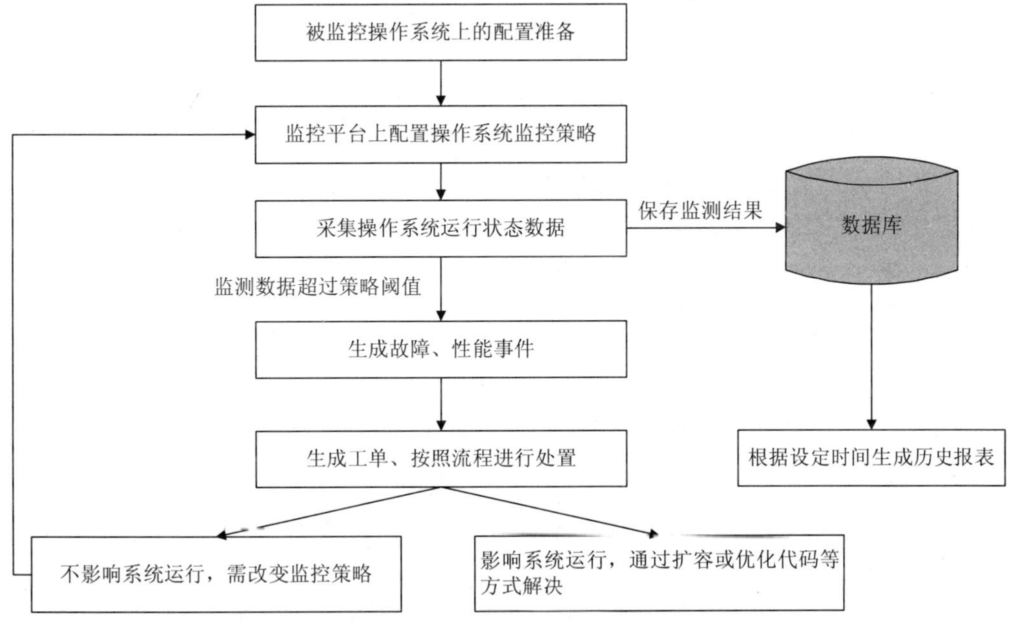

图 5-10　操作系统监控流程

对流程中的主要环节进行详细的说明：

①实施监控前，要在操作系统上进行必要的设置，AIX、Linux 需要预先创建一个具备一定权限的账号，Windows 需要安装托盘程序。

②在运维管理平台上预先针对每一个操作系统监控对象（称为监控器）的关键指标进行策略配置，针对性能指标配置检测阈值，形成性能检测策略，针对端口、进程等指标配置存活检测策略以形成故障检测策略，同时设置数据采集周期。

③采集操作系统运行状态数据。

④将一个周期内采集到的运行状态数据保存在数据库中，为日后统计分析提供数据来源，同时根据策略进行分析，当发现违反性能检测策略时，会生成性能事件，当发现违反故障检测策略时，会生成故障事件。

⑤将平台报出的事件生成工单，按照规定流程处置。影响业务系统运行的事件，通过系统扩容或代码优化的方式解决。不影响业务系统运行的事件，改变操作系统的监控策略。

⑥在平台上，根据需要生成一段时间历史监控数据的统计报表，用于分析系统运行状态的变化趋势。

5.4.2 UNIX 操作系统监控方法

（1）UNIX 操作系统账号创建

在 UNIX 操作系统上，预先创建一个具备一定权限的账号，例如：soc；该账号需要具有执行如下命令的权限：ps、svmon、lscfg、vmstat、lsfs、df、hostname、last、ioscan、mount、/usr/sbin/swapinfo，以保证能够获取 UNIX 关键运行状态信息。

（2）平台策略配置

在运维管理平台上添加监控 UNIX 操作系统监控对象时，当 UNIX 操作系统类型为 AIX 时，监控器类型选择：AIX，连接方式选择 SSH2，代理服务器选择平台所配置的数据采集代理服务器，用户名和密码为预先在 AIX 操作系统中创建的具有一定权限的账号（例如：soc）。

轮询时间是平台采集监控对象运行状态信息的频率，通常为 10 min。

CPU 使用率阈值、内存使用率阈值、磁盘使用率阈值是性能检测策略，通常 CPU 使用率阈值检测设置为 80%～90%，当连续半个小时内 CPU 使用率都超过此阈值时，平台认为违反了性能检测策略，平台自动生成性能事件。

针对 UNIX 操作系统，因为 UNIX 操作系统的特殊工作原理，在初始安装操作系统时，会预先将所有内存都分配，所以 UNIX 操作系统中的内存使用率永远较高，因此针对 UNIX 操作系统，不配置性能检测策略。

在配置磁盘使用率时，可针对所有磁盘统一配置，也可针对每个磁盘分别配置其性能检查阈值，通常磁盘使用率阈值检测建议设置为 95%～98%。UNIX 操作系统监控配置如图 5-11 所示。

每次轮询时，会执行该脚本，如果执行过程有误，则会在运维管理平台生成故障事件。运维管理平台支持配置多个脚本检测策略。

针对进程，运维管理平台默认会自动采集当前 UNIX 操作系统上存活的进程信息，在平台上配置被监控的进程名称后，平台每次采集 UNIX 操作系统运行状态信息时，会检测当前存活进程中是否包含了此进程，如果未包含，平台会自动生成故障事件。平台支持配置多个进程检测策略。UNIX 系统监控参数配置如图 5-12 所示。

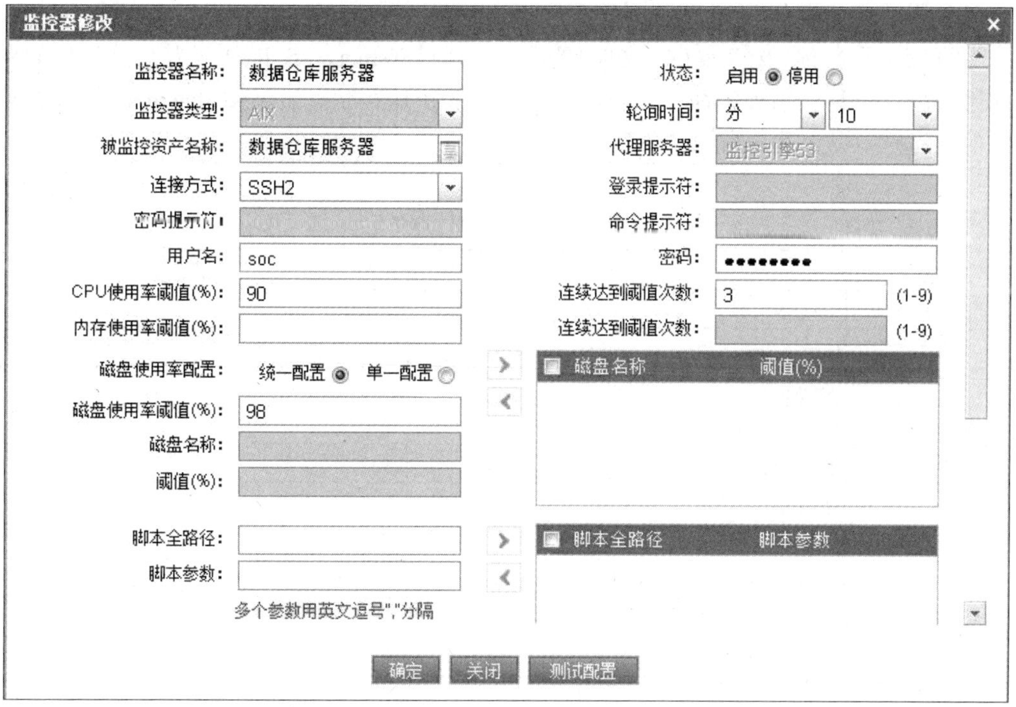

图 5-11　UNIX 操作系统监控策略配置

图 5-12　UNIX 系统监控参数配置

(3) 平台数据采集

运维管理平台预先在UNIX上创建的账号，通过Telnet、SSH2协议登录到目标UNIX操作系统上，执行一系列的命令，获取操作系统关键运行状态。具体执行的命令和命令所对应的关键运行状态数据如表5-9所示。

表5-9 UNIX监控命令

序号	命令	关键数据
1	Svmon	物理内存信息
2	lscfg －pv	CPU信息
3	vmstat 1 2	CPU信息
4	lsfs －c	硬盘信息
5	df －P	硬盘信息
6	Hostname	主机名
7	Last	用户审计信息
8	/usr/sbin/swapinfo －m	交换区信息
9	ioscan-fnkC processor	CPU信息
10	mount －v	硬盘、内存等信息

(4) 事件生成

针对UNIX操作系统，平台会自动生成两类事件，具体如表5-10所示。

表5-10 UNIX操作系统监控事件

事件类型	事件名称	事件生成原因
性能事件	CPU使用率过高	CPU使用率超过阈值并达到或超过检测次数
	磁盘使用率过高	磁盘使用率超过阈值
故障事件	进程down	所配置的监控进程未存活
	脚本	脚本执行异常
	设备无法连接	使用配置的连接方式（Telnet或SSH）不能成功登录UNIX操作系统

(5) 监控状态实时分析

运维管理平台实时监控UNIX操作系统是否处于监控状态，当健康度为绿色时，代表平台可正常监控该UNIX操作系统对象；当健康度为红色时，代表平台不能监控该UNIX操作系统对象；当健康度为问号“？”时，代表平台无法判断是否能够正常监控该UNIX操作系统。当健康度为红色或者问号“？”时，都需要管理员进行问题的排除。UNIX操作系统监控状态实时分析如图5-13所示。

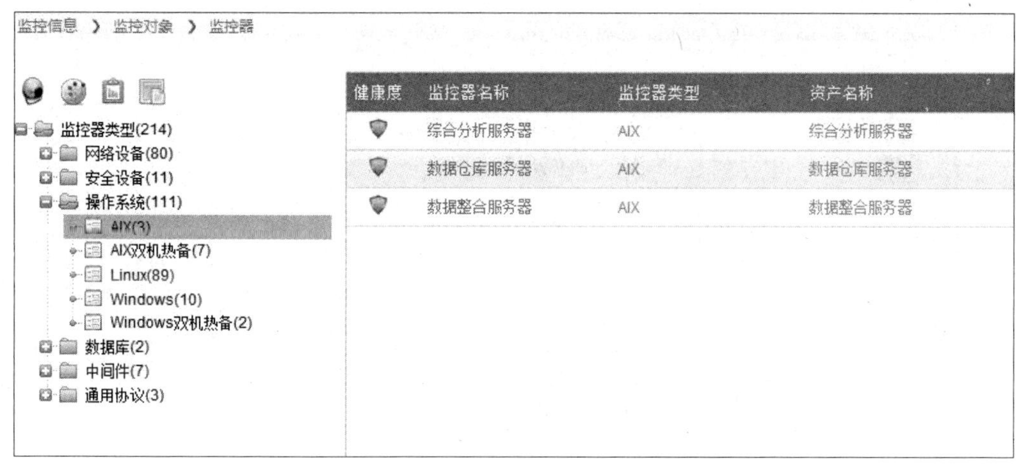

图 5-13　UNIX 操作系统监控状态实时分析

（6）运行状态数据实时分析

运维管理平台可实施展示分析 UNIX 操作系统的运行状态数据，包括：用户访问信息、用户审计信息、IP/MAC 信息、CPU 使用率、内存使用率、内存动态信息、系统进程动态信息、磁盘动态信息、磁盘 IO 信息、进程监控、文件监控、端口监控、脚本监控、SSH 命令配置、性能事件、故障事件、配置事件。UNIX 系统 CPU 运行状态实时分析如图 5-14 所示。

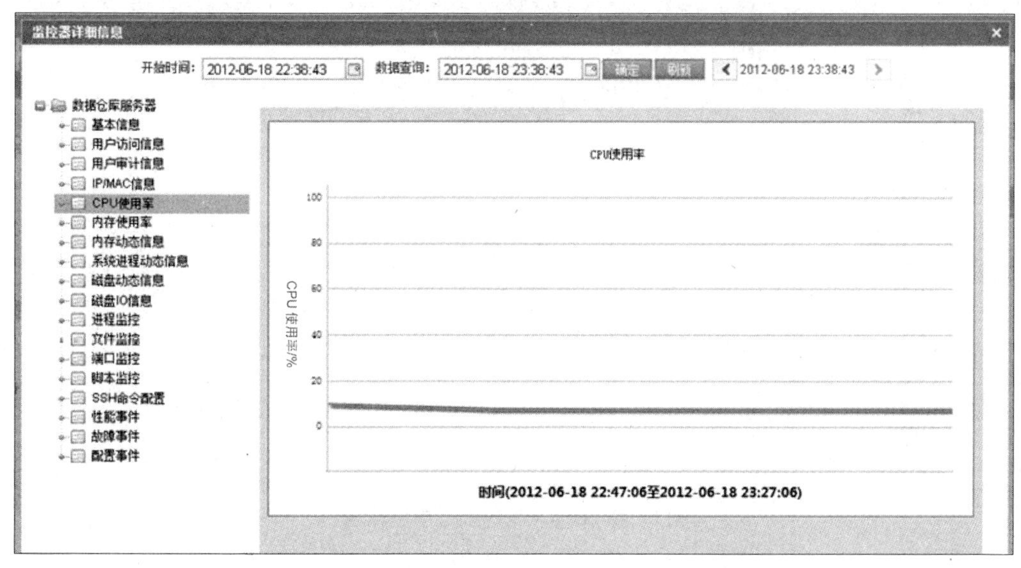

图 5-14　UNIX 系统 CPU 运行状态实时分析

SSH 命令配置，是平台以预先配置的账号通过 SSH 协议登录到目标 UNIX 操作系统上，并可执行匹配权限的命令。UNIX 系统 SSH 监控命令配置如图 5-15 所示。

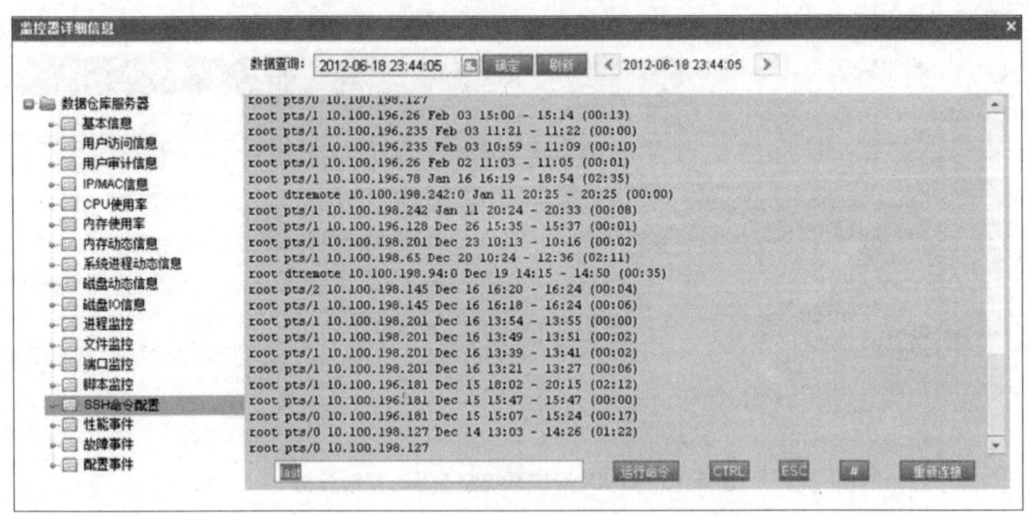

图 5-15 UNIX 系统 SSH 监控命令配置

性能事件和故障事件是指当平台检测到此 UNIX 操作系统监控对象的关键指标，违反检测策略时，就会生成相应的事件。当发现违反性能检测策略时，运维管理平台生成性能事件；当发现违反故障检测策略时，平台生成故障事件。UNIX 性能监控事件配置如图 5-16 所示。

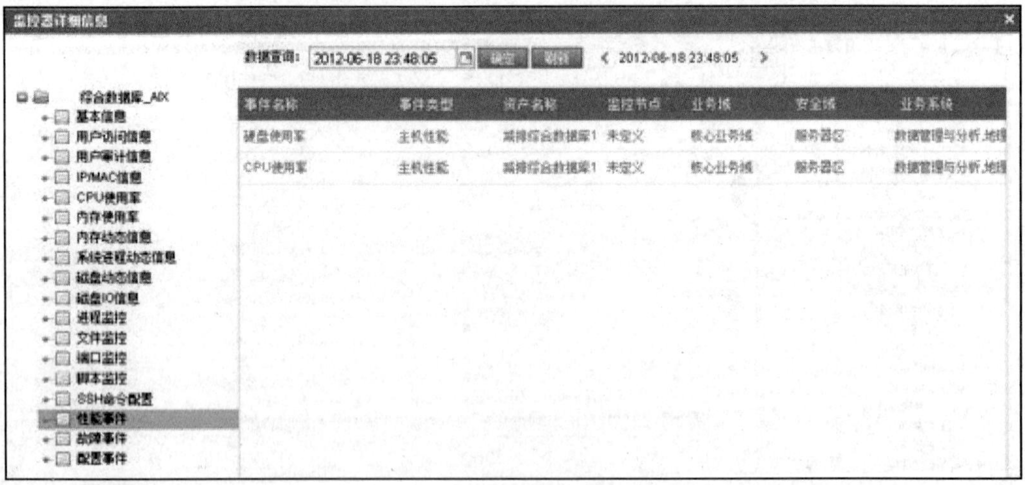

图 5-16 UNIX 性能监控事件配置

（7）历史运行状态数据统计分析

运维管理平台会保存所采集的历史运行状态数据，根据时间生成运行状态数据统计分析报表，在报表中针对运行状态的趋势进行统计分析，具体如图 5-17（a）～（c）所示。

AIX 监控器报表

本报表是对AIX监控器监控数据的统计，AIX监控数据是通过AIX监控远程连接来获取的。从本报表数据中可以查看本系统从2012年06月16日23时59分59秒到2012年06月17日23时59分59秒的AIX监控信息。

1. 基本信息

监控器名称	数据仓库服务器
监控器类型	AIX
资产名称	数据仓库服务器
资产主IP地址	10.100.240.23
资产其他IP地址	

2. 用户访问信息

登录用户名	登录IP	登录时间

3. 用户审计信息

（a）

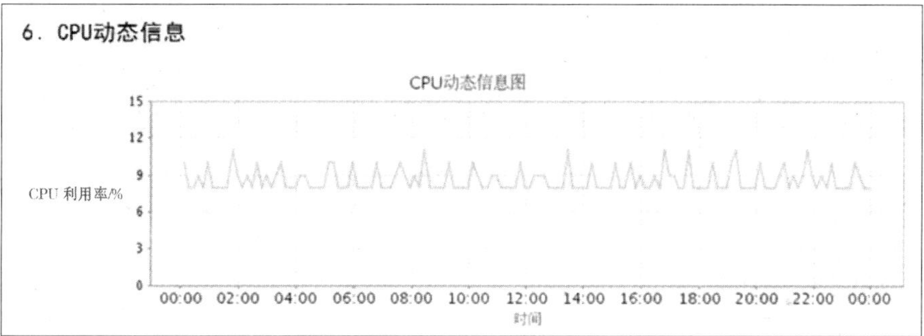

（b）

8. 内存动态信息

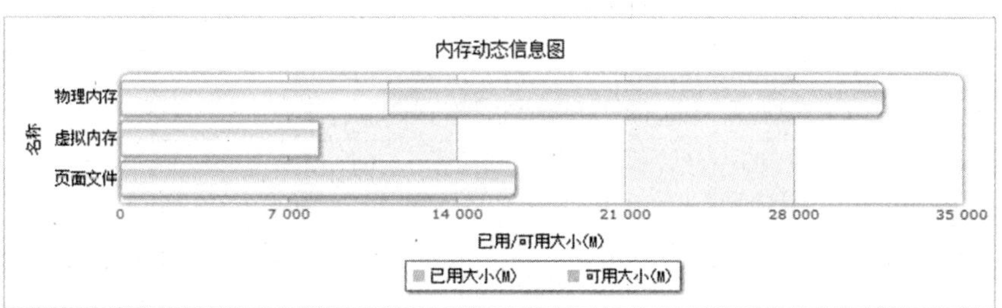

9. 系统进程动态信息

进程ID	使用用户	映像名称	CPU使用率/%	记录时间
12583048	root	haemd	0	2012-06-17 23:57:06
12779580	root	aioserver	0	2012-06-17 23:57:06
12845296	root	db2ckpwd	0	2012-06-17 23:57:06
12976330	db2inst2	db2sysc	0	2012-06-17 23:57:06
13303974	root	db2wdog	0	2012-06-17 23:57:06

（c）

图 5-17　UNIX 操作系统监控器报表

（8）生成事件处理工单

运维管理平台生成故障性能事件后，按照基础软件系统运维管理的相关要求，对事件生成工单，并按照制定流程完成事件的处置。事件处理工单如图 5-18 所示。

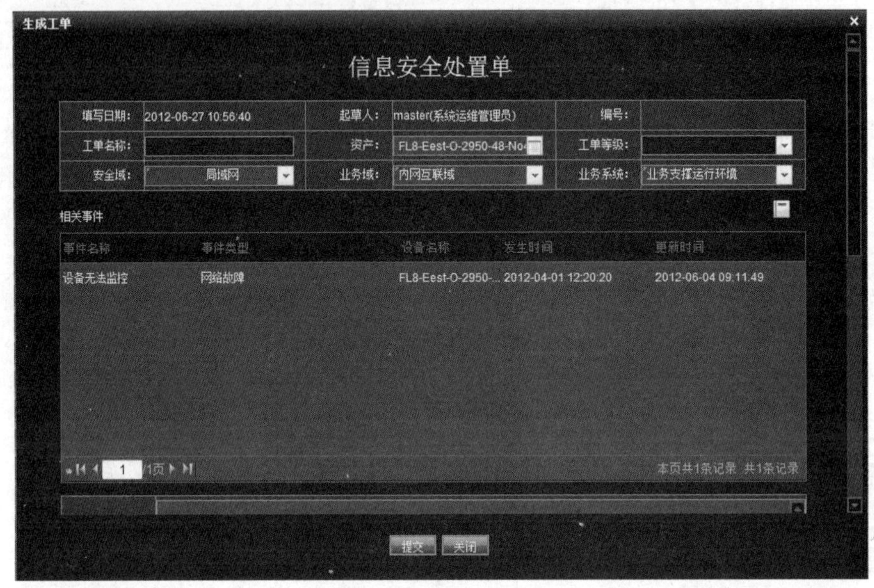

图 5-18 事件处理工单

5.4.3 Linux 操作系统监控方法

（1）Linux 操作系统账号创建

在 Linux 操作系统上，预先创建一个具备一定权限的账号，例如：soc；该账号需要具有执行如下命令的权限：cat、df、hostname、last，以保证能够获取 Linux 关键运行状态信息。

（2）平台策略配置

在运维管理平台上添加监控 Linux 操作系统监控对象时，监控器类型选择：Linux，连接方式选择 SSH2，代理服务器选择平台所配置的数据采集代理服务器，用户名和密码为预先在 Linux 操作系统中创建的具有一定权限的账号（例如：soc）。

轮询时间是平台采集监控对象运行状态信息的频率，通常为 5 min。

CPU 使用率阈值、内存使用率阈值、磁盘使用率阈值是性能检测策略，通常 CPU 使用率阈值检测设置为 80%～90%，当连续半个小时内 CPU 使用率都超过此阈值时，平台认为违反了性能检测策略，平台自动生成性能事件。

针对 Linux 操作系统，因为 Linux 操作系统的特殊工作原理，在初始安装操作系统时，会预先将所有内存都分配，所以 Linux 操作系统中的内存使用率永远较高，因此针对 Linux 操作系统，不配置性能检测策略。

在配置磁盘使用率时，可针对所有磁盘统一配置，也可针对每个磁盘分别配置其性能检查阈值，通常磁盘使用率阈值检测建议设置为 95%～98%。Linux 操作系统监控策略配置如图 5-19 所示。

图 5-19　Linux 操作系统监控策略配置

每次轮询时，会执行该脚本，如果执行过程有误，则会在运维管理平台生成故障事件。平台支持配置多个脚本检测策略。

针对进程，运维管理平台默认会自动采集当前 Linux 操作系统上存活的进程信息，在平台上配置被监控的进程名称后，平台每次采集 Linux 操作系统运行状态信息时，会检测当前存活进程中是否包含了此进程，如果未包含，平台会自动生成故障事件。平台支持配置多个进程检测策略。Linux 系统监控参数配置如图 5-20 所示。

图 5-20　Linux 系统监控参数配置

（3）平台数据采集

运维管理平台以预先在 Linux 上创建的账号，通过 Telnet、SSH2 协议登录到目标 Linux 操作系统上，执行一系列的命令，获取操作系统关键运行状态。具体执行的命令和命令所对应的关键运行状态数据如表 5-11 所示。

表 5-11 Linux 关键状态监控命令

序号	命 令	关键数据
1	cat/proc/meminfo	物理内存信息
2	cat/proc/CPUinfo	CPU 信息
3	df –PmT	硬盘信息
4	Hostname	主机名
5	Last	用户审计信息
6	cat/proc/meminfo	交换区信息

（4）事件生成

针对 Linux 操作系统，运维管理平台会自动生成两类事件，具体如表 5-12 所示。

表 5-12 Linux 操作系统监控事件

事件类型	事件名称	事件生成原因
性能事件	CPU 使用率过高	CPU 使用率超过阈值并达到或超过检测次数
	磁盘使用率过高	磁盘使用率超过阈值
故障事件	进程 down	所配置的监控进程未存活
	脚本	脚本执行异常
	设备无法连接	使用配置的连接方式（Telnet 或 SSH）不能成功登录 Linux 操作系统

（5）监控状态实时分析

运维管理平台实时监控 Linux 操作系统是否处于监控状态，当健康度为绿色时，代表平台可正常监控该 Linux 操作系统对象；当健康度为红色时，代表平台不能监控该 Linux 操作系统对象；当健康度为问号“？”时，代表平台无法判断是否能够正常监控该 Linux 操作系统。当健康度为红色或者问号“？”时，都需要管理员进行问题的排除。Linux 操作系统监控状态实时分析如图 5-21 所示。

（6）运行状态数据实时分析

运维管理平台可实施展示分析 Linux 操作系统的运行状态数据，包括：用户访问信息、用户审计信息、IP/MAC 信息、CPU 使用率、内存使用率、内存动态信息、系统进程动态信息、磁盘动态信息、磁盘 IO 信息、进程监控、文件监控、端口监控、脚本监控、SSH 命令配置、性能事件、故障事件、配置事件。Linux 操作系统运行状态实时分析如图 5-22 所示。

健康度	监控器名称	监控器类型	资产名称	资产主IP	监控代理名称	监控代理IP	操作
	117suse	Linux	192.168.140.117	192.168.140.117	112服务器	192.168.140.112	
	mmq3456	APUSIC MQ	72资产	192.168.140.72	112服务器	192.168.140.112	
	34WIN	Windows	192.168.140.34	192.168.140.34	112服务器	192.168.140.112	
	Cisco	Cisco Network Equip...	192.168.140.117	192.168.140.117	112服务器	192.168.140.112	
	97solaris	Solaris	192.168.140.97	192.168.140.97	112服务器	192.168.140.112	
	112	Linux	192.168.140.112	192.168.140.112	112服务器	192.168.140.112	
	AIX-72	AIX	72资产	192.168.140.72	112服务器	192.168.140.112	
	lucc	DB2	192.168.140.112	192.168.140.112	112服务器	192.168.140.112	

图 5-21　Linux 操作系统监控状态实时分析

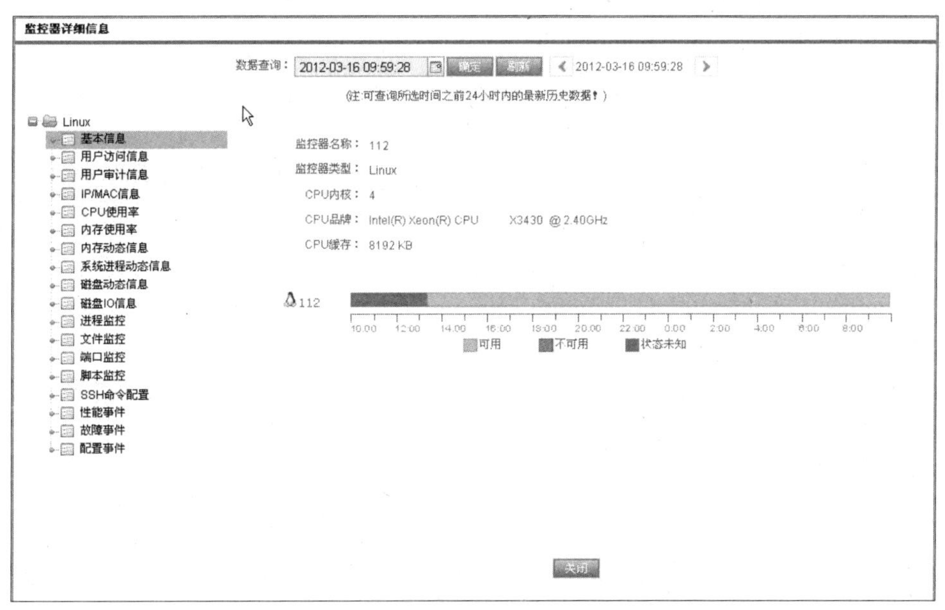

图 5-22　Linux 操作系统运行状态实时分析

SSH 命令配置，是平台模拟预先配置的账号通过 SSH 协议登录到目标 Linux 操作系统上，并可执行匹配权限的命令，具体如图 5-23 所示。

性能事件和故障事件是指当运维管理平台检测到此 Linux 操作系统监控对象的关键指标，违反检测策略时，就会生成相应的事件。当发现违反性能检测策略时，平台生成性能事件；当发现违反故障检测策略时，平台生成故障事件。Linux 性能监控事件配置如图 5-24 所示。

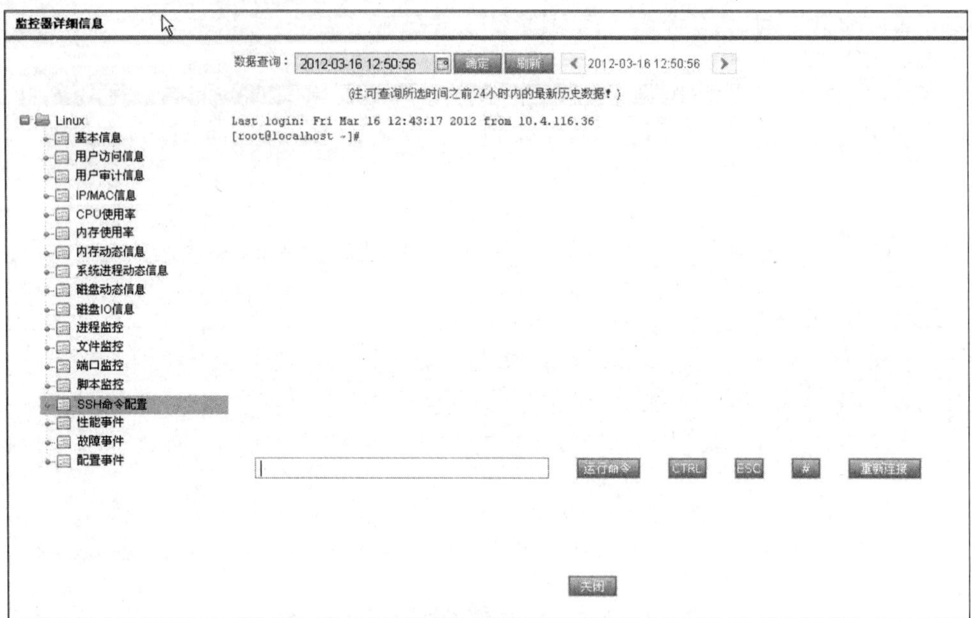

图 5-23　Linux 系统 SSH 监控命令配置

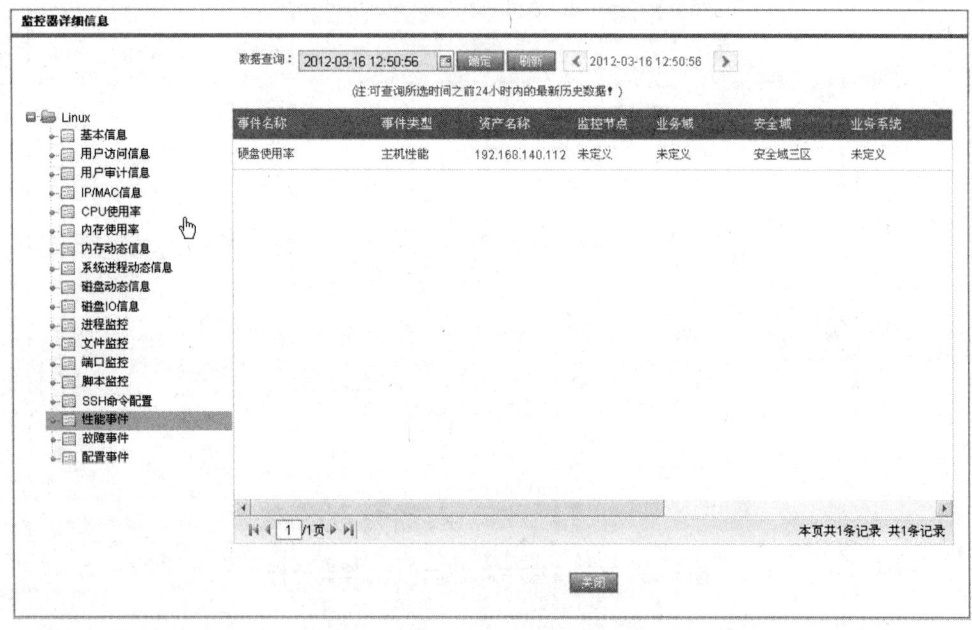

图 5-24　Linux 性能监控事件配置

（7）历史运行状态数据统计分析

运维管理平台会保存所采集的历史运行状态数据，根据时间生成运行状态数据统计分析报表，在报表中针对运行状态的趋势进行统计分析。Linux 操作系统监控器报表如图 5-25（a）～（d）所示。

监控信息　网络管理　安全管理　应用监控　机房监控　业务监控　风险统计　统计报表　运维工单　审计分析　知识库

统计报表 〉 监控器报表

每页显示 40

Linux 监控器报表

本报表是对Linux监控器监控数据的统计，Linux监控数据是通过Linux监控远程连接来获取的。从本报表数据中可以查看本系统从2012年03月14日23时59分59秒到2012年03月15日23时59分59秒的Linux监控信息。

1．基本信息

监控器名称	112
监控器类型	Linux
资产名称	192.168.140.112
资产主IP地址	192.168.140.112
资产其他IP地址	

2．用户访问信息

登录用户名	登录IP	登录时间
root	192.168.140.34	2012-03-14 15:10:00
root	192.168.140.34	2012-03-14 15:17:00
root	192.168.140.31	2012-03-13 11:36:00
root	192.168.140.31	2012-03-13 11:39:00
root	192.168.140.34	2012-03-15 14:46:00
root	192.168.140.34	2012-03-14 16:41:00
root	192.168.140.34	2012-03-15 10:50:00
root	192.168.140.26	2012-03-15 15:53:00
root	192.168.140.34	2012-03-14 16:21:00

3．用户审计信息

登录用户名	登录IP	登录时间	登出时间
root	192.168.140.39	2012-03-15 13:03:00	2012-03-15 19:55:00

（a）

4．CPU信息

核心数	1
CPU品牌	Intel(R) Core(TM) i7-2600 CPU @ 3.40GHz

5．IP/MAC信息

MAC地址	
IP地址	10.4.116.49
子网掩码	
接口索引	

6．CPU动态信息

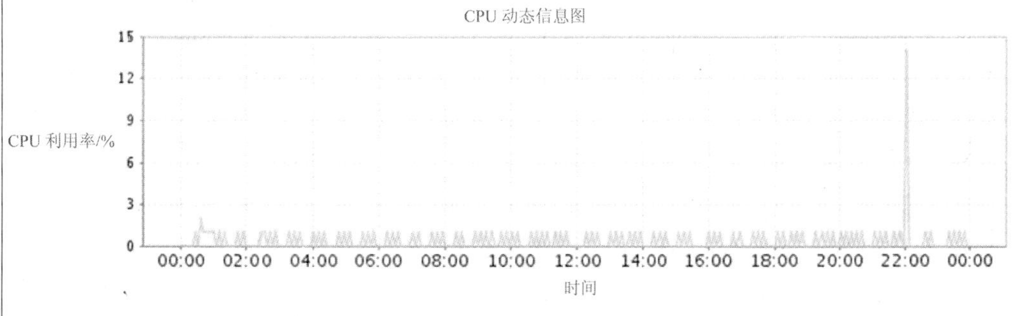

7．内存使用率动态信息

（b）

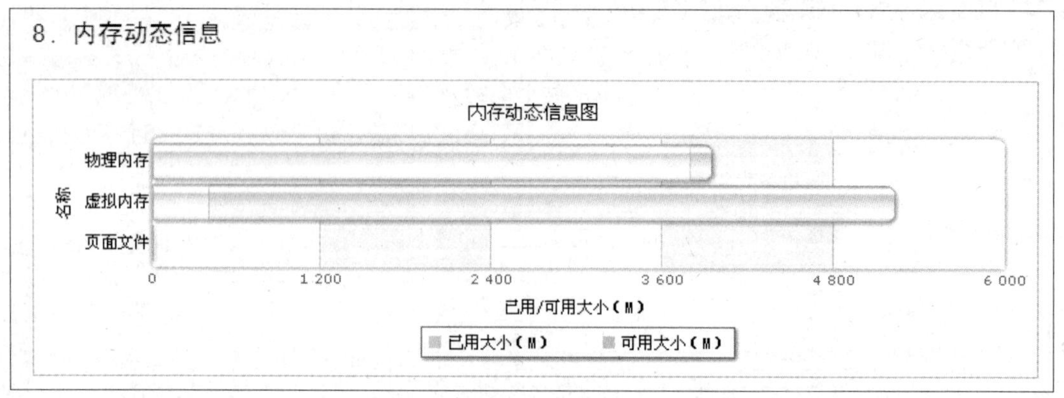

(c)

9. 系统进程动态信息

进程ID	使用用户	映像名称	CPU使用率/%	记录时间
1	root	init	0	2012-06-18 23:55:41
2	root	[migration/0]	0	2012-06-18 23:55:41
3	root	[ksoftirqd/0]	0	2012-06-18 23:55:41
4	root	[watchdog/0]	0	2012-06-18 23:55:41
5	root	[migration/1]	0	2012-06-18 23:55:41
6	root	[ksoftirqd/1]	0	2012-06-18 23:55:41
7	root	[watchdog/1]	0	2012-06-18 23:55:41
8	root	[migration/2]	0	2012-06-18 23:55:41
9	root	[ksoftirqd/2]	0	2012-06-18 23:55:41
10	root	[watchdog/2]	0	2012-06-18 23:55:41
11	root	[migration/3]	0	2012-06-18 23:55:41
12	root	[ksoftirqd/3]	0	2012-06-18 23:55:41
13	root	[watchdog/3]	0	2012-06-18 23:55:41
14	root	[migration/4]	0	2012-06-18 23:55:41
15	root	[ksoftirqd/4]	0	2012-06-18 23:55:41
16	root	[watchdog/4]	0	2012-06-18 23:55:41

(d)

图 5-25 Linux 操作系统监控器报表

(8) 生成事件处理工单

运维管理平台生成故障性能事件后，按照基础软件系统运维管理的相关要求，对事件生成工单，并按照制定流程完成事件的处置。事件处理工单如图 5-18 所示。

5.4.4 Windows 操作系统监控方法

(1) Windows 操作系统托盘程序安装

运维管理平台对于 Windows 操作系统的监控，需要预先在指定 Windows 系统主机上运行 Reload SOC WindowsMonitorTray.exe 安装程序，使用托盘程序获取 Windows 关键运行状态信息。Windows 操作系统上的防火墙需要开放托盘程序提供服务的端口。

（2）平台策略配置

在运维管理平台上添加监控 Windows 操作系统监控对象时，监控器类型选择：Windows，连接方式选择托盘程序，代理服务器选择平台所配置的数据采集代理服务器。

轮询时间是平台采集监控对象运行状态信息的频率，通常为 10 min。

CPU 使用率阈值、内存使用率阈值、磁盘使用率阈值是性能检测策略，通常 CPU 使用率阈值检测设置为 80%～90%，当连续半个小时内 CPU 使用率都超过此阈值时，平台认为违反了性能检测策略，平台自动生成性能事件。

针对 Windows 操作系统，通常内存使用率阈值检测设置为 80%～90%，当连续半个小时内内存使用率都超过此阈值时，平台认为违反了性能检测策略，平台自动生成性能事件。

在配置磁盘使用率时，可针对所有磁盘统一配置，也可针对每个磁盘分别配置其性能检查阈值，通常磁盘使用率阈值检测建议设置为 95%～98%。Windows 操作系统监控策略配置如图 5-26 所示。

图 5-26　Windows 操作系统监控策略配置

每次轮询时，会执行该脚本，如果执行过程有误，则会在平台生成故障事件。平台支持配置多个脚本检测策略。

针对进程，平台默认会自动采集当前 Windows 操作系统上存活的进程信息，在平台上配置被监控的进程名称后，平台每次采集 Windows 操作系统运行状态信息时，会检测当前存活进程中是否包含了此进程，如果未包含，平台会自动生成故障事件。平台支持配置多个进程检测策略。Windows 操作系统监控参数配置如图 5-27 所示。

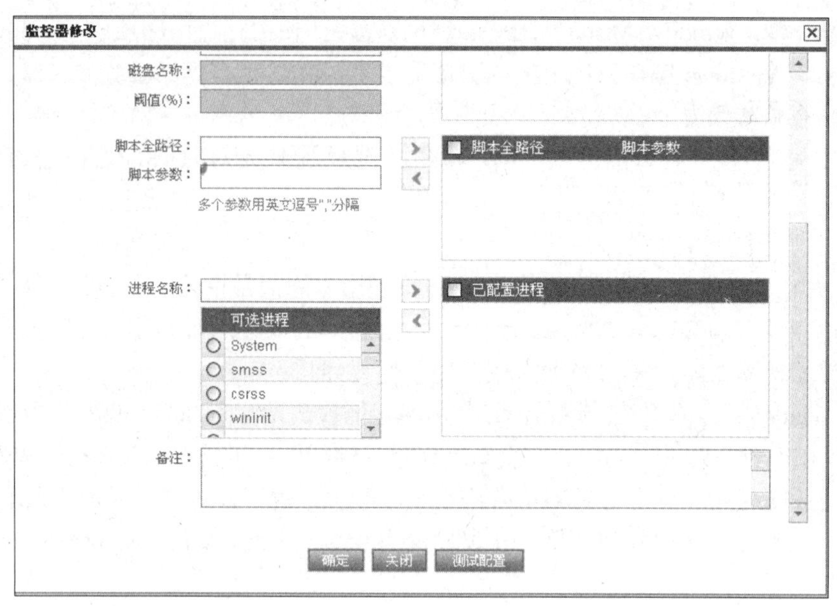

图 5-27 Windows 操作系统监控参数配置

（3）平台数据采集

运维管理平台以预先在 Windows 系统上创建的账号，通过 Windows 自带系统监测工具——Perfmon，执行一系列的命令，获取操作系统关键运行状态，如监视 CPU 使用率、内存使用率、硬盘读写速度、网络速度等。

Windows 操作系统的整体性能由许多因素决定，例如 CPU 利用率、CPU 队列长度、磁盘空间和 I/O、内存使用情况、网络流量等。对于实时性要求较高的系统而言，对系统关键性指标的有效监控和管理是保证系统高可用性的重要手段。因此，通过制定明确的系统性能策略规划，对这些性能指标进行有效的实时监控。当关键性能指标严重偏离或者系统发生故障时，采取有效手段来准确定位问题引发的原因，并通过调优系统配置或改进应用程序等手段来有效提高系统的可用性。

（4）事件生成

针对 Windows 操作系统，运维管理平台会自动生成两类事件，具体如表 5-13 所示。

表 5-13 Windows 操作系统监控事件

事件类型	事件名称	事件生成原因
性能事件	CPU 使用率过高	CPU 使用率超过阈值并达到或超过检测次数
	磁盘使用率过高	磁盘使用率超过阈值
故障事件	进程 down	所配置的监控进程未存活
	脚本	脚本执行异常
	设备无法连接	

（5）监控状态实时分析

运维管理平台实时监控 Windows 操作系统是否处于监控状态，当健康度为绿色时，代表平台可正常监控该 Windows 操作系统对象；当健康度为红色时，代表平台不能监控该

Windows 操作系统对象；当健康度为问号“？”时，代表平台无法判断是否能够正常监控该 Windows 操作系统。当健康度为红色或者问号“？”时，都需要管理员进行问题的排除。Windows 操作系统监控状态实时分析如图 5-28 所示。

图 5-28　Windows 操作系统监控状态实时分析

（6）运行状态数据实时分析

运维管理平台可实时展示分析 Windows 操作系统的运行状态数据，包括：用户访问信息、用户审计信息、IP/MAC 信息、CPU 使用率、内存使用率、内存动态信息、系统进程动态信息、磁盘动态信息、磁盘 IO 信息、进程监控、文件监控、端口监控、脚本监控、性能事件、故障事件、配置事件。Windows 操作系统运行状态实时分析如图 5-29 所示。

图 5-29　Windows 操作系统运行状态实时分析

性能事件和故障事件是指当平台检测到此 Windows 操作系统监控对象的关键指标，违反检测策略时，就会生成相应的事件。当发现违反性能检测策略时，平台生成性能事件；当发现违反故障检测策略时，平台生成故障事件。Windows 性能监控事件配置如图 5-30 所示。

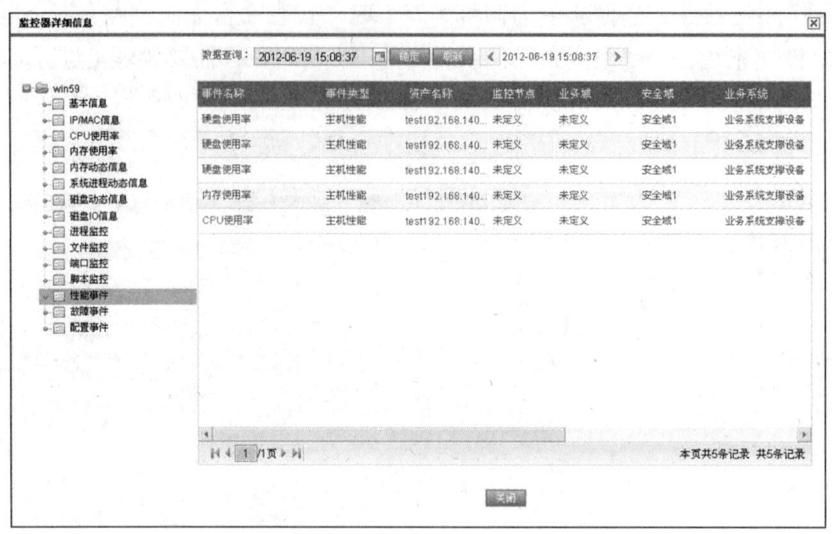

图 5-30 Windows 性能监控事件配置

（7）历史运行状态数据统计分析

运维管理平台会保存所采集的历史运行状态数据，根据时间生成运行状态数据统计分析报表，在报表中针对运行状态的趋势进行统计分析。Windows 监控器报表如图 5-31（a）～（d）所示。

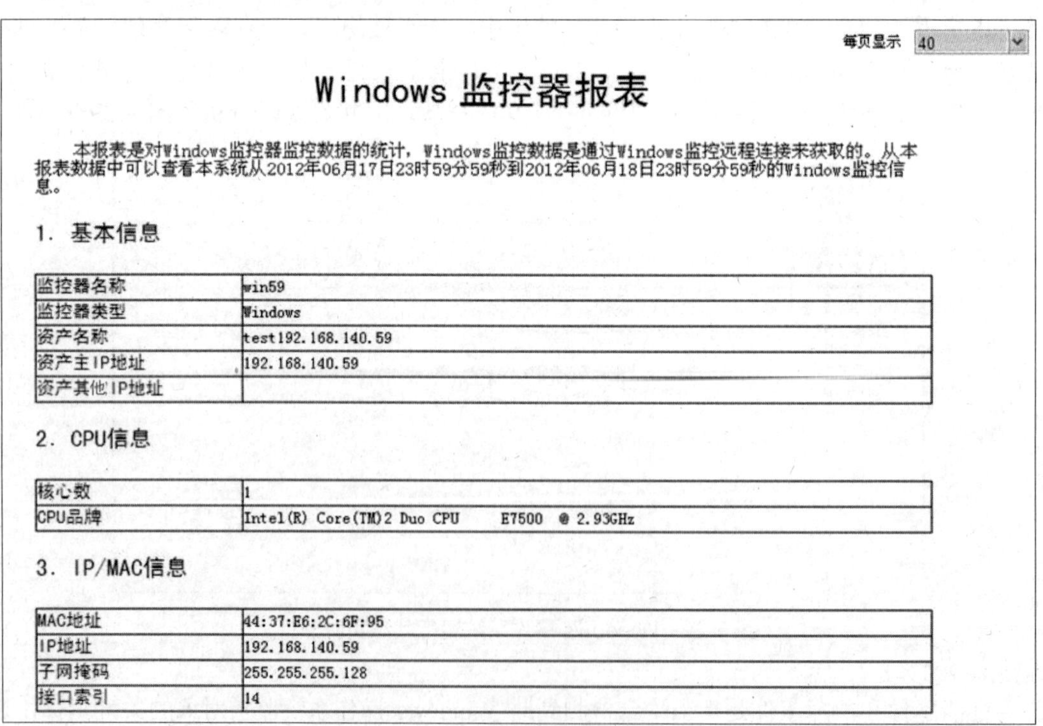

每页显示 40

Windows 监控器报表

本报表是对Windows监控器监控数据的统计，Windows监控数据是通过Windows监控远程连接来获取的。从本报表数据中可以查看本系统从2012年06月17日23时59分59秒到2012年06月18日23时59分59秒的Windows监控信息。

1. 基本信息

监控器名称	win59
监控器类型	Windows
资产名称	test192.168.140.59
资产主IP地址	192.168.140.59
资产其他IP地址	

2. CPU信息

核心数	1
CPU品牌	Intel(R) Core(TM)2 Duo CPU E7500 @ 2.93GHz

3. IP/MAC信息

MAC地址	44:37:E6:2C:6F:95
IP地址	192.168.140.59
子网掩码	255.255.255.128
接口索引	14

（a）

4. CPU动态信息
CPU动态信息图
CPU利用率/%
70
56
42
28
14
0
00:00
02:00
04:00
06:00
08:00
10:00
12:00
14:00
16:00
18:00
时间
5. 内存使用率动态信息
内存使用率动态信息图
内存使用率/%
75
60
45
30
15
0
00:00
02:00
04:00
06:00
08:00
10:00
12:00
14:00
16:00
18:00
时间

（b）

6. 内存动态信息
内存动态信息图
名称
物理内存
虚拟内存
页面文件
0
900
1 800
2 700
3 600
4 500
已用/可用大小（M）
已用大小（M）
可用大小（M）

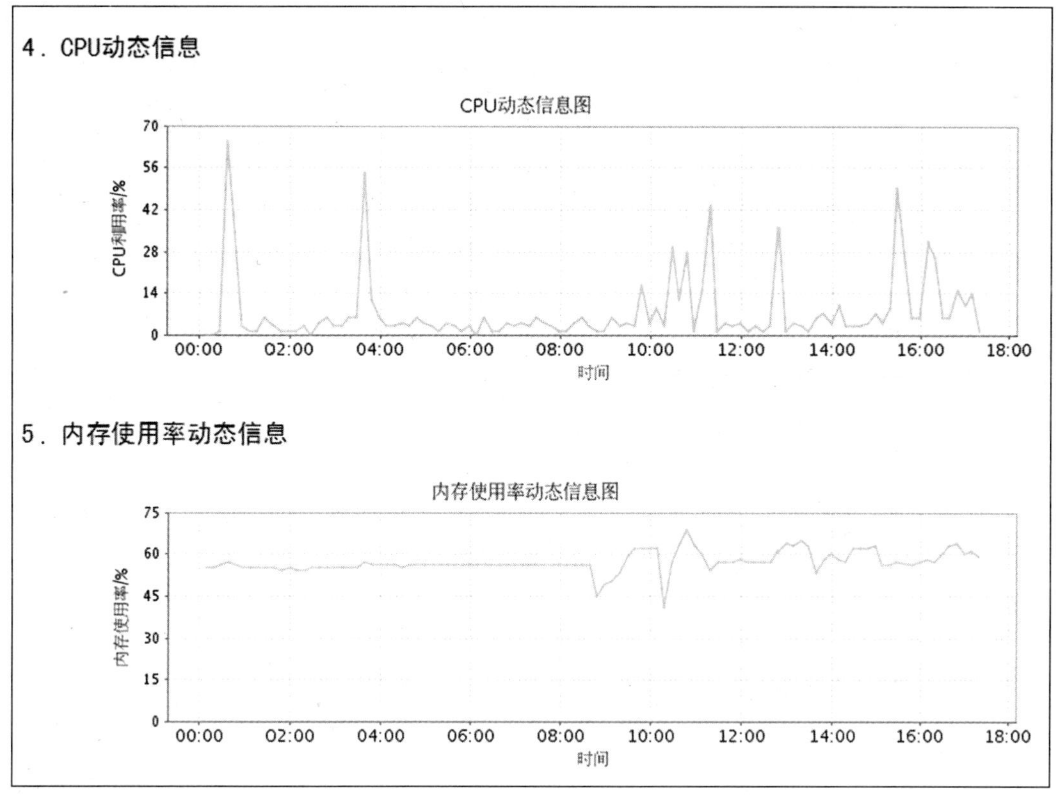

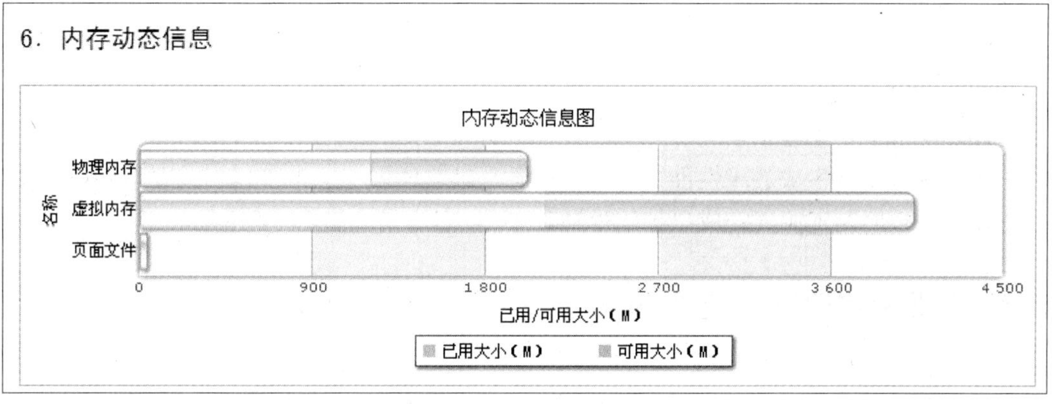

（c）

7．系统进程动态信息

进程ID	使用用户	映像名称	CPU使用率/%	记录时间
4		System	0	2012-06-18 17:18:32
300	SYSTEM	smss	0	2012-06-18 17:18:32
388	SYSTEM	csrss	0	2012-06-18 17:18:32
440	SYSTEM	wininit	0	2012-06-18 17:18:32
452	SYSTEM	csrss	0	2012-06-18 17:18:32
496	SYSTEM	services	0	2012-06-18 17:18:32
528	SYSTEM	lsass	0	2012-06-18 17:18:32
536	SYSTEM	winlogon	0	2012-06-18 17:18:32
544	SYSTEM	lsm	0	2012-06-18 17:18:32
668	SYSTEM	svchost	0	2012-06-18 17:18:32
736	NETWORK SERVICE	svchost	0	2012-06-18 17:18:32
832	LOCAL SERVICE	svchost	0	2012-06-18 17:18:32
912	SYSTEM	svchost	0	2012-06-18 17:18:32
940	SYSTEM	svchost	0	2012-06-18 17:18:32
1092	LOCAL SERVICE	svchost	0	2012-06-18 17:18:32
1216	SYSTEM	ZhuDongFangYu	0	2012-06-18 17:18:32
1256	NETWORK SERVICE	svchost	0	2012-06-18 17:18:32
1352	LOCAL SERVICE	svchost	0	2012-06-18 17:18:32
1512	SYSTEM	spoolsv	0	2012-06-18 17:18:32
1540	LOCAL SERVICE	svchost	0	2012-06-18 17:18:32
1636	SYSTEM	svchost	0	2012-06-18 17:18:32
1656	SYSTEM	AppleMobileDeviceService	0	2012-06-18 17:18:32
1724	SYSTEM	mDNSResponder	0	2012-06-18 17:18:32
1768	SYSTEM	svchost	0	2012-06-18 17:18:32
1800	SYSTEM	socService	0	2012-06-18 17:18:32
1820	SYSTEM	inetinfo	0	2012-06-18 17:18:32

（d）

图 5-31　Windows 监控器报表

（8）生成事件处理工单

运维管理平台生成故障性能事件后，按照基础软件系统运维管理相关要求，对事件生成工单，并按照制定流程完成事件的处置。事件处理工单如图 5-18 所示。

5.5　数据库监控技术应用

5.5.1　数据库监控流程

运维管理平台针对数据库的监控按照图 5-32 所示的流程进行。

对流程中的主要环节进行详细的说明：

①实施监控前，要知道能够查看数据库系统表的用户名和密码。

②在平台上预先针对每一个数据库监控对象（称为监控器）的关键指标进行策略配置，同时设置数据采集周期。

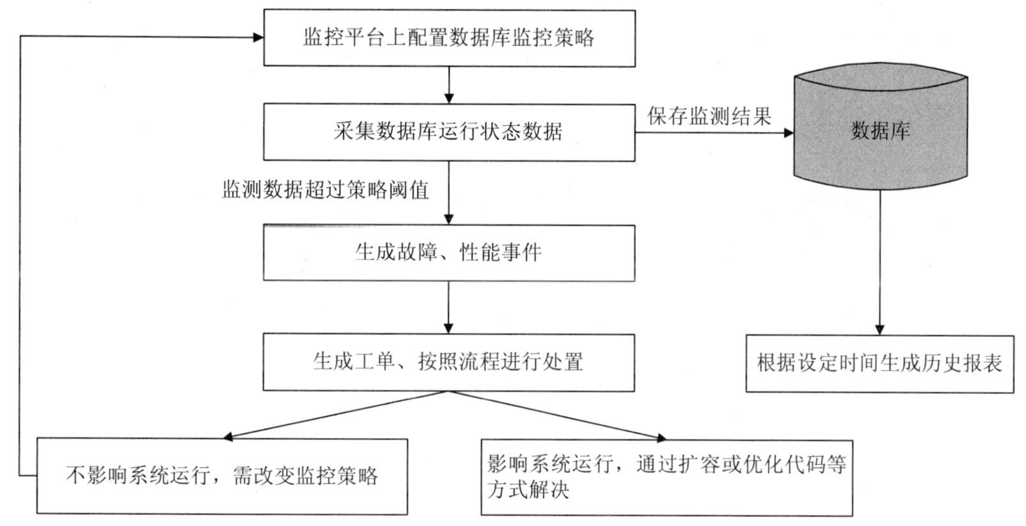

图 5-32　数据库系统监控流程

③采集数据库运行状态数据。

④将一个周期内采集到的运行状态数据保存在数据库中，为日后统计分析提供数据来源，同时根据策略进行分析，当发现违反性能检测策略时，会生成性能事件，当发现违反故障检测策略时，会生成故障事件。

⑤将平台报出的事件生成工单，按照规定流程处置。影响业务系统运行的事件，通过系统扩容或代码优化的方式解决。不影响业务系统运行的事件，改变操作系统的监控策略。

⑥在平台上，根据需要，生成一段时间历史监控数据的统计报表，用于分析系统运行状态的变化趋势。

5.5.2　IBM DB2 数据库监控方法

（1）IBM DB2 数据库账号创建

在 IBM DB2 数据库上，预先创建一个具备一定权限的账号，例如：soc；该账号需要具有执行如下命令的权限：查询各种系统表、视图、方法，以保证能够获取 IBM DB2 关键运行状态信息。

（2）平台策略配置

在运维管理平台上添加监控 IBM DB2 数据库监控对象时，监控器类型选择：DB2，代理服务器选择平台所配置的数据采集代理服务器，用户名和密码为预先在 IBM DB2 数据库中创建的具有一定权限的账号（例如：soc）。

轮询时间是平台采集监控对象运行状态信息的频率，通常为 10 分钟。

连接数使用率阈值、表空间使用率阈值是性能检测策略，当连续半个小时采集的使用率都超过此阈值时，平台认为违反了性能检测策略，平台自动生成性能事件。

在配置表空间使用率时，可针对所有表空间统一配置，也可针对每个表空间分别配置其性能检查阈值。IBM DB2 数据库监控策略配置如图 5-33 所示。

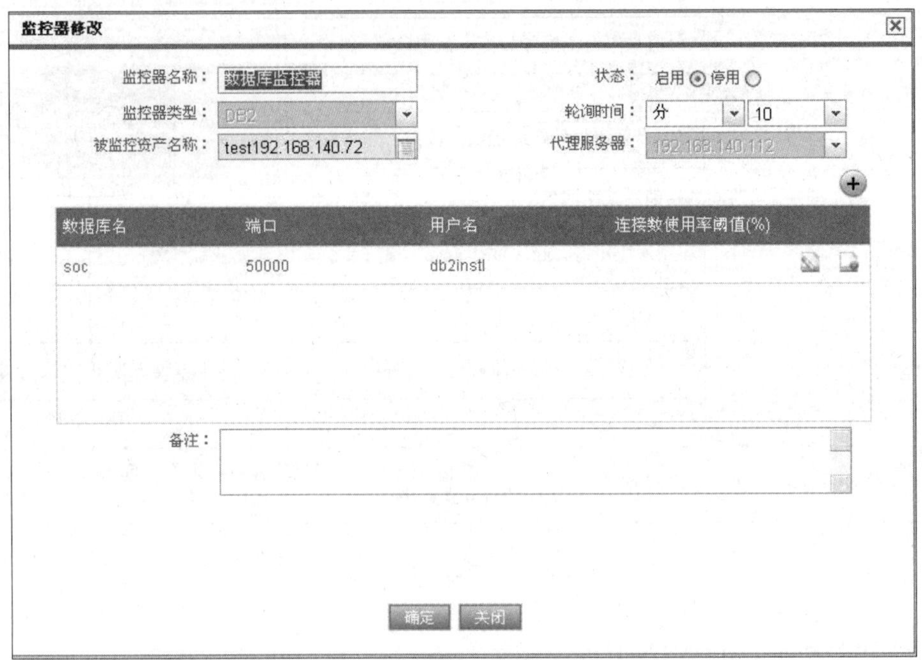

图 5-33 IBM DB2 数据库监控策略配置

（3）平台数据采集

运维管理平台模拟预先在 IBM DB2 上创建的账号，登录到目标 IBM DB2 数据库上，执行一系列的命令，获取操作系统关键运行状态（基本信息、DB2 用户访问信息、连接、锁及排序堆信息、缓冲区动态信息、内存动态信息、表空间动态信息、DB2 应用程序信息、DB2 数据库实例信息、性能事件、故障事件）。

（4）事件生成

针对 IBM DB2 数据库，平台会自动生成两类事件，具体如表 5-14 所示。

表 5-14 IBM DB2 数据库监控事件

事件类型	事件名称	事件生成原因
性能事件	连接数使用率过高	连接数使用率超过阈值并达到或超过检测次数
	表空间使用率过高	表空间使用率超过阈值
故障事件	设备无法连接	不能成功登录 IBM DB2 数据库

（5）监控状态实时分析

运维管理平台实时监控 IBM DB2 数据库是否处于监控状态，当健康度为绿色时，代表平台可正常监控该 IBM DB2 数据库对象；当健康度为红色时，代表平台不能监控该 IBM DB2 数据库对象；当健康度为问号“？”时，代表平台无法判断是否能够正常监控该 IBM DB2 数据库。当健康度为红色或者问号“？”时，都需要管理员进行问题的排除。IBM DB2 数据库监控状态实时分析如图 5-34 所示。

图 5-34　IBM DB2 数据库监控状态实时分析

(6) 运行状态数据实时分析

运维管理平台可实时展示分析 IBM DB2 数据库的运行状态数据，包括：基本信息，DB2 用户访问信息，连接、锁及排序堆信息，缓冲区动态信息，内存动态信息，表空间动态信息，DB2 应用程序信息，DB2 数据库实例信息，性能事件，故障事件。IBM DB2 数据库运行状态实时分析如图 5-35 所示。

图 5-35　IBM DB2 数据库运行状态实时分析

性能事件和故障事件是指当运维管理平台检测到此 IBM DB2 数据库监控对象的关键指标，违反检测策略时，就会生成相应的事件。当发现违反性能检测策略时，平台生成性能事件；当发现违反故障检测策略时，平台生成故障事件。IBM DB2 数据库性能监控事件配置如图 5-36 所示。

图 5-36　IBM DB2 数据库性能监控事件配置

（7）历史运行状态数据统计分析

运维管理平台会保存所采集的历史运行状态数据，根据时间生成运行状态数据统计分析报表，在报表中针对运行状态的趋势进行统计分析。IBM DB2 监控器报表如图 5-37 所示。

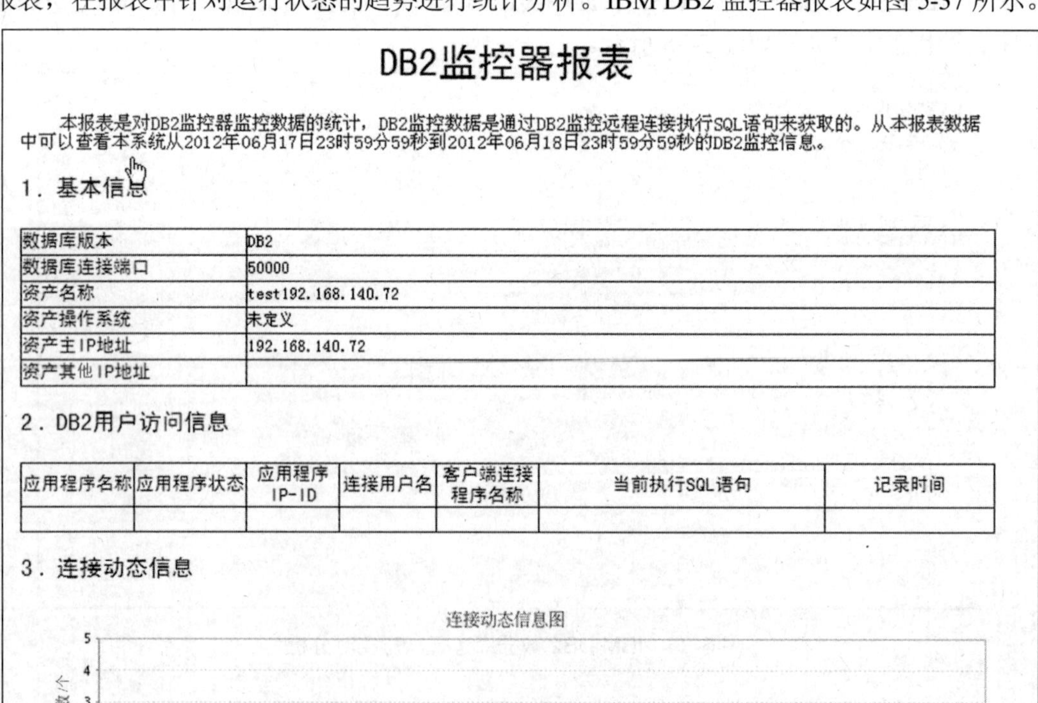

DB2监控器报表

本报表是对DB2监控器监控数据的统计，DB2监控数据是通过DB2监控远程连接执行SQL语句来获取的。从本报表数据中可以查看本系统从2012年06月17日23时59分59秒到2012年06月18日23时59分59秒的DB2监控信息。

1．基本信息

数据库版本	DB2
数据库连接端口	50000
资产名称	test192.168.140.72
资产操作系统	未定义
资产主IP地址	192.168.140.72
资产其他IP地址	

2．DB2用户访问信息

应用程序名称	应用程序状态	应用程序IP-ID	连接用户名	客户端连接程序名称	当前执行SQL语句	记录时间

3．连接动态信息

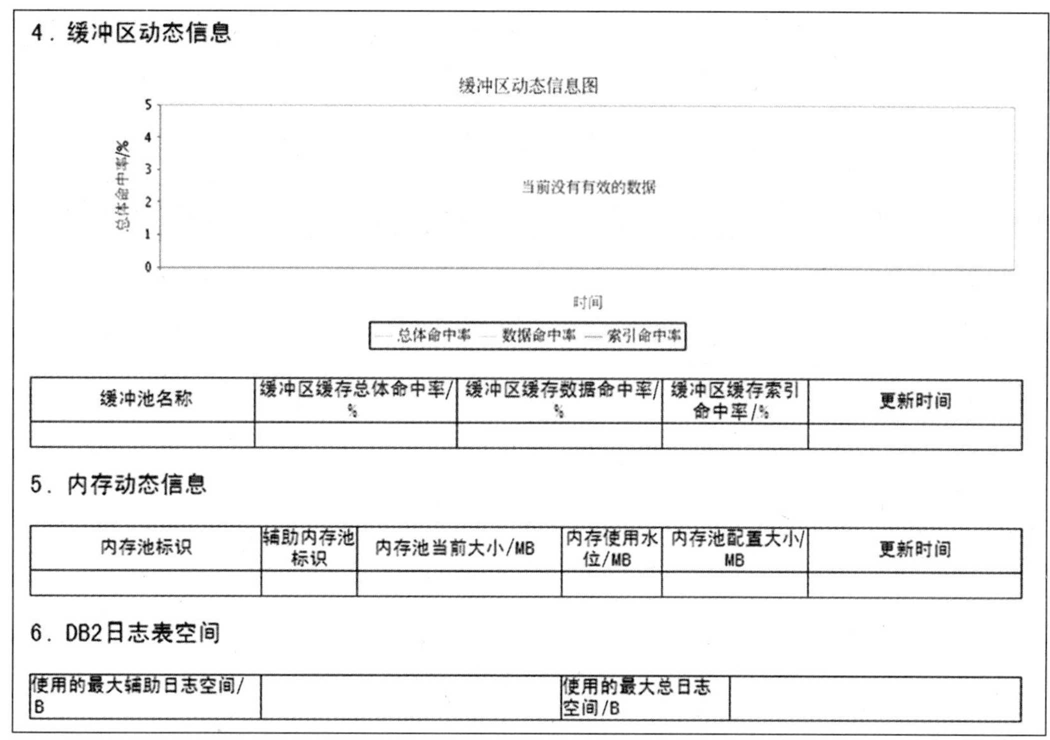

4．缓冲区动态信息

缓冲区动态信息图

总体命中率/%

当前没有有效的数据

时间

总体命中率　数据命中率　索引命中率

缓冲池名称	缓冲区缓存总体命中率/%	缓冲区缓存数据命中率/%	缓冲区缓存索引命中率/%	更新时间

5．内存动态信息

内存池标识	辅助内存池标识	内存池当前大小/MB	内存使用水位/MB	内存池配置大小/MB	更新时间

6．DB2日志表空间

使用的最大辅助日志空间/B		使用的最大总日志空间/B	

图 5-37　IBM DB2 监控器报表

5.5.3　Oracle 数据库监控方法

（1）Oracle 数据库账号创建

在 Oracle 数据库上，预先创建一个具备一定权限的账号，例如：soc；该账号需要具有执行如下命令的权限：查询各种系统表、视图、方法，以保证能够获取 Oracle 关键运行状态信息。

（2）平台策略配置

在运维管理平台上添加监控 Oracle 数据库监控对象时，监控器类型选择：Oracle，代理服务器选择平台所配置的数据采集代理服务器，用户名和密码为预先在 Oracle 数据库中创建的具有一定权限的账号（例如：soc）。

轮询时间是平台采集监控对象运行状态信息的频率，通常为 10 分钟。

连接数使用率阈值、表空间使用率阈值是性能检测策略，当连续半个小时采集的使用率都超过此阈值时，平台认为违反了性能检测策略，平台自动生成性能事件。

在配置表空间使用率时，可针对所有表空间统一配置，也可针对每个表空间分别配置其性能检查阈值。Oracle 数据库运行状态实时分析如图 5-38 所示。

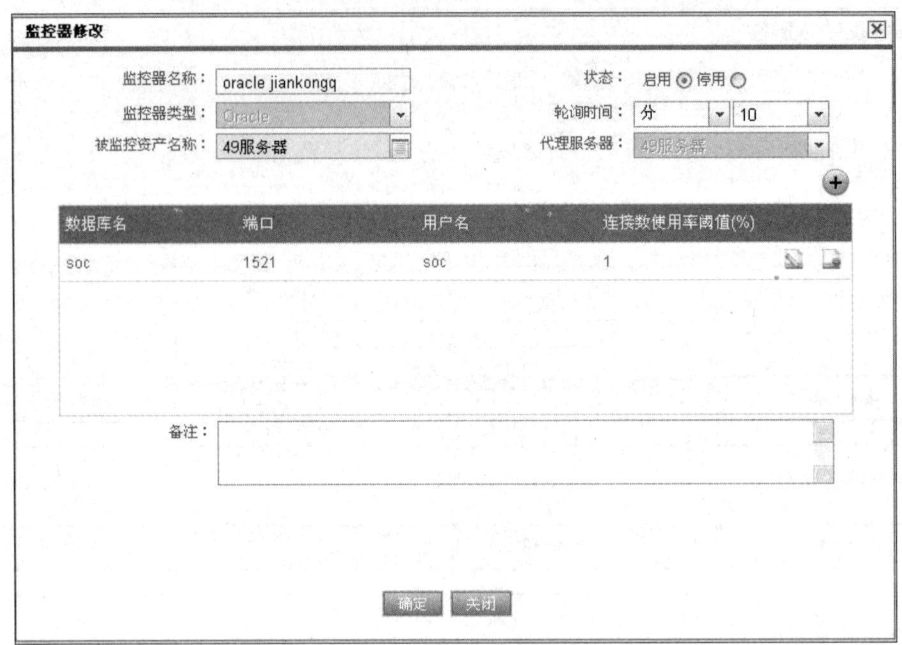

图 5-38　Oracle 数据库运行状态实时分析

(3) 平台数据采集

运维管理平台模拟预先在 Oracle 上创建的账号，登录到目标 Oracle 数据库上，执行一系列的命令，获取操作系统关键运行状态（基本信息、用户访问信息、会话信息、实例信息、数据文件、日志文件、SGA 信息、等待会话、缓冲区信息、缓冲区命中率、表空间、全局阻塞锁信息、静态信息、性能事件、故障事件）。

(4) 事件生成

针对 Oracle 数据库，平台会自动生成两类事件，具体如表 5-15 所示。

表 5-15　Oracle 数据库监控事件

事件类型	事件名称	事件生成原因
性能事件	连接数使用率过高	连接数使用率超过阈值并达到或超过检测次数
	表空间使用率过高	表空间使用率超过阈值
故障事件	设备无法连接	不能成功登录 Oracle 数据库

(5) 监控状态实时分析

运维管理平台实时监控 Oracle 数据库是否处于监控状态，当健康度为绿色时，代表平台可正常监控该 Oracle 数据库对象；当健康度为红色时，代表平台不能监控该 Oracle 数据库对象；当健康度为问号“？”时，代表平台无法判断是否能够正常监控该 Oracle 数据库。当健康度为红色或者问号“？”时，都需要管理员进行问题的排除。Oracle 数据库监控状态实时分析如图 5-39 所示。

图 5-39　Oracle 数据库监控状态实时分析

（6）运行状态数据实时分析

运维管理平台可实时展示分析 Oracle 数据库的运行状态数据，包括：基本信息、用户访问信息、会话信息、实例信息、数据文件、日志文件、SGA 信息、等待会话、缓冲区信息、缓冲区命中率、表空间、全局阻塞锁信息、静态信息、性能事件、故障事件。Oracle 数据库运行状态实时分析如图 5-40 所示。

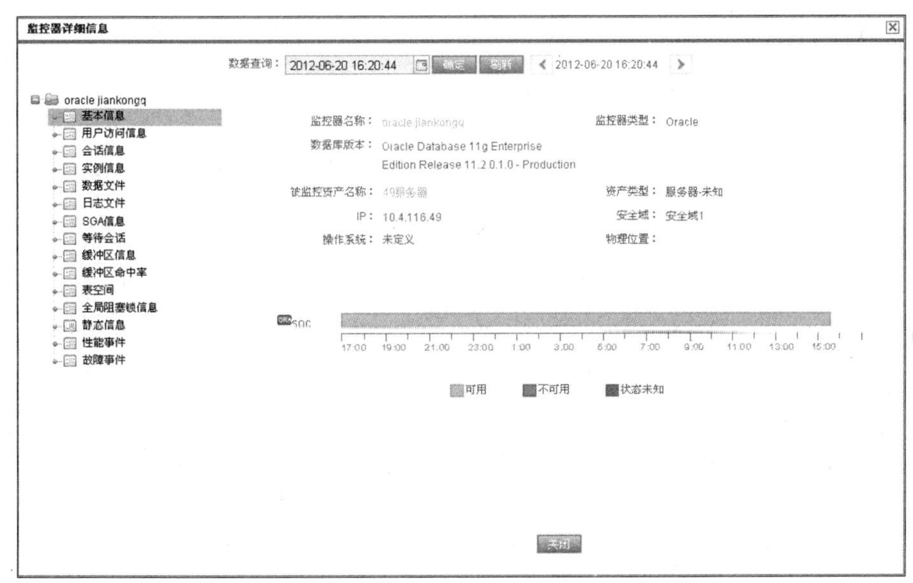

图 5-40　Oracle 数据库运行状态实时分析

性能事件和故障事件是指当运维管理平台检测到此 Oracle 数据库监控对象的关键指标违反检测策略时，就会生成相应的事件，当发现违反性能检测策略时，平台生成性能事件；当发现违反故障检测策略时，平台生成故障事件。Oracle 数据库性能监控事件配置如图 5-41 所示。

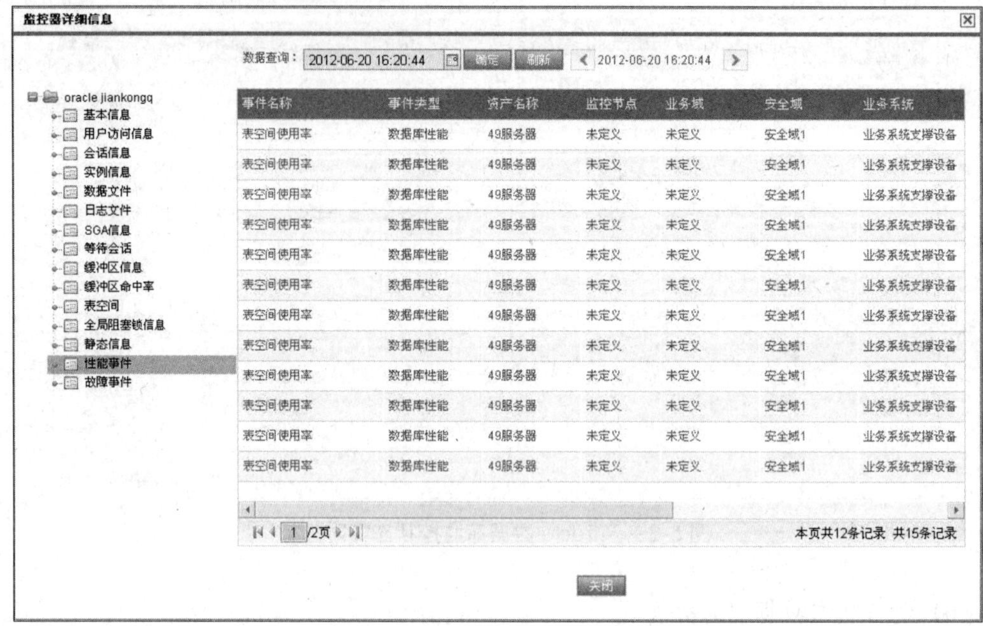

事件名称	事件类型	资产名称	监控节点	业务域	安全域	业务系统
表空间使用率	数据库性能	49服务器	未定义	未定义	安全域1	业务系统支撑设备
表空间使用率	数据库性能	49服务器	未定义	未定义	安全域1	业务系统支撑设备
表空间使用率	数据库性能	49服务器	未定义	未定义	安全域1	业务系统支撑设备
表空间使用率	数据库性能	49服务器	未定义	未定义	安全域1	业务系统支撑设备
表空间使用率	数据库性能	49服务器	未定义	未定义	安全域1	业务系统支撑设备
表空间使用率	数据库性能	49服务器	未定义	未定义	安全域1	业务系统支撑设备
表空间使用率	数据库性能	49服务器	未定义	未定义	安全域1	业务系统支撑设备
表空间使用率	数据库性能	49服务器	未定义	未定义	安全域1	业务系统支撑设备
表空间使用率	数据库性能	49服务器	未定义	未定义	安全域1	业务系统支撑设备
表空间使用率	数据库性能	49服务器	未定义	未定义	安全域1	业务系统支撑设备
表空间使用率	数据库性能	49服务器	未定义	未定义	安全域1	业务系统支撑设备
表空间使用率	数据库性能	49服务器	未定义	未定义	安全域1	业务系统支撑设备

图 5-41　Oracle 数据库性能监控事件配置

（7）历史运行状态数据统计分析

运维管理平台会保存所采集的历史运行状态数据，根据时间生成运行状态数据统计分析报表，在报表中针对运行状态的趋势进行统计分析。Oracle 监控器报表如图 5-40（a）～（i）所示。

Oracle监控器报表

本报表是对Oracle监控器监控数据的统计，Oracle监控数据是通过Oracle监控远程连接执行SQL语句来获取的。从本报表数据中可以查看本系统从2012年06月17日23时59分59秒到2012年06月18日23时59分59秒的Oracle监控信息。

1. 基本信息

数据库版本	ORACLE
数据库连接端口	1521
资产名称	49服务器
资产操作系统	未定义
资产主IP地址	10.4.116.49
资产其他IP地址	

2. Oracle用户访问信息

登录用户名	用户主机名	用户当前执行SQL	登录时间	主机系统用户	客户端连接程序名称	会话当前状态	记录时间
SOC	localhost.localdomain		2012-06-18 23:42:05	root	JDBC Thin Client	INACTIVE	2012-06-18 23:51:49
SOC	localhost.localdomain		2012-06-16 21:33:58	root	JDBC Thin Client	INACTIVE	2012-06-18 23:51:49
SOC	localhost.localdomain		2012-06-16 21:33:50	root	JDBC Thin Client	INACTIVE	2012-06-18 23:51:49
SOC	localhost.localdomain		2012-06-16 21:33:58	root	JDBC Thin Client	INACTIVE	2012-06-18 23:51:49
SOC	localhost.localdomain		2012-06-18 23:41:24	root	JDBC Thin Client	INACTIVE	2012-06-18 23:51:49

（a）

3. Oracle会话信息

会话标识	Oracle用户名	当前执行命令	等待锁地址	会话状态	模式用户名	操作系统客户机名	操作系统程序名	会话块争取	会话一致性读取	会话物理读取	会话块更改	记录时间
131	SOC	SELECT		ACTIVE	SOC	localhost.localdomain	JDBC Thin Client	3	18	0	4	2012-06-18 23:51:49
188		NO COMMAND		ACTIVE	SYS	localhost.localdomain	oracle@localhost.localdomain (RECO)	0	466	2	0	2012-06-18 23:51:49
163	SOC	NO COMMAND		INACTIVE	SOC	localhost.localdomain	JDBC Thin Client	3	18	0	4	2012-06-18 23:51:49
160	SOC	NO COMMAND		INACTIVE	SOC	localhost.localdomain	JDBC Thin Client	3	18	0	4	2012-06-18 23:51:49

（b）

4. Oracle实例信息

实例名称	实例启动时间	实例状态	是否并行服务器模式	实例打开重做线程数	是否归档	登录方式	数据库状态	记录时间
soc	2012-06-16 16:39:57	OPEN	NO	1	STOPPED	ALLOWED	ACTIVE	2012-06-18 23:51:49

（c）

5. Oracle数据文件

数据库文件	文件状态	从Sql访问文件	当前尺寸/K	最后更改时间	所属文件空间	写入所用时间/ms	i/o所用时间/ms	物理块读取次数	物理块写入次数	记录时间
/home/oracle/oradata/soc/system01.dbf	SYSTEM	READ WRITE	1060	2012-06-18 23:36:41	SYSTEM	16120.0	0	36195	13569	2012-06-18 23:51:49
/home/oracle/oradata/soc/sysaux01.dbf	ONLINE	READ WRITE	850	2012-06-18 23:36:41	SYSAUX	71740.0	0	71969	62592	2012-06-18 23:51:49
/home/oracle/oradata/soc/undotbs01.dbf	ONLINE	READ WRITE	16295	2012-06-18 23:36:41	UNDOTBS1	11140.0	0	51	51669	2012-06-18 23:51:49
/home/oracle/oradata/soc/users01.dbf	ONLINE	READ WRITE	5	2012-06-18 23:36:41	USERS	0.0	20	3	0	2012-06-18 23:51:49
/home/oracle/oradata/soc/tsp_soc_data01.dbf	ONLINE	READ WRITE	900	2012-06-18 23:36:41	TSP_SOC_DATA	14130.0	0	93692	42645	2012-06-18 23:51:49
/home/oracle/oradata/soc/tsp_soc_datasnap01.dbf	ONLINE	READ WRITE	10	2012-06-18 23:36:41	TSP_SOC_DATASNAP	0.0	10	3	0	2012-06-18 23:51:49
/home/oracle/oradata/soc/tsp_soc_unieap01.dbf	ONLINE	READ WRITE	50	2012-06-18 23:36:41	TSP_UNIEAP_DATA	70.0	70	446	71	2012-06-18 23:51:49
/home/oracle/oradata/soc/tsp_soc_report01.dbf	ONLINE	READ WRITE	50	2012-06-18 23:36:41	TSP_REPORT_DATA	20.0	60	27	5	2012-06-18 23:51:49
/home/oracle/oradata/soc/tsp_soc_workflow01.dbf	ONLINE	READ WRITE	50	2012-06-18 23:36:41	TSP_WORKFLOW_DATA	60.0	0	165	19	2012-06-18 23:51:49
/home/oracle/oradata/soc/tsp_soc_monitor01.dbf	ONLINE	READ WRITE	330	2012-06-18 23:36:41	TSP_SOC_MONITOR	4790.0	0	5981	18678	2012-06-18 23:51:49

（d）

6. Oracle日志文件

重做日志组标识	日志成员状态	重做日志成员名	日志大小/K	重做日志组成员数	归档状态	记录时间
3	CURRENT	/home/oracle/oradata/soc/redo03.log	50	1	NO	2012-06-18 23:51:49
1	INACTIVE	/home/oracle/oradata/soc/redo01.log	50	1	NO	2012-06-18 23:51:49
2	INACTIVE	/home/oracle/oradata/soc/redo02.log	50	1	NO	2012-06-18 23:51:49

7. Oracle SGA信息

SGA缓冲区名称	缓冲区大小/K	记录时间
Fixed Size	1336904	2012-06-18 23:51:49
Redo Buffers	11718656	2012-06-18 23:51:49
Database Buffers	369098752	2012-06-18 23:51:49
Variable Size	1275070904	2012-06-18 23:51:49

(e)

8. Oracle等待会话

会话标识	会话等待资源/K	等待时间/ms	等待秒数/s	等待状态	等待客户机名称	记录时间
1	DIAG idle wait	0	1	WAITING	localhost.localdomain	2012-06-18 23:51:49
226	SQL*Net message from client	0	20	WAITING	localhost.localdomain	2012-06-18 23:51:49
4	SQL*Net message from client	0	4	WAITING	localhost.localdomain	2012-06-18 23:51:49
5	SQL*Net message from client	0	164	WAITING	localhost.localdomain	2012-06-18 23:51:49
6	SQL*Net message from client	0	18	WAITING	localhost.localdomain	2012-06-18 23:51:49
7	SQL*Net message from client	0	140210	WAITING	localhost.localdomain	2012-06-18 23:51:49
32	rdbms ipc message	0	0	WAITING	localhost.localdomain	2012-06-18 23:51:49
33	Streams AQ: waiting for time management or cleanup tasks	0	28529	WAITING	localhost.localdomain	2012-06-18 23:51:49
34	SQL*Net message from client	0	0	WAITING	localhost.localdomain	2012-06-18 23:51:49
63	pmon timer	0	3	WAITING	localhost.localdomain	2012-06-18 23:51:49
64	rdbms ipc message	0	1	WAITING	localhost.localdomain	2012-06-18 23:51:49
65	VKRM Idle	0	6709	WAITING	localhost.localdomain	2012-06-18 23:51:49
68	jobq slave wait	0	0	WAITING	localhost.localdomain	2012-06-18 23:51:49
94	VKTM Logical Idle Wait	0	198711	WAITING	localhost.localdomain	2012-06-18 23:51:49
95	rdbms ipc message	0	0	WAITING	localhost.localdomain	2012-06-18 23:51:49
96	SQL*Net message from client	0	6	WAITING	localhost.localdomain	2012-06-18 23:51:49
98	Streams AQ: qmn coordinator idle wait	0	24	WAITING	localhost.localdomain	2012-06-18 23:51:49

(f)

9. Oracle缓冲区信息

缓冲区标识	缓冲池名称	缓冲池最大设置尺寸(B)	替换列表中缓冲区数(B)	写入列表中缓冲区数(B)	设置获得缓冲区数(B)	设置写入缓冲区数(B)	设置扫描缓冲区数(B)	记录时间
3	DEFAULT	43846	43846	0	256514	180651	0	2012-06-18 23:51:49

10. Oracle缓冲区命中率

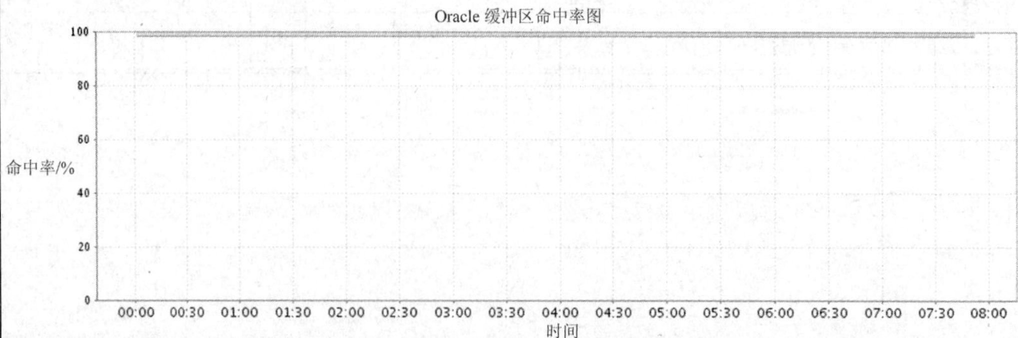

(g)

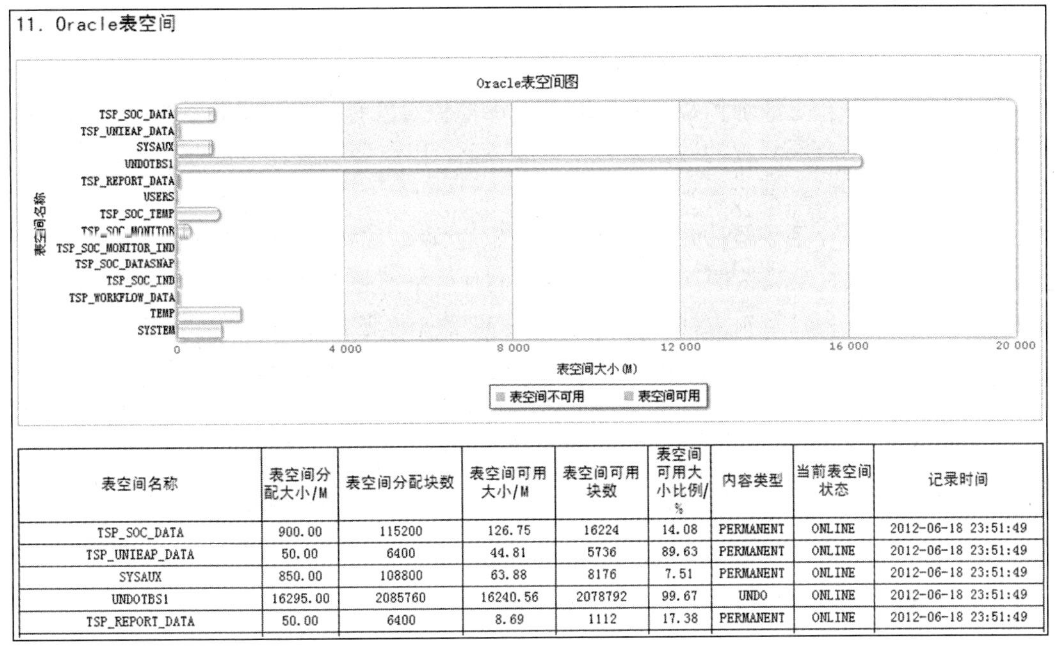

表空间名称	表空间分配大小/M	表空间分配块数	表空间可用大小/M	表空间可用块数	表空间可用大小比例/%	内容类型	当前表空间状态	记录时间
TSP_SOC_DATA	900.00	115200	126.75	16224	14.08	PERMANENT	ONLINE	2012-06-18 23:51:49
TSP_UNIEAP_DATA	50.00	6400	44.81	5736	89.63	PERMANENT	ONLINE	2012-06-18 23:51:49
SYSAUX	850.00	108800	63.88	8176	7.51	PERMANENT	ONLINE	2012-06-18 23:51:49
UNDOTBS1	16295.00	2085760	16240.56	2078792	99.67	UNDO	ONLINE	2012-06-18 23:51:49
TSP_REPORT_DATA	50.00	6400	8.69	1112	17.38	PERMANENT	ONLINE	2012-06-18 23:51:49

（h）

12. Oracle锁信息

持有锁的客户机名称	持有锁的程序名称	锁的类型	锁的持有模式	锁的请求模式	锁的请求时间	记录时间

13. Oracle静态信息

版本	Oracle Database 11g Enterprise Edition Release 11.2.0.1.0 - Production	控制文件类型	CURRENT
数据库创建时间	2011-12-02 12:08:57	日志模式	NOARCHIVELOG
访问模式	READ WRITE	记录时间	2012-06-18 23:51:49

14. 性能事件

性能事件名称	性能事件类型	性能模块	性能值	数量	状态	发生时间

15. 故障事件

故障事件名称	故障事件类型	故障模块	数量	状态	发生时间

16. 性能与故障事件分析

性能事件分析结论：没有发现有性能事件
故障事件分析结论：没有发现有故障事件

（i）

图 5-42　Oracle 监控器报表

5.5.4　My SQL 数据库监控方法

（1）My SQL 数据库账号创建

在 My SQL 数据库上，预先创建一个具备一定权限的账号，例如：soc；该账号需要具有执行如下命令的权限：查询各种系统表、视图、方法，以保证能够获取 My SQL 关键运行状态信息。

（2）**平台策略配置**

在运维管理平台上添加监控 My SQL 数据库监控对象时，监控器类型选择：My SQL，代理服务器选择平台所配置的数据采集代理服务器，用户名和密码为预先在 My SQL 数据库中创建的具有一定权限的账号（例如：soc）。

轮询时间是平台采集监控对象运行状态信息的频率，通常为 5 分钟。连接数使用率阈值是性能检测策略，当连续两次或者三次采集的使用率都超过此阈值时，平台认为违反了性能检测策略，平台自动生成性能事件。My SQL 数据库监控策略配置如图 5-43 所示。

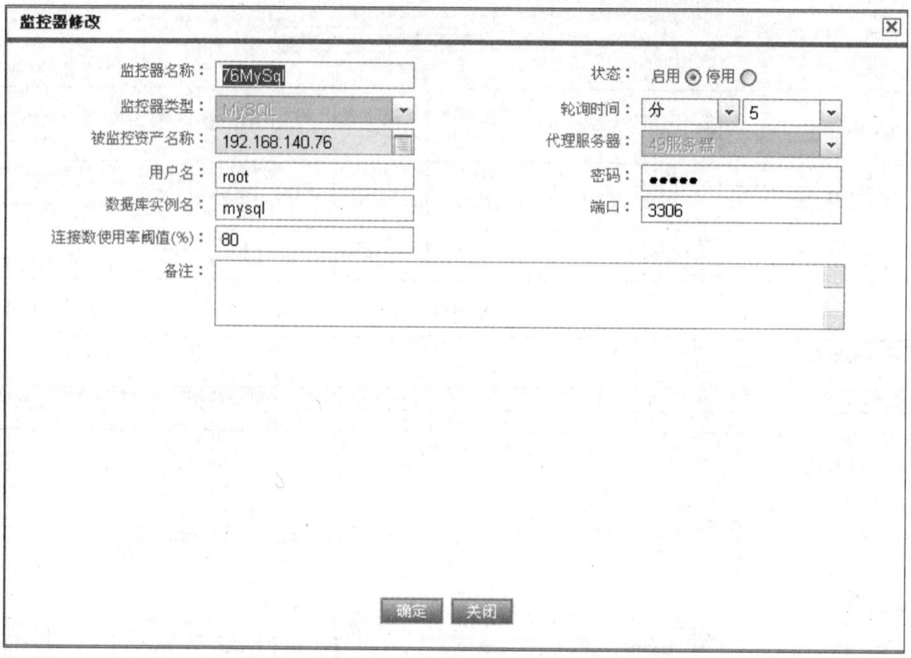

图 5-43　My SQL 数据库监控策略配置

（3）**平台数据采集**

运维管理平台模拟预先在 My SQL 上创建的账号，登录到目标 My SQL 数据库上，执行一系列的命令，获取操作系统关键运行状态（基本信息，My SQL 数据表信息，My SQL 线程信息，My SQL 缓存信息，My SQL 锁信息，My SQL 静态信息，My SQL 页、锁，性能事件，故障事件）。

（4）**事件生成**

针对 My SQL 数据库，平台会自动生成两类事件，具体如表 5-16 所示。

表 5-16　My SQL 数据库监控事件

事件类型	事件名称	事件生成原因
性能事件	连接数使用率过高	连接数使用率超过阈值并达到或超过检测次数
故障事件	设备无法连接	连接数据库服务未启动

（5）监控状态实时分析

运维管理平台实时监控 My SQL 数据库是否处于监控状态，当健康度为绿色时，代表平台可正常监控该 My SQL 数据库对象；当健康度为红色时，代表平台不能监控该 My SQL 数据库对象；当健康度为问号“？”时，代表平台无法判断是否能够正常监控该 My SQL 数据库。当健康度为红色或者问号“？”时，都需要管理员进行问题的排除。My SQL 数据库监控状态实时分析如图 5-44 所示。

图 5-44　My SQL 数据库监控状态实时分析

（6）运行状态数据实时分析

运维管理平台可实时展示分析 My SQL 数据库的运行状态数据，包括：基本信息，My SQL 数据表信息，My SQL 线程信息，My SQL 缓存信息，My SQL 锁信息，My SQL 静态信息，My SQL 页、锁，性能事件，故障事件。My SQL 数据库运行状态实时分析如图 5-45 所示。

性能事件和故障事件是指当平台检测到此 My SQL 数据库监控对象的关键指标，违反检测策略时，就会生成相应的事件。当发现违反性能检测策略时，平台生成性能事件；当发现违反故障检测策略时，平台生成故障事件。My SQL 数据库性能监控事件配置如图 5-46 所示。

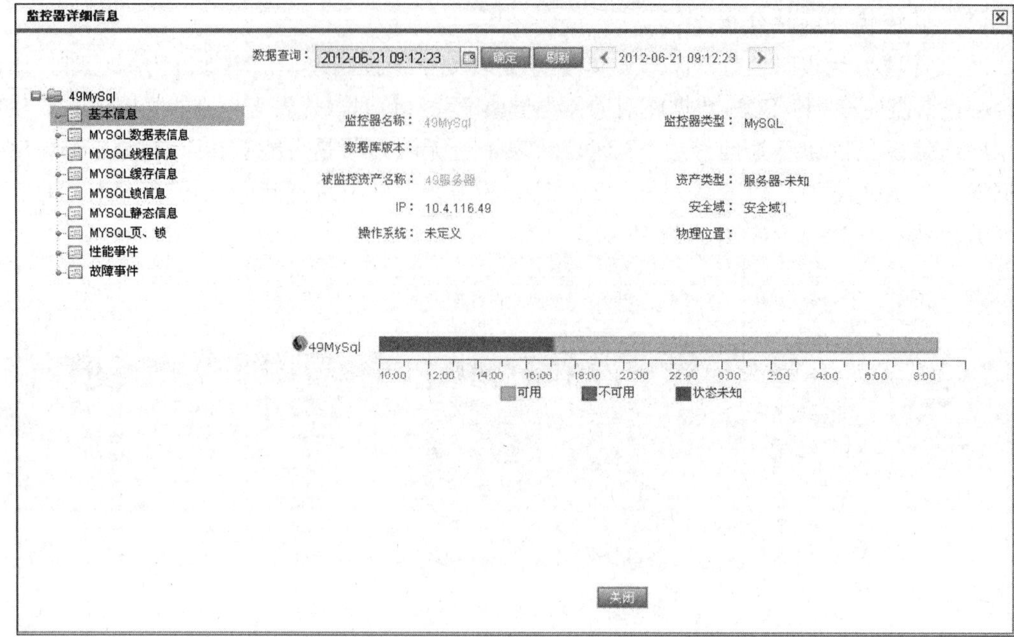

图 5-45 My SQL 数据库运行状态实时分析

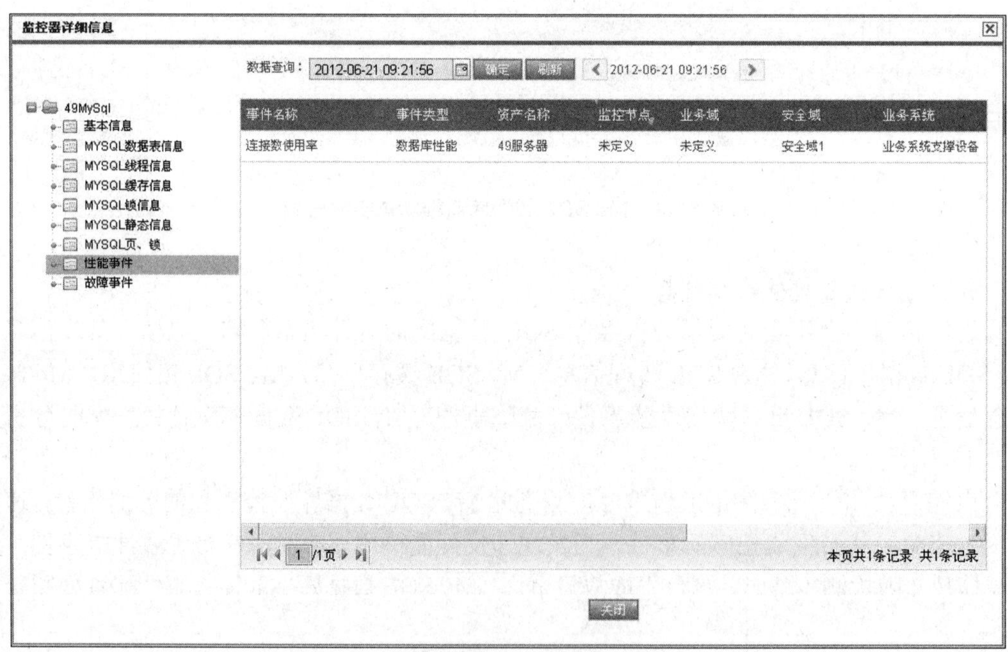

图 5-46 My SQL 数据库性能监控事件配置

（7）历史运行状态数据统计分析

运维管理平台会保存所采集的历史运行状态数据，根据时间生成运行状态数据统计分析报表，在报表中针对运行状态的趋势进行统计分析。My SQL 监控器报表如图 5-47（a）～（b）所示。

My SQL监控器报表

本报表是对My SQL监控器监控数据的统计，My SQL监控数据是通过My SQL监控远程连接执行SQL语句来获取的。从本报表数据中可以查看本系统从2012年06月20日23时59分59秒到2012年06月21日23时59分59秒的My SQL监控信息。

1．基本信息

数据库版本	MYSQL
数据库连接端口	3306
资产名称	49服务器
资产操作系统	未定义
资产主IP地址	10.4.116.49
资产其他IP地址	

2．My SQL数据表信息

数据库实例名	表的名称	行的格式	行数	索引长度	表的类型	当前大小(B)	扩展大小(B)	表创建时间	表更新时间	发生时间

3．My SQL线程信息

缓存中的线程数	5	当前打开的连接数	3
为处理远程连接请求创建的线程数	8	处于非休眠状态的线程数	1
记录时间	2012-06-21 09:18:34		

（a）

4．My SQL缓存信息

临时文件数目	48	临时表数目	2
查询缓存中空闲内存块数量	3	查询缓存中空闲内存数量 / B	33533432
查询缓存的请求命中率	2290	插叙缓存中删除的查询数量	1441
低内存从查询缓存删除的查询数量	0	注册在查询缓存中查询请求数量	8
插叙缓存中块的总数目	26	使用内存大小 / B	33554432
打开表的数量	41	打开过表的数量	0
表缓存配置数	0	更新时间	2012-06-21 09:18:34

5．My SQL锁信息

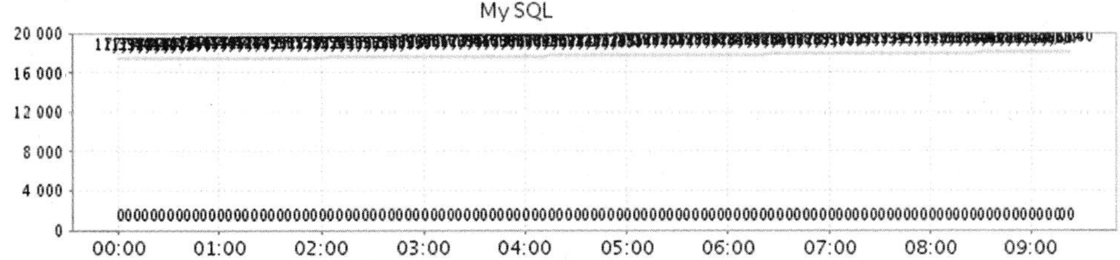

6．My SQL静态信息

（b）

图 5-47　My SQL 监控器报表

5.5.5 SQL Server 数据库监控方法

（1）SQL Server 数据库账号创建

在 SQL Server 数据库上，预先创建一个具备一定权限的账号，例如：soc；该账号需要具有执行如下命令的权限：查询各种系统表、视图、方法，以保证能够获取 SQL Server 关键运行状态信息。

（2）平台策略配置

在运维管理平台上添加监控 SQL Server 数据库监控对象时，监控器类型选择：SQL Server，代理服务器选择平台所配置的数据采集代理服务器，用户名和密码为预先在 SQL Server 数据库中创建的具有一定权限的账号（例如：soc）。

轮询时间是平台采集监控对象运行状态信息的频率，通常为 5 分钟。

表空间使用率阈值是性能检测策略，当连续两次或者三次采集的使用率都超过此阈值时，平台认为违反了性能检测策略，平台自动生成性能事件。在配置表空间使用率时，可针对所有表空间统一配置，也可针对每个表空间分别配置其性能检查阈值。SQL Server 数据库监控策略配置如图 5-48 所示。

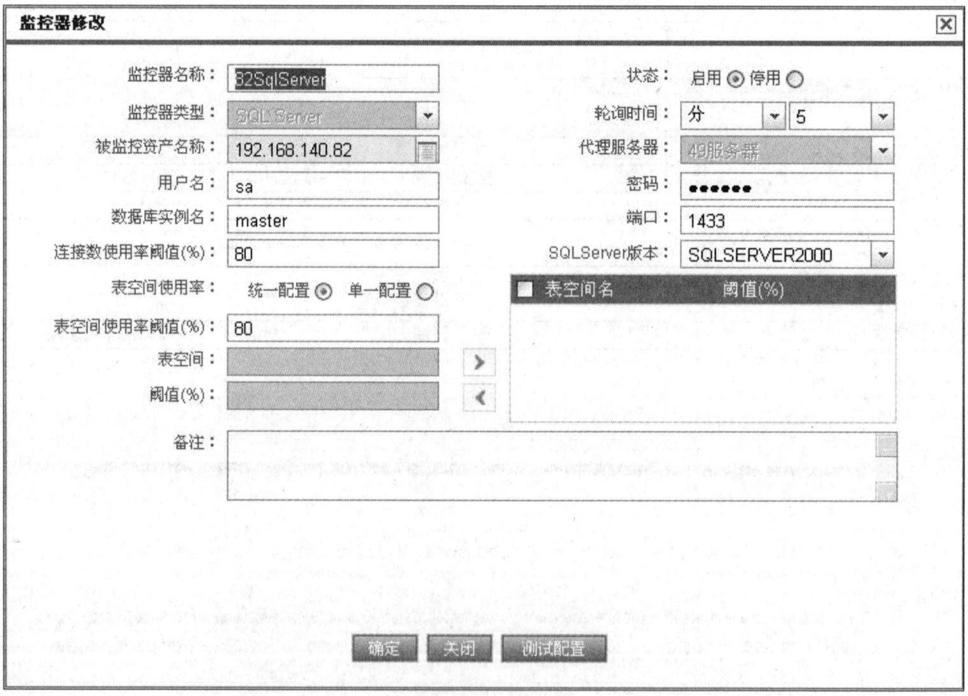

图 5-48 SQL Server 数据库监控策略配置

（3）平台数据采集

运维管理平台模拟预先在 SQL Server 上创建的账号，登录到目标 SQL Server 数据库上，执行一系列的命令，获取操作系统关键运行状态（基本信息、SQL Server 数据库信息、SQL Server 数据库配置信息、SQL Server 注册与注销数、SQL Server 高速缓存信息、SQL

Server 作业明细、SQL Server 缓冲区信息、SQL Server 内存信息、SQL Server 锁信息、性能事件、故障事件）。

（4）事件生成

针对 IBM DB2 数据库，平台会自动生成两类事件，具体如表 5-17 所示。

表 5-17　IBM DB2 数据监控事件

事件类型	事件名称	事件生成原因
性能事件	表空间使用率过高	表空间使用率超过阈值
故障事件	设备无法连接	不能成功登录 SQL Server 数据库

（5）监控状态实时分析

运维管理平台实时监控 SQL Server 数据库是否处于监控状态，当健康度为绿色时，代表平台可正常监控该 SQL Server 数据库对象；当健康度为红色时，代表平台不能监控该 SQL Server 数据库对象；当健康度为问号“？”时，代表平台无法判断是否能够正常监控该 SQL Server 数据库。当健康度为红色或者问号“？”时，都需要管理员进行问题的排除。SQL Server 数据库监控状态实时分析如图 5-49 所示。

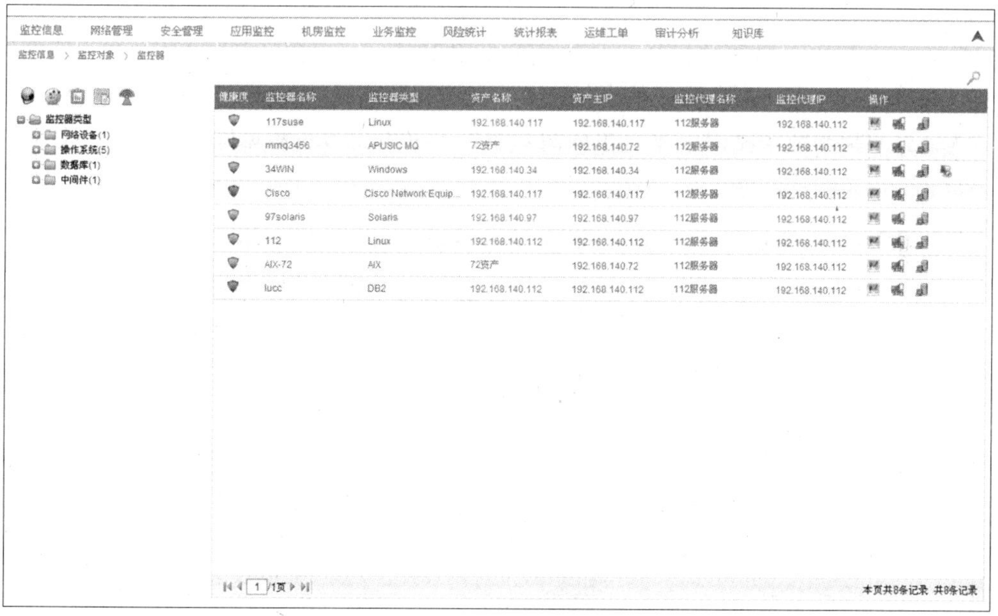

图 5-49　SQL Server 数据库监控状态实时分析

（6）运行状态数据实时分析

运维管理平台可实时展示分析 SQL Server 数据库的运行状态数据，包括：基本信息、SQL Server 数据库信息、SQL Server 数据库配置信息、SQL Server 注册与注销数、SQL Server 高速缓存信息、SQL Server 作业明细、SQL Server 缓冲区信息、SQL Server 内存信息、SQL Server 锁信息、性能事件、故障事件。SQL Server 数据库运行状态实时分析如图 5-50 所示。

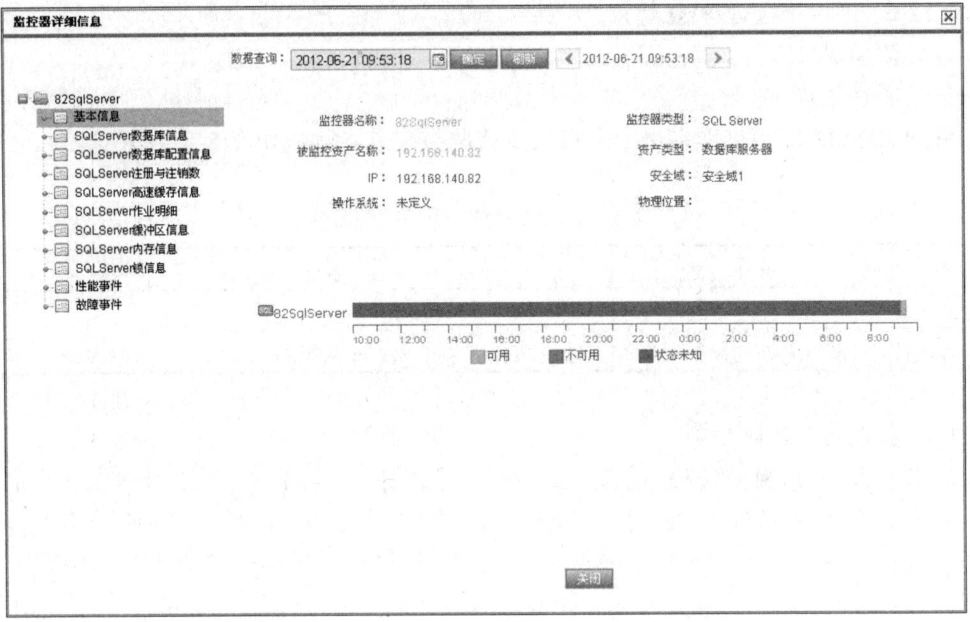

图 5-50　SQL Server 数据库运行状态实时分析

性能事件和故障事件是指当平台检测到此 SQL Server 数据库监控对象的关键指标，违反检测策略时，就会生成相应的事件。当发现违反性能检测策略时，平台生成性能事件；当发现违反故障检测策略时，平台生成故障事件。SQL Server 数据库性能监控事件配置如图 5-51 所示。

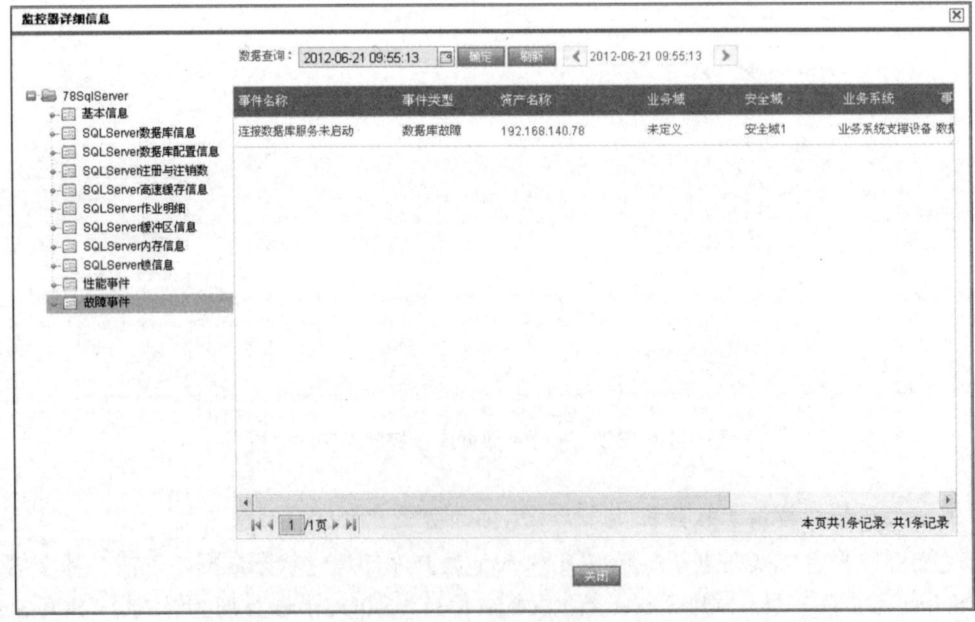

图 5-51　SQL Server 数据库性能监控事件配置

（7）历史运行状态数据统计分析

运维管理平台会保存所采集的历史运行状态数据，根据时间生成运行状态数据统计分析报表，在报表中针对运行状态的趋势进行统计分析。SQL Server 监控器报表如图 5-52（a）～（d）所示。

SQL Server监控器报表

本报表是对SQL Server监控器监控数据的统计，SQL Server监控数据是通过SQL Server监控远程连接执行SQL语句来获取的。从本报表数据中可以查看本系统从2012年06月20日23时59分59秒到2012年06月21日23时59分59秒的SQL Server监控信息。

1．基本信息

数据库版本	SQLSERVER2000
数据库连接端口	1433
资产名称	192.168.140.82
资产操作系统	未定义
资产主IP地址	192.168.140.82
资产其他IP地址	

2．SQL Server数据库信息

数据库实例名	数据文件路径	日志文件路径	ODBC版本	更新时间
master	C:\Program Files\Microsoft SQL Server\MSSQL\data\master.mdf	C:\Program Files\Microsoft SQL Server\MSSQL\data\mastlog.ldf		2012-06-21 09:50:38
tempdb	C:\Program Files\Microsoft SQL Server\MSSQL\data\tempdb.mdf	C:\Program Files\Microsoft SQL Server\MSSQL\data\templog.ldf		2012-06-21 09:50:38
model	C:\Program Files\Microsoft SQL Server\MSSQL\data\model.mdf	C:\Program Files\Microsoft SQL Server\MSSQL\data\modellog.ldf		2012-06-21 09:50:38
msdb	C:\Program Files\Microsoft SQL Server\MSSQL\data\msdbdata.mdf	C:\Program Files\Microsoft SQL Server\MSSQL\data\msdblog.ldf		2012-06-21 09:50:38
pubs	C:\Program Files\Microsoft SQL Server\MSSQL\data\pubs.mdf	C:\Program Files\Microsoft SQL Server\MSSQL\data\pubs_log.ldf		2012-06-21 09:50:38

（a）

3．SQL Server数据库配置信息

数据库实例名	活动事务	备份、重建操作吞吐量	每秒被批量拷贝的行数量	每秒被批量拷贝的数/kB	所有数据文件总量/kB	日志高速缓存命中率	每秒读取日志缓存数量	日志文文件大大小/kB	每秒日志刷新等待数	每秒日志刷新的数量	日志增长数量	日志收缩数量	当前使用日志比例	每秒事务数量	更新时间
_Total	0	0	0	0	36864	0	0	8736	79	11	0	0	32	452	2012-06-21 09:50:38
master	0	0	0	0	15744	0	0	5176	32	6	0	0	27	13	2012-06-21 09:50:38
model	0	0	0	0	896	0	0	760	31	4	0	0	60	2	2012-06-21 09:50:38
msdb	0	0	0	0	12032	0	0	2296	0	0	0	0	32	2	2012-06-21 09:50:38
tempdb	0	0	0	0	8192	0	0	504	16	1	0	0	39	435	2012-06-21 09:50:38

4．SQL Server注册与注销数

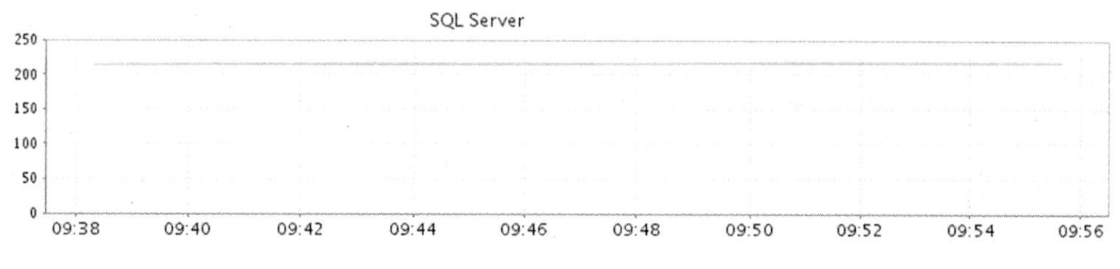

（b）

9．SQL Server缓冲区信息

sql server高速缓存页数	357	扩展内存高速缓存命中率（页面/s）	1354
空闲缓冲区数量	77	每秒执行物理读取页数	131
每秒执行物理写入页数	10	每秒预读物理页数	0
高速缓存保留页数	36	数据库页数	131
更新时间	2012-06-21 09:50:38		

10．SQL Server内存信息

维护连接内存量/kB	304	授予排序、索引操作内存量/kB	0
分配锁块总数量	1503	分配锁内存量/kB	144
分配可执行进程内存总量/kB	118392	获得工作空间内存授权进程数量	118392
等待工作空间内存授权进程数量/kB	0	查询优化内存量/kB	0
动态sql高速缓存总量/kB	0	服务器潜在消耗内存量/kB	0
服务器当前消耗内存总量/kB	6256	更新时间	2012-06-21 09:50:38

11．SQL Server锁信息

实例名	线程等待锁的平均等待时间/ms	每秒某种锁的请求数量	每秒不能通过自旋锁获得锁次数	前一秒钟，锁的总等待时间/ms	前一秒钟，锁请求导致线程等待次数	导致死锁的锁请求数量	记录时间
_Total	0	1767314	0	2312	2312	0	2012-06-21 09:50:38
Database	0	501152	0	2312	2312	0	2012-06-21 09:50:38
Extent	0	0	0	0	0	0	2012-06-21 09:50:38
Key	0	1265679	0	0	0	0	2012-06-21 09:50:38
Page	0	9	0	0	0	0	2012-06-21 09:50:38

（c）

12．性能事件

性能事件名称	性能事件类型	性能模块	性能值	数量	状态	发生时间

13．故障事件

故障事件名称	故障事件类型	故障模块	数量	状态	发生时间

14．性能与故障事件分析

性能事件分析结论：没有发现有性能事件.

故障事件分析结论：没有发现有故障事件.

（d）

图 5-52　SQL Server 监控器报表

5.6　中间件监控技术应用

5.6.1　中间件监控流程

运维管理平台针对中间件的监控按照图 5-53 所示的流程进行。

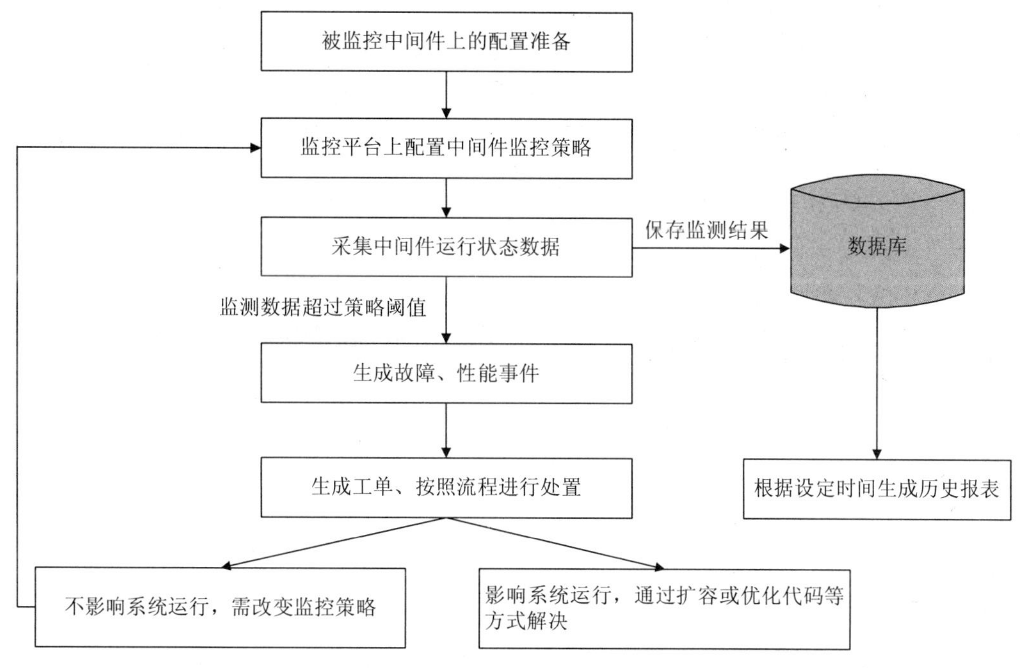

图 5-53 中间件监控流程

对流程中的主要环节进行详细的说明：

①实施监控前，要在中间件上进行必要的设置，开启必要的监控服务。

②在平台上预先针对每一个中间件监控对象（称为监控器）的关键指标进行策略配置，同时设置数据采集周期。

③采集中间件运行状态数据。

④将一个周期内采集到的运行状态数据保存在数据库中，为日后统计分析提供数据来源，同时根据策略进行分析，当发现违反性能检测策略时，会生成性能事件，当发现违反故障检测策略时，会生成故障事件。

⑤将平台报出的事件生成工单，按照规定流程处置。影响业务系统运行的事件，通过系统扩容或代码优化的方式解决；不影响业务系统运行的事件，改变操作系统的监控策略。

⑥在平台上，根据需要，生成一段时间历史监控数据的统计报表，用于分析系统运行状态的变化趋势。

5.6.2 WebLogic 中间件监控方法

（1）WebLogic 中间件账号创建

在 WebLogic 中间件上，预先创建一个具备一定权限的账号，例如：soc；以保证能够获取 WebLogic 关键运行状态信息。

（2）平台策略配置

在运维管理平台上添加监控 WebLogic 中间件监控对象时，监控器类型选择：WebLogic，代理服务器选择平台所配置的数据采集代理服务器，用户名和密码为预先在

WebLogic 中间件中创建的具有一定权限的账号（例如：soc）。轮询时间是平台采集监控对象运行状态信息的频率，通常为 5 分钟。WebLogic 中间件监控策略配置如图 5-54 所示。

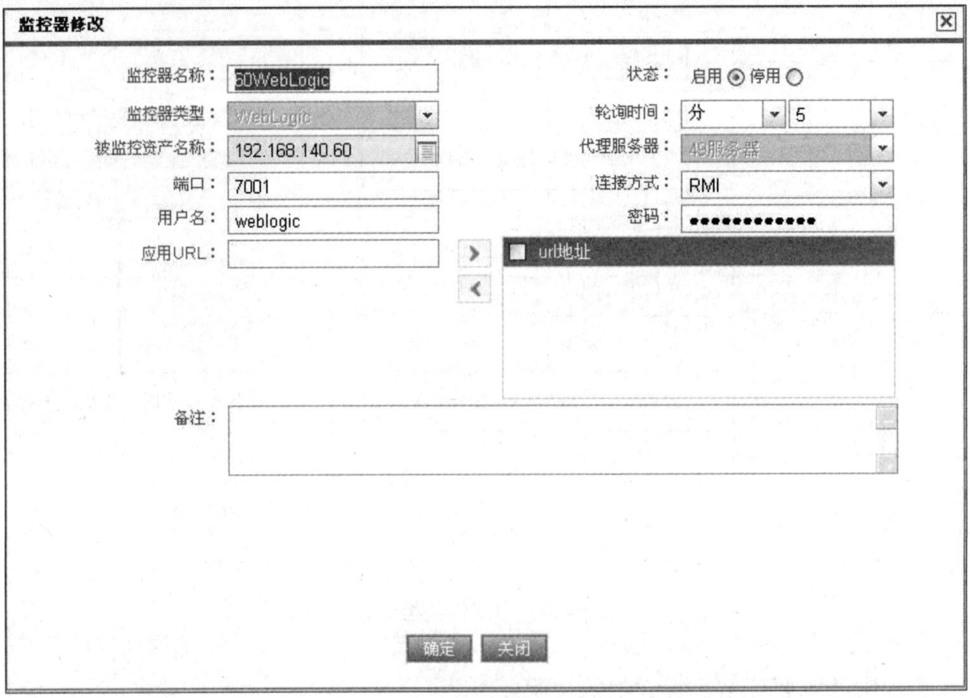

图 5-54 WebLogic 中间件监控策略配置

（3）平台数据采集

运维管理平台模拟预先在 WebLogic 上创建的账号，登录到目标 WebLogic 中间件上，执行一系列的命令，获取操作系统关键运行状态（基本信息、JVM 信息、线程池信息、JMS 信息、SAFAgent 信息、JTA 信息、应用信息、故障事件）。

（4）事件生成

针对 WebLogic 中间件，平台会自动生成两类事件，具体如表 5-18 所示。

表 5-18 WebLogic 中间件监控事件

事件类型	事件名称	事件生成原因
性能事件	连接数使用率过高	连接数使用率超过阈值并达到或超过检测次数
	表空间使用率过高	表空间使用率超过阈值
故障事件	WebLogic 未启动	服务未启动

（5）监控状态实时分析

运维管理平台实时监控此处应该为 WebLogic 中间件的描述是否处于监控状态，当健康度为绿色时，代表平台可正常监控该此处应该为 WebLogic 中间件的描述对象；当健康度为红色时，代表平台不能监控该此处应该为 WebLogic 中间件的描述对象；当健康度为问号“？”时，代表平台无法判断是否能够正常监控该此处应该为 WebLogic 中间件的描述。当健康度为红色或者问号“？”时，都需要管理员进行问题的排除。WebLogic 中间件监控状态实时分析如图 5-55 所示。

图 5-55　WebLogic 中间件监控状态实时分析

（6）运行状态数据实时分析

运维管理平台可实时展示分析 WebLogic 中间件的运行状态数据，包括：基本信息、JVM 信息、线程池信息、JMS 信息、SAFAgent 信息、JTA 信息、应用信息、故障事件。WebLogic 中间件运行状态实时分析如图 5-56 所示。

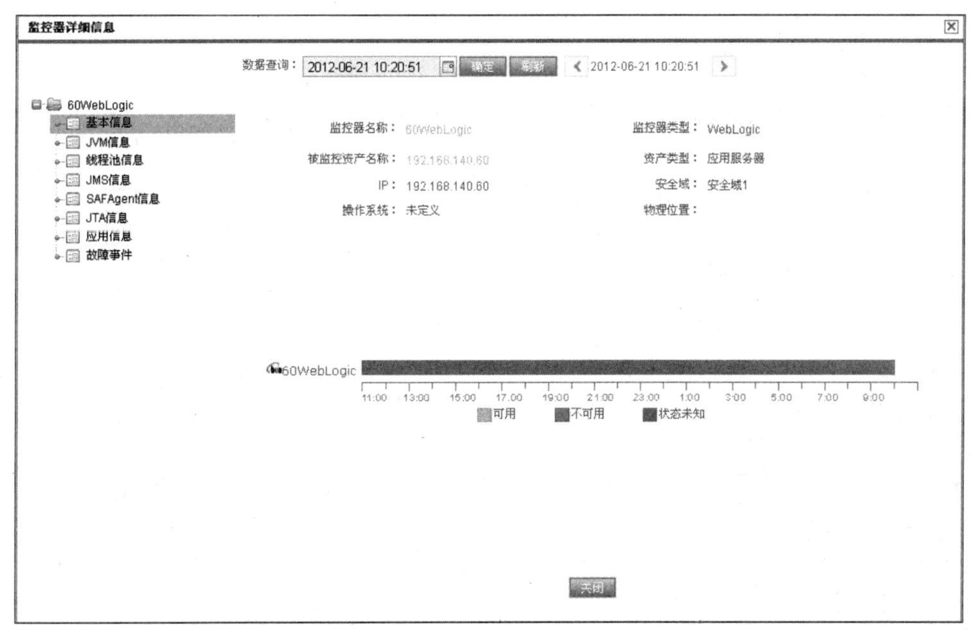

图 5-56　WebLogic 中间件运行状态实时分析

性能事件和故障事件是指当平台检测到此 WebLogic 中间件监控对象的关键指标，违反检测策略时，就会生成相应的事件。当发现违反性能检测策略时，平台生成性能事件；当发现违反故障检测策略时，平台生成故障事件。WebLogic 中间件性能监控事件配置如图 5-57 所示。

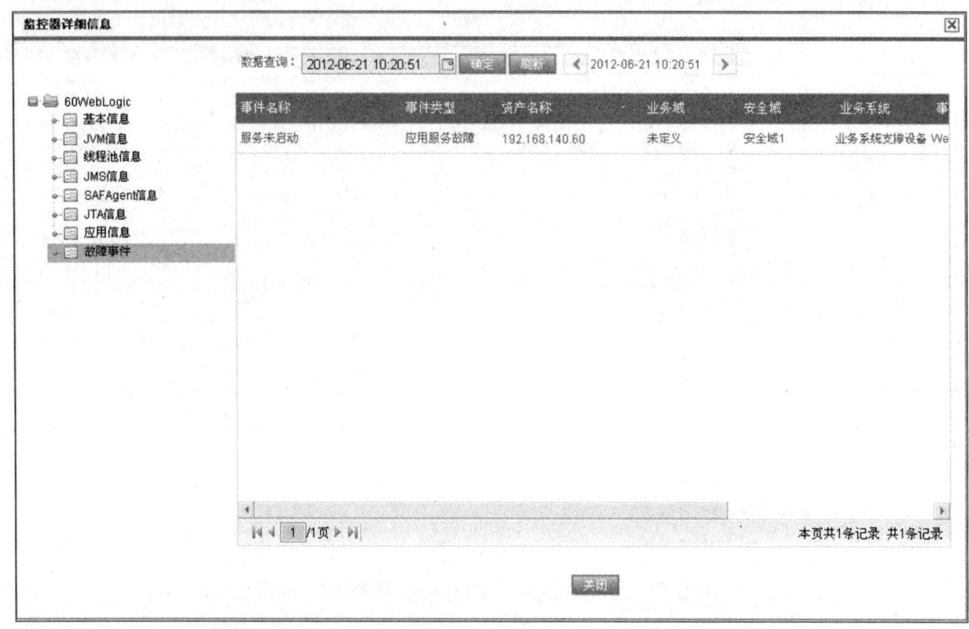

图 5-57 WebLogic 中间件性能监控事件配置

（7）历史运行状态数据统计分析

运维管理平台会保存所采集的历史运行状态数据，根据时间生成运行状态数据统计分析报表，在报表中针对运行状态的趋势进行统计分析。WebLogic 监控器报表如图 5-58 所示。

WebLogic 监控器报表

本报表是对WebLogic监控器监控数据的统计，WebLogic监控通过RMI协议远程获取相关监控数据。从本报表数据中可以查看本系统从2012年06月20日23时59分59秒到2012年06月21日23时59分59秒的WebLogic监控信息。

1．基本信息

监控器名称	60WebLogic
监控器类型	WebLogic
服务器连接端口	7001
资产名称	192.168.140.60
资产操作系统	未定义
资产主IP地址	192.168.140.60
资产其他IP地址	

2．JVM信息

JVM宿主操作系统名称		JVM堆最大值	
JVM宿主操作系统版本		JVM堆当前值	
JVM版本		JVM堆空闲值	
JVM提供商		JVM堆空闲百分比	

3．线程池信息

空闲线程数量		队列长度	
线程总数		备用线程数量	
独占线程数量		吞吐量	

图 5-58 WebLogic 监控器报表

5.6.3 WebSphere 中间件监控方法

（1）WebSphere 中间件账号创建

在 WebSphere 中间件上，预先创建一个具备一定权限的账号，例如：soc；以保证能够获取 WebSphere 关键运行状态信息。

（2）平台策略配置

在运维管理平台上添加监控 WebSphere 中间件监控对象时，监控器类型选择：WebSphere，代理服务器选择平台所配置的数据采集代理服务器，用户名和密码为预先在 WebSphere 中间件中创建的具有一定权限的账号（例如：soc）。

轮询时间是平台采集监控对象运行状态信息的频率，通常为 5 分钟。WebSphere 监控策略配置如图 5-59 所示。

图 5-59　WebSphere 监控策略配置

（3）平台数据采集

运维管理平台模拟预先在 WebSphere 上创建的账号，登录到目标 WebSphere 中间件上，执行一系列的命令，获取操作系统关键运行状态（基本信息、会话动态信息、进程池动态信息、JDBC 连接池动态信息、事务数动态信息、事务的平均持续时间、JVM 动态信息、应用信息、故障事件）。

（4）事件生成

针对 WebSphere 中间件，平台会自动生成两类事件，具体如表 5-19 所示。

表 5-19 WebSphere 中间件监控事件

事件类型	事件名称	事件生成原因
性能事件	连接数使用率过高	连接数使用率超过阈值并达到或超过检测次数
	表空间使用率过高	表空间使用率超过阈值
故障事件	WebSphere 未启动	服务未启动

（5）监控状态实时分析

运维管理平台实时监控此处应该为 WebSphere 中间件的描述是否处于监控状态，当健康度为绿色时，代表平台可正常监控该此处应该为 WebSphere 中间件的描述对象；当健康度为红色时，代表平台不能监控该此处应该为 WebSphere 中间件的描述对象；当健康度为问号“？”时，代表平台无法判断是否能够正常监控该此处应该为 WebSphere 中间件的描述。当健康度为红色或者问号“？”时，都需要管理员进行问题的排除。WebSphere 中间件监控状态实时分析如图 5-60 所示。

图 5-60 WebSphere 中间件监控状态实时分析

（6）运行状态数据实时分析

运维管理平台可实时展示分析 WebSphere 中间件的运行状态数据，包括：基本信息、会话动态信息、进程池动态信息、JDBC 连接池动态信息、事务数动态信息、事务的平均持续时间、JVM 动态信息、应用信息、故障事件。WebSphere 中间件运行状态实时分析如图 5-61 所示。

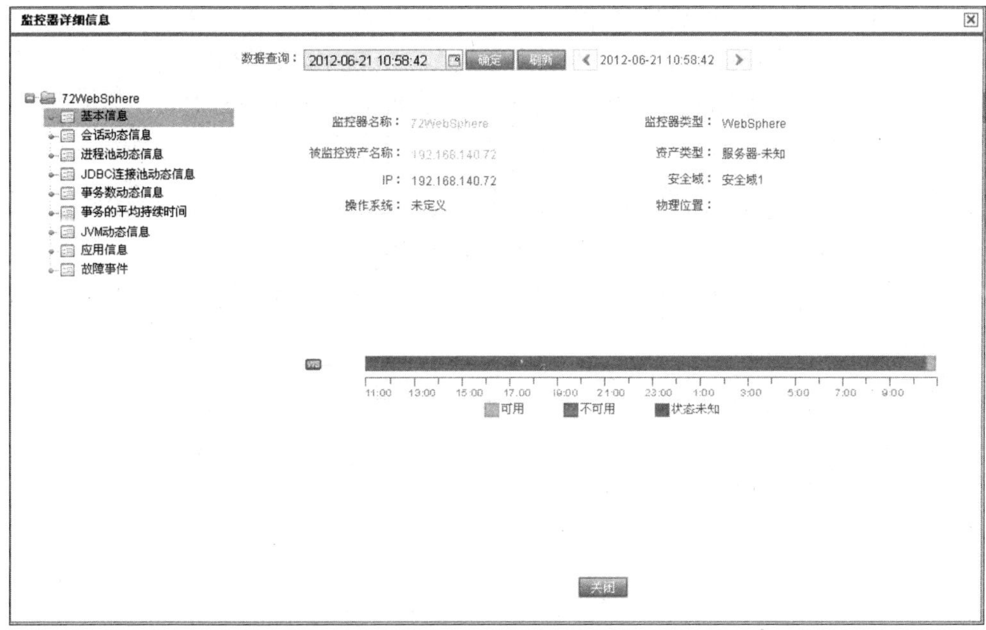

图 5-61　WebSphere 中间件运行状态实时分析

性能事件和故障事件是指当平台检测到此 WebSphere 中间件监控对象的关键指标，违反检测策略时，就会生成相应的事件。当发现违反性能检测策略时，平台生成性能事件；当发现违反故障检测策略时，平台生成故障事件。WebSphere 中间件性能监控事件配置如图 5-62 所示。

图 5-62　WebSphere 中间件性能监控事件配置

(7) 历史运行状态数据统计分析

运维管理平台会保存所采集的历史运行状态数据，根据时间生成运行状态数据统计分析报表，在报表中针对运行状态的趋势进行统计分析。WebSphere 中间件监控器报表如图 5-63（a）～（d）所示。

WebSphere 监控器报表

本报表是对WebSphere监控器监控数据的统计，WebSphere监控是通过SOAP协议远程获取相关监控数据的。从本报表数据中可以查看本系统从2012年06月20日23时59分59秒到2012年06月21日23时59分59秒的WebSphere监控信息。

1．基本信息

监控器名称	72WebSphere
监控器类型	WebSphere
服务器连接端口	9080
资产名称	192.168.140.72
资产操作系统	未定义
资产主IP地址	192.168.140.72
资产其他IP地址	

2．会话动态信息

会话名称	会话类型	创建会话数	失效会话数	平均会话生存期 /ms	当前访问会话总数	当前存活会话总数	记录时间
DefaultApplication#DefaultWebApplication.war	servletSessionsModule	0	0	0	0	0	2012-06-21 10:56:51
IVT Application#ivt_app.war	servletSessionsModule	0	0	0	0	0	2012-06-21 10:56:51
filetransfer#filetransfer.war	servletSessionsModule	0	0	0	0	0	2012-06-21 10:56:51
isclite#ISCAdminPortlet.war	servletSessionsModule	0	0	0	0	0	2012-06-21 10:56:51
isclite#WIMPortlet.war	servletSessionsModule	0	0	0	0	0	2012-06-21 10:56:51
soc_war#soc.war	servletSessionsModule	0	0	0	0	0	2012-06-21 10:56:51
isclite#iehs.war	servletSessionsModule	0	0	0	0	0	2012-06-21 10:56:51
isclite#isclite.war	servletSessionsModule	0	0	0	0	0	2012-06-21 10:56:51

（a）

3．进程池动态信息

名称	类型	高范围	低范围	当前	高水位	低水位	并发活动或池中线程状态	记录时间
Thread Pools	threadPoolModule	50	0	13	10	0	PoolSize	2012-06-21 10:56:51
Thread Pools	threadPoolModule	0	0	2	8	0	ActiveCount	2012-06-21 10:56:51
Default	threadPoolModule	20	5	0	5	5	PoolSize	2012-06-21 10:56:51
Default	threadPoolModule	0	0	0	0	0	ActiveCount	2012-06-21 10:56:51
HAManager.thread.pool	threadPoolModule	2	2	2	2	1	PoolSize	2012-06-21 10:56:51
HAManager.thread.pool	threadPoolModule	0	0	0	2	0	ActiveCount	2012-06-21 10:56:51
WebContainer	threadPoolModule	0	0	2	8	1	ActiveCount	2012-06-21 10:56:51
Message Listener	threadPoolModule	0	0	0	0	0	ActiveCount	2012-06-21 10:56:51
Object Request Broker	threadPoolModule	50	10	0	10	10	PoolSize	2012-06-21 10:56:51
Object Request Broker	threadPoolModule	0	0	0	0	0	ActiveCount	2012-06-21 10:56:51
SoapConnectorThreadPool	threadPoolModule	5	3	2	3	1	PoolSize	2012-06-21 10:56:51
SoapConnectorThreadPool	threadPoolModule	0	0	0	2	0	ActiveCount	2012-06-21 10:56:51
WebContainer	threadPoolModule	50	10	9	10	1	PoolSize	2012-06-21 10:56:51
Message Listener	threadPoolModule	50	10	0	10	10	PoolSize	2012-06-21 10:56:51

4．JDBC连接池动态信息

名称	类型	创建连接总数	关闭连接总数	分配连接总数	连接池大小	空闲连接数	池使用百分率/%	连接平均时间/毫秒	连接等待时间/毫秒	记录时间
Derby JDBC Provider (XA)	connectionPoolModule	0	0	0	0	0	0	0	0	2012-06-21 10:56:51
Derby JDBC Provider	connectionPoolModule	0	0	0	0	0	0	0	0	2012-06-21 10:56:51

（b）

5. 事务数动态信息

服务器全局事务数	0	服务器本地事务数	0
并发全局事务数	0	已落实全局事务数	0
回滚全局事务数	0	超时全局事务数	0
超时本地事务数	0	记录时间	2012-06-21 10:56:51

6. 事务的平均持续时间

全局事务平均持续时间		本地事务平均持续时间	
平均时间	0	平均时间	0
最小时间	0	最小时间	0
最大时间	0	最大时间	0
总大小	0	总大小	0
数量	0	数量	0
总和	0	总和	0
记录时间	2012-06-21 11:01:51	记录时间	2012-06-21 11:01:51

（c）

7. JVM动态信息

高水位/kB	197431	低水位/kB	51200
当前/kB	197431	低范围/kB	51200
高范围/kB	262144	JVM空闲内存/kB	47541
JVM使用内存/kB	149889	JVM运行时间数/ms	763709
JVM的CUP使用率/%	0	记录时间	2012-06-21 10:56:51

8. 性能事件

性能事件名称	事件类型	事件模块	性能值	数量	状态	发生时间

9. 故障事件

故障事件名称	事件类型	事件模块	数量	状态	发生时间

10. 性能与故障事件分析

性能事件分析结论：没有发现有性能事件
故障事件分析结论：没有发现有故障事件

（d）

图 5-63　WebSphere 中间件监控器报表

5.6.4　Tuxedo 中间件监控方法

（1）Tuxedo 中间件账号创建

在 Tuxedo 中间件上，预先创建一个具备一定权限的账号，例如：soc；以保证能够获取 Tuxedo 关键运行状态信息。

（2）平台策略配置

在运维管理平台上添加监控 Tuxedo 中间件监控对象时，监控器类型选择：Tuxedo，代理服务器选择平台所配置的数据采集代理服务器，用户名和密码为预先在 Tuxedo 中间件中创建的具有一定权限的账号（例如：soc）。

轮询时间是平台采集监控对象运行状态信息的频率，通常为 5 分钟。

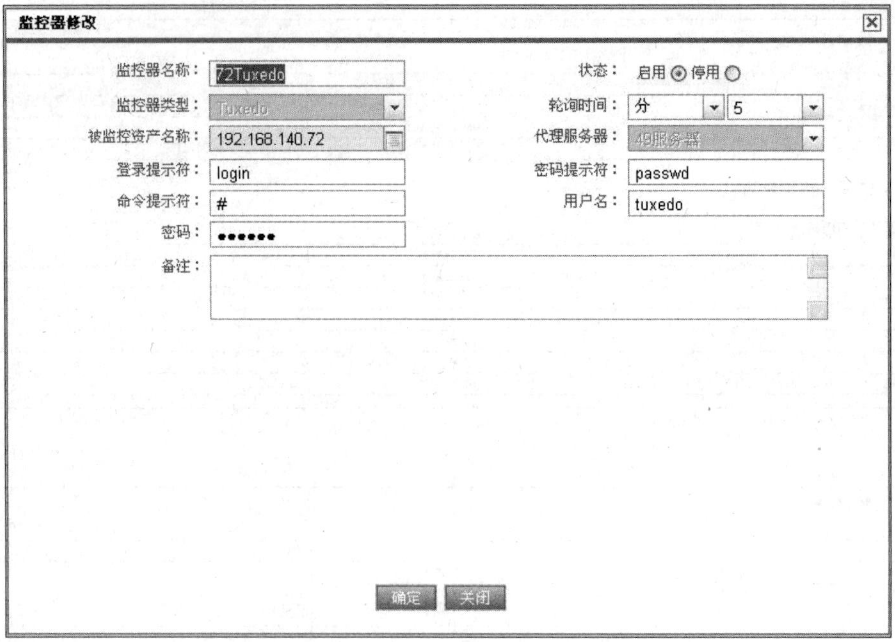

图 5-64 Tuxedo 监控策略配置

(3) 平台数据采集

运维管理平台模拟预先在 Tuxedo 上创建的账号，登录到目标 Tuxedo 中间件上，执行一系列的命令，获取操作系统关键运行状态（基本信息、静态信息、消息信息、服务器信息、客户端信息、故障事件）。

(4) 事件生成

针对 WebLogic 中间件，平台会自动生成两类事件，具体如表 5-20 所示。

表 5-20 WebLogic 中间件监控事件

事件类型	事件名称	事件生成原因
性能事件	连接数使用率过高	连接数使用率超过阈值并达到或超过检测次数
	表空间使用率过高	表空间使用率超过阈值
故障事件	设备无法监控	不能成功连接 Tuxedo 中间件

(5) 监控状态实时分析

运维管理平台实时监控此处应该为 Tuxedo 中间件的描述是否处于监控状态，当健康度为绿色时，代表平台可正常监控该此处应该为 Tuxedo 中间件的描述对象；当健康度为红色时，代表平台不能监控该此处应该为 Tuxedo 中间件的描述对象；当健康度为问号“？”时，代表平台无法判断是否能够正常监控该此处应该为 Tuxedo 中间件的描述。当健康度为红色或者问号“？”时，都需要管理员进行问题的排除。Tuxedo 中间件监控状态实时分析如图 5-65 所示。

图 5-65　Tuxedo 中间件监控状态实时分析

（6）运行状态数据实时分析

运维管理平台可实施展示分析 Tuxedo 中间件的运行状态数据，包括：基本信息、静态信息、消息信息、服务器信息、客户端信息、故障事件。Tuxedo 中间件运行状态实时分析如图 5-66 所示。

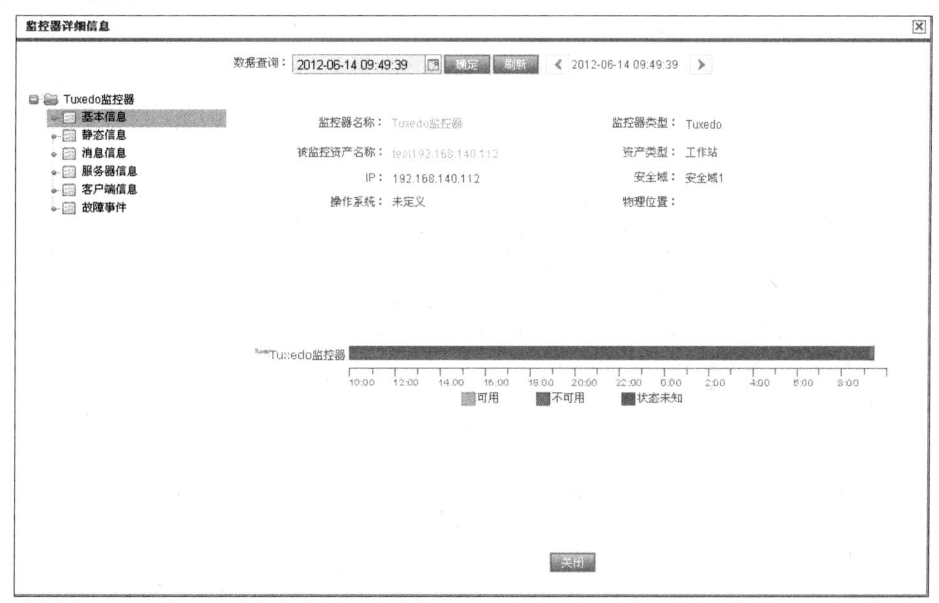

图 5-66　Tuxedo 中间件运行状态实时分析

性能事件和故障事件是指当平台检测到此 Tuxedo 中间件监控对象的关键指标违反检测策略时，就会生成相应的事件。当发现违反性能检测策略时，平台生成性能事件；当发现违反故障检测策略时，平台生成故障事件。Tuxedo 中间件故障监控事件配置如图 5-67 所示。

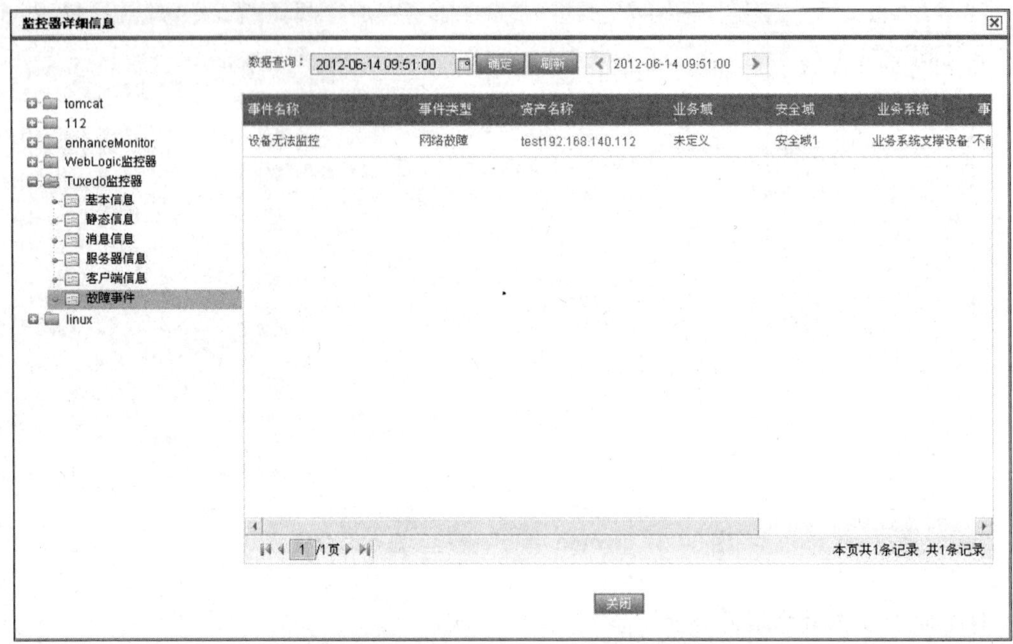

图 5-67　Tuxedo 中间件故障监控事件配置

(7) 历史运行状态数据统计分析

运维管理平台会保存所采集的历史运行状态数据，根据时间生成运行状态数据统计分析报表，在报表中针对运行状态的趋势进行统计分析。Tuxedo 中间件监控器报表如图 5-68 所示。

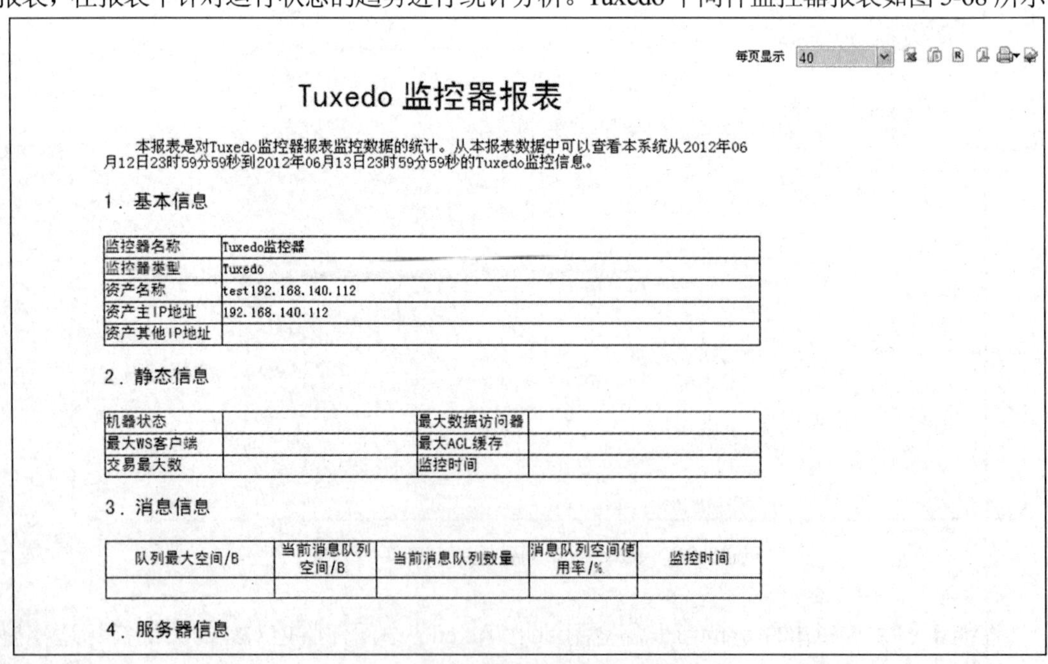

每页显示 40

Tuxedo 监控器报表

本报表是对Tuxedo监控器报表监控数据的统计。从本报表数据中可以查看本系统从2012年06月12日23时59分59秒到2012年06月13日23时59分59秒的Tuxedo监控信息。

1. 基本信息

监控器名称	Tuxedo监控器
监控器类型	Tuxedo
资产名称	test192.168.140.112
资产主IP地址	192.168.140.112
资产其他IP地址	

2. 静态信息

机器状态		最大数据访问器	
最大WS客户端		最大ACL缓存	
交易最大数		监控时间	

3. 消息信息

队列最大空间/B	当前消息队列空间/B	当前消息队列数量	消息队列空间使用率/%	监控时间

4. 服务器信息

图 5-68　Tuxedo 中间件监控器报表

5.6.5　IBM MQ 中间件监控方法

（1）IBM MQ 中间件账号创建

在 IBM MQ 中间件上，预先需要在 mq 管理组中添加 root 用户，以保证能够获取 IBM MQ 关键运行状态信息。

（2）平台策略配置

在运维管理平台上添加监控 IBM MQ 中间件监控对象时，监控器类型选择：IBM MQ，代理服务器选择平台所配置的数据采集代理服务器，用户名和密码为预先在 IBM MQ 中间件中创建的具有一定权限的账号（例如：soc）。

轮询时间是平台采集监控对象运行状态信息的频率，通常为 5 分钟。

队列占用率阈值、当前队列深度阈值是性能检测策略，当连续两次或者三次采集的使用率都超过此阈值时，平台认为违反了性能检测策略，平台自动生成性能事件。IBM MQ 监控策略配置如图 5-69 所示。

图 5-69　IBM MQ 监控策略配置

（3）平台数据采集

运维管理平台模拟预先在 IBM MQ 上创建的账号，登录到目标 IBM MQ 中间件上，执行一系列的命令，获取操作系统关键运行状态（基本信息、队列监控信息、监听器监控信息、通道监控信息、故障事件）。

（4）事件生成

针对 IBM MQ 中间件，平台会自动生成两类事件，具体如表 5-21 所示。

表 5-21　IBM MQ 中间件监控事件

事件类型	事件名称	事件生成原因
性能事件	队列占用率阈值	队列占用率超过阈值并达到或超过检测次数
	当前队列深度阈值	当前队列深度超过阈值
故障事件	设备无法连接	不能成功登录 IBM MQ 中间件

（5）监控状态实时分析

运维管理平台实时监控此处应该为 IBM MQ 中间件的描述是否处于监控状态，当健康度为绿色时，代表平台可正常监控该此处应该为 IBM MQ 中间件的描述对象；当健康度为红色时，代表平台不能监控该此处应该为 IBM MQ 中间件的描述对象；当健康度为问号“？”时，代表平台无法判断是否能够正常监控该此处应该为 IBM MQ 中间件的描述。当健康度为红色或者问号“？”时，都需要管理员进行问题的排除。IBM MQ 中间件监控状态实时分析如图 5-70 所示。

图 5-70　IBM MQ 中间件监控状态实时分析

（6）运行状态数据实时分析

运维管理平台可实时展示分析 IBM MQ 中间件的运行状态数据，包括：基本信息、队列监控信息、监听器监控信息、通道监控信息、故障事件。IBM MQ 中间件运行状态实时分析如图 5-71 所示。

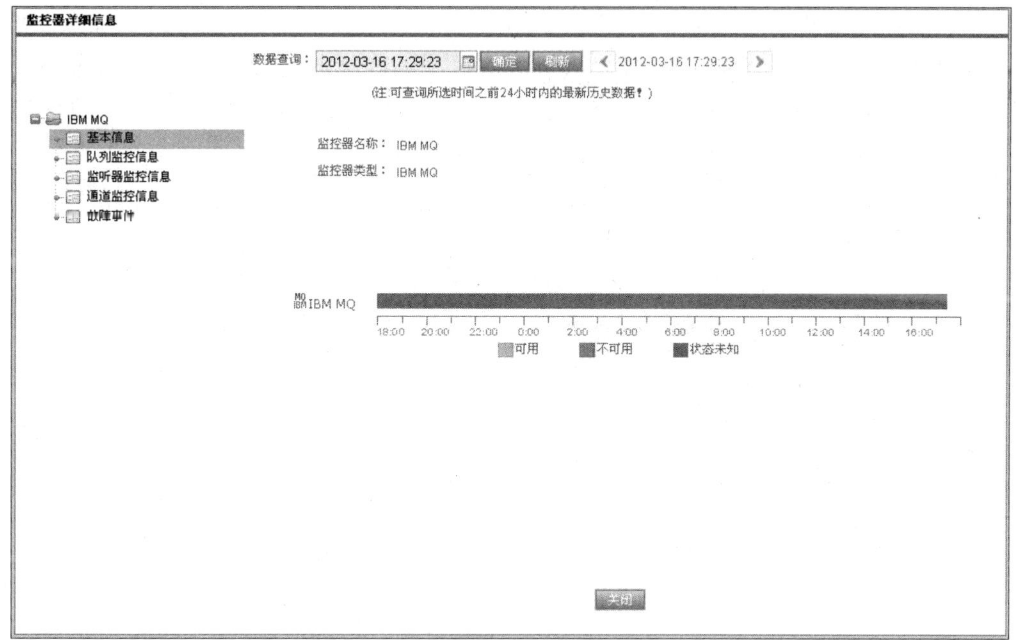

图 5-71　IBM MQ 中间件运行状态实时分析

性能事件和故障事件是指当运维管理平台检测到此 IBM MQ 中间件监控对象的关键指标，违反检测策略时，就会生成相应的事件。当发现违反性能检测策略时，平台生成性能事件；当发现违反故障检测策略时，平台生成故障事件。IBM MQ 中间件故障监控事件配置如图 5-72 所示。

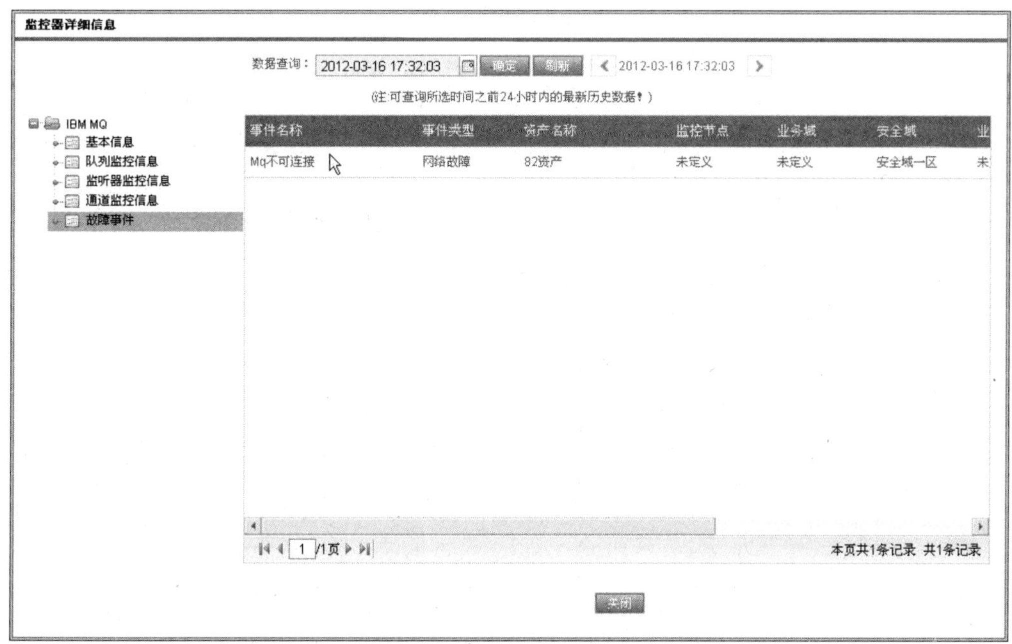

图 5-72　IBM MQ 中间件故障监控事件配置

（7）历史运行状态数据统计分析

运维管理平台会保存所采集的历史运行状态数据，根据时间生成运行状态数据统计分析报表，在报表中针对运行状态的趋势进行统计分析。IBM MQ 中间件监控器报表如图 5-73 所示。

图 5-73　IBM MQ 中间件监控器报表

参考文献

[1] 周乐钦．数据交换平台中消息中间件的研究与实现．东华大学，2013.

[2] 倪广宝，马捷，詹剑锋，等．基于机群中间件监控系统的设计和实现．计算机工程与应用，2005

[3] 李光锴．IT 系统运维支撑技术标准化研究．山东大学，2012.

[4] 刘书．应急通信系统中操作系统及应用软件的数据采集技术研究．沈阳理工大学，2009.

[5] 张鹏．基于 B/S 模式的远程实时监控系统的实现．华北水利水电学院学报，2006.

[6] 何润生，戴民强．基于 B/S 结构装备库房监控系统的研究．计算机与现代化，2008.

[7] 田雨，左利均，潘成胜．分布式监控系统结构研究与设计．沈阳理工大学学报，2007.

[8] 李晶．基于 SNMP 的网络监测系统的研究与设计．河北工程大学，2012.

[9] 高建国，戴海鸿，傅永根．基于 AJAX、JMX 技术开发无差错传输设备 Web 网管系统．南京邮电大学学报（自然科学版），2011.

[10] 耿方，朱晓民，李炜．基于 Web 的实时监控系统的研究与实现．电信工程技术与标准化，2011.

第 6 章　业务软件系统监控技术研究

软件作为计算机系统的重要组成部分，已经渗透到电信、金融、交通、环保、教育、国防建设等各个领域。随着软件技术的发展及人们对软件需求的不断提升，软件的规模和复杂度也在不断提高，软件失效和软件故障等问题日益增多，给人们的生产生活甚至是国家安全带来巨大的损失及影响。针对如何提高软件的可信性，保证软件的安全可靠运行，研究人员提出了形式化规约、形式化验证、软件测试等多种解决方法。仅靠软件部署前的可信技术来确保系统的安全可靠运行是远远不够的，软件部署后运行时的监控和保证措施，是保证系统安全的另外一个重要手段。

6.1　软件运行实时监控技术

随着生产力和现代科学技术的飞速发展，计算机技术越来越深入到人们的生产和生活，并发挥着重要的作用。软件作为计算机系统的重要组成部分，其发展表现为以下几个特点：

①软件规模不断扩大。以美国宇航局开发的软件系统为例，1963 年水星计划系统约为 200 万条指令，1967 年双子星座计划系统增加到 400 万条指令，1973 年阿波罗计划系统为 1 000 万条指令，而 1979 年，哥伦比亚航天飞机系统达到了 4 000 万条指令。

②软件复杂度不断提升。软件复杂度的提升不仅是指软件规模的增大，还包括软件系统模块数的不断增多以及各模块之间的协作交互更加复杂多变。以银行业务系统为例，一个银行系统通常包含了传统存贷款业务、信贷管理业务、现代化支付系统、中间业务平台、电话银行、网上银行、银联系统、支付密码核验平台、ATM、POS、事后监督系统等众多的子系统，子系统之间存在复杂多变的交互协同。

③开放、分布性不断增加。分布式系统应用越来越广泛，如交通指挥控制系统、电力监测与控制管理系统都是典型的分布式系统。同时，软件系统处于开放的互联网环境下，用户、资源、服务可以动态更新，难以准确预测软件系统的实时状态。

软件运行实时监控技术作为保证软件可信性的重要手段，已经得到了人们的普遍关注，并由此产生了一系列成熟的监控方法。同时，随着软件技术的不断进步以及新的软件形态的出现，软件运行实时监控技术也在不断发展。

6.1.1　软件运行实时监控原理

软件运行实时监控是在软件实际运行阶段，通过对软件实施有效的监控，获取软件的运行状态和行为，并通过将监控结果与软件性质所描述的预期状态和行为进行比较，使得在不一致情况发生时能够及时准确地分析和定位软件故障，并采取适当措施加以处理，防止引发软件失效等严重问题，从而保证软件系统的安全可靠运行。软件运行实时监控是可信软件的一种保障机制。这种监控方法能够在很大程度上提高软件的可信性，保障软件的运行状态和行为总是和预期保持一致。因为只有掌握系统实时行为，随时获得系统的状态，才能够准确分析和定位软件系统的故障，从而实施系统维护，也只有在获得了系统状态的前提下才能够准确分析被监控软件的行为，并与其被期望的行为进行比较，来判断软件是否处于可信状态。

软件运行实时监控应该具备以下若干要素：

①获取软件性质并用规约语言进行准确的表达，即描述预期的软件状态和行为；

②获取软件运行中实际的状态和行为；

③比较实际和预期的结果，分析、判断软件的健康状况。

软件监控包括两个主要方面：对目标系统的监视和检查。监视是指获取系统的运行状态，检查则是将系统运行时行为与预期行为进行比较，检查是否符合给定的规范，通过监视和检查，实现对目标系统的监控。

举例来说，一个执行中的软件系统 P 包含一组线程，线程可能顺序执行、交叉存取或者并行执行。执行中的软件 P 的状态∑P 即是存储的状态以及在软件中运行的独立的线程的状态。软件 P 的运行轨迹也就可以看作是一个顺序的、可能无穷的程序状态集。

监控系统观察软件系统 P 的行为，并确定是否与给定的规约相一致。具体来讲，监控系统在软件系统已产生的执行轨迹，也就是一个有序的程序状态集中检查执行情况是否满足性质规约，及时发现软件故障并加以处理，避免软件失效的发生。

软件运行实时监控不是考虑程序可能的所有执行轨迹或状态，而仅仅关心程序在给定执行轨迹中的那些状态。监控器根据执行轨迹和软件性质规约，检查在给出的轨迹中软件性质是否有效。

图 6-1 所示为软件运行实时监控系统的基本视图，监控一般由两部分组成：观察器和分析器。设想一个程序不允许同时有两个进程进入某一临界区域，这个性质可以被监控器指定为：当一个进程进入该临界区域时，该临界区域中的进程数量必须严格为一。在监控的实际过程中，观察器检查程序状态，以判断是否有进程进入临界区域，当它检测到此类事件时，分析器检验该命题，判断在临界区域中的进程数量是否严格为一。

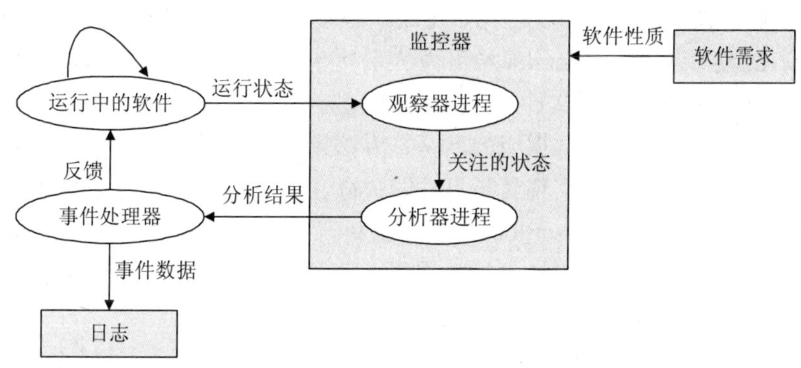

图 6-1　软件运行实时监控的基本视图

当分析器检测到性质违背时，监控系统以某种方式做出响应。响应可能要求系统执行一个动作，比如中断程序、进入恢复程序或者向日志发送事件数据等。事件处理器捕获监控结果并向系统和用户进行传达，并且可以对违背情况做出处理。

软件监控的一种实现方法是在程序中插入代码用于测试断言。这些断言一般在程序执行的过程中起作用，通常采用开发人员手工编写，与程序一起进行开发的方式。这种方式还可以通过自动地用断言注释程序源代码，在编译时断言测试代码在注释点自动产生，如契约式设计和面向监控编程。软件监控方式也可以通过创建一个观察者进程来达到监控程序执行的目的。在程序执行的过程中，执行程序将状态信息发送给观察者进程，然后由观察者进程对状态信息进行必要的分析。这种实现方式的优点是使得对原程序的更改尽可能小，降低对程序执行的影响。另一类运行实时监控技术 MaC 和 PaX 是基于监控工具的逻辑方法。两者都能够根据形式化的规则自动生成监控系统。比如 MaC 采用一种特定的基于语言的间隔时序逻辑去检测程序行为；而 PaX 则支持 LTL。这些系统采用注入 Java 字节码的方式，其他类似 C++的语言很难实现。

6.1.2 软件运行实时监控技术发展

软件监控技术经历了 40 多年的发展，广泛应用于社会生产的各个方面。随着软件技术的发展，软件形态特性不断发生变化，从集中式程序发展到分布式系统再到构件和服务技术的兴起，软件监控技术相应地也在不断发展。

（1）早期的软件监控技术

软件监控技术开始于 20 世纪 60 年代，早期的软件监控技术最早被用于汇编语言程序的调试，主要侧重于对单个语言程序的研究，随后在其他一些高级语言的调试中也得到一定的应用。如 Ferguson 和 Bermer 开发的一个 Fortran 调试系统，基于 Bugtran 语言编写相应的监视语句，利用预处理器将其静态嵌入 Fortran 程序中，利用这些嵌入的监视代码获取信息，辅助进行调试；Exdams 则是插入一些监视代码到目标系统中，获取系统的运行时行为并将其保存在磁带上，在离线条件下进行调试和分析。

（2）面向集中式软件的软件监控技术

在主机计算时代，终端计算能力有限、批处理的操作模式很难实时交互，所以早期的软件监控技术未得到广泛认可。随着软件的发展，在软件调优、软件实时容错以及软件维护方面，软件监控技术得到了广泛应用，出现了很多典型项目或技术，如 MaC、jMonitor、Jass、DynaMICs 等。其中，jMonitor 给开发人员提供了一个事件规约抽象 API，开发人员可以利用此 API 定义事件规范文件，包括事件类型、事件监控器、事件与监控器的关联规则等，其中事件类型一般包括数据域的读写、方法调用、类对象的声明等。通过重载类加载器，在加载时注入监控器并实现其与事件的关联，在系统运行时通过触发对应的监控器来实施监控；Jass（Java with assertions）则是以断言形式在 Java 程序中嵌入需求规约，实现运行时的动态监控。这些监控技术一般需要手动编写监控逻辑，其监控逻辑主要完成事件的分析判断，没有单独的信息获取处理能力。

（3）面向分布式系统的软件监控技术

互联网技术的飞速发展和广泛应用，推动了分布式软件的快速发展，软件监控技术的研究对象开始转移到分布式软件上来。分布式软件的复杂性、分布性等特性给软件监控技术带来很大的挑战，研究人员对其进行了深入的研究。如美国北卡罗来纳州立大学提出一种基于历史数据和关系模型的复杂软件系统监控方法，主要目标是收集数据、分析和显示，将监控过程划分为传感器配置、传感器安装、提供分析规约、显示规约和执行监控过程 5 个步骤；并提出了一种自治的自我监测监控系统，实现对网络协议的快速检测以及对分布式网络应用的在线监控，它将监控器分级为本地监控器和高层监控器，本地监控器完成信息收集、过滤并将有效信息发送给高层监控器，高层监控器则获取系统行为信息并进行错误检查，实现了一个灵活有效的、可扩展的分层体系结构。其他一些对分布式系统的典型研究还包括 HiFi、Falcon 等。这一类软件监控技术开始将监视和检查逻辑分离开来，但是尚缺乏灵活简单的监视逻辑表述方法。

（4）面向构件和服务的软件监控技术

构件和服务技术已经成为构造分布式软件系统的主流软件工程技术，同时，针对构件和服务的监控需求也日益迫切。构件监控通常通过基于框架的代码插入或者是自动代码插入、自动构件封装（Wrapping）等方法来获取构件的行为信息，然后根据多个构件的行为状态推断整个软件系统的行为状态；服务监控则在服务性能测试、可用性保证、服务组合等领域被广泛应用。有研究者设计了一种网络服务交互行为的运行实时监控和验证框架，它基于模式/约束的方法定义服务交互规范，通过监控网络服务的运行时交互行为来检验其行为是否符合预先定义的规范；还有研究者设计了一个重点关注网络服务质量的网络服务在线监控框架，该框架通过插入探针和代理来收集服务质量敏感事件，根据预定义的约束进行分析，评估服务质量。

由于越来越高的维护成本以及对软件可信性越来越高的要求，人们已经充分认识到软件监控的重要性，软件监控逐渐成为可信研究领域内的热点问题。概括而言，软件监控技术目前主要有以下发展趋势。

①监控逻辑和功能逻辑的隔离程度越来越高

早期，开发者主要依靠将监控逻辑直接硬编码在系统中以对软件实施监控，记录日志等方式是系统维护人员获取系统状态的常用手段。这种方式导致在许多地方分散着重复的监控代码，监控逻辑和业务逻辑紧密耦合，通用性和模块性差，系统变化时很难维护，添加或修改应用程序的代码非常困难。概括来说，系统监视是经典的横切关注点，非模块化的实现使得软件代码相互纠结，难以维护。

针对上述问题，基于方面编程技术（AOP）的迅速发展与成熟成为监控技术发展的重要契机。AOP 技术主要是为了解决面向对象技术中不可避免的“横切关注点”问题。AOP 创新性地定义了“横切关注点”，以“方面”（Aspect）的形式实现监控模块，从而达到和功能方面解耦的效果。在更高的抽象和分解层次上，AOP 进一步提高了软件的可维护性、可复用性和可扩展性。以非功能性的 Aspect 实现软件监控，能够有效实现监控代码的模块化，有效地保证了监控逻辑和功能逻辑的隔离。

②运行平台对监控的支持越来越丰富

随着中间件以及网络协议等技术的发展，基础运行平台提供了很多对软件实施运行实时监控的能力。

一方面，运行平台提供了丰富的系统级监控方法和手段。系统级监控信息通常包括内存使用、CPU 利用率、吞吐量以及对各种系统事件（比如线程启动、相应的堆分配）的通知。比如 Java 虚拟机（JVM）通过 JVMPI（Java Virtual Machine Profiler Interface）提供系统监控能力。JVMPI 是 Java 系统监控程序代理获取系统信息的双向函数调用接口。通过 JVMPI，监视程序能够获取多种信息，例如用于综合性能分析的 CPU 使用热点、堆内存分配地址、不必要的对象保持及监控器竞争等。

另一方面，运行平台可以通过反射等机制，在不依赖开发人员硬编码的情况下，使得管理人员能够对基于该平台运行的构件实施监控。比如 CORBA 的截获器机制能够在不改变对象实现的情况下，获得对象对远程请求的处理情况以及远程请求的信息。Java 管理扩展 JMX（Java Management Extensions）是一种旨在简化和标准化企业 Java 应用程序运行时的管理基础架构的 Java Community Process（JCP）规范。JMX 定义了一种让应用程序公开管理功能的标准方法，具有一定的灵活性和通用性。

③监控能力的注入方式越来越灵活

传统监控能力的注入主要在编码阶段实施，监控主要依赖于开发人员的硬编码，需要获得系统的源代码。现在由于运行平台的反射机制和一系列工具的支持，人们可以在多个环节将监控能力注入软件系统中，如编译前、编译后、运行时等，甚至能够在没有源代码支持的情况下将监控能力注入软件系统。

Wily 公司的代码探针技术（Java Byte Code Instrumentation）可以在 Java 虚拟机层将监控代码片段植入应用程序的字节码，在实现监控目的的同时，避免对系统代码的修改。Wily 的探针技术可以明确地显示出 J2EE 应用程序在什么位置出现了什么样的问题。通过在 Servlet、CICS 接口、EJB 组件、Tuxedo 等事务管理软件接口、Java 应用程序服务器和 JDBC 驱动程序中装入“探针”，了解每个部分是如何运行的。整个系统的性能在装入探针后基本不受影响，因此在生产环境中可继续监测应用的性能瓶颈，发现问题时迅速采取行动。该技术被 J2SE 5.0 标准所采用。

IBM Rational PurifyPlus 使用对象代码插入 OCI（Object Code Insertion）技术，向代码中插入用来监测覆盖和检测错误的指令，为开发人员提供了很好的软件监测和调试手段，大大减轻了编码负担，提高了软件的质量和开发效率。OCI 技术在代码中以及在软件使用的构件中，甚至在没有源代码的情况下，都能够分析软件的运行轨迹、检测包括内存丢失在内的运行时错误、计算执行的时间开销，提供与业务逻辑无关的软件运行时监视功能。

④支持监控的框架和工具越来越成熟

随着 AOP 等技术的发展，出现了越来越多的框架和工具可以对监控功能的实现提供直接的支持。WebLogic 诊断框架可以通过显著的诊断增强来降低客户的总拥有成本（Total Cost of Ownership，TCO）。其核心技术之一便是使用 AOP 技术将诊断代码植入定义好的应用或应用服务器内。WLDF 串联了所有的 BEA WebLogic Server 9.0 容器，从而创建了一个有序控制数据集合的统一框架。这个框架将跟踪并存档有意义的诊断数据，利用这些数据监视和诊断运行中的服务器所出现的问题。WLDF 是一个统一框架和公共 API，可以轻易地把应用程序嵌入框架中，从而利用服务器的诊断功能。

综上所述，随着一系列新技术和新工具的发展，人们对软件实施监控的能力有了很大的提升。监控技术的发展趋势表明，软件监控将成为未来软件可信性的重要保障手段。

6.1.3 MaC 实时监控检测技术分析

宾夕法尼亚州立大学研发的 MaC（Monitoring and Checking）采用一种比较特殊的基于语言的间隔时序逻辑去检测程序行为，提供了一种软件监控的轻量级解决方案，为基于 Java 的实时系统提供了运行实时监控的能力，以保证其行为与形式化的语言定义的需求相一致。20 世纪 90 年代中后期，随着软件的规模的增大以及复杂度的提升，测试和验证技术面临着很大的局限性：对于测试技术，一方面，测试用例太多，很难保证测试用例的完备性；另一方面，测试环境很难模拟程序的真实执行环境。对于形式化验证技术而言，其仅仅能够保证设计规约的正确性，但是不能阻止在实现时引入错误。因此，通过设计监控器来对系统的运行进行监控以保证系统的正确执行受到研究人员的广泛关注，MaC 技术就是在这一背景下提出的。

MaC 是一个保证程序正确执行的框架，其目标是在运行时根据需求规约对程序实现进行监控和检查，其主要特点就是使用形式化需求规约来确定需要确保的程序属性。为了实现对需求进行监测，需要将需求规约中的高级规约和实际执行时的低级观测信息关联起来。因此，MaC 技术主要需要考虑两个问题：

①如何将需求规约中的高层抽象事件与系统的低层运行时事件映射起来。

②如何定位实际需要监测的位置并将监控代码插入到这些位置。

MaC 框架主要包括三个阶段：设计阶段、实现和植入阶段、运行时阶段。其整体框架如图 6-2 所示。

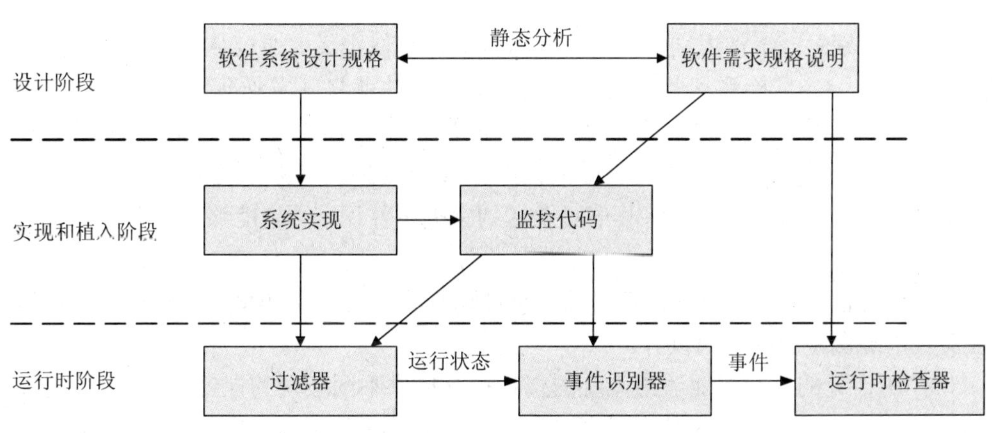

图 6-2　MaC 技术整体框架

（1）设计阶段

确定监控需求，该需求规约可以是非形式化的，但形式化的需求规约可以简化从高层需求规约事件到低层系统活动的映射。

（2）实现和植入阶段

当前，系统实现不能从系统设计中全部实现自动化的导出，两者之间还存在一个过渡过程，这是因为系统设计需求通常是以高层事件形式来描述的，而编码则是从低层的执行状态信息来描述的。为了监控和检查所要求的属性，必须在监控器脚本中对事件和状态之间的关系进行明确的定义，明确描述如何将需求规约中定义的高层事件映射到实现中的低层监控状态。同时，监控器脚本也被用来自动生成运行时阶段的过滤器和事件识别器。监控器脚本语言依赖于需求描述语言以及系统的实现语言，其主要是用来定义事件。在这里，需要对脚本语言的描述能力和事件检测消耗之间做一个平衡，描述能力越强通常带来的检测消耗越大，但是描述能力太弱则会使得一些有用的事件难以描述。为了解决这一问题，MaC 利用两级方法，定义了两种语言：PEDL 和 MEDL，其中 PEDL 确保能高效的生成过滤器和事件识别器，MEDL 则提供了较强的描述能力。

（3）运行时阶段

运行时阶段，通过检查其运行时状态是否和定义的需求规约一致来实现对运行系统进行监控。如图 6-2 所示，在运行时过滤器将状态相关信息发送到事件识别器，事件识别器确定发生的事件并将其转发到运行时检查器，运行时检查器利用需求规约对系统进行检查。

在运行时阶段包括了过滤器、事件识别器和运行时检查器，这是 MaC 框架的主要构件，下面分别对这些构件进行介绍：

①过滤器：一个过滤器就是一个代码段集合，这些代码段在系统实现时被植入，其实质功能是对系统的执行进行跟踪，并根据监控器脚本将相关的状态信息发送到事件识别器。这一部分依赖于系统的实现语言。该部分主要面临着植入到哪儿，何时植入，植入什么，怎么植入的问题。

②事件识别器：事件识别器根据监控器脚本的事件定义，通过从过滤器获得的状态信息来检测事件。一旦检测到监控器脚本中定义的事件就将其发送到运行时检查器进行检查。过滤器和事件识别器可以合并在一起，但是将其分开为两个独立的模块有其好处：一方面，它将事件抽象从系统的执行中分离出来，减少了对原系统的干涉；另一方面，通过在各个节点部署过滤器并将其信息发送到中央事件识别器，能够支持对分布式系统的监控。

③运行时检查器：运行时检查器接受事件识别器发送过来的事件并根据需求规约对其进行检查，确保系统的正确执行。

MaC 所设计的监控器能够对系统的正确执行提供不同级别的保证，例如如果所检查的是 MEDL 中定义的一个迹的有效性检查，那么监控器能够绝对保证到目前为止系统的执行是正确的，如果是对系统中函数的输出结果进行检查的话，那么监控器对系统行为的正确性保证是不确定的，只能保证一定的概率。针对不同的编程语言，MaC 有相同的体系结构，但是具体的 PEDL 和 MEDL 是不同的。针对 Java 编程语言，其 Java-MaC 框架如图 6-3 所示。

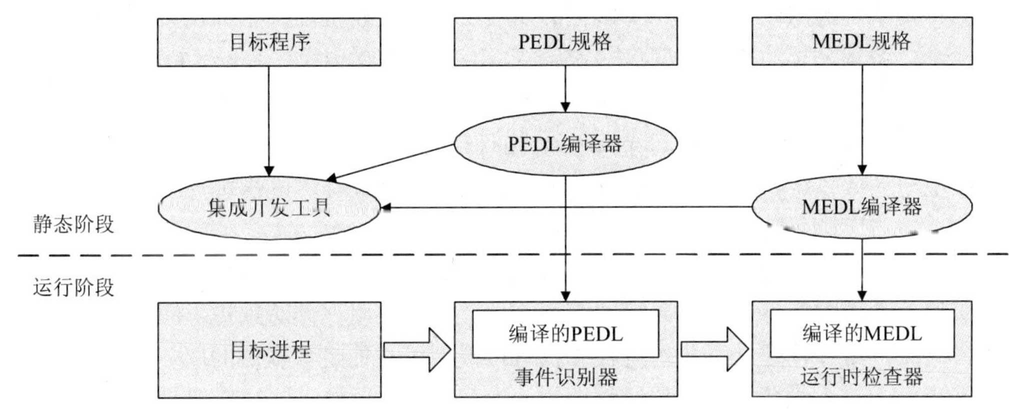

图 6-3　Java-MaC 框架

6.2　AOP 技术研究

监控在软件系统中是非核心的业务，在传统的软件监控方法中，监控代码被插入到核心业务代码之中。这种做法容易打乱核心代码的业务逻辑，造成代码纠缠和分散，为以后的软件维护工作带来困难。从 AOP 技术的角度来说，监控又是一个经典的横切关注点问题，因此，利用 AOP 技术就能够实现监控代码与被监控对象代码的分离。上面的方法使得监控模型灵活性和扩展性都得到增强，并且模块化更加好。要应用 AOP 技术来解决传统软件监控方法中存在的问题，在面对由组件组合而成的软件系统时，就需要考虑好组件技术与 AOP 技术怎样结合的问题。

6.2.1　基于组件的软件系统

组件，英文 Component，目前它的定义有广义和狭义之分。从狭义上来说，组件是一种二进制形式的可复用的代码块；从广义上来说，组件即是可复用的软件单元。而从组件的组成来看，组件是指具有契约化定义的接口以及明确的上下文依赖关系的可组合程序单元。从组件的用途来看，组件是指可以被高度重用的软件单元，它封装了一定的数据、属性和方法，可以被独立地部署和提交给第三方进行组合。组件遵循二进制外部接口标准，内部实现细节对用户透明，具有即插即用的特性。一个基于组件的软件系统，结构往往如图 6-4 所示。

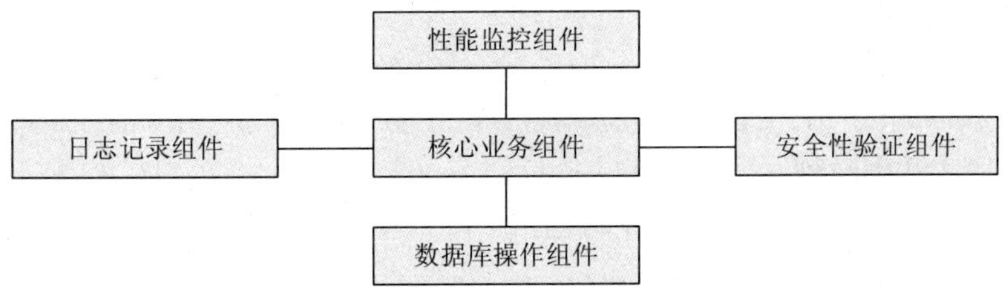

图 6-4　基于组件的系统模块图

组件技术自提出以来，得到了快速的发展及应用。在组件技术的发展过程中，形成了几大标准：微软公司的 COM/COM 标准、OMG（对象管理组织）的 CORBA 标准和 Sun 公司的 EJB 标准。与此同时，也形成了指导软件开发的方法——基于组件的软件开发方法（Component-based Software Development）。组件技术在实际应用中发挥了不可忽视的作用，例如在电子商务系统、网络考试系统、视频会议系统、医院门诊系统等组件技术都有一席之地。

组件技术之所以得到了如此快的发展及广泛的应用，是因为组件具有以下优点：

①组成系统的组件都具有确定的上下文依赖关系，组件都对外提供服务，供其他组件调用；同时，组件在提供服务的过程中也有可能调用其他组件提供的服务。

②组件通过提供接口供其他组件调用，为其他组件服务。这些接口是服务提供者与服务调用者之间就服务及其用法而达成的协议，具有容易扩展的特性。

③组件往往表现为一个“黑盒”结构，它的实现细节对外透明。这样的好处是具有相同需求的不同系统都可以来调用该组件，来创建自己的应用程序，提高了组件的重用率。

在一个基于组件的软件系统中，各组件间不是孤立的，而是相互交互、相互影响的。组件之间的交互通过组件提供的接口来实现，接口提供了组件交互所需的全部信息。接口是对组件提供和请求服务的抽象描述，是组件服务及其用法的契约，独立于任何特定的实现。

6.2.2 AOP 技术的核心思想

AOP（Aspect-Oriented Programming）技术即面向方面的编程技术，是为了更好地解决软件系统中横切关注点问题，由施乐公司帕洛阿尔托研究中心（Xerox PARC）的 Gregor Kiczales 等于 1997 首次提出的。AOP 技术拥有一些重要的术语和概念，彻底理解这些术语和概念是掌握 AOP 技术的关键。以下对 AOP 中最重要的术语进行解释。

方面（Aspect）：所谓方面，就是横切关注点的模块化，是在传统程序设计方法学中难以清晰地封装并模块化实现的设计决策，封装实现为独立的模块。在我们的监控系统结构中，切面表现为组件。组件具有可重用的特性，因此，在模型中的切面也具有可重用性。

建议（Advice）：所谓建议，就是方面的代码实现，即在满足条件的连接点处运行的一段代码，也就是通常说的执行逻辑。执行逻辑可以在连接点本身、之前或之后被运行，如 Aspect。根据执行逻辑运行的位置，提供了三种建议类型：before，after 和 around。

连接点（Join point）：所谓连接点，就是程序流程中某个可以被执行的点或位置。方面在连接点处与主程序交互。连接点可以是方法的调用、异常的触发和变量的赋值。

切入点（Pointcut）：所谓切入点，就是连接点的集合，它定义了程序流程中的若干连接点。

织入（Weaving）：织入是一个动态过程，就是将方面代码利用方面编织器织入到核心代码中，以便在适当时触发建议代码的执行。

AOP 技术的关键体现在如下五个方面。

(1) 横切关注点

所谓关注点，就是软件开发过程中为了满足系统的整体需求，开发人员所提出的具体需求、想法和概念。它是软件系统中的最小模块。一个软件系统在开发过程中往往被分为若干个小的模块，即若干个关注点。图 6-5 展示了一个软件系统被分割后的各个部分，即一个一个的关注点。它们在软件系统中相互协作，保证了软件系统的正常运行。

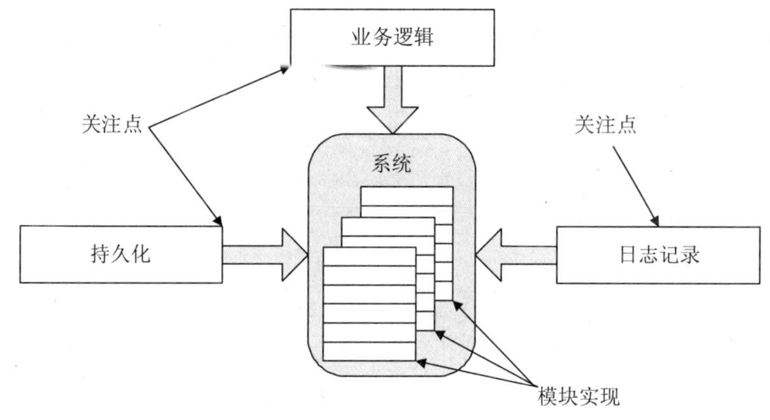

图 6-5　软件系统功能模块图

从图 6-5 中，还可以看出，一个软件系统分解后的各个部分的地位是不一样的。业务逻辑是软件系统的核心，可称之为核心关注点；而像诸如日志记录、安全性检查之类的功能，并不是系统所必需的，加入它们是为了保证软件系统的正常稳定运行，可称之为横切关注点。之所以叫横切关注点，是因为日志记录、安全性检查之类的功能，会贯穿到很多业务逻辑中，就像在一个完整的业务逻辑上横切了一刀。

如何区分核心关注点与横切关注点呢？如图 6-6 所示，例用光柱分析法，将系统需求分解为一个一个的关注点，然后用一个关注点辨别器，对所有关注点进行筛选。筛选之后，就能够看出核心关注点即需求的业务逻辑。其他的就是为了满足需求必须存在的横切关注点。

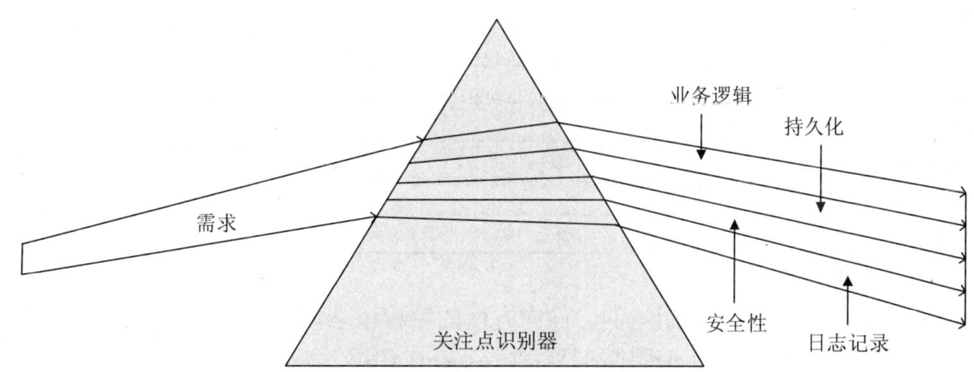

图 6-6　系统关注点分解光柱图

横切关注点虽然不是系统需求的核心，但是非常重要。例如，日志记录穿插到了系统的每一个重要模块，为系统的日常维护、错误检测提供支持。然而，在面向对象的开发过程中，不能够很好地处理横切关注点问题，使得开发出的系统存在严重的代码混乱、不易扩展等问题。AOP 技术的提出正是为了解决这个问题，使得关注点分离。

将核心关注点与横切关注点分离是 AOP 技术中的第一步，也是 AOP 技术的关键。

（2）织入规则

织入规则提供了一个规则，说明如何将实现好的方面整合在一起，以形成一个最终完整的系统。每个 AOP 编译器都有一套织入规则，依靠相应的织入器，将实现的方面织入到系统中，使得最终的系统符合当初的系统需求。图 6-7 说明了关注点在 AOP 编译器中整合的一个过程。

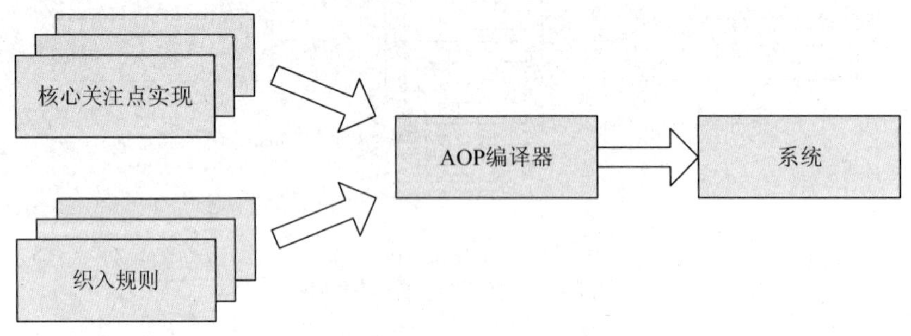

图 6-7 关注点整合图

织入有多种实现机制，从织入的过程来分，有静态织入和动态织入；从织入发生在程序生命周期的时刻来分，有编译时编织、载入时编织和运行时编织三种。表 6-1 中显示了当前常用的 AOP 引擎所存在的织入方式。

表 6-1 目前 AOP 引擎的织入方式

AOP 引擎	静态编织	动态编织	编译时编织	载入时编织	运行时编织
AspectJ（1.5）	√	√	√	√	
Aspect Werkz		√	√	√	
Jboss AOP		√		√	√
Spring AOP		√		√	√
AspectC++	√		√		
AOP/ST		√			√
Nanning		√			√
DynInst		√			√

AspectJ 是一种具有多种用途的、面向方面的编程语言，它是 Java 编程语言的扩展，从这个意义上说，每一个 Java 程序都是一个 AspectJ 程序。AspectJ 由两个部分组成：语法规范和语言实现。语法规范规定了如何编写 AspectJ 程序。其中 Java 中未被扩展的部分用来实现核心关注点，用 AspectJ 扩展的 Java 语言来实现横切关注点的织入，即编写专有的织入规则。AspectJ 语言的实现模块在流行的集成开发环境下提供了编译器和调试器。AspectJ 的基本语法元素符合 AOP 的核心思想，有连接点（join point）、切入点（pointcut）、

建议（advice）等。

（3）连接点

连接点的定义跟前面介绍的 AOP 中的定义相同，连接点有很多种类，表 6-2 中列出了各种连接点。

表 6-2 连接点的种类

连接点种类	相应程序执行点
类的静态初始化	类中的静态初始化模块
方法或构造函数调用	某个类的方法或构造函数被调用
方法或构造函数执行	某方法或构造函数启动执行
成员数据引用	某对象、类或接口的某字段被读访问
成员数据赋值	某对象或类的字段被设置
对象初始化	某对象的实例化完成后
对象初始化之前	某对象的实例化开始，再构造函数调用 supper 之前

（4）切入点

切入点其实就是连接点的集合。在 AspectJ 中，它的定义格式如图 6-8 所示。

图 6-8 切入点定义语法格式

在切入点定义时，可以起名字，也可以用匿名的方式。匿名切入点，就像匿名类一样，只在需要它的地方才定义且有效，离开这个特定的地方就不能再用，例如在一个建议中。而起了名字的切入点可以在多个地方被调用，就像调用 Java 中的方法一样。

由于连接点有多个种类，因此切入点也有不同的种类。表 6-3 搜集了连接点种类及与之对应的切入点。

表 6-3 各种连接点及对应的切入点

连接点类型	基本切入点	举 例
类的静态初始化	Staticinitialization（Class name）	Staticinitialization（Aclass）
方法调用	Call（method signature）	Call（public Hello.set*（...））
构造方法调用	Call（constructor signature）	Call（public Hello.new（...））
方法执行	Execution（method signature）	Execution（public Hello.set*（...））
成员数据引用	Get（field name）	Get（String Hello.m_ data）

连接点类型	基本切入点	举　例
成员数据赋值	Set（field name）	Set（String Hello.m_data）
异常处理执行	Handler（exception name）	Handler（IOException）
对象初始化	Initialization（constructor signature）	Initialization（public Hello.new（...））
对象预初始化	Preinitialization（constructor signature）	Preinitialization（public Hello.new（...））
通知执行	Adviceexecution()	AdviceexecutionQ

（5）**建议**

建议就是横切关注点中的动作和决策部分，依靠它，我们定义在满足条件的连接点处应该做什么。通俗地说，建议就是一段代码。建议有三种：

① before advice 在连接点之前运行建议代码；

② after advice 在连接点之后运行建议代码；

③ around advice 这类建议会替代连接点处代码的执行，如果要执行连接点处原来的代码，必须用关键字 process()来调用。

建议和函数类似，但是建议没有名字，因此建议不能被显式调用。在 AspectJ 中，通过关键字 this()，target()，在 call 和 execution 时将建议绑定到目标对象上。

图 6-9 中展示的是在一个 ATM 程序流程中建议的种类与分布情况。在图中，每一个圆圈代表一次建议的执行，它们可能是 before、after 两种建议类型中的一种。两个配对的 before 和 after 建议之间，就有可能执行 around 类型的建议。

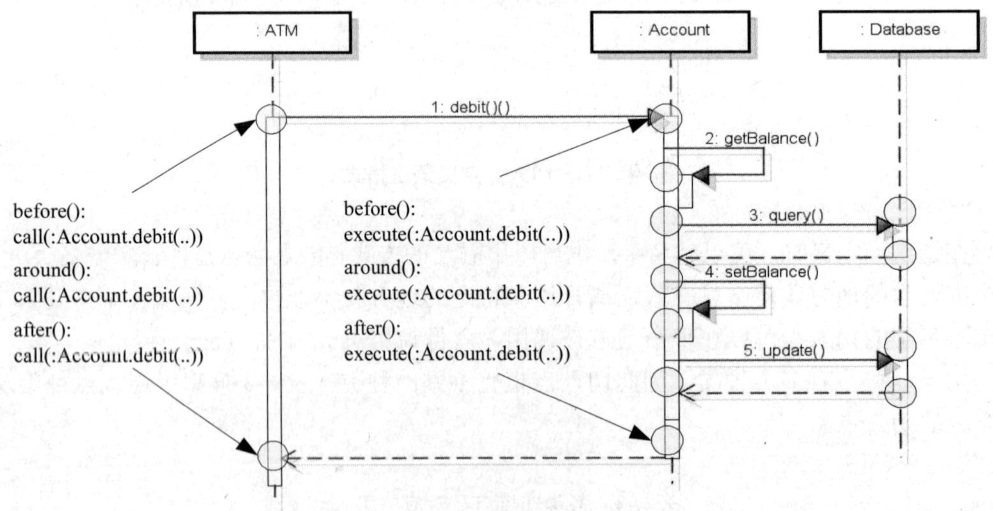

图 6-9　程序流程中的建议分布图

6.3　Web Service 技术研究

Web 服务是一项极具发展潜力的重要技术，因其灵活性、高效性和动态性特征极大地拓展了应用程序的功能，实现了软件的动态提供。它的目标是在现有的各种异构平台上实现一个通用的、与平台无关、与语言无关的技术层，使各种平台上的应用系统可以依靠这个技术层来实现彼此的连接与集成。

6.3.1　Web 服务体系结构

Web 服务是针对传统分布式计算模型所存在的不足而提出的。分布式计算指的是在两个或多个软件系统互相共享信息，其核心思想之一是共享稀有资源和平衡负载。传统的分布式对象模型 CORBA（Common Object Request Broker Architecture，公共对象请求代理体系结构）、DCOM（Distributed Component Object Model，分布式组件对象模型）、RMI（Remote Method Invocation，远程方法调用）不适用于极端异构的 Internet 环境。同传统的分布式模型相比，Web 服务体系的主要优势在于以下两点：

（1）协议的通用性

Web 服务利用标准的 Internet 协议（如 HTTP、SMTP 等），解决的是面向 Web 的分布式计算；而 CORBA、DCOM 使用私有的协议，只能解决企业内部的对等实体间的分布式计算。

（2）完全的平台、语言独立性

Web 服务进行了更高程度的抽象，只要遵守服务的接口即可进行服务的请求与调用。而 CORBA、DCOM 等模型要求在对等体系结构间才能进行通信。

Web 服务是一个可以通过网络，特别是 WWW 发现并唤醒的可以执行分散的任务或一组任务的软件模块，它具有松耦合、自描述与自适应、分布式、动态性和可扩展性等诸多特点。

Web 服务体系结构允许开发封装了所有级别的商业功能。换句话说，Web 服务体系结构可以非常简单，也可以是一个复杂的应用，从而允许若干个 Web 服务联合创建新的功能。

Web 服务体系结构有 3 个明确的角色任务：提供者、请求者和注册中心。其中，提供者提供 Web 服务，并向注册中心注册 Web 服务，以使 Web 服务可用。服务注册中心提供 Web 服务的注册服务，即提供发布服务，并提供 Web 服务的查找服务，充当服务提供者与服务请求者之间的中介。服务使用者通过注册中心查找 Web 服务，然后使用 Web 服务创建应用程序。

Web 服务体系结构有 3 个基本操作：发布，查找，绑定。发布操作是指服务提供者将要发布的 Web 服务向注册中心注册。查找操作由服务请求者和注册中心共同完成。服务请求者描述他们正在寻找的服务类型，而注册中心发布与请求最匹配的结果。绑定操作发生在服务请求者和服务提供者之间。双方经过适当的商讨之后，请求者就可以访问和调用提供者所提供的服务。

图 6-10 表明了提供者、请求者和代理的相互作用。

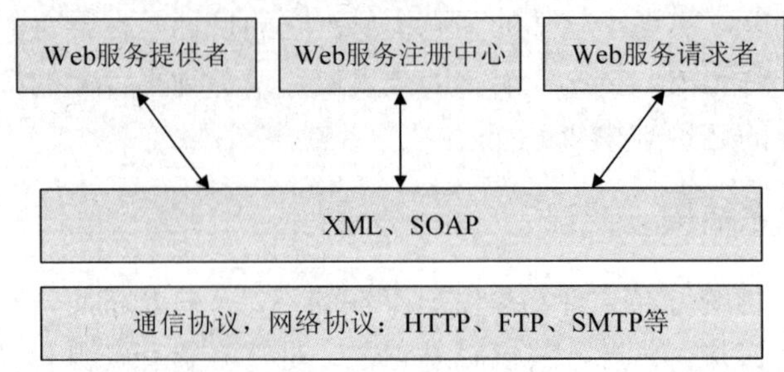

图 6-10 Web 服务的体系结构

6.3.2 Web 服务标准

Web 服务的开发标准一直在演变，不过首要的标准是 XML（Extensible Markup Language）、SOAP（Simple Object Access Protocol）、WSDL（Web Service Description Language）、UDDI（Universal Description，Discovery and Integration）。以上标准介绍如下。

（1）XML 语言（可扩展标记语言）

因为 Web 服务要跨平台通信而且所涉及的信息不仅是文本，还可能是数据库中的数据，因而采用传统的 HTML 是无法完成的，但使用 XML 可以使程序之间很容易地进行通信。XML 是一种新的数据格式，符合结构化的文件标准，而且语言具有弹性、可扩展性又不失统一标准，可以很容易地描述各种文件数据，非常适合在网络上传输，且可穿越多数防火墙，因而它被称为 Web 服务的基石。

（2）SOAP 协议（简单对象访问协议）

SOAP 是 Web 服务的通信协议，一种规范，用来定义消息的 XML 格式，这是规范中所必需的部分。包含在一对 SOAP 元素中的，结构正确的 XML 段就是 SOAP 消息。

SOAP 规范的其他部分介绍如何将程序数据表示为 XML，以及如何使用 SOAP 进行远程过程调用（RPC）。这些可选的规范部分用于实现 RPC 形式的应用程序，其中客户端将发出一条 SOAP 消息（包含可调用的函数，以及要传送到该函数的参数），然后服务器将返回包含函数执行结果的消息。目前，多数 SOAP 实现方案都支持 RPC 应用程序。

SOAP 规范的最后一个可选部分定义了包含 SOAP 消息的 HTTP 协议包的样式。此 HTTP 绑定非常重要，因为几乎所有当前的浏览器都支持 HTTP。图 6-11 说明了 SOAP 消息是怎样通过 HTTP 传输的。

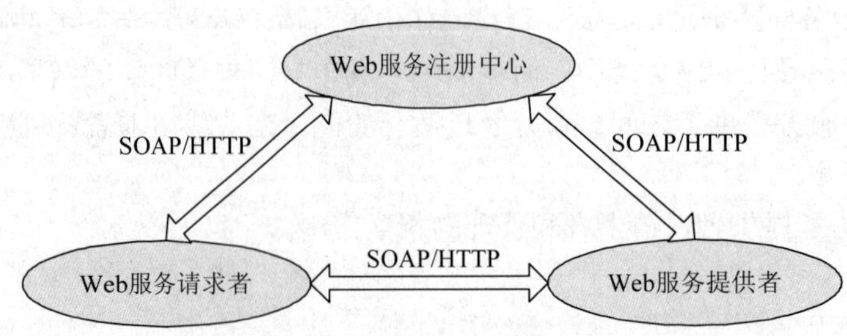

图 6-11 SOAP 消息的路由

开始使用 SOAP 时，最容易混淆的是 SOAP 规范及其他实现方案之间的差异。多数使用 SOAP 的用户并不直接编写 SOAP 消息，而是使用 SOAP 工具来创建和分析 SOAP 消息。Microsoft SOAP Toolkit 2.0 将 COM 函数调用转换为 SOAP，而 Apache Toolkit 将 Java 函数调用转换为 SOAP。函数调用的类型和支持的参数数据类型随每一个 SOAP 实现方案的不同而不同，因此适用于一个工具包的函数可能并不适用于另一个工具包。这并不是 SOAP 的限制，而是所使用的特定实现方案的限制。

SOAP 需要一个通信协议来传送信息，目前最新的 SOAP 2.3 偏向于使用 HTTP 作为通信协议。除了 HTTP 之外，SOAP 也可以使用 SMTP、FTP 等其他通信协议来传输资料，但是目前除了 HTTP 外，其他部分都还没有定论，由于 SOAP 的请求响应工作模式与 HTTP 协议很类似，所以目前的实现都以 HTTP 为主。

（3）WSDL（Web 服务描述语言）

WSDL（Web Service Description Language）表示 Web 服务描述语言。WSDL 是一个 XML 文档，用于说明一个 SOAP 消息以及如何交换这些消息。它用于说明消息格式的表示方法以 XML 架构标准为基础，适用于不同平台、不同编程语言的用户访问 Web 服务的接口。除了说明消息内容以外，WSDL 还定义了服务的位置，以及使用什么通信协议与服务器进行通信。WSDL 是用来描述 Web 服务信息的语言，应用程序由解读 WSDL 来取得有关 Web 服务的信息。

（4）UDDI（统一描述，发现和集成）

UDDI 的意图是作为一个注册簿，就像黄页是一个地区企业的注册簿一样。像在黄页中那样，在 UDDI 注册簿中，企业在不同的目录下注册他们自己或其服务。通过浏览一个 UDDI 注册簿，开发人员能够查找一种服务或一个公司，并发现如何调用该服务。

UDDI 数据模型包括下面的主要元素：

① businessEntity：表示一个实际的企业。

② businessService：表示一个企业提供的服务。

③ bindingTemplate：如何调用服务的说明。

④ tModel：可以把 tModel 想象成数据库中的一个独立的表，其中包含下面的字段：名字、描述、URL。

UDDI 是 Web 服务的黄页。与传统黄页一样，可以提供所需服务的公司，了解所提供的服务，然后与服务提供者联系以获得更多的信息。

UDDI 目录条目是介绍所提供的业务和服务的 XML 文件。UDDI 目录包括三个部分。“白页”介绍提供服务的公司名称，地址，联系方式等；“黄页”包括基于标准分类法的行业类别；“绿页”详细介绍了访问服务的接口，以便用户能够编写应用程序以使用 Web 服务。服务的定义是通过一个称为类型模型（tModel）的 UDDI 文档来完成的。大多数情况下 tModel 包含一个 WSDL 文件，用于说明访问 XMLWeb 服务的 SOAP 接口，但是 tModel 非常灵活，可以说明几乎所有类型的服务。

UDDI 目录还可以包含若干种方法，用于搜索构建应用程序所需的服务。例如，可以搜索特定地理位置的服务提供商或者搜索特定的业务类型。之后，UDDI 目录将提供信息、联系方式、链接和技术数据，以便开发人员确定能满足需要的服务。

6.3.3 Web服务的优点

Web 服务的主要目标是跨平台的互操作性。为了达到这一目标，Web 服务完全基于 XML（可扩展标记语言）、XSD（XML Schema）等独立于平台，独立于软件供应商的标准，是创建可互操作的、分布式应用程序的新平台。由此可以看出，在以下情况下使用 Web 服务会带来好处。

（1）跨越防火墙的通信

三层结构的应用程序的发展要求能够让客户和服务器在世界各地通过 Internet 访问，那么客户端和服务器之间的通信将是一个棘手的问题。因为客户端和服务器之间通常会有防火墙或者代理服务器。在这种情况下使用 DCOM 就不那么简单，通常也不便于把客户端程序发布到数量如此庞大的每一个用户中。传统的做法是采用 B/S 的形式，写下一大堆 ASP/JSP/PHP 页面，把应用程序的中间层暴露给最终的用户，这样不便于开发和后期的维护。如果中间层组件换成 Web 服务的话，就可以从用户界面直接调用中间层组件，开发自己的 SOAP 客户端，然后把它和应用程序连接起来。

（2）应用程序集成

企业级的应用程序开发者都知道，企业里经常要把不同语言编写的、在不同平台上运行的各种程序集成起来，而这种集成将花费很大的开发力量。应用程序经常需要从运行主机上的程序中获取数据或者把数据发送到主机或应用程序中去。即使在同一个平台上，不同软件厂商生产的各种软件也常常需要集成起来。通过 Web 服务，应用程序可以使用标准的方法把功能和数据“暴露”出来，供其他应用程序使用。

（3）B2B 的集成

用 Web 服务集成应用程序，可以使公司内部的商务处理更加自动化。但当交易跨越供应商和客户，突破公司的界限时会怎么样呢？跨公司的商务交易集成通常叫做 B2B 集成。Web 服务是 B2B 集成成功的关键。通过 Web 服务，公司可以把关键的商务应用“暴露”给指定的供应商和客户。例如可以把电子下单系统和电子发票系统“暴露”出来，客户就可以以电子的方式发送订单，供应商则可以以电子的方式发送原材料采购发票。用 Web 服务来实现 B2B 集成的最大好处就在于可以轻易实现互操作。只要把商务逻辑“暴露”出来，成为 Web 服务，就可以让任何指定的合作伙伴调用这些商务逻辑，而不管他们的系统在什么平台上运行，使用什么开发语言。这样就大大减少了花在 B2B 集成上的时间和成本。

（4）软件重用

软件重用的形式很多，最基本的形式是源代码模块或者类一级的重用，另一种是二进制形式的组件重用。像表格控件或用户界面控件这样的可重用软件组件仅限于代码，数据不能重用。原因在于发布组件比较容易，但是要发布数据就没那么容易了，除非是不会经常变化的数据。Web 服务在允许重用代码的同时，可以重用代码背后的数据。使用 Web 服务不必像以前那样，从第三方购买，安装软件组件，再从应用程序中调用这些组件；只需要直接调用远端的 Web 服务就可以了。另一种软件重用的情况是，把好几个应用程序的功能集成起来。例如，要建立一个局域网上的门户站点应用，让用户既可以查询联邦快递包裹、股市行情，又可以管理自己的日程安排，还可以在线购买电影票。现在 Web 上有很多应用程序供应商，都在其应用中实现了这些功能。一旦他们把这些功能都通过 Web 服务“暴露”出来，就可以非常容易地把所有这些功能都集成到自己的门户网站中，为用户提供一个统一和友好的界面。

6.4　基于 AOP 技术的实时监控系统结构设计

6.4.1　系统设计目标

(1) 软件监控系统主要缺点

①难以配置各个组件的监控状况。传统的软件监控方法是在要监控的目标程序中插入监控代理，依靠这些代理搜集软件运行时的信息，然后分析软件运行时状态。用这种方法来监控软件，只能监控插入了监控代理的部分，不能选择要监控的组件以及组件中所关注的部分。

②易出现代码纠缠与混乱的情况。在传统的软件监控方法中，将监控代理插入到监控目标中。这样监控代码就散乱地分布在业务逻辑代码中，使得代码非常混乱与纠缠，核心业务逻辑代码与监控代码难以区分。运用 AOP 技术虽然解决了监控代码模块化不好的问题，但是监控属于横切关注点，与核心业务逻辑组件分属于不同的维度。因此，单纯地运用 AOP 技术解决监控问题，仍然存在代码纠缠与混乱的问题。

③难以实现在软件运行过程中动态配置监控目标。通过分析，可以知道无论是传统的软件监控方法，还是运用 AOP 技术来研究软件监控，都是在监控运行之前，就配置好了监控目标，不能够在监控过程中动态设置监控的目标。这样使得在监控中没有考虑到的目标难以再纳入监控范围之中。

(2) 系统设计目标

为了能够解决上面分析中的不足，做到对基于组件开发的软件系统的监控，需要设计一个基于组件技术与 AOP 技术的软件监控系统结构，实现如下目标：

①实现组件监控的可配置。在本书的研究中，完成监控功能的部分被抽象为一个单独的模块，它对目标系统的监控通过一个配置文件来实现。因此，可以通过这个配置文件来配置要监控的组件。

②解决代码混乱与纠缠的问题。监控功能部分被抽象为一个单独的模块，与业务逻辑分离。因此，监控代码也就与核心业务逻辑代码彻底分离，代码混乱与纠缠的问题也就得到了彻底解决。

③实现监控过程中监控目标的动态配置。监控系统与目标系统是通过配置文件发生联系的。在实现监控部署之前，需要配置这个配置文件。当然，在监控过程中，也就能够通过更改这个配置文件来实现监控目标的动态配置。

6.4.2　系统工作原理

在该监控系统结构中，体现了三个基本设计理念：监视器组件、监视器织入和监视域。

（1）监视器组件

所谓监视器组件，就是将组件技术与 AOP 技术的优点相结合，设计的一组具有监控功能的组件。监控属于经典的横切关注点问题，在监控系统结构中，将该横切关注点的所有建议代码进行抽象、模块化，封装成为一个或多个组件组成的系统，就成了监控系统结构中的监视器组件。监视器组件通过接口向外提供服务。监视器组件实质上就是一个面向方面的组件。图 6-12 所示的是一个监视器组件结构图。在该结构中，设计了两种接口：一种是输入接口，负责向外提供服务；另一种是输出接口，作用是调用监控目标，接收返回信息。监视组件通过 AOP 技术的织入机制，被织入到要监控的目标组件中，来达到监控功能。组件必须至少提供一个建议调用接口，才能成为监视器组件。

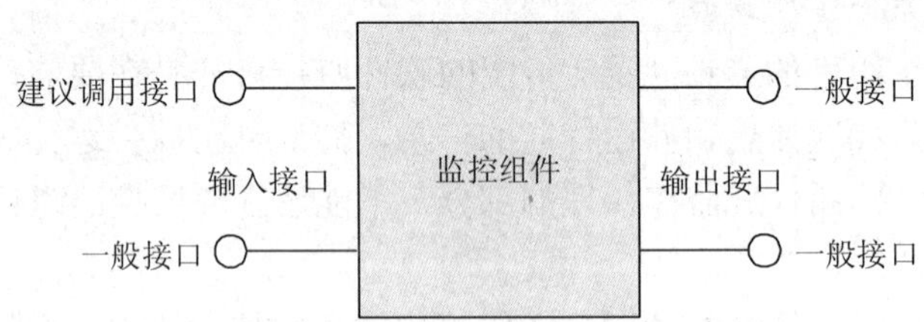

图 6-12 监视器组件结构图

（2）监视器织入

监视器织入是一个动态过程，它的作用是将监视器组件应用到符合条件的组件上，用来搜集组件的运行时信息，用于监控符合条件的组件，使用户及时了解软件系统的运行状况，保证应用系统的稳定运行。监视器织入的实现原理就是 AOP 技术的织入机制。被监控的组件提供若干连接点，这些连接点是在监视器配置文件中描述的，监视器组件中的 XML 分析模块读取分析该配置文件，取得连接点，就可以将监控功能织入到这些连接点处，起到监控目标组件的作用。

在监视器配置文件中，连接点是通过切点语言（Pointcut Language）表达式来表示的。下面简单介绍一下切点语言表达式。切点语言一般可以分为 4 个部分，1 个关键字和 3 个正则表达式。关键字有 SERVER 和 CLIENT，意思分别是输入和输出接口。不写关键字时，则该切点语言表达式既可代表输入接口，也可代表输出接口。切点表达式中的 3 个正则表达式之间以分号相隔，代表的意思分别是组件、接口和方法。一个切点表达式描述的就是 AOP 技术中的一个切点。切点语言表达式的语法结构如下：

pcd：jp_type；component；interface；method

jp_type：CLIENT|SERVER|BOTH

component：描述组件的正则表达式

interface：描述接口的正则表达式

method：描述方法的正则表达式

为了更好地理解切点表达式的用法，下面列举了三个切点表达式的例子：

① *；*；add*：void 该切点语言表达式描述的是所有组件中返回值为空并且以 add 开头的输入和输出方法。

② CLIENT B；*；add*：该切点语言表达式描述的是组件 B 的接口中名字以 add 开头的输出方法。

③SERVER B；DAO；*：该切点语言表达式描述的是组件 B 中名为 DAO 的所有输入方法。

总之，监视器织入通过分析监控配置文件中描述的连接点，通过 AOP 的织入机制，将符合切点表达式的目标组件织入监控功能，也就是将监控器组件与监控目标组件绑定起来，以达到对目标组件监控的目的。判断是否符合切点表达式，也就是判断一个组件中接口或方法的名字与切点表达式中的正则表达式是否匹配，若匹配，则该组件就处于监控之中。

（3）监视域

所谓监视域，就是监视器组件所监控的组件范围。通过监视域可以系统地看出哪些组件处于被监控之中。从监控系统的结构上来说，监视域可以看作是切入点的一个实现。与切处点中切点表达式匹配的组件的集合就构成了一个监视域。

图 6-13 所示的就是监视域的组成示意图。在图中，AC1 和 AC2 分别是两个切点表达式，A、B、C 和 D 代表四个组件。组件 A 和 B 与切点表达式 AC1 匹配，组件 B 和 D 与切点表达式 AC2 匹配，这样就组成了两个监视域。从图中还可以看出，组件 B 与切点表达式 AC1 和 AC2 都匹配，也就是说，一个组件可能在多个监控域中。

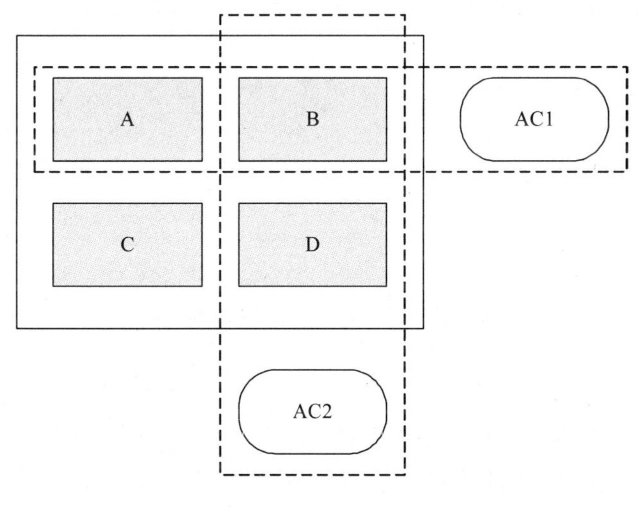

图 6-13　监视域

6.4.3　监控系统结构

（1）监控系统的整体结构

首先，来看一个经典的软件监控系统结构，如图 6-14 所示，经典的软件监控系统通常包括三个部分，即监控数据的采集、监控数据的处理与分析和监控结果的呈现。数据采集一般依靠软件探针（Probes）或监控代理（Agents）收集监控对象的各种信息，然后通过网络或者其他媒介将采集到的数据传递给分析处理模块进行进一步的分析处理。软件探针和监控代理实际上是一段运行的程序代码，它们必须和被监控的对象处在相同环境中，才能方便获取监控对象的状态信息。监控数据的分析处理模块则通过一个标准的 Agent 接口从监控代理中接收原始数据，按照用户的相关要求进行分析，调整数据的流向。最后，分析结果传送给数据呈现模块，展示给用户，以便用户做出调整。

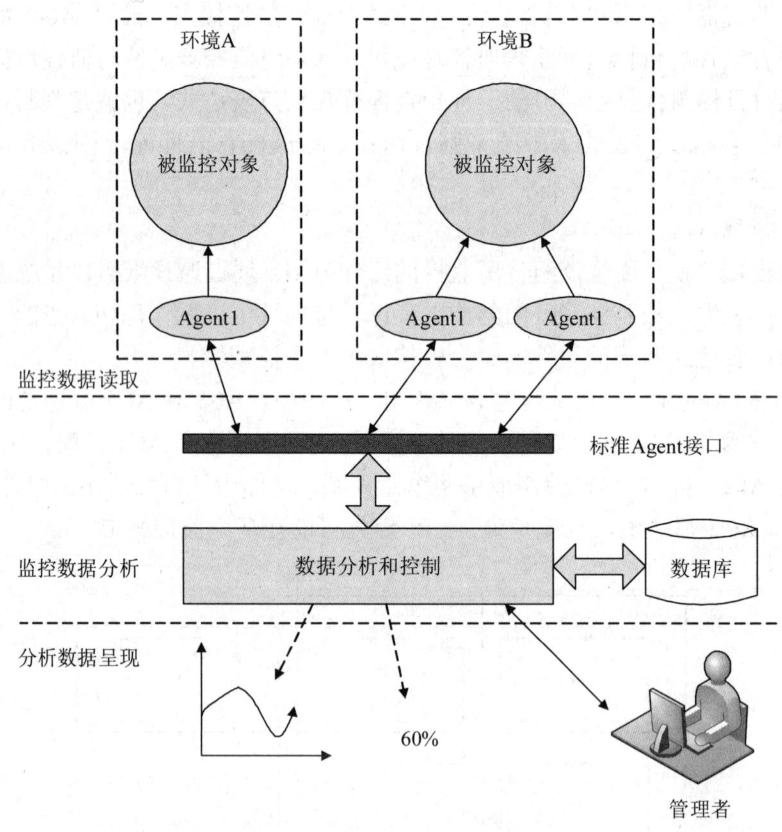

图 6-14 经典软件监控系统结构图

在监控系统中包括三个部分：数据采集部分、数据分析部分和数据呈现部分。由于在目标系统中插入软件针或监控代理代码会造成代码混乱与纠缠问题，因此研究不用软件探针或监控代理，而是采用 AOP 的织入技术，将监控代码织入到被监控系统中，来采集所需要的数据。监控数据的分析处理部分和监控结果的呈现部分比较通用。分析处理部分就是按照传统的软件监控方法，控制着监控数据的中转流动，同时将监控事件存入日志文件或者保存到数据库。监控结果呈现部分则将监控结果呈现给用户，有的可能会提供一些接口。呈现模块有的以 GUI 程序的方式实现，有的则直接以 Web 浏览器来实现。在本系统中，监控结果的呈现是以 JMX 和 Web 浏览器来实现的。

图 6-15 是监控系统的基本框架结构。在应用中，它主要可分为两个部分：被监控的目标系统和监视器组件。监视器组件是研究的主体，也是在软件监控过程中发挥监控作用的实体部分。如图 6-15 所示，左边是基本应用系统的结构，也就是被监控的目标系统。在图中简单以由 A、B、C、D 和 E 五个部件表示；图的右边即是监控系统的主体——监视器组

件，它实质上是一个面向方面的组件（Aspect Component），实现对软件系统的监控功能。在图 6-15 中，实线表示目标系统中组件间的关系；虚线表示监视器与目标系统中各个组件间的关系，即监视器的织入；带箭头的实线表示监视器采集到的数据的流动方向。

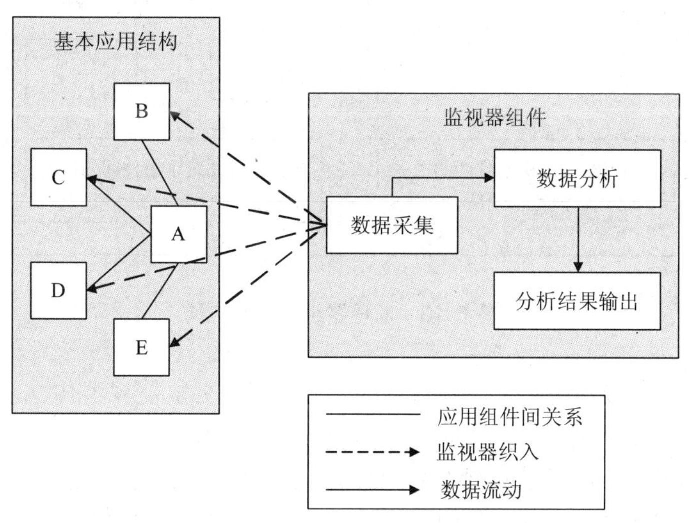

图 6-15　监控系统框架结构图

当要监控目标软件系统时，首先要部署好监控系统，然后分析目标系统中组件间的关系，接下来在监控配置文件中用切点表达式来描述监视器与目标系统中各个组件间的关系。这样，我们就可以选择对目标系统中的哪些组件或者组件中的哪些方法进行监控，然后由监视器织入机制，将监视器的织入功能织入到目标系统中，监控目标系统的运行状况。

（2）监视器组件的内部结构

监视器组件是监控系统结构的核心部分，它的作用为：搜集目标系统的运行时信息，分析前面搜集到的数据，将分析结果以通俗的方式呈现给用户。这样，目标系统的运行状况就可以随时反馈给用户，使得用户可以了解目标系统的运行时状况，保证目标系统的正常稳定运行。如果目标系统出现了错误，用户也能根据监控信息，快速找到问题所在，使得目标系统在最快的时间内重新启动，正常运行。

图 6-16 展示的是监视器组件的内部详细结构，它由监控配置文件（binding.xml）、监视器、分析器和绑定器组成。

监控配置文件是一个 XML 格式的文件，在这个配置文件中，主要完成对目标系统中的连接点的配置。配置好之后，监视器组件就可以知道目标系统中哪些组件需要监控，详细到组件中哪些方法需要监控，还可以做到指定监控组件的哪些参数，如请求的执行时间或响应时间等。

绑定器是一个 XML 解析器，用来分析上面定义的监控配置文件，取得配置文件中定义的连接点，将监视器织入到目标系统中的连接点处，搜集目标系统运行时的信息，并且将搜集到的信息传递给分析器。

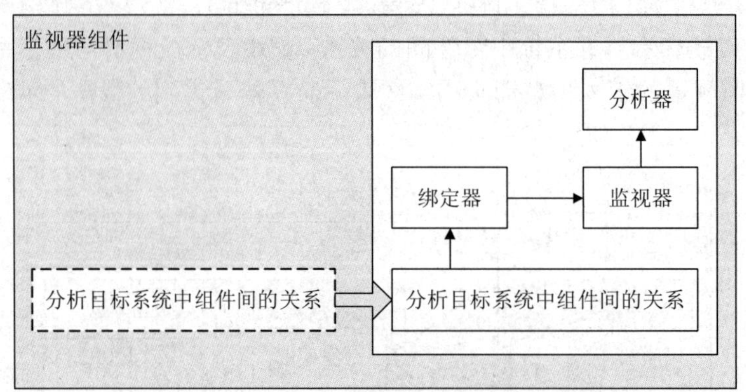

图 6-16 监视器组件内部结构

分析器，顾名思义，是用来分析数据的。分析器会分析监视器传过来的目标系统运行时的信息，并且将分析结果以通俗的方式呈现给用户。如在 J2EE 应用中，可以以 Web 页面的方式呈现给用户，也可以通过 JMX（Java 管理扩展）的方式呈现给用户。

在配置监控配置文件之前，我们需要知道目标系统中组件间的关系，这样才能合理区分监控目标系统中重要的部分和不重要的部分。对于核心的、重要的组件要监控得细一些，而其他不重要的组件就可以粗略地监控，甚至不监控。

(3) 监控系统结构分析

此类系统结构吸取了组件技术与 AOP 技术的共同优点，主要优点如下：

①逻辑结构清晰，消除了代码纠缠不清的问题

在软件监控的研究方法中，代码纠缠问题主要是由以下两个原因引起的：第一是在传统的软件监控方法中，第二就是在基于组件的软件开发方法中。在传统的软件监控方法研究中，需要在逻辑代码中插入监控代理，这样的话，监控代码与业务逻辑代码混在一起，容易造成代码的混乱纠缠问题。在基于组件的软件开发方法中研究软件监控技术，由于一个组件中可能有多个关注点，一个关注点也可能会在多个组件中出现，这样也会产生代码混乱问题，并且代码重用率较低。此结构吸取了组件技术与 AOP 技术的共同优点，监控功能被抽象为一个面向方面的组件，利用 AOP 的织入机制，监控功能被织入到目标系统的代码中，就避免了代码纠缠不清与混乱的问题，且代码的重用率也得到了很大的提高。

②监控的抽象层次得到提高

在监控系统结构中，监控组件与被监控组件之间的关系是通过配置文件来描述的，然后通过监控织入功能将监控织入到目标系统中，搜集目标系统的运行时信息，这样就不必在逻辑代码中设置监控代理。开发人员所需要做的工作就是弄清楚组件提供的接口，而不必了解组件的内部关系。因此，抽象层次由代码层提高到组件层。

③操作简单

在此结构中，监控功能被实现为一个组件，通过一个配置文件，使得目标系统与监控组件发生关系，以达到监控的目的。当要监控目标系统进行时，所要做的工作只是修改配置文件，而不必清楚了解目标系统与监控组件的内部框架结构，因此操作起来非常简单。

6.5　基于 Web Service 的异构应用系统集成

基于 Web Service 的实时监控系统是建立在信息网络集成的基础上，通过 Web Service、SOAP、AJAX、SVG 等技术实现对信息的远程监控，实现组织内部各异构系统之间的数据共享以及应用的重用。用户在远程客户端就可通过 Web 浏览器获取现场的生产数据，从而掌握现场实时情况并作出相应的调整。

系统采用 Web Service 架构实现各子异构应用系统的集成，通过 SOAP 传输协议实现多个异构系统之间的数据交互。采用 SVG+AJAX 动态数据发布模型实现本系统的实时数据的动态展示。

系统的目的在于实现一种通用的实时的远程监控框架，在数据交互方面，通过该框架可以很方便地集成原来的监控应用系统，实现目前各异构应用系统之间的数据交互，最大限度地实现系统功能的重用。同时利用该框架可以很容易地实现新的应用的添加，即实现应用的“即插即用”。在数据展示方面，利用该框架中的 SVG 的图形组件模型，可以很快速地开发实时监控系统界面，实现实时数据的图形化展示。

6.5.1　基于 Web 的实时监控系统架构

本系统设计框图如图 6-17 所示，该系统主要由三部分组成：远程客户端、数据服务器、Web 服务器。

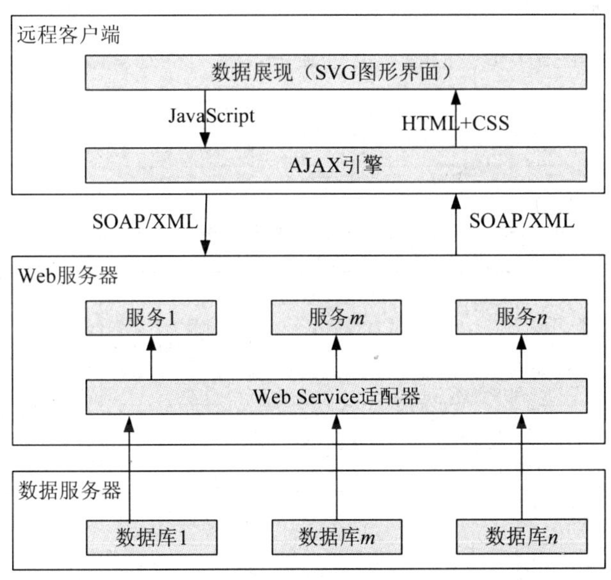

图 6-17　系统架构

远程客户端：即浏览器客户端，用户通过浏览器即可浏览远程现场信息，现场数据信息以 SVG 图形的方式展现出来，方便直观，具有良好的人机交互界面。

数据服务器：接收 Web 服务器发送过来的服务请求，解析服务请求消息，根据解析结果调用相应的查询接口去查询数据库，并将获得的数据进行格式化后返回给 Web 服务器端。

Web 服务器：系统选用通用中间件作为 Web 服务器，通过 Apache Axis2.0 开发 SOAP 包，通过该服务器响应客户端的服务请求，发布系统消息。其主要作用有：

①处理不同用户发出的 HTTP 请求；

②根据用户请求返回响应的网页；

③与数据服务器进行交互，通过数据服务器获取数据。根据客户端发出的操作请求，Web 服务器将该请求消息格式化处理后发给数据服务器端，当收到数据服务器端的返回结果后，再将结果以 XML 的格式返回给浏览器端，在浏览器端通过 JavaScript 函数将数据以 SVG 图形的方式直观地显示出来。

系统设计重点在于解决该系统中各异构系统之间的集成，通过应用集成实现数据集成，以及实时数据的动态发布机制，即基于 Web Service 方式的系统集成的实现以及客户端基于 AJAX+SVG 组件模型的动态数据发布的实现。下面对这两部分的设计分别作相应的介绍。

6.5.2 基于 Web Service 的异构应用系统集成

本系统中，通过利用 6.3 节所提到的 Web Service 框架实现各异构系统的集成，通过应用集成实现数据集成，其集成框架如图 6-18 所示，主要包括 3 个部分：

①基于 Web Service 的技术标准。

②基于 Web 的应用集成服务器，其核心是基于 SOAP 的消息传递以及集成各异构系统应用的适配器。

③服务平台主要是指集成、监控、信息服务，涉及资源管理、界面管理、信息管理等。

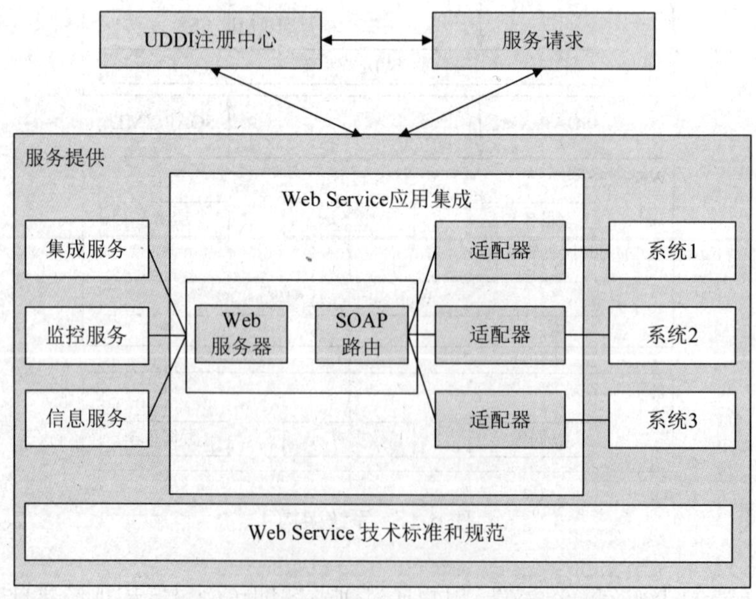

图 6-18 Web Service 应用系统集成框架

在本框架中，利用 Web Service 技术，通过 Web 应用集成服务器将各类应用接口转换为 Web 服务，然后到 UDDI 中去注册服务；在需要调用应用时，再通过 Web 应用集成服务器调用相应的服务接口即可实现对应用的使用。通过 Web 应用集成服务器将各类应用以松耦合的方式集成起来，从而实现了任何系统都可以方便灵活地接入该系统中，最大限度地利用了原有系统，真正做到了应用的“即插即用”。

通过该框架，既可以集成现有的应用系统，也可以集成新开发的应用。在集成过程中，首先是通过该应用系统调用框架中应用集成服务器中的相应接口，将该系统能提供的功能用 WSDL 描述出来，然后，生成基于 SOAP 的服务架构以及开发与该应用系统相匹配的适配器，最后，通过 SOAP 消息将该服务描述注册到 UDDI 中心。

在该框架中，实现对各种集成进来的应用的调用的关键在于 SOAP 路由器，以实现 SOAP 的消息传递机制。当用户需要调用某种服务时，首先将需要使用的应用功能用 WSDL 描述出来，然后以 SOAP 的消息方式将需要调用的服务描述发送给 UDDI 注册中心，即完成了服务查询命令的下发。之后，注册中心将会返回用户所请求的服务方法的 WSDL，然后，用户根据返回的服务描述信息生成相应的 SOAP 请求消息，实现与服务提供者的绑定。在此过程中，基于 SOAP 的服务请求通过 Web 服务器传递到相应的 SOAP 路由器，然后 SOAP 路由器会根据收到的请求 SOAP 包找到相应的 Web 服务适配器，Web 服务适配器收到服务请求后，即被激活，会调用用户请求的应用，然后将结果又通过 Web 服务适配器生成 SOAP 消息包返回给 Web 服务器，最后通过 Web 服务器，将结果返回给用户，至此完成服务的调用。

Web 服务适配器是该框架中的核心部分，各异构应用系统只有通过该适配器才可以集成到该框架中，供用户调用。其主要由以下部分组成：

①集成接口。对于各种异构系统，Web 服务适配器要能提供与之匹配的衔接接口，这是实现各种应用集成到该框架并能被其他应用调用的关键。

②连接控制器。主要用于与后端服务器的通信。

③数据转换器。主要用来验证数据的合法性，生成服务描述 WSDL，以及实现 SOAP 数据格式与各应用系统数据格式之间的变换，从而实现数据交换。

④消息路由器。主要是通过 SOAP 路由器将 SOAP 请求消息送到与之对应的适配器端，从而激活相应的应用，实现调用。

6.5.3　基于 SVG 的动态数据发布机制

基于 AJAX 和 SVG 技术的实时数据发布框架如图 6-19 所示。该系统模型分为三部分：数据层、业务逻辑层、数据表现层。在数据表现层的 HTML 页面中包含两部分：嵌入的 SVG 图形文件和引入的 JavaScript 脚本文件，因为 SVG 是基于 XML 的静态文本特性，致使它必须通过其他相关技术才能获取到实时数据，将 SVG 与 AJAX 技术相结合实现实时数据的获取与更新。在逻辑层主要是提供服务。数据层是指提供实时数据的各种应用程序或者是实时数据库。该框架基于 SOAP 协议进行数据传输，利用 AJAX 和 SVG 技术实现系统的实时数据的展示，使浏览器客户端能够实时地观测直观的图形化数据。

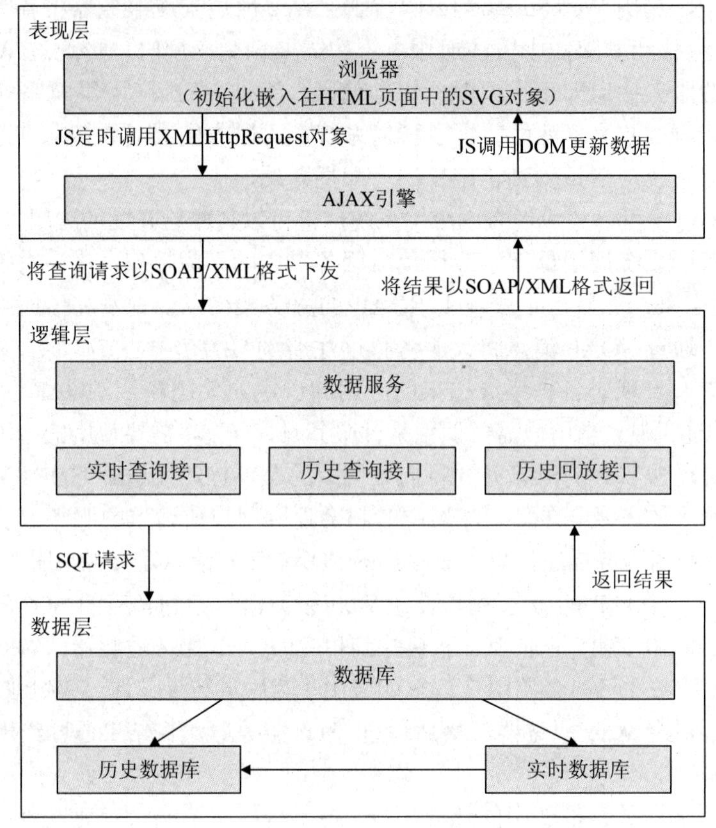

图 6-19 基于 AJAX 和 SVG 的数据发布框架

在该系统框架中，主要涉及两个问题：一个是数据是如何与 SVG 图形界面对应起来的；另一个是数据是如何获取的，即如何实现通信。此框架通过对监控页面载入时，对其中嵌入的 SVG 图形界面进行初始化实现图形与数据的对应，通过基于 XML 的数据交换格式以及基于 SOAP 的通信协议实现数据的交换获取。下面分别对这两方面进行详细阐述。

（1）SVG 图形与监测数据点的对应

在系统中，所有数据最终都是通过嵌入在 HTML 页面中的 SVG 图形界面展现出来的，如图 6-20 所示，每一个 SVG 监控界面都是由很多 SVG 图形组件所构成的，每一个图形组件都有唯一的标识，即图形 ID，通过该图形 ID 便可在 SVG 文档对象中找到该图形组件对象，而图中数据 ID 即为该图形组件要监测的数据点，action 即为该图元多对应的操作，如数据更新处理函数、鼠标事件等。在运行过程中，只要将图形、监测数据点、数据处理函数三者相关联就可实现数据准确更新到对应的图形组件中，本框架通过在 SVG 监控界面文档对象载入时，对其进行初始化实现的。

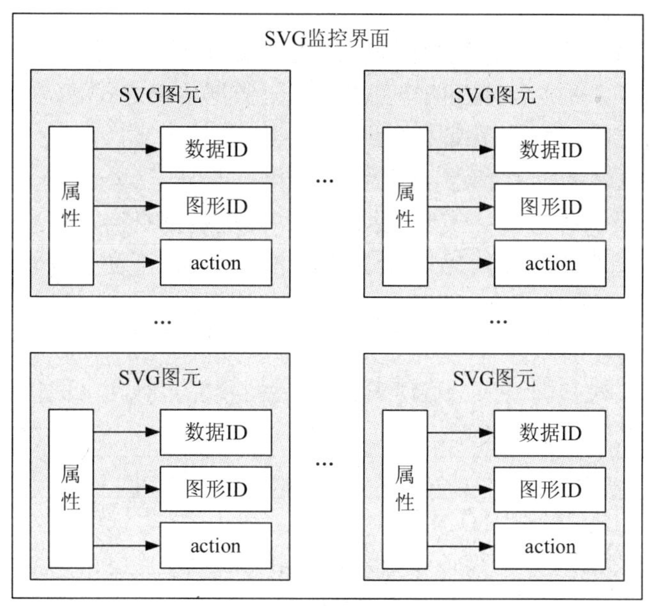

图 6-20　SVG 监控界面结构

初始化过程如图 6-21 所示，在嵌有 SVG 监控界面对象的 HTML 页面载入过程中，通过注册机制即通过设置在 SVG 图元组件中的 onload 事件触发注册函数，将图形 ID 与数据处理函数指针绑定，从而实现图形组件与数据处理函数的对应。通过扫描机制，在页面载入时通过页面中的 onload 事件触发扫描函数，扫描出该 SVG 对象中所有图形组件 ID 与监测数据点 ID，然后建立两者的双映射关系，即通过图形组件 ID 便可找到与之对应的监测数据点 ID，通过数据点 ID 也可以找到与之对应的图形组件。至此既完成了图形组件与监测数据点的对应，又实现了图形组件与数据处理函数的对应。在运行过程中，通过解析返回的结果，获取数据点以及数据点对应的值信息，然后根据数据点 ID 找到与之对应的图形组件 ID，通过图形组件便可以找到与之对应的数据处理函数。在数据处理函数中，SVG 文档对象通过图形组件 ID 便可获得组件对象，然后再将数据点对应的值更新到该组件对象中，即实现了数据准确更新。

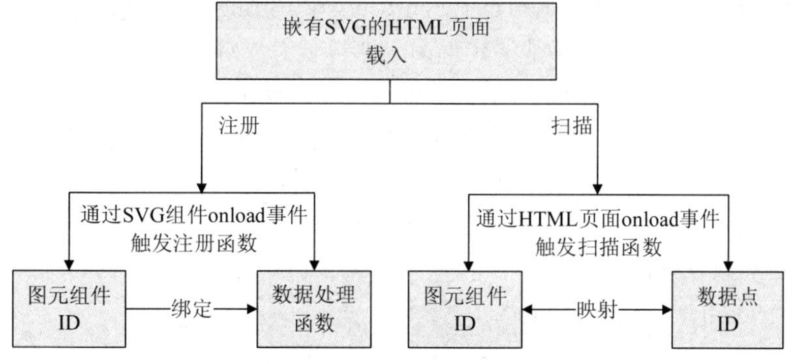

图 6-21　初始化 SVG 监控界面

(2) 实时数据的获取

以上即实现了图元组件与监测数据点以及数据处理函数的对应，下一步需要实现数据的获取。在数据获取方面主要涉及两个问题：一是数据传输格式的定义；二是数据传输的实现。下面分别对这两方面进行具体说明。

①数据传输格式

本系统主要涉及三种查询：实时数据查询、历史数据查询、历史数据回放查询。各种查询接口最终都是将查询条件封装为 XML 格式下发，下面分别对这三种查询做详细说明。

● 实时查询接口

根据客户端的实时查询请求，将请求查询条件封装为 XML 数据格式，并通过 SOAP 发送给服务器端，其定义如下所示。

```
rtQuery（List taglist，Type target，String url，Handeler handeler）
```

taglist 为要查询的实时数据点集合，target 为查询的类型（实时查询、历史查询、历史回放），在数据服务器端即是通过该参数来调用相应的查询接口去查询数据。url 为相应服务的定位，通过 url 才能定位与数据服务器的通信，handler 为回调函数，当客户端收到服务器端返回的结果集时便调用该回调函数处理结果集，更新数据。

● 历史查询接口

根据客户端对某一段历史时间内的数据查询请求，将请求查询条件同样封装为 XML 格式并通过 SOAP 包的形式发送给数据服务器端，其定义如下所示，与实时查询相比，历史查询多了查询起止时间，而其他参数作用一样。

```
hQuery（List taglist，Type target，Date startime，Date endtime，String url，Handler handler）
```

● 历史回放接口

历史回放也是一种对历史数据的查询，只不过与历史查询相比，历史回放是将过去一段时间的数据按时间顺序以动态变化的方式展现出来，而历史查询只是一次性的将过去一段时间的数据全部展现出来。其定义如下所示，与历史查询相比，历史回放多了查询控制条件，通过查询开始 start，查询结束 end 参数的状态控制查询是否继续进行，通过对回放频率 frequency，回放倍率参数 magnification 的设置，控制历史数据回放的速度。

```
replay（List taglist，Type target，Date startime，Date endtime，State start，State pause，State continue，State end，int frequency，int magnification，String url，Handler handler）
```

对于各种查询接口，最终都是将其查询条件封装为 XML 的数据格式，如下所示，其中 target 即为之前提到过的查询类型，rtdb 即为实时查询，hdb 即为历史查询，replay 即为历史回放查询，而 taglist 标签中即为要查询的数据点，paralist 标签中即为与查询相关的控制条件。

```
<cnd>
    <type>get/set</type>
    <target>rtdb/hdb/replay</target>
    <taglist>
```

```
            <tag>data_1</tag>
            <tag>data_2</tag>
      </taglist>
      <paralist>
            <par>pr_1</par>
            <par>pr_2</par>
      </paralist>
</cnd>
```

②实时数据的获取

- 首先，在客户端实现 XMLHttpRequest 对象的创建和初始化。
- 通过浏览器客户端查询接口函数将查询条件封装组建为 SOAP 包。
- 通过 XMLHttp.send（XML SOAP）函数向服务器端发送 HTTP 请求。
- Web 服务器接收到服务请求后，解析服务消息获取相关参数，然后解析出来的相关参数以 XML 的格式发给数据服务器端，数据服务器根据接收到的消息获取参数，从而调用相应的查询接口去查询实时数据库获取实时数据，并将这些实时数据封装成为 XML 的格式返回给 Web 服务器端。
- 客户端通过 XMLHttpRequest 收到返回的 XML 数据后，通过之前预设的回调函数对 XML 进行解析获取数据。
- 由于是实时监控系统，所以需要通过定时方式不断地获取实时数据，即通过在客户端设置定时函数触发 XMLHttpRequest 发送和接收数据。

在整个过程中，客户端通过 XMLHttpRequest 发送和接收基于 XML 格式的数据，而 Web 服务器端处理的也是基于 XML 格式的数据，因此能够很好地实现客户端数据与服务器端数据的交互。

参考文献

[1] Bodden E. The Design and Implementation of Formal Monitoring Techniques. In the 22nd annual ACM SIG PLAN conference on Object-oriented programming systems，languages，and applications（OOPSLA'07），2007.

[2] Li Z，Jin Y，Han J. A Runtime Monitoring and Validation Framework for Web Service Interactions. In Proceedings of the 2006 Australian Software Engineering Conference（ASWEC'06），2006.

[3] Gan Y，Chechik M，Nejati S. Runtime Monitoring of Web Service Conversations. In the Proceedings of the 2007 conference of the center for advanced studies on Collaborative research. New York：ACM，2007.

[4] Yu W D，Aravind D，Supthaweesuk P. Software Vulnerability Analysis for Web Services Software System. In IEEE Symposium on Computers and Communications. IEEE Press，2006.

[5] Moreno E D，Oliveira J I F. Architectural impact of SVG–based graphical components in applications. Computer Standards&Interfaces. 2009.

[6] Serhani M A，Jaffar A，Piers Campbell，et al. Enterprise web services-enabled translation framework. Information Systems and E-Business Management. 2011.

[7] Pei Shujun，Chen Deyun，Chu Yuyuan. Research of Web Service Security Model Based on SOAP Information .Information Technology Journal，2012.

[8] 满君丰．开放网络环境下软件行为监测与分析研究．中南大学数学科学与计算机技术学院，2010.

[9] 万灿军，李长云，贺宗梅．分布式软件的交互行为监测机制的研究．计算机工程与应用，2011.

[10] 孟凡新，刘光远，张京军．基于 AOP 和 Web Services 的 SOA 应用研究．计算机应用与软件，2010.

第 7 章　业务软件系统监控技术应用

业务软件系统是分布式应用系统中完成业务逻辑、创造应用价值的关键部分。软件运行实时监控技术通过对软件系统实施合理的监控，及时获得软件系统的状态，掌握系统的实时行为，与预期行为进行比较，能够准确分析和定位系统的故障，判断软件是否处于健康状态。软件运行实时监控技术已成为保证业务软件系统安全可靠运行的重要途径。

7.1　业务软件系统监控平台关键模块

保证业务软件系统长期、稳定、高效的运行是业务软件系统监控平台设计的根本目标。业务软件系统监控平台主要包括两个部分：

（1）业务支撑组件监控

业务软件系统对服务的提供需要关键工具和组件作为支持，因此保证关键工具和组件的正常运行也是为业务软件系统稳定运行提供服务的重点。

（2）业务应用软件监控

业务软件系统上运行了多个应用，业务的稳定提供需要业务软件系统中业务应用软件的正常运行，因此业务应用软件的监控也是监控中必不可少的一部分。

业务软件系统监控平台在保证业务软件系统稳定运行、促进系统优化改进的过程中主要进行了自动识别业务软件系统各类信息、事件分析定位、历史数据分析、监控视图管理、监控系统自身监控。其系统框架如图 7-1 所示，其中 5 个关键模块的作用是：

①自动识别业务软件系统信息模块：业务软件系统监控平台提供自动发现功能，能自动识别监控范围内业务软件系统的各类信息，减少系统维护时的大量录入工作。

②事件分析定位模块：在界面上实现可视化、多角度的事件展示，方便运维人员对事件进行定位分析，从而快速解决问题。

③历史数据分析模块：保存大量的历史监控数据，使用各类报表统计分析历史监控数据，这样，一方面有利于观察性能发展变化的趋势，对潜在的威胁进行预测预警，以便采取及时的防御手段；另一方面有利于做事后的分析统计，为业务软件系统日后的优化起促进作用。

④监控视图管理模块：可以为运维人员快速定位事件、全面分析事件提供方便、快捷的展示途径。

⑤监控系统自身监控模块：业务软件系统监控平台只有保证自身系统运行正常才能有效地监控业务软件系统，及时发现业务软件系统运行出现的问题。因此必须建立自身监控系统模块以保障监控平台正常运行。

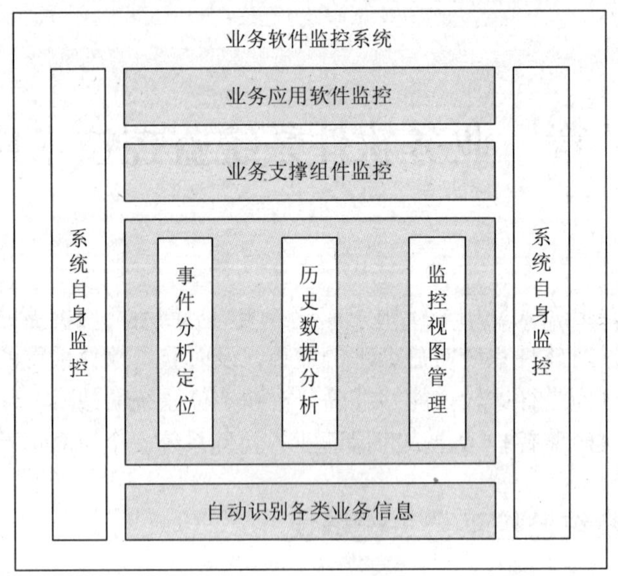

图 7-1 业务软件系统监控平台框架

7.1.1 事件分析定位

（1）事件生成

监控业务软件系统运行状况产生的事件分为三类：故障事件、性能事件和业务软件系统运行状态事件。各类事件包含的主要事件名称及事件生成的原因如下。

①性能事件

产生事件的策略配置中设定使用率阈值及超过阈值的次数，当使用率超过阈值的次数超过设定的检测次数时平台会产生事件，检测的性能事件包括操作系统的 CPU 使用率、内存使用率、磁盘使用率；数据库的连接数、表空间使用率；中间件的连接数、队列占用数。

②故障事件

包括检测网络不可用、设备无法连接、进程不可用、服务不可用等会导致业务软件系统不能运行的事件。

③业务软件系统运行状况事件

能够对监控的关键功能设置响应报警阈值，当响应时间超过设定阈值时会生成事件。同时如果关键功能不可用也会产生事件。

（2）事件的展示

对于业务软件系统的事件定位分析依赖于针对该业务软件系统在 4 个层次上的监控，分别为网络层、主机层、应用层和业务层。网络层主要关注网络的连通性、流量信息、相关网络设备的运行状态等；主机层主要关注主机系统的 CPU、内存信息、磁盘、I/O 信息、端口状态、配置信息等；应用层主要关注中间件、数据库、存储系统或 JVM 虚拟机的运行状态等；而业务层主要关注服务的可用性、关键业务的响应时间、在线用户信息和关键业务指标等。图 7-2 给出了系统的一个监控器事件展示。

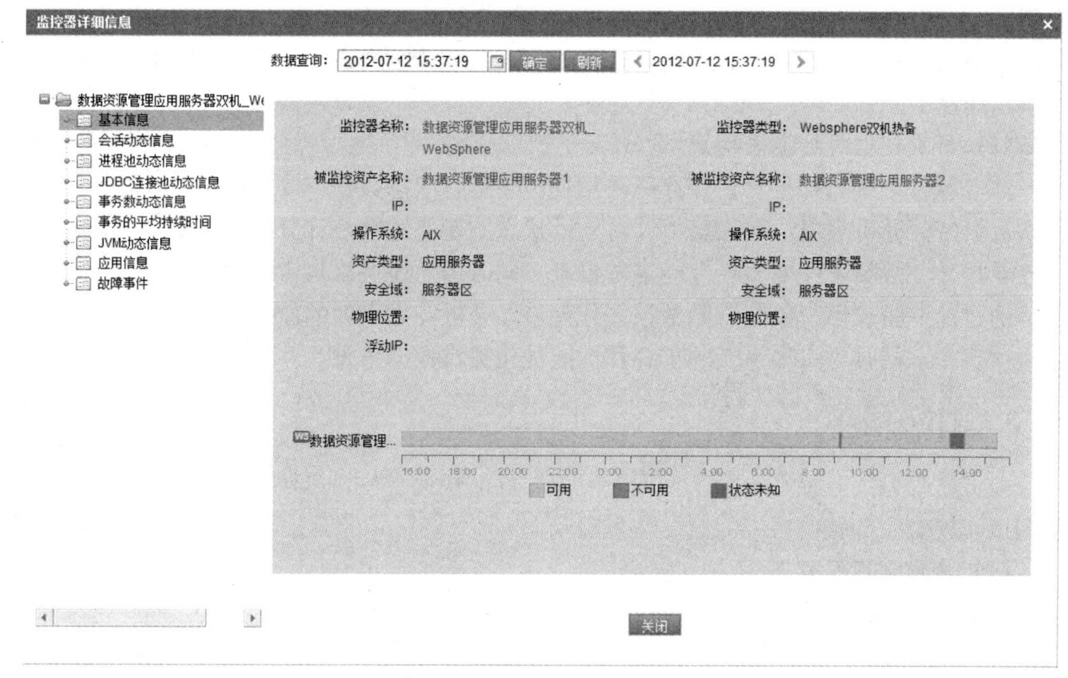

图 7-2 监控器事件展示

一般来说，一个业务软件系统是否能稳定地运行取决于支撑它的网络环境、硬件、软件，而这些组件都是自顶向下所依赖的，即应用层的中间件或数据库的运行状态依赖于主机层的操作系统的运行状态和所被分配的资源情况和网络层的连通性和流量状况等，所以通过以上 4 个层次的监控可以较准确定位事件源头，并通过图形化的界面更直观地展现出该业务软件系统各层次运行状态。

（3）事件自动分析

事件自动分析可根据现有业务软件系统情况分析出相应结果，通过自动轮询业务软件系统所涉及的所有元素运行状态，自动报告出当前业务软件系统健康度状况，并对产生故障、性能问题的设备列出关键信息并给出初步运维建议。事件自动分析模块能够大大减少运维人员的工作量，可以一目了然地初步发现问题所在并给出处理建议。事件自动分析模块属于运管平台智能化开发的一部分，分析时不仅能够静态罗列告警信息，同时还能够通过设置的自动关联策略、数据挖掘策略，将历史信息、无关信息进行关联分析，发掘出潜在的系统威胁，及时通知运维人员进行排查，真正达到预警效果。

7.1.2 历史数据分析

（1）历史采集数据存储

业务软件系统监控平台采集的数据在一定轮询周期（时间较短）就需进行一次存储，数据特征为数据量大、插入操作频繁、查询操作范围小。因此对采集来的数据存储逻辑进行优化，使用分区技术将监控数据的历史时序业务数据表进行分区管理，按月分区将数据表进一步划分。这样在查询历史数据时间跨度在一个月内查询速度等效，使用分区表本地索引及全局索引对查询进行优化。所有监控业务信息都有当前数据存储表用于快速监控业务信息数据查看，并对监控业务数据独立建立索引存储空间减少单文件 I/O 争用，提高索引读写速度。

(2) **历史数据统计报表生成**

业务软件系统监控平台会保存所采集的历史运行状态数据，按照选择的时间生成运行状态数据统计分析报表。在报表中针对运行状态的趋势进行统计分析。报表的类型包括：监控器报表、故障事件报表、性能事件报表，同时用户还可以自定义报表。

通过这些报表用户能够看到数据变化趋势，分析发生事件的原因，从而避免同类事件的再次发生，同时为将来系统的扩容和性能优化提供数据依据。

7.1.3 监控视图管理

业务软件系统监控平台为了实现对发生事件的快速定位，尽快解决问题，提供了多种视图以实现对业务软件系统的监控信息展示。

(1) **多维度视图管理**

视图管理，作为业务软件系统监控的方式之一，在业务软件系统监控过程中起着极为关键的作用。该模块不仅提供了丰富模型资源对象，而且进一步提供了可扩展的定义方法。模型的建立为业务软件系统监控信息的展示提供了充足的、准确的和及时的数据来源，使支撑业务软件系统运行的网络环境、硬件设备、软件系统、应用系统都得到了充分的监控，使用户可以及时地查看到各类资源运行的当前状态及历史信息，以便及时、准确地掌握业务软件系统整体运行信息，为业务软件系统日常巡检提供高效、快捷的途径，进而从整体上提高业务软件系统的服务能力。

根据业务监控的需求，模型提供了可扩展的各类资源对象。各类资源对象之间存在一定意义上的逻辑层次及业务关系。

①网络层

网络是保证业务软件系统正常运行的必然条件，网络环境的监控是业务软件系统监控必不可少的一环，也是最基本的要求。网络环境主要分为网络设备、安全设备两大类，涵盖了组织常用的路由器、交换机、防火墙、杀毒软件、反病毒检测软件等丰富的网络安全设备。

②操作系统层（硬件层）

确保业务软件系统正常运行的网络之上的当属各种硬件设备，如应用服务器、数据库服务器、备份服务器。这些设备作为各类软件的载体，对其实施的监控是业务软件系统监控中极为重要的部分。目前已定义的该类资源对象主要包括了常用的 LINUX、AIX、Windows 等操作系统。

③应用软件层

任何业务软件系统都需要部署在正常运行的中间件、连接正常运行的数据库才能正常运行。所以各类中间件及数据库的监控是至关重要的。

④业务层

在监控了支撑业务软件系统运行的网络层、操作系统层（硬件层）、应用软件层的各类组件之后，对于业务软件系统监控，是整个业务软件系统监控体系中最后的一环。只有对业务软件系统实现了监控，才能实现全面的、综合的业务监控。业务软件系统的监控，主要通过模拟业务软件系统各个模块运行情况，实时获取业务软件系统各模块运行是否正常、访问响应时间等数据，同时根据各业务软件系统处理业务的独特性，采集其关键的数据。如对采集类业务软件系统的监控，因其报数的独特性及重要性，所以对该部分数据需要进行单独的监控。

● 逻辑部署图

与业务软件系统运行相关的资源对象都可以配置监控器，每一个监控器对应网络中真实存在的资产设备、系统软件、应用软件或者关键进程等。对于每个资源对象都会展示其名称、当前状态、发生事件数量等信息。如需了解更详细的信息，可以进一步查看资源对象的详情，不同的对象类型，查看到的信息也不尽相同，均展示其重要的、独特的监控信息。

部署视图信息包括以下内容：

（a）系统业务关系，主要展示业务软件系统中的各应用程序之间的影响和依赖关系。

（b）系统业务层运行状态信息，主要从总体上展示业务软件系统业务层运行状态、事件数量。

（c）监控对象部署关系图，主要展示支撑该业务软件系统运行的网络设备、安全设备、主机设备、中间件、数据库等监控对象之间的影响、依赖关系。

（d）监控对象运行状态信息，主要从总体上展示监控对象运行状态、事件数量。

具体实现时，通过可配置化的界面灵活展示不同应用系统的软硬件逻辑部署图。通过不同元素的运行状态灯，直观显示设备当前状态。点击每一个图标都可以获得详细的监控信息，方便运维人员从上至下、从广至细像剥洋葱一样层层定位问题。

● 业务流图

业务流图从各个业务软件系统数据传递和加工的角度出发，以图形方式来表达系统的逻辑功能、数据在系统内部的逻辑流向和逻辑变换过程，例如登录、认证、数据传输、流向等多种方式。通过业务流图的展现，直观地将各业务软件系统之间存在的业务依赖关系展示出来。从业务层级展示一条业务线的运行状态。通过可配置化的业务流图，系统将不断自动模拟业务操作流程，遍历图中各元素工作状态。一旦发生故障将准确定位故障所在的具体业务模块。因此业务流图不仅从宏观角度将各应用系统串联在一起，同时能够将系统中故障发生源、所影响的业务主线准确定位和展示出来，方便运维人员从整体角度发现、跟踪问题，并能够及时通知受影响的业务部门。

具体实现时，通过业务流图配置界面灵活定制适用于不同业务软件系统间的逻辑关系，通过红色、黄色、绿色表达图中元素运行状态。当某一业务软件系统出现故障时，点击该业务软件系统可具体查看在该业务软件系统内容业务流受阻的模块。

● 拓扑图

针对业务软件系统的监控，不仅需要对其服务器、支撑软件、业务功能模块进行监控，同时还需要对业务软件系统所在网络情况进行监控。网络是支撑业务软件系统正常运行的必要条件之一，对于一些存在分级运行的业务软件系统，全国骨干链路的通断情况将直接影响业务软件系统正常工作与否。因此在应用监控中，网络环境监控也是必不可少的一项内容。

网络监控将通过拓扑图的形式进行展示。拓扑图展示网络节点设备和通信介质构成的网络结构图，并能详细展示资产名称、资产 IP、所属的安全域、业务域等相关信息，形成云图展示，云图名称及详细描述，是最直观、最有效、使用最广的网络监控方式。

具体实现时，通过生成网络拓扑进行实际网络环境的逻辑化绘制。生成拓扑时可通过人工绘制、系统自动拓扑发现两种方式进行。自动拓扑发现时需要相关网络资产开通 SNMP 协议，系统自动访问并解析设备 MIB 库信息，获取当前网络拓扑结构及设备运行信息。

（2）**多层次视图管理**

将业务软件系统按业务层、应用层、OS 层、硬件层进行划分，将获取的各粒度监控信息关联到各自对应的层次中：

业务层的监控项包括：URL、端口、进程、文件等运行状况；

应用层的监控项包括：数据库或中间件等运行状况；

操作系统层的监控项包括：操作系统运行状况、安全事件、系统配置、流量、系统漏洞、基线检查；

硬件层的监控项包括：CPU、内存、硬盘、网卡、主板等运行状况。

监控整体视图如图 7-3 所示。

图 7-3　多层次监控视图

点击各监控项，会显示具体监控项的详细信息，图 7-4 是业务系统端口使用情况。

端口列表

端口名称	关注状态	运行状态	更新时间
111	不关注	运行	2012-07-12 15:06:32
9510	不关注	运行	2012-07-12 15:06:32
44867	不关注	运行	2012-07-12 15:06:32
54451	不关注	运行	2012-07-12 15:06:32
37	不关注	运行	2012-07-12 15:06:32
1581	不关注	运行	2012-07-12 15:06:32
5988	不关注	运行	2012-07-12 15:06:32
5989	不关注	运行	2012-07-12 15:06:32
199	不关注	运行	2012-07-12 15:06:32
6112	不关注	运行	2012-07-12 15:06:32

1 /7页　本页共10条记录　共69条记录

关闭

图 7-4　业务系统端口监控视图

(3) 多层级视图管理

按照地理分布展现各地域的链路关系及链路信息，链路信息包括链路带宽使用率、链路延迟、链路丢包率，并且使用不同颜色实时显示各设备和链路的健康度。按照地理分布展现各区域、城市的业务软件系统运行状况以及链路连通性。

还可以按照地理分布展现各区域业务软件系统运行状况，并用晴雨表方式展示。

7.1.4　系统自身监控

(1) 系统健康度监控

作为具有监控网络设备、安全设备、主机设备、数据库、中间件等多种系统的监控管理系统，业务软件系统监控平台在关注被监控设备的同时，也在对平台自身的健康情况进行着实时的检查和监控。系统自身的监控主要包括对采集引擎、数据库服务器和应用服务器的监控，监控指标为 CPU 使用率、内存使用率、硬盘使用率和数据库所对应的表空间使用率，并在系统健康度模块直观地进行展现，如图 7-5 所示。

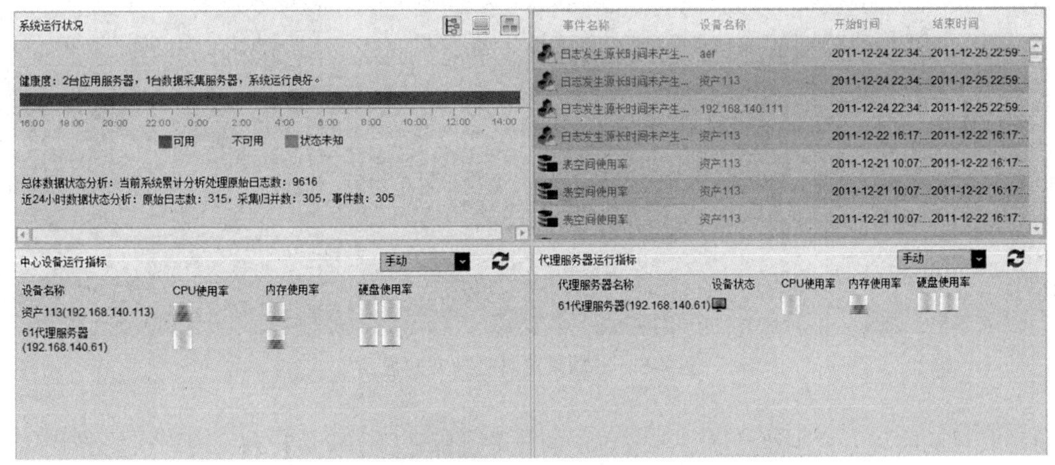

图 7-5　系统健康度展示

具备相应权限的操作者通过此界面，能够监控到业务软件系统监控平台的总体数据采集指标和近 24 小时数据采集指标；系统自身的进程、队列、接口等工作状况；显示自身数据库、表、空间使用情况。一旦出现故障问题或性能超过阈值，能够产生告警信息。

具体的监控方式主要是通过各节点上的守护进程对各服务器上的系统运行指标进行获取，并通过 CommAgent 和 CommCenter 逐层将这些系统健康度信息实时进行上传，前台界面再调用 CommCenter 所提供的 JMX 接口进行数据获取和展示。

系统自身的守护进程，主要为以下三种：

① rc.pwatch

rc.pwatch 是一个守护进程，用来守护各种业务软件系统监控平台后台服务性进程，防止业务进程因异常因素终止运行，有效提高了业务软件系统监控平台运行的可靠性。

② DBGuard

数据维护进程之一，用来监测业务软件系统监控平台数据库表空间文件是否已经占用了所在硬盘的特定比率的空间。若表空间文件过大，则采取数据清理措施。

③ AgentGuard

代理维护模块包括三个功能点：

- 数据备份功能，定期对代理上的数据库进行数据备份，备份后数据转存到其他服务器或存储设备上。
- 数据库检查功能，定期对代理上的磁盘使用率做检查，当使用率大于指定值，将数据库的数据按 FIFO 方式删除。
- 日志萃取功能，定期对未知日志进行萃取，将萃取后的数据重新存储。

(2) 数据采集和处理过程监控

系统数据采集和处理过程的监控主要包括对各级节点所采集数据和生成事件状况的实时统计，并在告警生成过程模块直观地进行展现，如图 7-6 所示。

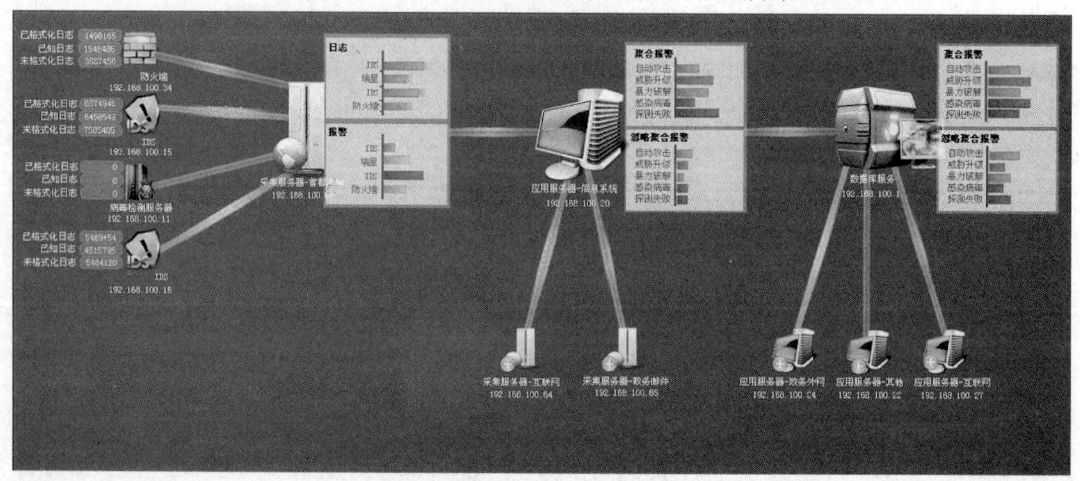

图 7-6 数据采集与处理实时展示

具体的实现方式主要是通过各节点上的业务进程（日志收集代理、聚合引擎等）对各自的数据输入和输出过程进行统计，并通过 CommAgent 和 CommCenter 逐层将这些统计信息实时进行上传，前台界面再调用 CommCenter 所提供的 JMX 接口进行数据获取和展示。前台 Web 模块调用通讯中心 CommCenter 接口，并触发对通讯代理 CommAgent 接口的调用。

7.2 业务支撑组件监控技术路线

7.2.1 组件服务拨测

业务支撑组件，多数采用 Web 方式对外提供服务，平台自动模拟 HTTP 协议拨测提供各类工具和组件服务的 URL 页面，通过判断返回的 URL 页面响应确定工具与组件是否运行正常，监控的核心逻辑如图 7-7 所示。多维分析工具（IBM Cognos）使用这种方式进行监控。

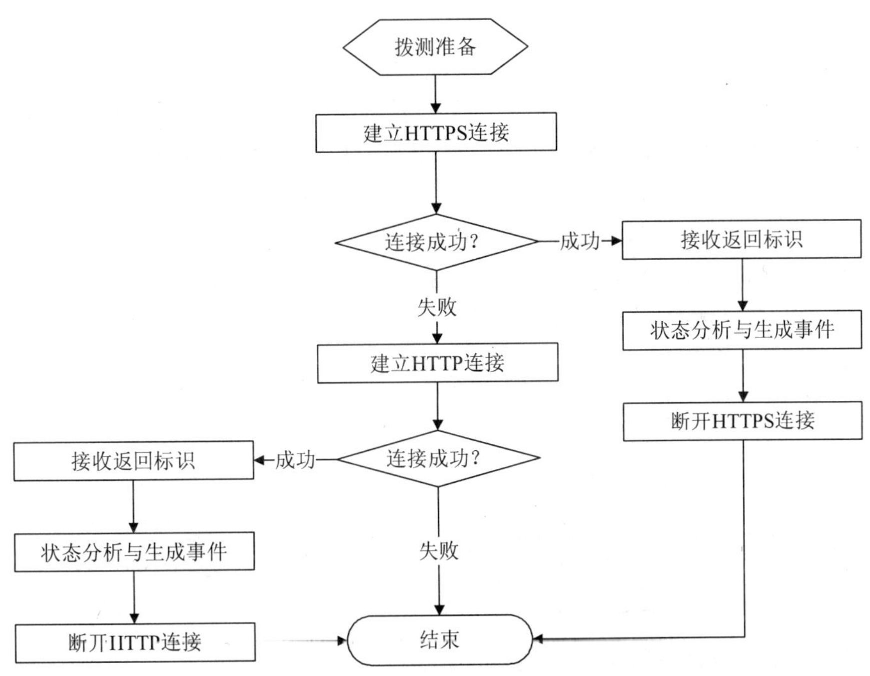

图 7-7 组件服务拨测监控逻辑图

7.2.2 集成监控机制

集成监控机制是通过对业务工具与组件监控项的分析，制定监控数据采集的 Web Service 服务接口规范，平台与各工具组件参考接口规范，开发符合标准的 Web Service 接口。Web Service 服务接口由各工具组件按标准进行发布，平台负责定期调用相应接口，通过接口获取工具与组件的运行状况，平台得到返回的 XML 格式的查询结果，分析处理返回的 XML 结果后，将整理后的监控数据保存到数据库中，不同的监控项返回的 XML 格式存在差异。监控流程如图 7-8 所示。

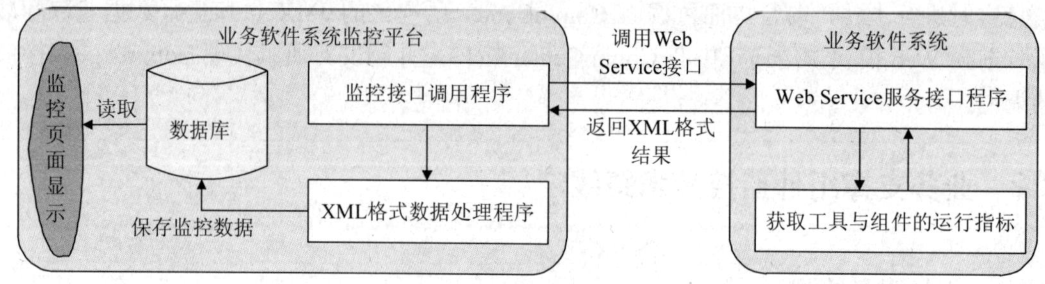

图 7-8 集成监控流程图

业务软件系统监控平台调用 Web Service 服务接口。通过此种监控方式能够监控应用系统的应用程序信息包括：用户目录管理工具、工作流软件、门户系统等。

7.2.3 组件系统服务和进程监控

平台通过对操作系统的系统级监控，实时检查组件所依赖的系统服务是否处于启动状态，所依赖的集成是否处于存活状态，以实现对组件运行状态的监控目的。

以对 ETL 工具（IBM DataStage 组件）的监控为例，DataStage 组件的运行依赖很多的系统服务和进程，平台通过对 DataStage 组件在操作系统上的服务启动状态和进程存活状态的监控，达到监控 IBM DataStage 组件运行是否正常的目的。

IBM DataStage 组件所依赖的需启动的 Windows 服务如表 7-1 所示。

表 7-1 IBM DataStage 组件所依赖的 Windows 服务

序号	Windows 服务	服务名称
1	ASBAgent	ASB agent
2	LoggingAgent	LoggingAgent
3	Dstelnet	Datastage telnet services
4	Dsrpc	DSRPC services
5	Dsengine	infoSphere Engine Resource

IBM DataStage 组件依赖的需存活的进程为：

D:\System\App\IBM\datastage\WebSphere\AppServer\java\bin\java

D:\System\App\IBM\InformationServer\ASBNode\apps\jre\bin\java

这些 IBM DataStage 组件在操作系统上的服务和进程通过监控证明运行都正常时，表明 IBM DataStage 组件运行正常。

7.3 业务应用软件监控技术路线

7.3.1 应用服务拨测

监控平台自动使用对 HTTP、FTP、DNS 等基础应用服务的核心端口所提供的具体业务应用服务进行实时拨测，以监控业务应用的可用性、响应时间。以 FTP 服务为例，平台自动模拟协议拨测提供业务服务的 FTP 服务，通过判断返回的响应标识确定业务软件系统的应用服务是否运行正常，具体拨测监控逻辑如图 7-9 所示。

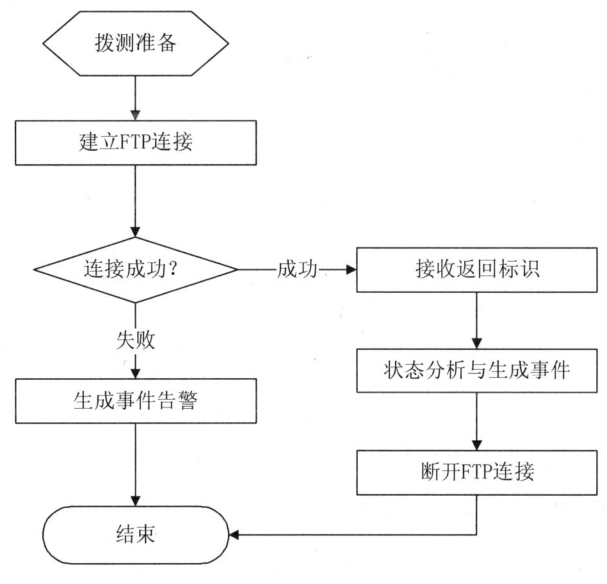

图 7-9　应用服务拨测监控逻辑图

地理信息系统中提供 REST 地图服务类、资源目录服务类、空间资源管理类、专题应用类的业务应用也是使用这种方式进行监控的。

7.3.2　基于性能监控工具的应用分析

业务软件系统中可能包含多个应用，对应各自的 war 包、ear 包，每个应用中包含各种 Servlet 和 Action 信息，Servlet 和 Action 信息中包含每个 Servlet 或者 Action 运行的负载情况。这些信息影响到应用系统的性能，需要进行监控。

业务软件系统中应用的提供是通过中间件系统来作为支撑的，一些成熟的中间件本身提供性能监控工具，如 WebSphere。业务软件系统监控平台通过请求中间件性能监控工具（如 WebSphere 提供的 perfServletApp 应用）提供的服务，获取包含应用运行状况的信息。获取的信息除了被请求次数、平均响应时间、最长响应时间、最短响应时间、高水位、低水位等 Action 或者 Servlet 运行的负载情况外，还包括 JVM 运行时信息、JDBC 连接池信息、Servlet 会话信息、Web 应用信息、企业 bean 等。

然而，从中间件性能监控工具中获取的应用运行状况展示方式还不够人性化，平台通过对获取数据的处理，将易懂的应用运行状况信息显示在平台上。通过此种方式监控到的应用如表 7-2 所示。

表 7-2 基于系统监控工具监测的应用实例

序号	Web 程序包	应用名称
1	esms_war	业务软件系统应用
2	SP-Code-XXXXX-V2_0_war	支撑平台代码管理
3	SP-Coeff-XXXXX-V1_0_war	支撑平台监测系数
4	SP-DataDic-XXXXX-V1_0_war	支撑平台数据字典
5	R1ManagerConsole_withStarFlow_4_2_war	支撑平台工作流组件监控服务
6	R1Portal-Framework-4_1_huanbao-sp4_war	门户系统应用
7	CPMS_MEP_war	项目系统应用
8	DataCenterModify_V1_0_war	数据库的数据管理
9	PollutionMonitior_war	数据库的监控统计
10	PollutionSource_war	数据库的污染源档案
11	SP_RMS_war	数据库的数据共享
12	poba3_0_war	数据库的门户
13	xfire_war	数据库的 Web Service 服务

7.3.3 基于 JMX 架构的应用程序监控

JMX（Java Management Extensions，即 Java 管理扩展）是一个为应用程序、设备、系统等植入管理功能的框架。JMX 可以跨越一系列异构操作系统平台、系统体系结构和网络传输协议，灵活地开发无缝集成的系统、网络和服务管理应用。Java 应用程序可以使用 JMX 提供的服务实现管理。

业务软件系统中应用的提供是通过中间件系统来作为支撑的，一些中间件是 Java 应用程序，可以使用 JMX 提供的服务实现管理，例如中间件 WebLogic、Tomcat 可以使用 JMX 架构实现对应用程序的监控。

以 WebLogic 为例，使用 JMX 架构监控中间件支撑的应用程序的监控逻辑如图 7-10 所示。

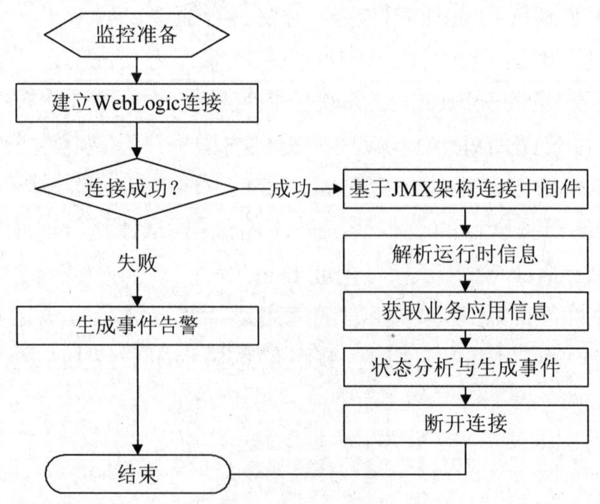

图 7-10 基于 JMX 架构的监控逻辑

7.3.4　集成监控机制

集成监控机制是通过对应用系统监控项的分析，制定监控数据采集的 Web Service 服务接口规范，平台与各应用系统参考接口规范开发符合标准的 Web Service 接口。Web Service 服务接口由各应用系统按标准进行发布，平台负责定期调用相应接口，各应用系统在接收到调用请求时，按照规定的接口规范向平台返回监控数据。

平台应遵循 W3C 的标准 Web Service 规范集子集：WSDL1.1、WS_Profile 1.0 和 XML 1.1。具体实现机制包括：数据传输与消息传递机制、Web Service 服务发布机制。

（1）**数据传输与消息传递机制**

平台和应用系统针对监控数据的交互，在网络层采用 HTTPS 作为传输协议，在数据表现层采用 XML 格式的 SOAP（Simple Object Access Protocol）1.2 协议来约束消息格式，通过 Web Service 服务方式完成监控平台和应用之间的数据传输和消息传递。

（2）**Web Service 服务发布机制**

各应用系统的 Web Service 服务接口采用基于 XML 格式的 WSDL（Web Service Description Language）1.1 标准方式进行发布，供平台调用。

平台远程调用被监控业务软件系统提供的 Web Service 服务接口，通过接口获取业务软件系统中关键应用的运行状况，得到返回的 XML 格式的查询结果，分析出 XML 结果中包含的应用运行状况。

业务软件系统监控平台调用 Web Service 服务接口的代码如下：

```
private static Object invokeService(String methodString,Object[] args)throws AxisFault{
    String URL = ResourceFactory.getString("reductionPortalWS");
    /*从配置文件中读取提供 Web Service 服务的 URL*/
    EndpointReference epr = new EndpointReference(URL);
    Options option = new Options();
    RPCServiceClient client = new RPCServiceClient();
    try{
        option.setTo(epr);
        option.setTransportInProtocol(Constants.TRANSPORT_HTTP);
        /*使用 http 协议请求*/
        option.setAction("urn:"+methodString);
        /*需要调用的接口名*/
        client.setOptions(option);
        Object[]result = client.invokeBlocking(new QName(URL, methodString), args, new
Class[]{String.class});
        /*返回监控获取的 XML 格式数据结果*/
        client.cleanup();
        client.cleanupTransport();
        return result[0];
```

```
}catch(AxisFault ex){
        ex.printStackTrace();
        client.cleanup();
        client.cleanupTransport();
        return null;
        }
}
```

通过此种监控方式能够监控应用系统的应用程序信息包括：

①用户信息；

②应用系统关键功能可用性；

③应用系统关键功能响应时间；

④应用系统的业务数据。

图 7-11 描述了业务应用软件系统用户信息数据的采集机制。

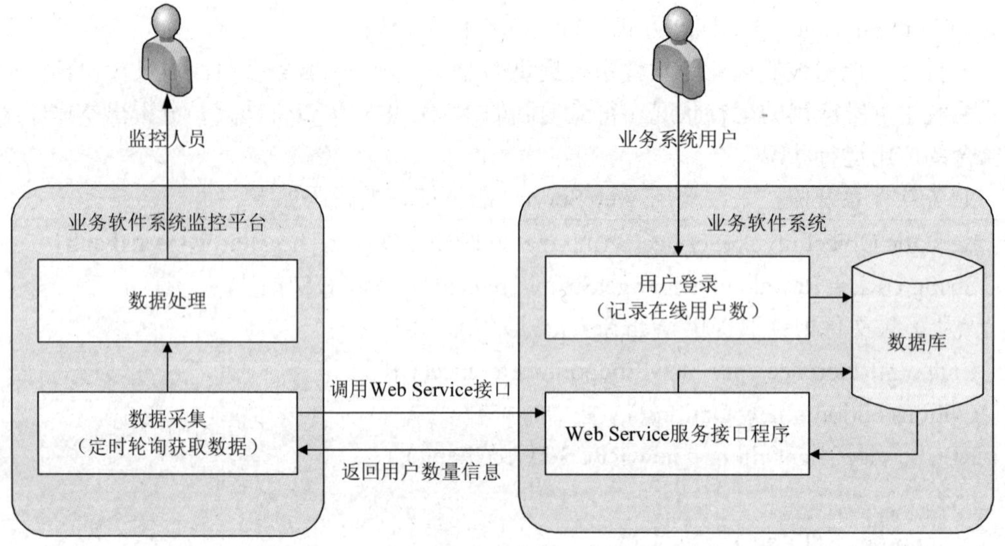

图 7-11 用户信息数据采集机制

⑤平台定期调用“用户信息数据查询接口”；

⑥应用系统查询数据库获取用户总量、在线用户数、用户访问量；

⑦应用系统将上述信息返回到平台；

⑧平台接收用户信息数据。

图 7-12 描述了应用系统关键功能响应时间的采集机制。

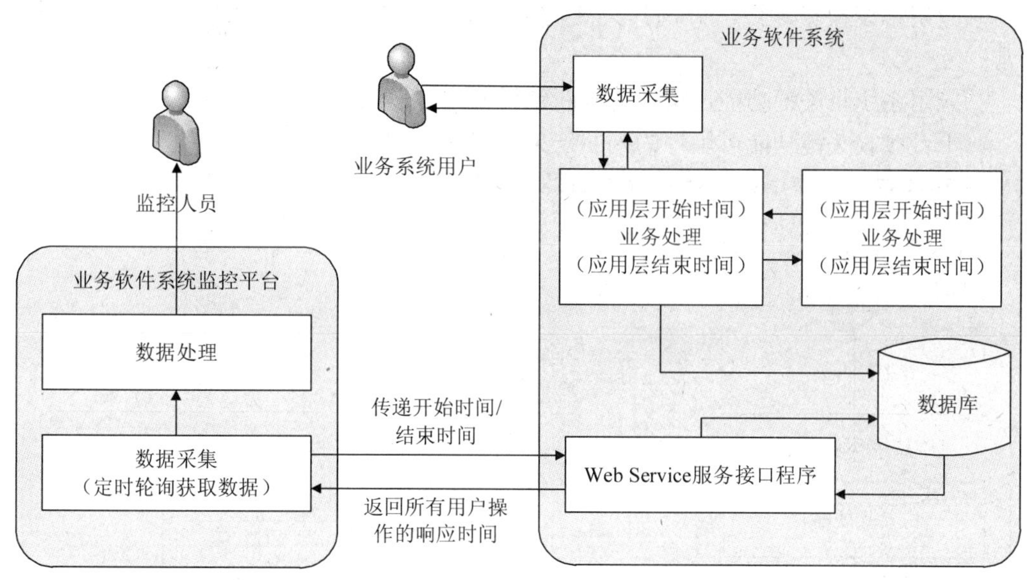

图 7-12　关键功能响应时间采集机制

⑨平台定期调用“关键功能响应时间监控接口”，并将监控关键功能响应性能指标的开始时间和结束时间作为参数传递给应用系统；

⑩应用系统查询数据库获取关键功能业务层、数据层响应时间；

⑪应用系统将上述信息返回到平台；

⑫平台接收关键功能响应时间数据。

图 7-13 描述了业务应用系统关键功能可用性的采集机制。

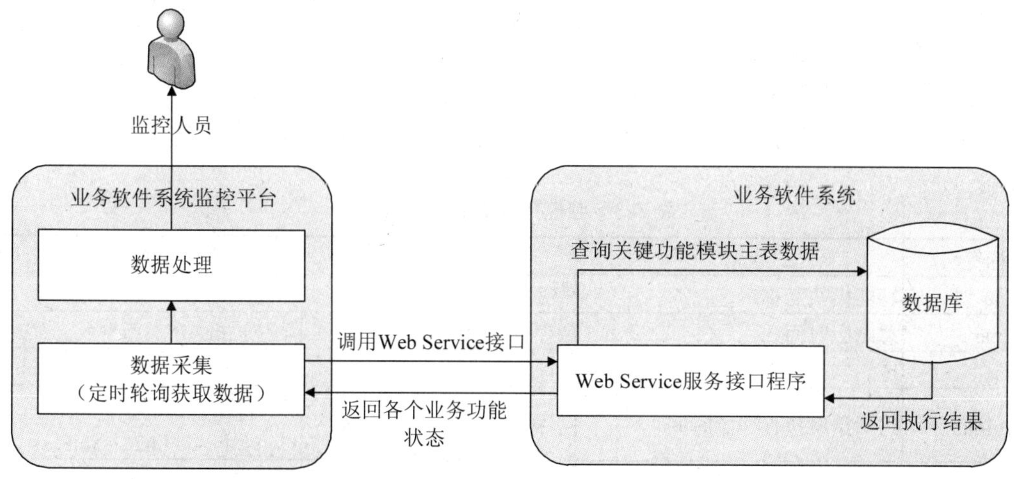

图 7-13　关键功能可用性采集机制

⑬平台定期调用“关键功能可用性监控接口”，并将关键功能 ID（或者名称）作为参数传递给应用系统；

⑭应用系统根据参数，查询其关键功能模块的主表数据，以判断关键功能是否操作正常；

⑮应用系统将关键功能可用性的判断结果返回给平台；

⑯平台接收关键功能可用性的判断结果数据。

图 7-14 描述了应用系统业务数据的采集机制。

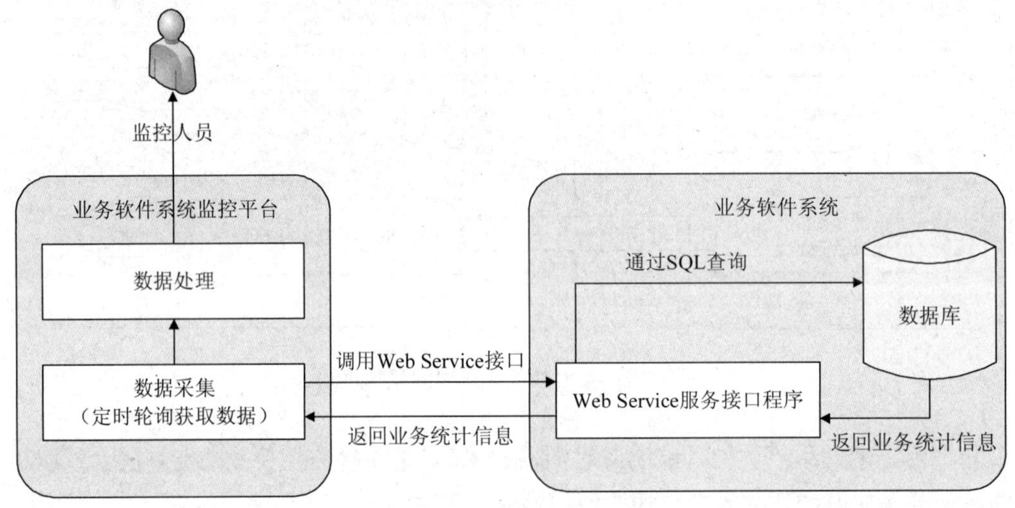

图 7-14　业务数据采集机制

⑰平台定期调用“业务数据监控接口”，并将所监控的业务数据的开始时间和结束时间作为参数传递给应用系统；

⑱应用系统查询数据库获取业务数据；

⑲应用系统将上述信息返回到平台；

⑳平台接收应用系统业务数据。

获取返回的 XML 格式监控数据中，各字段的详细说明见表 7-3。

表 7-3　监控数据 XML 字段说明

标签名	名称	类型	长度	备注
Name	功能模块名称	字符	64	
alltime	总响应时间	无符号整型	8	单位：ms
Name	逻辑层次名称	字符	64	
starttime	逻辑层次执行开始时间	字符	64	格式为： yyyy-mm-dd hh24：mi：ss
endtime	逻辑层次执行结束时间	字符	64	格式为： yyyy-mm-dd hh24：mi：ss
interval	执行时间	无符号整型	8	单位：ms
State	状态	字符	64	“成功”或“失败”

7.4 业务支撑组件监控技术应用

7.4.1 业务支撑组件监控流程

业务软件系统监控平台针对业务支撑组件的监控按以下流程进行，如图 7-15 所示。

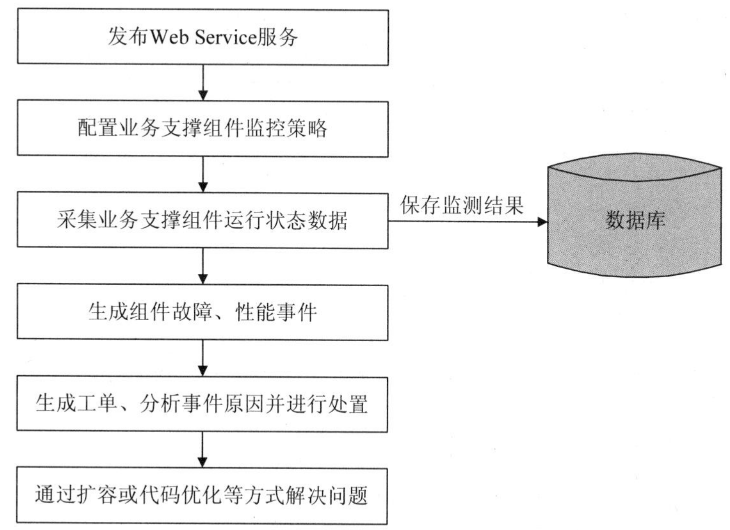

图 7-15 业务支撑组件监控流程

对流程中的主要环节进行以下的说明：

（1）如果使用集成监控机制进行监控，在实施监控前要部署 Web Service 服务接口。使用组件服务拨测和对应服务和进程的系统级监控这两种监控技术时，不需要在被监控服务器上进行配置。

（2）在平台上预先针对监控对象进行策略配置，设置监控的 http 或提供服务的业务软件系统，同时设置数据采集周期及产生事件的策略。

（3）采集工具与组件的运行状态数据。

（4）将一个周期内采集到的运行状态数据保存在数据库中，为日后统计分析提供数据来源，同时根据策略进行分析，生成故障、性能事件。

（5）将平台报出的事件生成工单，按照规定流程处置。

（6）结合业务软件系统基础软件的运行状态分析原因，通过系统扩容或代码优化等方式解决问题。

7.4.2 Portal 门户监控方法

（1）Web Service 服务的发布

对 Portal 门户系统的监控指标项包括门户有效访问率、应用服务的可用性、关键功能模块可用性。使用远程调用 Web Service 服务接口的监控方式。

Portal 门户系统实现并发布门户有效访问率和应用服务可用性的 Web Service 服务接口，业务软件系统监控平台远程调用接口。

①门户有效访问率接口定义规范

- 功能描述

提供 Portal 门户系统中用户的有效访问率。

- 接口命名

public String jpportal InfoQuery（String startTime，String endTime）throws Remote Exception

- 请求参数说明

表 7-4 为请求参数说明。

表 7-4 请求参数说明

参数	参数名称	参数类型	备 注
startTime	开始时间	String	服务接口提供在开始时间和结束时间范围内的业务数据。时间格式：“yyyy-mm-dd hh24:mi:ss”
endTime	结束时间	String	

- 响应数据格式说明

返回 XML 格式如下。

```
<?xml version="1.0" encoding="UTF-8"?>
<userinfoResponse>
        <!—门户检索效率-->
        <portalquery></portalquery>
        <!--门户的有效访问率-->
        <portalqueryvalid></portalqueryvalid>
</userinfoResponse>
```

返回 XML 格式中各字段的详细说明如表 7-5 所示。

表 7-5 返回数据详细说明

标签名	名 称	类 型	长 度	备 注
Portalquery	门户检索效率	无符号整型	10	
portalqueryvalid	门户的有效访问率	无符号整型	10	

②功能可用性监控服务接口定义规范

- 功能描述

Portal 门户系统执行各个功能模块的相关操作测试，并返回各个层的响应时间，以确认系统功能模块是否可用。

- 服务接口命名

public String functionTestInfoQuery() throws RemoteException

● 请求参数说明

无参数。

● 响应数据格式说明

返回 XML 格式如下。

```
<?xml version="1.0" encoding="UTF-8"?>
<functionResponse>
    <!-- 功能模块-->
    <modules>
        <module name="" alltime="">
            <!-- 每层的执行时间-->
            <gradation name="" starttime="" endtime="" interval="" state=""></gradation>
            <gradation name="" starttime="" endtime="" interval="" state=""></gradation>
        </module>
        <module name="" alltime="">
            <gradation name="" starttime="" endtime="" interval="" state=""></gradation>
            <gradation name="" starttime="" endtime="" interval="" state=""></gradation>
        </module>
        <module name="" alltime="">
            <gradation name="" starttime="" endtime="" interval="" state=""></gradation>
            <gradation name="" starttime="" endtime="" interval="" state=""></gradation>
        </module>
    </modules>
</functionResponse>
```

返回 XML 格式中各字段的详细说明如表 7-6 所示。

表 7-6　返回数据详细说明

标签名	名　称	类　型	长　度	备　注
Name	功能模块名称	字符	64	
Alltime	总响应时间	无符号整型	8	单位：ms
Name	逻辑层次名称	字符	64	
starttime	逻辑层次执行开始时间	字符	64	格式为：yyyy-mm-dd hh24:mi:ss
Endtime	逻辑层次执行结束时间	字符	64	格式为：yyyy-mm-dd hh24:mi:ss
Interval	执行时间	无符号整型	8	单位：ms
State	状态	字符	64	“成功”或“失败”

（2）平台策略配置

对 Portal 门户系统的工具与组件进行监控，在平台上配置 Portal 门户系统的监控频率，能够按照监控频度、指定监控时间进行设置；对事件的产生进行设置，配置功能不可用是否产生事件、事件的级别、事件优先级及告警通知的方式。

（3）平台数据采集

在业务软件系统监控平台后台配置文件：/soc/tomcat6/Webapps/soc/WEB-INF/classes/resourcel-config.properties 中，配置 Portal 门户系统发布的监控服务的 URL 地址，提供监控服务的 URL 地址对应配置文件中的参数：reductionPortalWS。

业务软件系统监控平台远程调用 Portal 门户系统发布的提供监控服务的接口：jpportalInfoQuery，返回 XML 格式结果：

```
<?xml version="1.0" encoding="UTF-8"?>
<userinfoResponse>
    <portalquery>0</portalquery>
    <portalqueryvalid>100</portalqueryvalid>
</userinfoResponse>
```

（4）运行状态数据实时分析

①门户有效访问率实时分析

在业务软件系统监控平台上显示 Portal 门户系统的门户有效访问率，使用百分数表示。

②应用服务功能可用性实时分析

在业务软件系统监控平台上显示 Portal 门户系统的应用服务功能可用性情况，图标为黄色表示功能可用，图标为灰色表示功能不可用，如果没有获得数据显示暂无数据。

（5）生成事件处理工单

生成故障性能事件后，按照运维管理的要求，对事件生成工单，并按照制定流程完成事件的处置。事件处理工单如图 7-16 所示。

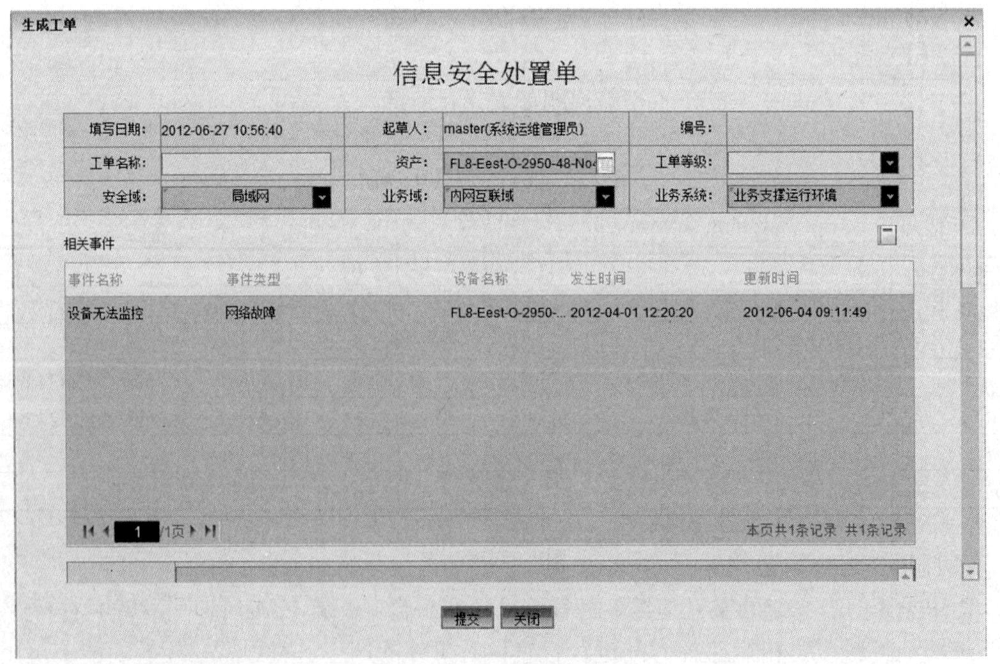

图 7-16　事件处理工单

7.4.3　用户目录组件监控方法

（1）Web Service 服务的发布

支撑平台提供用户目录管理工具的接口，返回的监控数据中包含目录大小、entry 大小的信息，详细的接口定义规范如下。

①功能描述

提供支撑平台中用户目录管理系统的目录大小、entry 大小。

②接口命名

public String　catalogInfoQuery() throws RemoteException

③请求参数说明

表 7-7 为请求参数说明。

表 7-7　请求参数说明

参数	参数名称	参数类型	备　注
startTime	开始时间	String	服务接口提供在开始时间和结束时间范围内的业务数据。时间格式："yyyy-mm-dd hh24:mi:ss"
endTime	结束时间	String	

④响应数据格式说明

返回 XML 格式如下。

```
<?xml version="1.0" encoding="UTF-8"?>
<userinfoResponse>
        <!—目录大小-->
        <catalogvlaue>      </catalogvlaue>
        <!--entry 大小-->
        <entervalue></entervalue>
</userinfoResponse>
```

返回 XML 格式中各字段的详细说明如表 7-8 所示。

表 7-8　返回数据详细说明

标签名	名　称	类　型	长　度	备　注
Catalogvlaue	目录大小	无符号整型	100	
Entervalue	entry 大小	无符号整型	100	

（2）平台策略配置

对业务支撑组件进行监控，在平台上配置业务支撑组件的监控频率，能够按照监控频度、指定监控时间进行设置；对事件的产生进行设置，配置功能不可用是否产生事件、事件的级别、事件优先级及报警通知的方式。

（3）平台数据采集

在业务软件系统监控平台后台配置文件：/soc/tomcat6/Webapps/soc/WEB-INF/classes/

resourcel-config.properties 中，配置支撑平台发布的用户目录管理工具监控服务的 URL 地址，提供用户目录管理工具监控服务的 URL 地址对应配置文件中的参数：supportForCatalogInfoQueryWS。

业务软件系统监控平台远程调用支撑平台发布的提供用户目录管理工具监控服务的接口：catalogInfoQuery，返回 XML 格式结果。

```
<?xml version="1.0" encoding="UTF-8"?>
<userinfoResponse><catalogvlaue>24</catalogvlaue><entervalue>140</entervalue></userinfo
Response>
```

（4）运行状态数据实时分析

在业务软件系统监控平台支撑平台监控界面上显示用户目录管理系统工具中的目录数量和记录数量，按照策略中配置的监控周期获取。

（5）事件生成

在监控平台的业务支撑组件监控模块中生成事件。事件信息包括：事件类型、功能模块、状态、发生时间、级别、优先级、恢复时间、持续时间、不可用次数。

（6）生成事件处理工单

生成故障性能事件后，按照运维管理要求，对事件生成工单，并按照制定流程完成事件的处置。事件处理工单如图 7-16 所示。

7.4.4 用户管理组件监控方法

（1）Web Service 服务的发布

支撑平台提供用户管理组件的监控接口，返回用户管理组件中的用户信息，详细的接口定义规范如下。

①功能描述

提供支撑平台中公共组件（用户组件）的组织、用户数量、组织版本、用户行为审核信息、用户同步信息。

②服务接口命名

public String userAplInfoQuery（String startTime，String endTime） throws RemoteException

③请求参数说明

表 7-9 为请求参数说明。

表 7-9 请求参数说明

参数	参数名称	参数类型	备 注
startTime	开始时间	String	服务接口提供在开始时间和结束时间范围内的业务数据。 时间格式：“yyyy-mm-dd hh24:mi:ss”
endTime	结束时间	String	

④响应数据格式说明

返回 XML 格式如下。

```
<?xml version="1.0" encoding="UTF-8"?>
<useraplResponse>
    <!—组织-->
    < organizations>
        <organization  name=""  version=""  usercount="">
            <!—用户信息-->
            <userinfo approvinfo="" synchronousinfo ="" ></ userinfo >
            <userinfo approvinfo="" synchronousinfo ="" ></ userinfo >
        </ organization  >
        <organization  name="" version="" >
            <!—用户信息-->
            <userinfo approvinfo="" synchronousinfo ="" ></ userinfo >
            <userinfo approvinfo="" synchronousinfo ="" ></ userinfo >
        </ organization  >
        <organization  name="" version="" >
            <!—用户信息-->
            <userinfo approvinfo="" synchronousinfo ="" ></ userinfo >
            <userinfo approvinfo="" synchronousinfo ="" ></ userinfo >
        </ organization  >
    </ organizations >
</ useraplResponse >
```

返回 XML 格式中各字段的详细说明如表 7-10 所示。

表 7-10　返回数据详细说明

标签名	名　称	类　型	长　度	备　注
organization	组织	字符	64	
version	组织版本	字符	64	
usercount	用户数量	无符号整型	38	
approvinfo	用户审批信息	字符	100	
synchronousinfo	用户同步信息	字符	100	

（2）**平台策略配置**

对支撑平台的工具与组件进行监控，在监控平台上配置业务支撑组件系统的监控频率，能够按照监控频度、指定监控时间进行设置；对事件的产生进行设置，配置功能不可用是否产生事件、事件的级别、事件优先级及报警通知的方式。

（3）**平台数据采集**

在业务软件系统监控平台后台配置文件：/soc/tomcat6/Webapps/soc/WEB-INF/classes/resourcel-config.properties 中，配置支撑平台发布的用户管理组件监控服务的 URL 地址，提供用户管理组件监控服务的 URL 地址对应配置文件中的参数：

supportForUserAplInfoQueryWS。

（4）运行状态数据实时分析

在业务软件系统监控平台支撑平台监控界面上显示用户管理组件的引擎状态，按照策略中配置的监控周期获取。

（5）事件生成

平台中支撑平台业务监控模块中生成事件。事件信息包括：事件类型、功能模块、状态、发生时间、级别、优先级、恢复时间、持续时间、不可用次数。

（6）生成事件处理工单

生成故障性能事件后，按照运维管理要求，对事件生成工单，并按照制定流程完成事件的处置。事件处理工单如图 7-16 所示。

7.4.5 工作流组件监控方法

（1）Web Service 服务的发布

支撑平台提供工作流软件的监控接口，返回工作流软件的运行状况，详细的接口定义规范如下。

①功能描述

提供支撑平台中工作流的引擎状态。

②接口命名

public String engineInfoQuery() throws RemoteException

③请求参数说明

无参数。

④响应数据格式说明

返回 XML 格式如下。

```
<?xml version="1.0" encoding="UTF-8"?>
<userinfoResponse>
        <!—工作流引擎状态-->
        <enginestate> </enginestate>
</userinfoResponse>
```

返回 XML 格式中各字段的详细说明如表 7-11 所示。

表 7-11 返回数据详细说明

标签名	名 称	类 型	长 度	备 注
enginestate	工作流引擎状态	无符号整型	100	0：无效 1：有效 2：未知

（2）平台策略配置

对支撑平台的工具与组件进行监控，在监控平台上配置业务支撑系统的监控频率，能够按照监控频度、指定监控时间进行设置；对事件的产生进行设置，配置功能不可用是否产生事件、事件的级别、事件优先级及报警通知的方式。

（3）平台数据采集

在业务软件系统监控平台后台配置文件：/soc/tomcat6/Webapps/soc/WEB-INF/classes/resourcel-config.properties 中，配置支撑平台发布的工作流软件监控服务的 URL 地址，提供工作流软件监控服务的 URL 地址对应配置文件中的参数：supportForEngineInfoQueryWS。

业务软件系统监控平台远程调用支撑平台发布的提供工作流软件监控服务的接口：engineInfoQuery，返回 XML 格式结果：

```
<?xml version="1.0" encoding="UTF-8"?>
<userinfoResponse><enginestate>1</enginestate></userinfoResponse>
```

（4）运行状态数据实时分析

在业务软件系统监控平台界面上显示工作流软件的引擎状态，按照策略中配置的监控周期获取。

（5）事件生成

平台中支撑平台业务监控模块中生成事件。事件信息包括：事件类型、功能模块、状态、发生时间、级别、优先级、恢复时间、持续时间、不可用次数。

（6）生成事件处理工单

生成故障性能事件后，按照运维管理要求，对事件生成工单，并按照制定流程完成事件的处置。事件处理工单如图 7-16 所示。

7.4.6　多维分析组件监控方法

（1）平台策略配置

配置多维分析工具 IBM Cognos 监控器，首先配置 URL 地址。在平台上添加此类监控器时，需要选择的监控器类型为 Enhance URL，提供服务的资产名称，配置需要监控的 HTTP（S）URL，轮询时间是平台监控频率，通常为 5 分钟。其配置界面如图 7-17 所示。

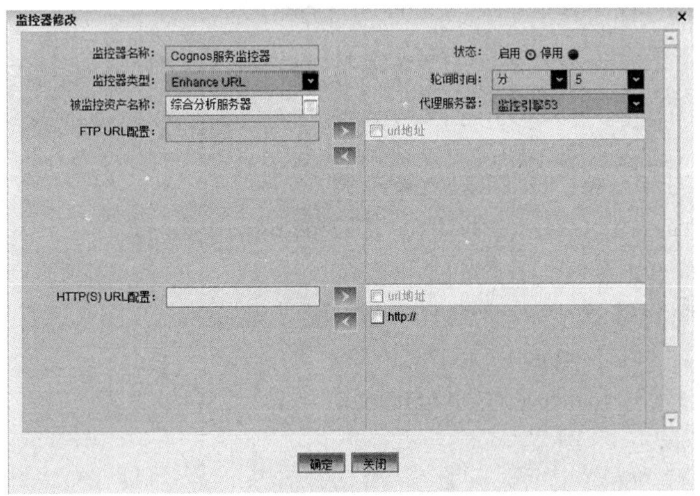

图 7-17　多维分析组件监控参数配置

（2）平台数据采集

使用 HttpURLConnection 类模拟 HTTPS 或 HTTP 协议访问多维分析工具 IBM Cognos 提供的服务 URL，通过判断返回值确定多维分析工具 IBM Cognos 是否运行正常，返回值为 200 时，确定工具与组件提供的服务运行正常，监控实现代码如下。

```
boolean flag = true;
if(URLString.toUpperCase().startsWith("HTTPS")) {
    /*使用 HTTPS 协议建立连接*/
    …….
    httpsConn =(HttpsURLConnection)(new URL(URLString).openConnection());
    httpsConn.setConnectTimeout(5000);
    long begin = System.currentTimeMillis();
    int code = httpsConn.getResponseCode();
    long end = System.currentTimeMillis();
    time =(end-begin) + "";
    if(code == 200) {
    /*通过判断返回标识,确定业务工具与组件运行是否正常*/
        flag = true;
    } else {
        flag = false;
    }
    try {
        /*检测结束后断开 HTTPS 连接*/
        httpsConn.disconnect();
    } catch(Exception e) {
    }
} else if(URLString.toUpperCase().startsWith("HTTP")) {
    /*使用 HTTP 协议建立连接不成功,使用 HTTP 协议建立连接*/
    HttpURLConnection httpConn = null;
    try {
        URL URL = new URL(URLString);
        httpConn =(HttpURLConnection) URL.openConnection();
        httpConn.setConnectTimeout(5000);
        long begin = System.currentTimeMillis();
        int code = httpConn.getResponseCode();
        long end = System.currentTimeMillis();
        time =(end-begin) + "";
        if(code == 200) {
        /*通过判断返回标识,确定业务工具与组件运行是否正常*/
```

```
            flag = true;
        } else {
                flag = false;
        }
    } catch(Throwable e) {
    ……
    } finally {
        try {
                /*检测结束后断开 HTTP 连接*/
                httpConn.disconnect();
        } catch(Exception e) {
        }
…….
}
/*返回检测结果,判断是否生成事件*/
return flag;
```

（3）运行状态数据实时分析

监控平台可实时展示分析 Congnos 组件的运行状态数据，包括：基本信息、URL 连接状态、故障事件。其监控展示如图 7-18 所示。

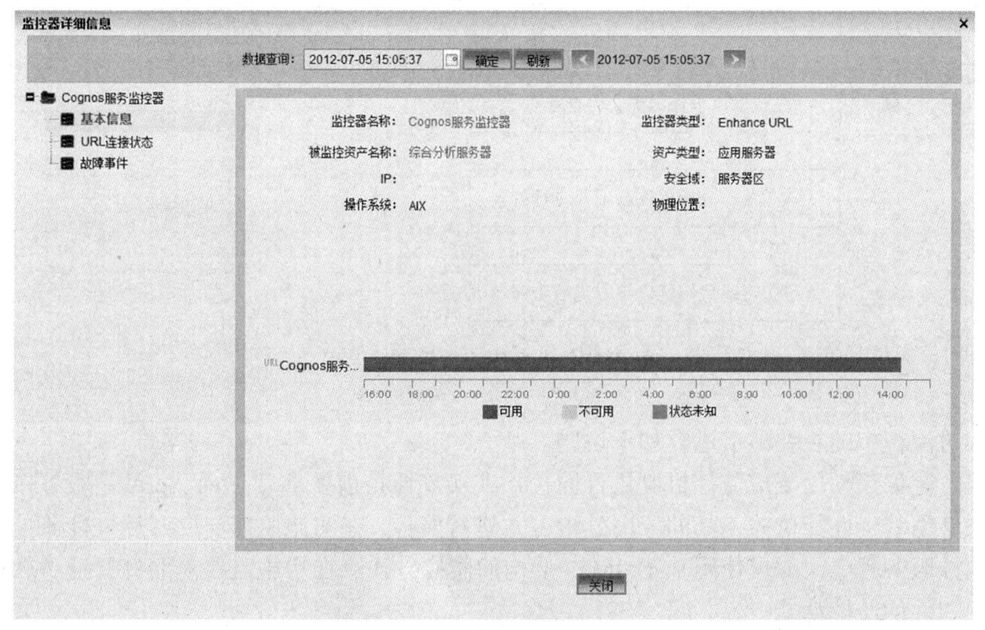

图 7-18　多维分析组件监控展示

（4）监控状态实时分析

平台实时监控多维分析工具否处于监控状态，当健康度为绿色时，代表平台可正常监控多维分析工具；当健康度为红色时，代表平台不能监控多维分析工具；当健康度为问号“？”时，代表平台无法判断是否能够正常监控多维分析工具。当健康度为红色或者问号“？”时，都需要管理员进行问题的排除。

（5）生成事件

针对 Congnos 组件出现的故障，平台会生成服务未启动的事件。

（6）生成事件处理工单

生成故障性能事件后，按照运维管理要求，对事件生成工单，并按照制定流程完成事件的处置。事件处理工单如图 7-16 所示。

7.5　业务应用软件监控技术应用

7.5.1　业务应用软件监控流程

业务软件系统监控平台针对业务应用系统的监控按图 7-19 所示的流程进行。

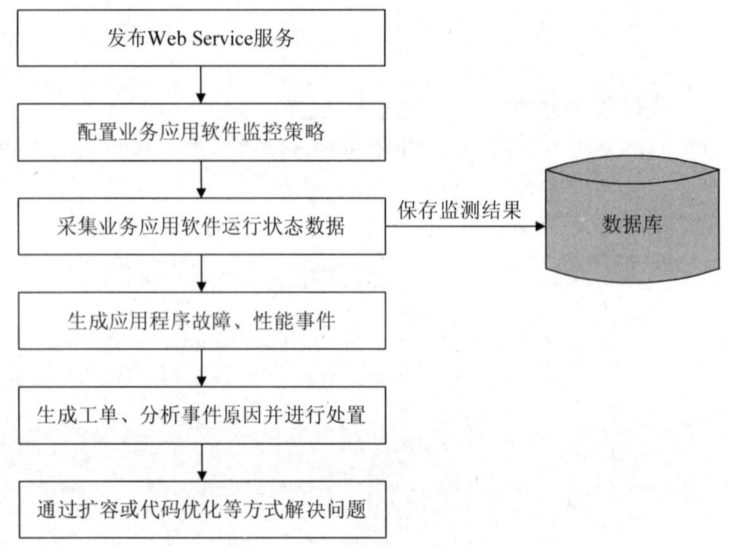

图 7-19　业务应用软件监控流程

对流程中的主要环节进行如下说明。

（1）如果使用集成监控机制进行监控，在实施监控前要部署 Web Service 服务接口；如果使用基于性能监控工具的应用分析方式进行监控，在实施监控前要开启性能监控工具的监控服务程序；如果使用基于 JMX 架构的监控方式，在实施监控前要打开业务软件系统中间件的监控功能。

（2）在平台上预先针对监控对象进行策略配置，设置数据采集周期及产生事件的策略。

（3）采集业务软件系统的运行状态数据。

（4）将一个周期内采集到的运行状态数据保存在数据库中，为日后统计分析提供数据来源，同时根据策略进行分析，生成故障、性能事件。

（5）将平台报出的事件生成工单，按照规定流程处置。

（6）结合业务软件系统基础软件的运行状态分析原因，通过系统扩容或代码优化等方式解决问题。

7.5.2　应用程序监控方法

（1）Web Service 服务的发布

业务软件系统提供监控关键应用程序的接口，返回关键功能是否可用，详细的接口定义规范如下。

①功能描述

业务软件系统执行各个功能模块的相关操作测试，并返回各个层的响应时间，以确认系统功能模块是否可用。

②服务接口命名

public String functionTestInfoQuery() throws RemoteException

由业务软件系统实现此方法并发布成 Web service 服务。

③请求参数说明

无参数。

④响应数据格式说明

返回 XML 格式如下。

```
<?xml version="1.0" encoding="UTF-8"?>
<functionResponse>
    <!-- 功能模块-->
    <modules>
        <module name="" alltime="">
            <!-- 每层的执行时间-->
            <gradation name="" starttime="" endtime="" interval="" state=""></gradation>
            <gradation name="" starttime="" endtime="" interval="" state=""></gradation>
        </module>
        <module name="" alltime="">
            <gradation name="" starttime="" endtime="" interval="" state=""></gradation>
            <gradation name="" starttime="" endtime="" interval="" state=""></gradation>
        </module>
        <module name="" alltime="">
            <gradation name="" starttime="" endtime="" interval="" state=""></gradation>
            <gradation name="" starttime="" endtime="" interval="" state=""></gradation>
        </module>
    </modules>
</functionResponse>
```

返回 XML 格式中各字段的详细说明如表 7-12 所示。

表 7-12 返回数据详细说明

标签名	名 称	类 型	长 度	备 注
name	功能模块名称	字符	64	
alltime	总响应时间	无符号整型	8	单位：ms
name	逻辑层次名称	字符	64	
starttime	逻辑层次执行开始时间	字符	64	格式为：yyyy-mm-dd hh24:mi:ss
endtime	逻辑层次执行结束时间	字符	64	格式为：yyyy-mm-dd hh24:mi:ss
interval	执行时间	无符号整型	8	单位：ms
state	状态	字符	64	“成功”或“失败”

（2）平台策略配置

对业务软件系统的应用程序进行监控，在平台上配置业务软件系统的监控频率，能够按照监控频度、指定监控时间进行设置；对事件的产生进行设置，配置功能不可用是否产生事件、事件的级别、事件优先级及报警通知的方式。

（3）平台数据采集

在业务软件系统监控平台后台配置文件：/soc/tomcat6/Webapps/soc/WEB-INF/classes/resourcel-config.properties 中，配置业务软件系统发布监控关键应用程序可用性的接口的 URL 地址，提供业务软件系统关键应用程序可用性监控的 URL 地址对应配置文件中的参数：environmentalWS。

业务软件系统监控平台远程调用业务软件系统发布的关键应用程序可用性监控服务的接口：functionTestInfoQuery，返回 XML 格式结果。

```
<?xml version="1.0" encoding="UTF-8"?>
<userinfoResponse>
  <portalquery>0</portalquery>
  <portalqueryvalid>100</portalqueryvalid>
</userinfoResponse>
```

（4）运行状态数据实时分析

在业务软件系统监控平台业务软件系统监控界面上显示关键功能响应情况，并统计关键性能趋势图，如图 7-20 所示。

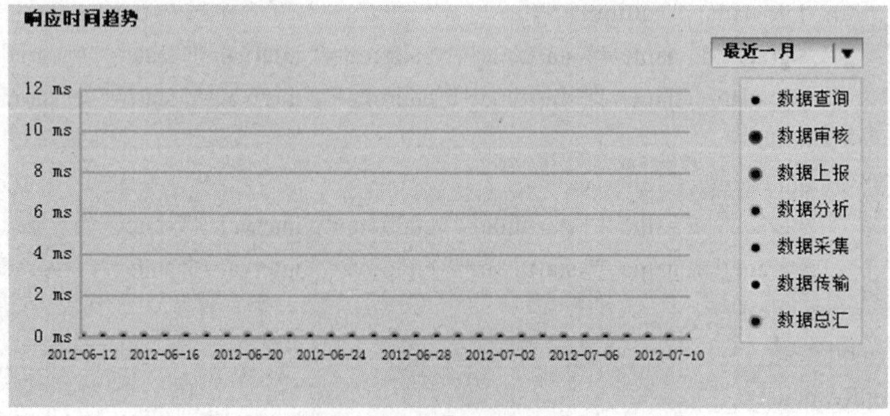

图 7-20 关键性能趋势图

（5）生成事件处理工单

生成故障性能事件后，按照运维管理要求，对事件生成工单，并按照制定流程完成事件的处置。事件处理工单如图 7-16 所示。

7.5.3　业务数据监控方法

（1）Web Service 服务的发布

业务数据监控包括上报情况监控、数据采集统计，业务软件系统提供业务数据的监控接口，详细的接口定义规范如下。

①业务情况监控服务接口定义规范—上报情况监控

- 功能描述

返回在一定时间范围内业务软件系统上报情况业务的执行情况。

- 服务接口命名

public String businessReportInfoQuery（String startTime，String endTime） throws RemoteException

- 请求参数说明

表 7-13 为请求参数说明。

表 7-13　请求参数说明

参数	参数名称	参数类型	备　注
startTime	开始时间	String	服务接口提供在开始时间和结束时间范围内的业务数据。
endTime	结束时间	String	时间格式：“yyyy-mm-dd hh24:mi:ss”

- 响应数据格式说明

返回 XML 格式如下。

```
<?xml version="1.0" encoding="UTF-8"?>
<businessinfoResponse>
    <!--状态集合-->
    <statusinfos>
      <status  time=""  summation=""repeat=""success=""></status>
      <status  time=""  summation=""repeat=""success=""></status>
    </statusinfos>
</businessinfoResponse>
```

返回 XML 格式中各字段的详细说明如表 7-14 所示。

表 7-14　返回数据详细说明

标签名	名　称	类　型	长　度	备　注
time	上报时间	字符	64	格式为：yyyy-mm-dd hh24:mi:ss
summation	上报数量	无符号整型	8	
repeat	重复数量	无符号整型	8	
success	成功数量	无符号整型	8	

②业务情况监控服务接口定义规范—数据采集统计

- 功能描述

返回在一定时间范围内业务软件系统数据采集业务的执行情况。

- 服务接口命名

public String businessDateStatisticsInfoQuery（String year） throws RemoteException

- 请求参数说明

表 7-15 为请求参数说明。

表 7-15 请求参数说明

参数	参数名称	参数类型	备　注
year	年份	String	数据统计年份

- 响应数据格式说明

返回 XML 格式如下。

```
<?xml version="1.0" encoding="UTF-8"?>
<businessinfoResponse>
    <!--数据范围-->
    <datascope>
        <datas type=""   count=""></datas>
        <datas type=""   count=""></datas>
    </datascope>
</businessinfoResponse>
```

返回 XML 格式中各字段的详细说明如表 7-16 所示。

表 7-16 返回数据详细说明

标签名	名　称	类　型	长　度	备　注
type	类型	字符	64	组织名称
count	数量	无符号整型	8	单位：个

（2）平台策略配置

对业务软件系统的应用程序进行监控，在平台上配置业务软件系统的监控频率，能够按照监控频度、指定监控时间进行设置；对事件的产生进行设置，配置功能不可用是否产生事件、事件的级别、事件优先级及报警通知的方式。

（3）平台数据采集

在业务软件系统监控平台后台配置文件：/soc/tomcat6/Webapps/soc/WEB-INF/classes/resourcel-config.properties 中，配置业务软件系统发布业务数据监控的接口的 URL 地址，提供业务软件系统的业务数据监控接口 URL 地址对应配置文件中的参数：environmentalWS。

业务软件系统监控平台远程调用业务软件系统发布的上报情况监控的接口：businessDateStatisticsInfoQuery，返回 XML 格式结果如下。

```
<? xml version="1.0" encoding="UTF-8"? >
<businessinfoResponse>
<datascope>
<datas type="组织 1" count="0"></datas>
<datas type="组织 2" count="0"></datas>
<datas type="组织 3" count="0"></datas>
</datascope>
</businessinfoResponse>
```

业务软件系统监控平台远程调用业务软件系统发布的上报情况监控的接口：businessReportInfoQuery，返回 XML 格式结果。

（4）运行状态数据实时分析

在业务软件系统监控平台业务软件系统监控界面上显示上报情况、数据采集统计情况即统计趋势图。

（5）生成事件处理工单

生成故障性能事件后，按照运维管理要求，对事件生成工单，并按照制定流程完成事件的处置。事件处理工单如图 7-16 所示。

7.5.4 统计分析系统监控方法

（1）Web Service 服务的发布

统计分析系统提供监控关键应用程序的接口，返回关键功能是否可用，详细的接口定义规范如下。

①功能描述

统计分析系统执行各个功能模块的相关操作测试，并返回各个层的响应时间，以确认系统功能模块是否可用。

②服务接口命名

public String　functionTestInfoQueryPollution() throws RemoteException

③请求参数说明

无参数。

④响应数据格式说明

返回 XML 格式如下。

```
<?xml version="1.0" encoding="UTF-8"?>
<functionResponse>
    <!-- 功能模块-->
    <modules>
        <module name="" alltime="">
```

```
        <!-- 每层的执行时间-->
        <gradation name="" starttime="" endtime="" interval="" state=""></gradation>
        <gradation name="" starttime="" endtime="" interval="" state=""></gradation>
    </module>
    <module name="" alltime="">
        <gradation name="" starttime="" endtime="" interval="" state=""></gradation>
        <gradation name="" starttime="" endtime="" interval="" state=""></gradation>
    </module>
    <module name="" alltime="">
        <gradation name="" starttime="" endtime="" interval="" state=""></gradation>
        <gradation name="" starttime="" endtime="" interval="" state=""></gradation>
    </module>
  </modules>
</functionResponse>
```


返回 XML 格式中各字段的详细说明如表 7-17 所示。

表 7-17　返回数据详细说明

标签名	名　称	类　型	长　度	备　注
name	功能模块名称	字符	64	
alltime	总响应时间	无符号整型	8	单位：ms
name	逻辑层次名称	字符	64	
starttime	逻辑层次执行开始时间	字符	64	格式为：yyyy-mm-dd hh24:mi:ss
endtime	逻辑层次执行结束时间	字符	64	格式为：yyyy-mm-dd hh24:mi:ss
interval	执行时间	无符号整型	8	单位：ms
state	状态	字符	64	“成功”或“失败”

（2）**平台策略配置**

对统计分析系统的应用程序进行监控，在平台上配置统计分析系统的监控频率，能够按照监控频度、指定监控时间进行设置；对事件的产生进行设置，配置功能不可用是否产生事件、事件的级别、事件优先级及报警通知的方式。

（3）**平台数据采集**

在业务软件系统监控平台后台配置文件：/soc/tomcat6/Webapps/soc/WEB-INF/classes/resourcel-config.properties 中，配置统计分析系统发布监控关键应用程序可用性的接口的 URL 地址，提供统计分析系统关键应用程序可用性监控的 URL 地址对应配置文件中的参数：datamanageWS。

业务软件系统监控平台远程调用数据管理与综合分析系统发布的关键应用程序可用性监控服务的接口：functionTestInfoQueryPollution，返回 XML 格式结果如下。

```
<?xml version="1.0" encoding="UTF-8"?>
<functionResponse>
  <modules>
    <module name="任务一" alltime="3282">
      <gradation name="功能一" starttime="23068579498949042"
endtime="23068579498952324" interval="3282" state="成功"/>
    </module>
    <module name="任务二" alltime="3125">
      <gradation name="功能二" starttime="23068579707345779"
endtime="23068579707348904" interval="3125" state="成功"/>
    </module>
    <module name="任务三" alltime="3258">
      <gradation name="功能三" starttime="23068579908691550"
endtime="23068579908694808" interval="3258" state="成功"/>
    </module>
    <module name="任务四" alltime="2972">
      <gradation name="功能四" starttime="23068580107569916"
endtime="23068580107572888" interval="2972" state="成功"/>
    </module>
    <module name="任务五" alltime="2527">
      <gradation name="功能五" starttime="23068580309072146"
endtime="23068580309074673" interval="2527" state="成功"/>
    </module>
    <module name="任务六" alltime="2763">
      <gradation name="功能六" starttime="23068580513094123"
endtime="23068580513096886" interval="2763" state="成功"/>
    </module>
    <module name="任务七" alltime="2469">
      <gradation name="功能七" starttime="23068580715045716"
endtime="23068580715048185" interval="2469" state="成功"/>
    </module>
    <module name="任务八" alltime="3268">
      <gradation name="功能八" starttime="23068580916239773"
endtime="23068580916243041" interval="3268" state="成功"/>
    </module>
    <module name="任务九" alltime="2719">
      <gradation name="功能九" starttime="23068581116996529"
endtime="23068581116999248" interval="2719" state="成功"/>
```

```
    </module>
    <module name="任务十"alltime="3332">
      <gradation name="功能十" starttime="23068581322707341"
endtime="23068581322710673" interval="3332" state="成功"/>
    </module>
    <module name="任务十一" alltime="2788">
      <gradation name="功能十一" starttime="23068581709616585"
endtime="23068581709619373" interval="2788" state="成功"/>
    </module>
  </modules>
</functionResponse>
```

（4）运行状态数据实时分析

在业务软件系统监控平台统计分析系统监控界面上显示关键功能响应情况即统计趋势图。

（5）生成事件处理工单

生成故障性能事件后，按照运维管理要求，对事件生成工单，并按照制定流程完成事件的处置。事件处理工单如图 7-16 所示。

7.5.5　地理信息系统监控方法

（1）平台策略配置

①建立 GIS 服务器 URL 监控器，配置需要监控的提供 GIS 服务功能的 URL，其配置用户接口如图 7-21 所示。

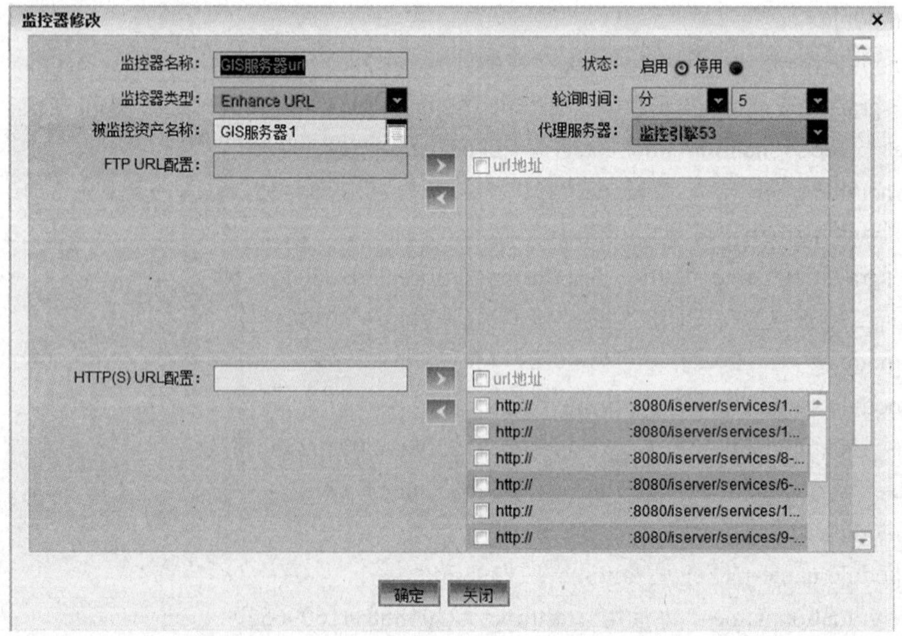

图 7-21　地理信息系统 URL 配置用户接口

②在“系统参数→业务监控配置→其他业务软件系统配置”界面的地理信息系统部分，配置监控频度、选择监控器。

③在“系统参数→业务监控配置→地理信息系统 URL 配置”界面上配置地理信息系统需要监控 URL 的服务名称、服务类型。

（2）平台数据采集

使用 HttpURLConnection 类自动使用 HTTPS 或 HTTP 协议访问地理信息系统提供服务的 URL，通过判断返回值确定地理信息系统提供的服务是否运行正常，返回值为 200 时，确定应用程序提供的服务运行正常。

（3）运行状态数据实时分析

在“业务监控→地理信息系统”界面上显示地理信息系统被监控服务的可用性。其中黄色表示可用，灰色表示不可用，监控不到时显示“暂无数据显示”。

（4）事件生成

当服务不可用时，在“业务监控→地理信息系统”界面上显示不可用服务的列表。

（5）生成事件处理工单

生成故障性能事件后，按照运维管理要求，对事件生成工单，并按照制定流程完成事件的处置。事件处理工单如图 7-16 所示。

7.5.6　其他类业务系统监控方法

其他类业务系统监控方法类似，通常按照如下方式操作。

（1）Web Service 服务的发布

系统提供监控关键应用程序的接口，返回关键功能是否可用，详细的接口定义规范如下。

①功能描述

系统执行各个功能模块的相关操作测试，并返回各个层的响应时间，以确认系统功能模块是否可用。

②服务接口命名

public String　functionTestInfoQuery()throws RemoteException

③请求参数说明

无参数。

④响应数据格式说明

返回 XML 格式如下：

```
<?xml version="1.0" encoding="UTF-8"?>
<functionResponse>
    <!-- 功能模块-->
    <modules>
        <module name="" alltime="">
            <!-- 每层的执行时间-->
            <gradation name="" starttime="" endtime="" interval="" state=""></gradation>
            <gradation name="" starttime="" endtime="" interval="" state=""></gradation>
```

```
        </module>
        <module name="" alltime="">
            <gradation name="" starttime="" endtime="" interval="" state=""></gradation>
            <gradation name="" starttime="" endtime="" interval="" state=""></gradation>
        </module>
        <module name="" alltime="">
            <gradation name="" starttime="" endtime="" interval="" state=""></gradation>
            <gradation name="" starttime="" endtime="" interval="" state=""></gradation>
        </module>
    </modules>
</functionResponse>
```

返回 XML 格式中各字段的详细说明如表 7-18 所示。

表 7-18 返回数据详细说明

标签名	名 称	类 型	长 度	备 注
name	功能模块名称	字符	64	必须字段
alltime	总响应时间	无符号整型	8	非必须字段，单位：ms
name	逻辑层次名称	字符	64	非必须字段
starttime	逻辑层次执行开始时间	字符	64	非必须字段，格式为：yyyy-mm-dd hh24:mi:ss
endtime	逻辑层次执行结束时间	字符	64	非必须字段，格式为：yyyy-mm-dd hh24:mi:ss
interval	执行时间	无符号整型	8	非必须字段，单位：ms
state	状态	字符	64	必须字段，“成功”或“失败”

（2）平台策略配置

对系统的应用程序进行监控，在平台上配置系统的监控频率，能够按照监控频度、指定监控时间进行设置；对事件的产生进行设置，配置功能不可用是否产生事件、事件的级别、事件优先级及报警通知的方式。

（3）平台数据采集

在业务软件系统监控平台后台配置文件：/soc/tomcat6/Webapps/soc/WEB-INF/classes/resourcel-config.properties 中，配置系统发布监控关键应用程序可用性的接口的 URL 地址，提供系统关键应用程序可用性监控的 URL 地址对应配置文件中的参数：constructionWS。

业务软件系统监控平台远程调用系统发布的关键应用程序可用性监控服务的接口：functionTestInfoQuery，返回 XML 格式结果。

（4）运行状态数据实时分析

在业务软件系统监控平台业务系统监控界面上显示关键功能响应情况即统计趋势图。

（5）生成事件处理工单

生成故障性能事件后，按照运维管理要求，对事件生成工单，并按照制定流程完成事件的处置。事件处理工单如图 7-16 所示。

参考文献

[1] Nicolas Pessemier，Lionel Seinturier，Laurence Duchien. A component-based and aspect-oriented model for software evolution. Computer Applications in Technology，2008.

[2] Zhang Zhixiang，Yao Zhenxing，Kong Jie. Case Study 0n Dynamic Evolution of Software Based on AOP. Information Engineering，2009.

[3] Jiang Haihua，Lv Hai，Wang Nan，et al. A Performance Monitoring Solution for Distributed Application System Based on JMX. 2010 Ninth International Conference on Grid and Cloud Computing. 2010.

[4] Ron Bodkin. Performance monitoring with AspectJ. http://www.ibm.com/developerworks. 2005.

[5] Zhang J Y，Chen Q M. Survey on Performance and Safety of SOAP. Computer Technology and Development，2009.

[6] 万灿军，李长云，贺宗梅．分布式软件的交互行为监测机制的研究．计算机工程与应用，2011.

[7] 张玮．组件技术在门户系统中的应用研究．南昌大学，2007.

[8] 徐理．基于 AOP 的应用软件监控技术研究．国防科学技术大学，2008.

[9] 费洪晓，等．网络应用软件监控系统中管理代理的设计与实现．计算机系统应用，2006.

[10] 彭中．基于 AOP 的软件性质监控技术研究．国防科学技术大学，2008.

第 8 章　环境保护信息系统运维体系实践

为保障环境保护信息系统能够长期、稳定、高效运行，为环境管理业务提供高质量的信息服务，通过建设基于广域网的环境保护信息系统运维体系，保证分布式应用系统持续、高效、稳定运行，加强系统运行维护阶段的运行维护体系的建设，努力形成一套应用主导、服务到位、运作规范、保障有效的环境保护信息系统运行维护模式，在出现故障信息时能够通过监控系统的主动通知，从而快速解决系统故障，保障系统稳定运行。

8.1　建设背景

8.1.1　项目背景

近年来随着我国经济的迅猛发展以及广大民众针对环境保护需求的不断提升，环境保护信息化建设取得了前所未有的成就，步入了一个崭新的时代，环境保护信息化规模随着建设项目的逐渐增加而日益庞大，使得信息化需求也逐步迈向多元化、层次化。当前信息化建设已经深入环境保护的核心业务，为了确保业务稳定、可靠并快速、有效地开展，经常需要运用多个信息系统进行辅助支撑。但是，目前整体运维管理服务与环境保护核心业务系统的集成程度并不理想，信息化系统运行维护的管理水平也相对滞后。总体存在问题如下：

（1）运维管理工作缺乏绩效考核标准，职责不清。

（2）信息系统资产管理手段欠缺，设备和软件资产众多，但缺乏信息化管理手段，多数还停留在人工管理的范畴。

（3）运维管理缺乏流程保障，维护人员忙于应急事件，缺乏事先预警和主动服务。

（4）重系统建设，轻系统管理，维护人员水平参差不齐，运维质量难以保障，容易引起业务部门的不满。

（5）没有建立知识库和事件库，系统运维过度依赖个人经验，人员流失易造成故障解决速度。

因此需要构建环境保护信息系统运维体系，实现对主机、数据库、中间件、支撑平台、地理信息系统平台、数据库平台、政务类管理系统、业务类管理系统的实时全方位监控、预警、问题诊断、辅助故障处理。同时本平台也将为标准化体系、安全保障体系、运行维护体系建设提供支撑服务。从根本上提高环境保护应用系统的运维管理水平，为各级环境保护管理部门使用应用系统提供有力保障；同时，加强应用系统维护能力、提高应用系统维护工作效率、改善应用系统维护工作的质量，进而保证各应用系统维护水平的可持续性提升。具体应达到如下目标：

（1）全面了解政务类、业务类管理系统的运行状况。

（2）快速发现应用系统问题，提供基于运维工单、实时展示、邮件等故障预警机制，及时通知相关系统管理人员。

（3）发现问题快速定位，与知识库关联分析，辅助问题快速处理。

（4）定期统计监控对象的运维监控数据，为业务系统优化、运维规划提供数据依据。

8.1.2　建设原则

（1）实用性

采用成熟技术，按照建设目标要求，选择切实可行的设备或软件选型。对现有的被管对象的性能和其上运行的业务不会产生影响的前提下，通过对被管对象的关键性能指标的监控，实现对其运行状态的监控与维护管理。系统功能应重点突出、简洁实用，能够切实提高系统的维护工作效率，预防并降低被管设备故障的发生，保证被管设备及其承载业务的正常稳定运行。

（2）可靠性

环境保护信息系统运维体系应该在系统结构、设计方案、设备选择、技术服务等方面综合考虑，保证系统能够安全无故障运行，系统应有很好的容错功能；对 IT 资源的监测应保证不影响相关设备和系统的正常良好运行，并实现最好的响应效率及最小的资源占用。

（3）可扩展性

建设应能满足环境保护未来一段时期的信息系统运维管理需要，具有良好的可扩展能力。

（4）开放性

采用符合国际国内标准的通用协议，为实现与其他系统监控软硬件互联或接入本系统进行监控提供接口，支持各种主流计算机平台、操作系统以及数据库厂商的各类软硬件产品。

（5）可维护性

系统应具有简单、方便的维护和管理手段，尽量减少维护和管理环节。

（6）安全性

按照国家信息安全等级保护相关规定和技术要求进行设计、建设。

8.2　环境保护信息系统运维体系规划

8.2.1　指导思想

针对环境保护信息系统运维管理体系规划采用信息服务体系层次模型作为具体规划的指导思想。信息服务体系层次模型提供了一种规划、设计和评估信息服务体系的结构性思想方法，它可以帮助决策者和体系设计者从策略、模式、职能、流程以及 IT 系统等不同层面自上而下地对整个服务体系进行梳理和设计。这套模型可以为环境保护部运维管理体系规划提供有价值的指导思想，可以指导运维管理体系的规划和设计。

（1）策略层

根据业务需求和信息化建设战略规划，明确运维管理的未来发展目标、定位、要求和服务内容等，并在此基础上形成指导运维管理标准化体系的发展策略。具体的发展策略如：运维管理流程体系参照 ITIL 模型建立。

（2）模式层

从客户和用户的体验出发，根据运维管理的未来发展目标、定位、要求和服务内容，规划和设计运维管理的整体运作模式。大的模式划分如：

①集中运维；

②分散运维，集中管控。

（3）职能层

根据运维管理的整体运作模式，设计整个运维管理职能体系以及各个模块的职能要求，同时，根据职能和运作模式的设计，提出一整套层次化的绩效考评体系（KPI）。具体的职能如：

①服务管理职能；

②服务支持职能。

（4）流程体系层

根据运维管理的整体运作模式和高层职能设计，规划和制定运维管理流程体系。需要所有流程采用一套层次化的方法论设计，以保证流程体系的完整性（接口完整）、可执行性、可扩展性、可调整性。具体的流程如：

①服务运维类流程，如事件管理流程、问题管理流程；

②服务开发与部署类流程，如变更管理流程。

（5）IT 系统层

设计运维管理体系架构，设计、实施运维管理的支撑系统，实现服务运作模型的自动化和各服务功能的紧密衔接，以及数据的集中处理分析等，以有效地支撑运维管理的运作和管理。具体的 IT 系统如：

①统一的监控管理系统；

②统一的服务管理系统；

③统一的自动化调度系统。

8.2.2　策略层

通过对环境保护信息系统运维管理的定位和管理现状的评估分析，提出以下思路作为定位信息服务管理发展目标的参考：

发展目标 1：实现业务的高效稳定运作。

发展目标 2：信息服务管理成本合理可控。

发展目标 3：驱动新的服务并适应变化的业务模式。

根据国内外运维管理体系的发展趋势并结合环境保护信息系统运维管理的特点，为实现上述发展目标，形成如表 8-1 所示的运维管理发展策略作为运维管理体系设计的依据。

表 8-1　运维管理发展策略

编号	描　述
策略 1	建立符合内控要求的运维管理体系
策略 2	运维管理体系应该和环境保护整体信息化建设规划要求相适应，并考虑管理现状，分步骤、有选择地在 2～3 年内建立一个初步完善的体制
策略 3	运维管理职能体系中的组织架构设置目标是逐步建立适应未来 IT 运维管理模式的组织架构
策略 4	运维管理职能体系中的岗位设置目标是运维管理中心的角色和职能划分明确，加强专业性，提高工作效率
策略 5	运维管理流程体系参照 ITIL 模型建立
策略 6	建立与运维管理流程体系相适应的一体化集中运维管理系统

8.2.3　模式层

运维管理的对象包括业务的维护支撑，以及 IT 基础设施（广域网络、局域网络、数据中心、主机设备、存储、终端、数据库、操作系统和终端软件）的维护服务。

针对上述运维管理对象的管理模式包含两方面的内容：一方面是运维的管理模式；另一方面是技术模式。

（1）服务管理模式规划思路

环境保护信息系统运维管理模式将伴随着业务应用系统运维管理平台的建设初步形成集中化管理模式。运维管理中心负责对 IT 系统的上线、IT 系统的故障、IT 系统的变更、IT 系统的配置、IT 系统的安全、IT 维护服务质量进行管理。同时，具体的执行职能也由其担任。

结合当前运维管理模式发展趋势，这一模式在建设基于 ITIL 的服务管理流程体系过程中能发挥更大的作用和价值。

（2）运维管理模式规划思路

环境保护信息系统运维管理 IT 维护对象的运维模式均以分散运维为主。当然，目前的分散运维有它的历史原因，并且在一定程度上有其存在的合理性。

结合当前运维管理模式发展趋势，提出"逐步建立统一服务台，分层运维支持"模式。在客户可以感知的层面，尽快建立统一的服务台界面接口，如公布统一的故障申告、服务申请电话。在整个系统应用范围内，开展统一受理故障事件和服务请求。

在这种调整思路下，后台运维组织不用做大的调整，只需按事件流程设计进行相应的角色匹配，主要依靠纸质或电子表格实现服务台和后台运维人员的工作流接口，具体如图 8-1 所示。

服务台本身是一个平台角色定义，对应于具体的人员可根据系统运维实际需要安排人员。这种服务台模式的好处是：

①该模式在事件流程前期推广阶段比较容易实现，也易于流程建立后的执行；

②从用户角度实现了各部门业务受理的统一号码接入，能够提升客户服务体验和客户满意度；

③服务台实现了对信息支撑工作的统一记录、知识库积累、事件处理跟踪、以工单流转来加强部门间协同工作能力，及各种客观数据/报表的形成。

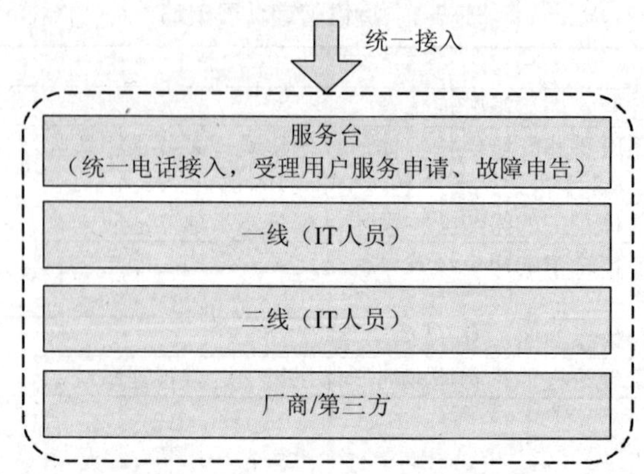

图 8-1 基于服务台的运维管理模式

8.2.4 职能层

根据发展策略，运维管理职能体系中的组织架构设置目标是逐步建立适应未来运维管理模式的组织架构。未来集中运维模式演变会导致运维管理职能体系发生相应的调整。

运维管理体系的建立对相应组织结构的要求将体现在具体流程设计中，体现在对为流程而设定的人员角色和职责要求中。

8.2.5 流程体系层

流程体系实现模型为环境保护信息系统运维管理进行流程应用落地提供方法论指导，对流程的实施步骤和实施时机提出了初步规划设计。

（1）**服务管理流程体系实现模型**

需要采用分层流程体系，通过将流程进行从下向上逐级抽象化和标准化，从上向下逐级具体化和针对性，来进行流程实现。典型的分层流程体系如图 8-2 所示。

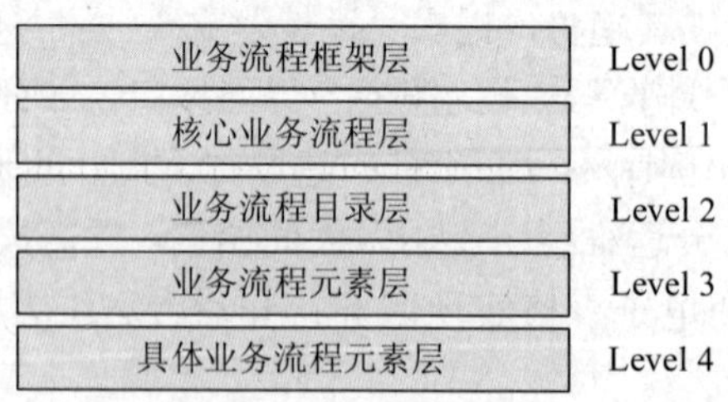

图 8-2 分层流程体系

第 0 层为业务流程框架层，负责阐述运维管理中主体流程管理原则与方法。在此采用信息服务管理最佳实践 ITIL 作为运维管理流程体系的主体框架。

第 1 层为核心业务流程层，是对于运维管理而言最为核心的主流程。

第 2 层为业务流程目录层，对核心业务流程的具体组成进行分类细化，并以业务的视角呈现出完整的业务流程目录树，业务表单列表则是业务流程目录的一种表现形式。

第 3 层为业务流程元素层，对全体范围内所必须强制执行和遵守的流程，通过形式化流程建模和各种流程元素（例如：表单、输入、输出、功能、各种角色、指标、度量、逻辑因素，以及时间因素等）进行标准化的阐述，通过该方式对个别有特殊需求的业务流程进行实例化，既保证了流程的整体统一性，又满足了流程个性化需要。

第 4 层为具体业务流程元素层，适用于具体业务部门结合自身业务需求和本地特点对统一要求的业务流程（第 3 层）进行完全兼容性扩展。

如果存在更为细致的业务需求差异，可以在第 4 层流程元素的基础上继续扩展出第 5 层更为详细的流程元素层，甚至更深的层次。

（2）**服务管理流程分阶段建设**

基于对环境保护信息系统运维管理现状的评估结果，需要将运维管理流程分阶段进行建设，具体如图 8-3 所示。

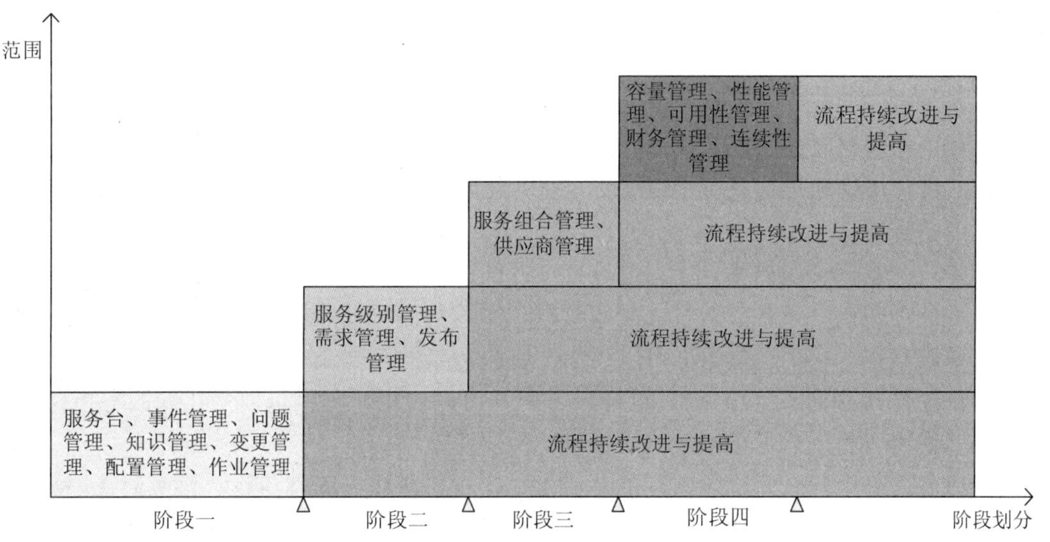

图 8-3　运维管理流程建设阶段规划

阶段一：建立统一的事件管理流程、问题管理流程、知识管理流程、变更管理流程、配置管理流程、作业管理流程，为后期流程的建设打下良好的基础。

引入事件管理流程主要是为了规范故障处理过程，减小故障对日常工作和业务的影响，快速提高系统可用性和信息用户满意度；引入问题管理主要是为了减少 IT 基础架构和信息系统存在的缺陷的问题，减少重复故障的发生，提高信息系统的稳定性。知识管理可以在故障处理、问题诊断的过程中产生、积累知识，快速提高运维效率；引入需求管理主要是为了对用户需求进行统一收集管理，一方面使需求能够真正成为业务系统和 IT 基础架构管理的基线，另一方面使 IT 计划、活动和交付物同用户需求保持一致，保证需求实施质量。引入变更管理流程是为了规范所有对信息系统生产环境的变更，从而保证由于变更而引起的对生产环境的影响降到最小，提高信息系统及服务的质量，为业务的快速发展提供更优质的信息服务。变更管理主要包括变更评估规划、变更初审、变更审批、变更排期、变更实施、变更回顾与关闭等步骤。

引入配置管理流程的主要目的是通过建立、监控和维护配置管理数据库，正确识别所有配置项，记录配置项当前和历史状态，为信息服务运营和管理实现提供坚实的数据支撑和保障。

作业管理流程为信息生产环境的日常运行维护建立更加规范和高效的运作，为信息服务的实施提供稳定、安全的基础。它涵盖了事件监控、用户管理、备份/恢复管理、作业管理、补丁管理等管理活动以及针对各种技术平台的管理。通过作业管理流程和规范的设计实施，IT运营支持员工可以很清楚了解日常运行维护的最佳实践标准和操作规程，这对提供可持续改进的运维服务至关重要。

这几个流程的应用和实施不会给运维管理中心现有组织架构带来改变，只要根据流程设计进行相应的匹配，通过 IT 运维管理系统即可实现流程的有效流转，快速获得统一标准化流程带来的效果。

阶段二：在阶段一目标实现的基础上，实现服务级别管理流程、发布管理流程、需求管理流程。

发布管理主要包括上线前规划、上线前准备、系统测试、用户测试、上线申请与审批、试点运行、系统推广和系统上线流程评估等步骤。引入发布管理流程的主要目的是通过规范操作流程，平稳地进行系统上线变更，从而化解和控制此类变更可能产生的风险，满足业务发展的需要。

在阶段一目标实现的基础上，通过持续性的服务运维和定期的服务绩效分析，建立丰富的事件处理数据、设备故障发生频率数据、平均解决时长数据、服务目录（事件分类）数据等基础数据。利用这些数据可以逐步开展服务级别管理流程的设计，在适当的时候同用户签订服务级别协议（SLA）。这样一方面，可以向用户提供可以量化的服务指标；另一方面，也可以将用户尽可能地约束在既定的服务范围内。

阶段三：在阶段二目标阶实现的基础上，实现服务组合管理流程、供应商管理流程。

供应商管理是对第三方厂商进行考核和管理，通过量化考核、服务支撑合同保证和提高第三方服务质量。

阶段四：前三个阶段完成后，逐步实现容量管理流程和性能管理流程、连续性管理流程、可用性管理流程、财务管理流程，逐步将运维管理的价值在业务中真正得到体现。

根据业务情况和信息的支持能力与以往的支持数据，能够预测、监控和管理系统的性能，预测系统增长的需要，进行性能分析，为系统扩容等提供数据和判断的依据；同时，能够对 IT 运维的可用程度和持续性进行管理。

对运维管理流程的主要改进方向应当是分阶段选择 ITIL 流程统一实现；加强对内培训和对外沟通，使这些统一流程真正投入运用；建立对信息流程监控和度量机制；最终建立流程可持续优化机制，通过自动化系统支持流程的最高境界。

8.2.6 系统层

未来环境保护信息系统运维管理体系的发展目标是建立与运维管理流程体系相适应的一体化集中信息服务管理平台。根据前面流程规划，对未来业务应用系统运维管理平台提出系统规划。具体如图 8-4 所示。

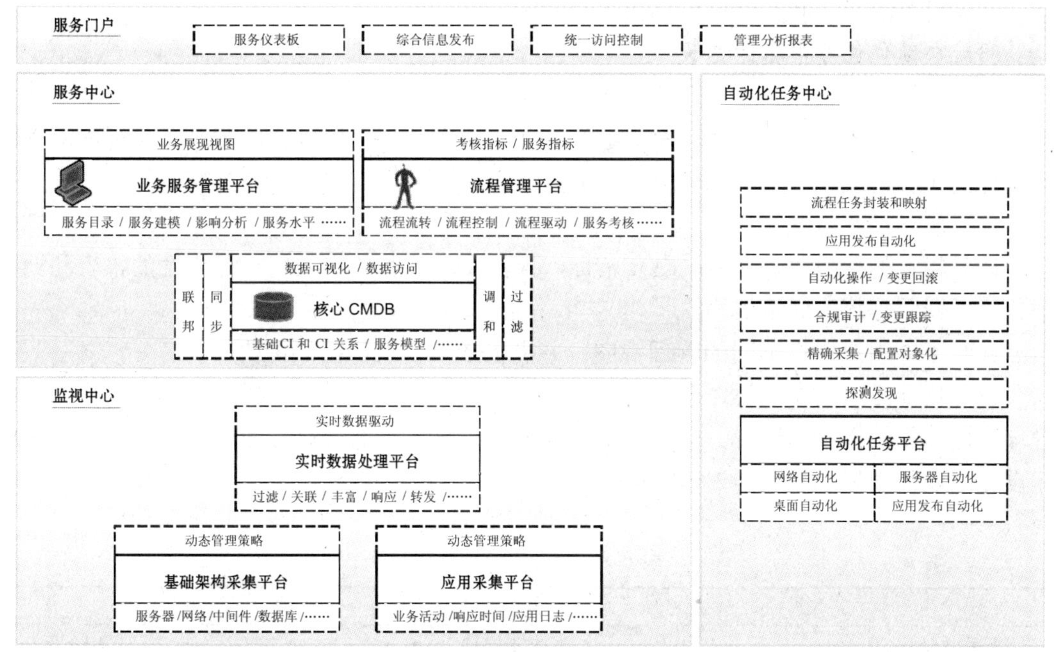

图 8-4　环境保护信息系统运维体系规划

（1）监视中心的建设

监视中心是业务应用系统运维管理平台建设的核心。

基础架构采集平台针对 IT 基础架构环境中的被管理对象，包括服务器、网络设备、中间件、数据库等，完成配置、故障、性能、拓扑、资产等原始数据的采集、校验，并支持基于统计分析数据的监控策略的动态调整。

应用采集平台针对不同的业务应用程序，可以选择关键业务流程进行用户体验式管理，通过模拟端到端应用来检测服务可用性；可以对制定业务活动的整个过程进行可用性和性能监控；可以对应用日志进行实时采集和分析。

实时数据处理平台完成对实时数据的汇聚和集中处理，采取智能分析、自动学习的手段，对收集到的各种数据进行过滤、分类、压缩、关联等处理，同时通过访问核心 CMDB 对收集到的数据进行清洗、丰富和调和。

（2）服务中心的建设

核心 CMDB 通过调和引擎整合各种来源的配置数据，保证配置数据的实时性和准确性，并通过流程控制保证数据的可靠性。同时对外提供数据发布、数据可视化、数据访问等能力。

流程管理平台提供基于 ITIL 最佳实践和具有业务特色的服务流程流转功能，通过管理流程控制人员行为和数据准确性，通过流程驱动自动化任务的完成和监控工具的使用，并通过流程完成对服务质量的考核。流程管理平台应该具有核心的流程引擎，能够方便地进行流程调整以及与自动化工具集成。

业务服务管理平台建立业务和 IT 基础架构之间的关系模型，并通过整合各种实时数据，完成对关键业务服务可用性和服务质量的分析计算。

(3) **自动化任务中心的建设**

基于网络、服务器、桌面、应用等方面的自动化能力，完成对 IT 环境的主动探测发现和精确采集，实现合规审计和变更追踪，并完成各种自动化操作的封装，实现和流程管理平台的无缝集成。

(4) **服务门户的建设**

针对精选的业务服务 KPI、KQI 指标，提供实时的服务仪表板、综合性的报表和业务服务管理视图等统一展示能力。

针对不同用户提供不同的管理视图，并提供统一的访问控制能力。

一体化业务应用系统运维管理平台的建设不是一蹴而就的，系统平台的建设应与运维管理流程体系的推进相适应。根据第 7 章的流程规划，对未来业务应用系统运维管理平台建设提出设计规划，如表 8-2～表 8-4 所示。

表 8-2 服务中心建设规划

<table>
<tr><th colspan="3">服务中心</th></tr>
<tr><th>管理平台</th><th>主要功能模块</th><th>建设阶段</th></tr>
<tr><td rowspan="4">流程管理平台</td><td>事件管理、问题管理、配置管理、知识管理功能</td><td>阶段一</td></tr>
<tr><td>变更管理、发布管理、需求管理、作业管理</td><td>阶段二</td></tr>
<tr><td>服务级别管理、供应商管理</td><td>阶段三</td></tr>
<tr><td>可用性管理、容量管理、运维管理持续性管理、IT 财务管理</td><td>阶段四</td></tr>
<tr><td rowspan="2">核心 CMDB</td><td>配置管理，基础 CI 和 CI 关系</td><td>阶段二</td></tr>
<tr><td>业务模型、服务模型</td><td>阶段三</td></tr>
<tr><td>业务服务
管理平台</td><td>业务模型、服务模型、业务影响分析</td><td>阶段三/阶段四</td></tr>
</table>

表 8-3 监视中心建设规划

<table>
<tr><th colspan="3">监视中心</th></tr>
<tr><th>管理平台</th><th>主要功能模块</th><th>建设阶段</th></tr>
<tr><td>基础架构采集平台</td><td>服务器、网络设备、中间件、数据库监控</td><td>阶段一</td></tr>
<tr><td>实时数据处理平台</td><td>集中告警、事件处理规则、事件响应规则、CMDB 数据采集</td><td>阶段一</td></tr>
<tr><td>应用采集平台</td><td>信息系统监控、CMDB 数据采集、业务影响分析</td><td>阶段一</td></tr>
</table>

表 8-4 自动化任务中心建设规划

<table>
<tr><th colspan="3">自动化任务中心</th></tr>
<tr><th>管理平台</th><th>主要功能模块</th><th>建设阶段</th></tr>
<tr><td rowspan="2">自动化任务平台</td><td>网络、服务器、桌面自动化</td><td>阶段二/阶段三</td></tr>
<tr><td>应用自动化</td><td>阶段三/阶段四</td></tr>
</table>

整个信息服务管理体系通过“由简入繁、由繁入简、再由简入深、由深入广”的方式，逐步使运维管理水平达到业务管理的整体要求。

8.3　环境保护信息系统运维管理体系业务需求

运维管理体系包含运维管理规范、业务应用系统运维管理平台、运维管理规划三部分内容。运维管理规范（制度）规定运维中心工作中需要遵循的标准规范；业务应用系统运维管理平台以技术产品方式支撑环境保护信息系统运维管理工作流程的实际流转；运维管理规划为整个环境保护部未来的运维管理体系化建设蓝图设计提出参考性意见和设计思路。

环境保护信息系统运维管理规范（制度）和业务应用系统运维管理平台是整个环境保护信息系统运维管理规划的第一阶段的主要工作，并分别作为管理层和技术层的主要设计内容。

8.3.1　管理需求

为规范环境保护信息系统运维管理工作，确保信息化基础设施及信息系统的正常运行并满足业务运行要求，根据相关监管规章及标准制定运维管理规范（制度），作为未来制定扩充整个环境保护信息系统运维管理规范的基础依据。运维管理规范需求包含两个方面。①应急事件处理规范；②日常运行维护规范。

（1）应急事件处理规范

通过针对信息技术运维服务应急响应建设和实施，需要分别编制应急响应需求分析、应急响应计划、应急响应计划的测试演练及培训维护等，通过对本规范的科学合理使用，更好地保障信息化投资效益，避免无序运维，增强应急事件下对运维服务响应的能力，实现提前发现问题和解决问题，降低由应急事件造成的不良影响等。

①成立应急事件应急处置组织：应急委员会和应急小组。

- 应急委员会：审核和发布应急响应预案，对应急响应预案在执行中的效果进行评价；对没有应急预案的应急事件的处理方式和方法进行决策。
- 应急小组：按照应急委员会审核和发布后的应急预案进行相应应急事件的具体处理工作，并根据应急委员会对应急预案的反馈意见进行应急预案的编修；对没有应急预案的应急事件给予应急处理方法的提供。
- 应急响应：指运维技术人员在遇到应急事件后所采取的措施和行为。需要立即采取某些超出正常工作程序的行动，以避免事故发生或减轻事故后果的状态。
- 应急事件：指问题或事件在一定范围和一段时间内在运维过程中没有计划地暴露出来，并对业务系统或信息系统造成一定影响的事件。
- 业务影响分析：业务影响分析是分析业务功能及其相关信息系统资源、评估特定信息安全事件对各种业务功能的影响的过程。
- 应急响应预案：被设计用于在信息安全应急事件前，根据对应急事件的影响分析后的结果，预想使业务运行最快恢复的实施方法和步骤。

②应急事件的定级

对任何应急事件所造成的风险和影响可以简单分为一级、二级、三级。应急小组，可根据自身业务系统的要求对应急事件的等级给予更详细定义，并针对不同级别确定对应急事件的处理流程。定义前需要对应急事件进行风险识别和归类。设计思路如下：

- 对业务系统造成 60%以上的瘫痪或不可用，三级应急事件触发后 1 个工作周以上无人处理，定义为一级风险事件。
- 对业务系统造成 10%～60%的瘫痪或不可用，三级应急事件触发后 3 个工作日到 1 个工作周内无人处理，定义为二级风险事件。
- 对业务系统造成 10%以内的瘫痪或不可用，暂不定义为应急时间，但应予以关注。

采用风险升级制度，风险事件不同等级对应不同的通报机制。不同的风险等级对应不同的应急事件等级，对于风险的应对原则如下：

- 原则上所有等级的风险都需要给予关注和处理。
- 当三类风险事件同时存在时，处理顺序为：一级＞二级＞三级。

③应急事件的处理

- 应急事件的通报

在应急事件发生后，受影响部门或单元，第一时间以《应急事件处理报障表》形式，以最快的方式通报情况给相关应急小组，并通过《应急事件处理报障表》的回传确认应急小组已经收到；由应急小组组长以事件触发时间，判断应急事件的影响和风险，根据规范定义应急事件的等级并通报情况。

- 退单

受影响业务单元对应急事件投递到相关应急小组，接收到《应急事件处理报障表》后，应急小组需要在第一时间反馈该表单，并说明理由；如果应急小组在接到该表单后，1 个工作日内反馈说明，所造成的事件处理延误的责任由保障单元负责；如果应急小组超出 1 个工作日反馈，应急小组承担相应的事件处理延误责任。如果出现争议，提交应急委员会给予讨论，裁定。

如果受影响业务单元保障不及时所造成的应急事件的延误，由保障单元负责人承担相应责任；如果由于应急小组的原因造成应急事件处理延误，由应急小组承担相应责任。

保障单元有责任确保《应急事件处理报障表》填报的准确性，并有责任和义务保障该表单已经传递到相关应急小组。

④应急事件分为可预知和不可预知两种。

- 对可预知的应急事件

在事件发生前由应急小组对可能的影响范围给予评估，并根据评估的结果对此类风险事件出现后的处理步骤和处理措施给予事前准备，形成《应急事件处理预案》提交应急委员会审议；审议通过后，形成《应急事件处理预案汇总表》归档。

- 对不可预知应急事件

应急小组同时制订应急处理办法或紧急业务恢复办法报应急委员会审核；审核同意后，按照审核后的办法进行操作。如果是临时业务恢复性处理，在处理完成后，分析事件原因和最终恢复的处理办法，提交应急委员会审核；审核通过后，进行恢复性操作。

应急事件处理流程如图 8-5 所示。

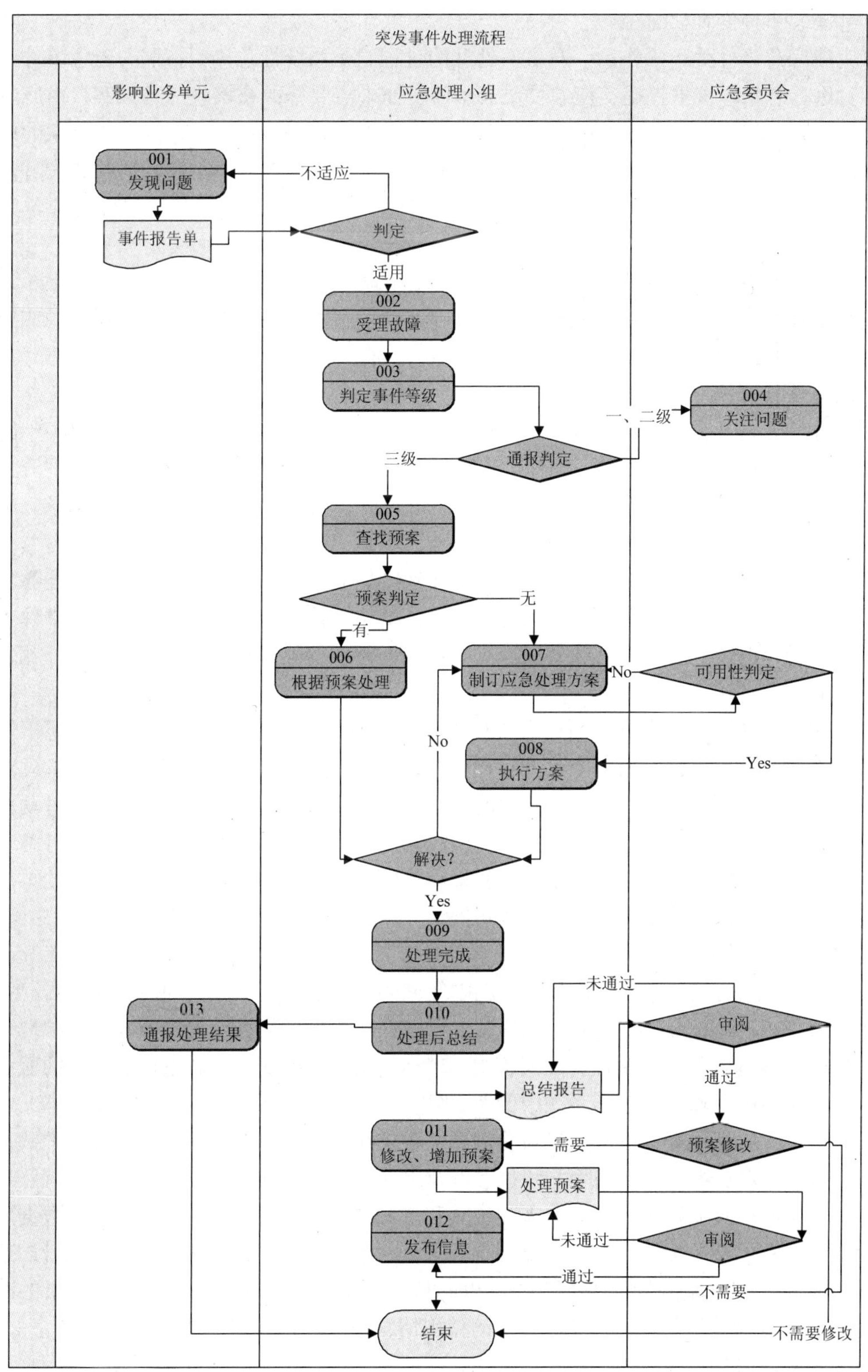

图 8-5 应急事件处理流程

⑤应急事件处理后总结

完成应急事件处理工作后，对事件处理的过程给予系统性总结，按照《应急事件处理总结》进行总结，该报告提交应急委员会审阅，如果需要修改或增设应急预案，由应急委员会发布更新指示，由相应的应急小组对预案给予修正或增加；应急小组完成预案的修正或增加后提交应急委员会审核，通过后，更新《应急事件处理预案汇总表》相关内容，例如：文件版本、修正或增加信息等内容；并由应急小组发布新的《应急事件处理预案汇总表》。

(2) 日常运行维护规范

日常运行维护所涉及的对象包括 IT 基础架构设施以及在基础架构之上运行的应用系统。日常运行维护主要包括事件管理、问题管理、配置管理、变更管理和值班管理。

①事件管理规范

事件管理是一个被动性的任务，也就是减少、消除存在或可能存在于 IT 服务中的干扰因素给 IT 服务带来的影响，确保用户可以尽快恢复自己的正常工作。事件管理流程涉及服务的整个生命周期。事件不仅包括与软件和硬件有关的错误，还包括服务请求。事件处理活动包括事件提交、事件录入、事件分类、事件诊断、事件解决和恢复、事件终止。当同时处理若干事件时，必须设定优先级。优先级是根据事件现象对用户和正常业务带来影响的严重程度来确定的。对不同优先级的事件要设定相应处理完成时间。如果事件不能在规定的时间内得到解决，必须升级至具有更高的管理权限或技术能力的角色或小组。

②问题管理规范

问题管理调查基础设施和所有可用信息（包括事件数据库），来分析确定引起事件发生的真正原因以及提供的服务中可能存在的故障，防止同类事件再次发生。问题管理活动包括问题控制、错误控制以及主动性问题管理。问题管理包括主动性问题管理和被动性问题管理。被动性问题管理的目标是找出导致事件发生的根本原因以及提出解决措施或纠正；而主动性问题管理的目标是通过提前找出基础设施中的薄弱环节来阻止事件的再次发生，以及提出消除这些薄弱环节的设计思路。

③配置管理规范

配置管理流程负责核实 IT 基础设施中实施的变更以及配置项之间的关系是否已被正确地记录下来，监控 IT 组件的运行状态，以确保配置管理数据库能够准确地反映现有配置项的实际版本状况。在配置管理流程中，IT 组件以及运用这些 IT 组件所提供的服务被称为配置项。配置项可以包括系统中的所有硬件、软件、有源和无源网络、服务器、中央处理器、文件、规程等。所有配置项的信息都记录在配置管理数据库中。配置管理数据库对所有 IT 组件、组件的不同版本和状态以及组件之间的相互关系进行跟踪。配置管理活动包括：确定配置流程的目标、所需的工具和资源；识别配置项；确保配置管理数据库的及时更新；存储有关配置项在其生命周期内所处状态的当前和历史信息；通过对 IT 基础设施进行审计来检验配置管理数据库，以确认已记录配置项的存在性和验证记录的准确性；为其他流程提供信息，并就配置项的使用情况报告其趋势和发展。

④变更管理规范

变更管理的目的是管理变更的过程，减少错误和与变更有关的事件，将由于变更给业务带来的影响降至最低。被组织明确定义的常规管理任务不需要由变更管理来控制，这种任务可以称之为标准变更，例如新建用户账号、改变网络连接和安装操作系统等。重大的 IT 基础设施的变更必须由组织内设立的变更管理委员会决定。变更管理流程的范围由配置管理和发布管理决定，配置管理为获取变更影响提供信息，变更执行后，配置管理将会更新配置管理数据库。变更管理的活动包括提出变更申请、评审变更申请、确定变更的优先级、规划和批准变更、协调并实施变更、评价变更结果、实施紧急变更。

⑤值班管理规范

值班管理的目的是有效地规划人力资源，以应对应急事件和计划任务。值班管理的活动包括：编制值班管理计划；值班工作的内容及产出物约定；紧急事件发起后的沟通过程；值班人员行为的约束。

8.3.2　技术需求

运维管理体系的技术需求主要体现为业务应用系统运维管理平台的建设，业务应用系统运维管理平台建设要求针对信息技术人员的运行维护工作，划分为服务支持和服务交付两大领域。服务支持着重于运维服务的日常运作和支持；服务交付着重于运维服务的长期规划和改进。其主要目的是建立统一的运维管理的标准和流程，促进运维管理部门使用行业范围的最佳经验，避免重复建设，并作为运维服务知识库为用户提供信息资源。通过服务管理使每项维护工作都能够被及时分发给最适宜的处理者，同时通过资源的调度保证工作的顺利进行，提高集成化并减少关键任务遭到忽视；利用共享知识库和问题库，技术人员可迅速分享知识库的处理经验，极大地提高自身技能，提高工作效率，加快问题的解决速度；把 IT 支撑服务、内部任务流转、知识经验积累等流程电子化、自动化，提高 IT 系统运维能力、提高服务质量和水平，并大大地提高运维管理人员的工作效率。

（1）流程设计需求

流程设计的范围需求是整个环境保护信息系统建设和运维，为了全面提升运维管理能力，确保系统的安全、稳定、高效，应建立符合 ITIL 最佳实践、达到 ISO 20000 标准的运维管理体系。

①流程设计需求

- 以 ISO 2000 标准基础，结合实际情况和管理要求；
- 实现 IT 运维过程的流程性、规范性，加强对运维工作的监控，明确运维的效益和责任；
- 依靠流程实现对业务的支持由被动式运维向主动式运维演进；
- 使 IT 运维流程能够向 IT 运维工具开发实施需求转化，实现与工具实施的无缝连接，为体系流程在系统工具上的落地奠定基础；
- 设计流程包括以下流程：事件管理、问题管理、变更管理、发布管理、配置管理、值班管理、计划任务管理。

要求每一个流程应从以下几个方面进行详细设计：

- 流程设计目标；
- 流程角色和职责；

- 流程的活动；
- 流程相关表单；
- 流程接口；
- 流程管理相关策略。

②流程设计目标

要求每一个流程设计目标如下：

- 为保证执行过程中流程的统一性，需要明确定义各流程的目标；
- 需要详细定义流程范围，对流程边界进行清晰的划分；
- 应针对流程目标设计相对应的流程指标，以分析流程执行质量，为流程持续改进与提高提供参考；
- 需要对流程整体目标进行分解，在流程设计过程中体现各子目标如何达到和实现。

③流程角色和职责需求

需要根据运维管理现有组织结构情况，结合 IT 运维管理最佳实践进行流程角色的定义；流程角色设计需考虑组织的实际情况，准确定义流程的角色和职责，使得流程的协调和控制更为有效；应详细定义流程各角色的职责，明确各角色在流程中的任务、职责和权利，流程角色和职责定义应遵从权责匹配的原则；流程角色定义完成，应将流程角色与现有的组织岗位进行匹配和映射。

④流程活动需求

需对流程中的各项活动进行清晰的定义，定义内容包括：活动名称、活动主要内容、活动的责任人、活动的输入与输出。定义每个活动的执行角色，确定每个活动的输入、输出名称和形式。

⑤流程表单需求

对流程执行过程中需要传递的信息项进行定义，定义内容包括：信息项目名称、信息项类型、信息项限制条件以及信息项备注说明。流程表单定义除了包含本身工单内容外，还需定义相关配套的信息表。流程表单定义需要体现流程目标定义、流程各活动的输入、输出定义。

⑥流程接口需求

流程接口需求包括对流程间的关系、接口进行详细定义；定义流程间的交互规则，流程交互过程中的输入与输出；流程间接口应体现整体流程框架中各个流程的关系。

⑦流程管理策略需求

对流程活动执行过程中一些管理方式、手段以及方法进行定义，例如：责任人原则、工单分配原则、工单优先级判定原则。应详细定义管理策略的内容、使用条件和相关人员、活动。

（2）服务台功能

服务台是运维管理部门对外服务的窗口、对内的秘书台；用户可以通过自助服务向导和知识搜索功能自助解决故障和问题，并与运维管理部门沟通及提交服务请求，实时跟踪服务进度，做出满意度反馈和服务质量评价；服务台人员负责完成用户服务请求的接收，并根据具体管理需求生成事件提交给运维管理部门，以便运维人员及时解决问题。

基于 ITILv3 的服务台管理流程定义，用户可以自定义服务台管理流程：事件管理、问题管理、变更管理、知识库管理等。同时，通过对服务级别的定义与管理，保证系统能够提供用户满意的服务，具体如图 8-6 所示。

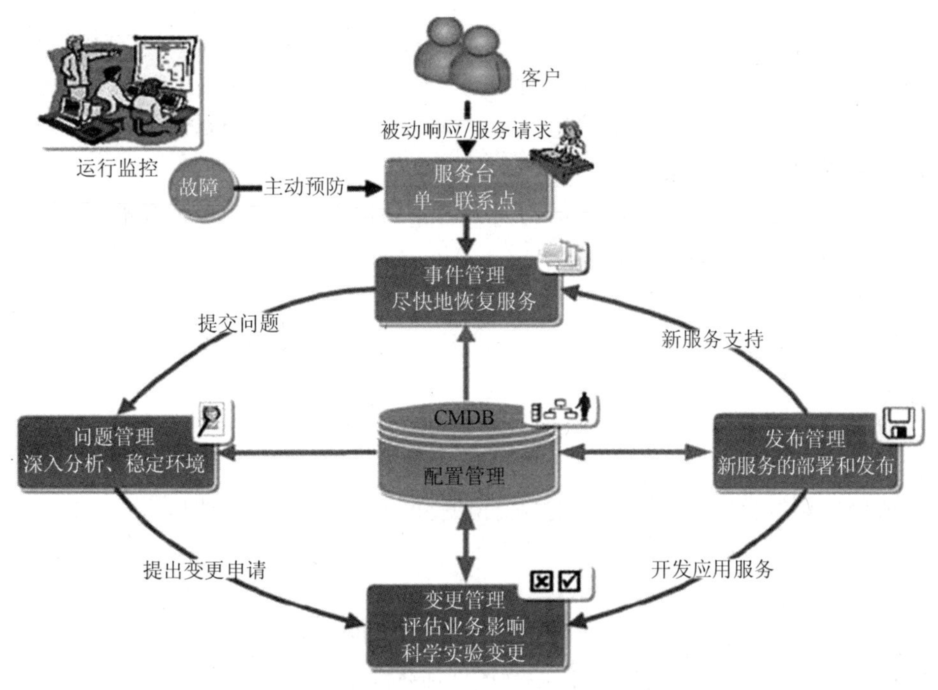

图 8-6 基于 ITILv3 的服务台

系统通过脚本编制、策略配置、阈值配置等多种途径进行配置，使服务台管理流程能够最大程度地实现自动化运行，减少人工操作，提高服务台效率。例如，工单在各流程阶段实现自动流转、处理。

(3) 事件管理功能

事件管理负责记录、快速处理 IT 基础设施和应用系统中的事件。事件管理应支持自定义事件级别、事件分类，提供方便的事件通知功能，支持对事件进行灵活的查询统计。并可以详细记录事件处理的全过程，便于跟踪了解事件的整个处理过程。主要目标是根据服务级别协议的要求，在尽可能小地影响客户和用户业务的情况下尽可能快地将服务恢复到“正常状态”。

(4) 问题管理功能

问题管理流程的根本目的是消除或减少生产环境中事件发生的数量和严重程度，从而为组织建立一个稳定的 IT 环境，提高运维管理工作的可用性。

(5) 变更管理功能

变更管理实现所有 IT 基础设施和应用系统的变更，变更管理应记录并对所有要求的变更进行分类，应评估变更请求的风险、影响和业务收益。其主要目标是以对服务最小的干扰实现有益的变更。变更管理是对整个系统变更的发起、审批、执行全流程的记录和控制工作，是信息化工作的重要组成部分。变更管理流程的根本目的是通过严格的控制将变更操作对生产环境产生的影响降到最小。

（6）配置管理功能

配置管理负责核实 IT 基础设施和应用系统中实施的变更以及配置项之间的关系是否已经被正确记录下来，确保配置管理数据库能够准确地反映现存配置项的实际版本状态。配置管理流程的总体目标是通过建立、监控和维护配置管理数据库，正确识别所有配置项，记录配置项当前和历史状态，为信息系统运维服务实现提供基础数据保障。

（7）值班管理功能

值班管理功能提供日常值班人员调度、交接班管理等功能，要具备有下列功能点：

①支持自定义值班排班表；

②值班提醒；

③值班信息的记录：值班信息应包括班次编号、值班人、记录时间、监控项是否正常、问题及处理等；

④值班信息的查询；

⑤值班信息的统计；

⑥值班信息的自定义功能，应支持值班时间段、值班部门、值班人员、班次等信息的自定义调整功能。

（8）计划任务管理功能

计划任务管理主要解决运维工作中计划性、周期性的维护管理工作，有利于提高主动预防和排除隐患的能力，降低故障发生。计划任务的主要功能是管理所有具体的作业任务，使之按照作业计划得到有效执行。

（9）流程定制功能

系统应具备图形化的工作流设计器，可以灵活设置各类审控流程，一般的流程设计无须编程，支持根据业务不同情况及阶段不断自行调整各类审控流程，优化完善各项管理工作；不同类别流程与不同类别事件的灵活绑定，达到各类事项的精确控制，保证管理制度的落实，同时也减轻工作人员的工作强度。

流程引擎功能需求如下：

①通过图形化的所见即所得的拖曳设计方式，灵活设计流程图，定义流程的环节、输入/输出、角色、行为和表单。

②设计完成的流程图可被立即部署，并为事件管理、问题管理、变更管理、服务请求管理流程提供输入/输出接口。

③支持自定义的流程环节设置，可设定每个流程环节的输入/输出、操作角色、行为、填报表单等。

④支持流程中角色的设置，并可根据不同区域自动识别审控人员。

⑤支持自定义设计审控表单和字段。自定义字段包括输入框、单/复选项按钮、时间型输入框、输入文本区、下拉框，并可定义必填项和非必填项。

⑥提供通知抄送功能。处于当前审批环节时，系统可自动向后续环节的审批人发出通知。

⑦自动识别用户的上级领导，可灵活设置用户的多级领导作为流程中的审控角色。

⑧提供图形化的流程跟踪视图，跟踪流程处理进度，并自动标志当前流程所处环节。

⑨运维管理负责人可对流程进行实时跟踪和干预，在管理界面中实时跟踪处理进度，必要时做出强制干预，防止流程中断。

（10）知识库管理功能

知识库管理需将运维管理人员的经验或解决方案积累下来，成为有参考价值的知识共享给整个运维管理部门，有效提高整体支持人员技能素质，提高服务支持效率，降低单点故障率和人员流动所造成的风险。

任何运维人员或用户都可以通过知识库管理查找解决问题或故障的答案。同时也允许运维人员持续不断地更新资料以确保准确及时的信息。知识库也是对系统进行问题诊断、故障病因分析、故障影响结果分析、故障处理设计思路的基础。

①基本流程设计

- 知识提交：新的知识项可以通过技术支持人员主动的录入或在运维流程中发生的变更、问题的处理、应急事件的处理等产生。
- 知识库管理：支持对不同故障的处理方式和处理步骤进行知识积累，形成故障处理的知识库，提供知识的采集、分类、管理和搜索等功能。
- 知识审核：由具有权限的用户进行知识项的审批，审批通过的知识项进入知识库。

②基本设计要求

- 实现知识项的科学分类。
- 能够对知识项进行权限控制，具有权限的用户才能查看相应的知识项。
- 提供便利的查询功能，能够利用多种方式进行查询，并能对被引用和阅读的知识项进行计数，提供模糊匹配、智能查询等增强功能。

③知识库管理细节功能概述

- 支持知识入库、审批、更新、废止的全生命周期管理。
- 知识解决方案提供图文混编、表格、样式设计、排版布局的功能。
- 提供知识互评积分功能，可由其他支持人员对知识互评打分，并作为知识价值评估的依据之一。
- 提供知识面向用户和 IT 内部的访问权限。
- 实现知识库各类知识与各类故障之间的自动关联，在处理事件、问题时能够自动提供相关知识，辅助问题快速处理。
- 知识库初始化：提供主机、数据库、应用系统等各类监控对象常见问题处理办法的知识，并初始化入库。

8.3.3　部署需求

针对分布式应用系统，业务应用系统运维管理平台需要实现分级分布式部署模式，如图 8-7 所示。

中心业务应用系统运维管理平台不仅需要实现针对中心部署的应用系统和应用平台进行实时监控、问题发现、定位、诊断和处置，同时能够对分中心部署的应用系统和应用平台实时宏观监控，并为分中心问题发现、诊断和处置提供技术支持。

分中心业务应用系统运维管理平台需要实现针对本中心的应用系统和应用平台进行实时监控、问题发现、定位、诊断和处置。

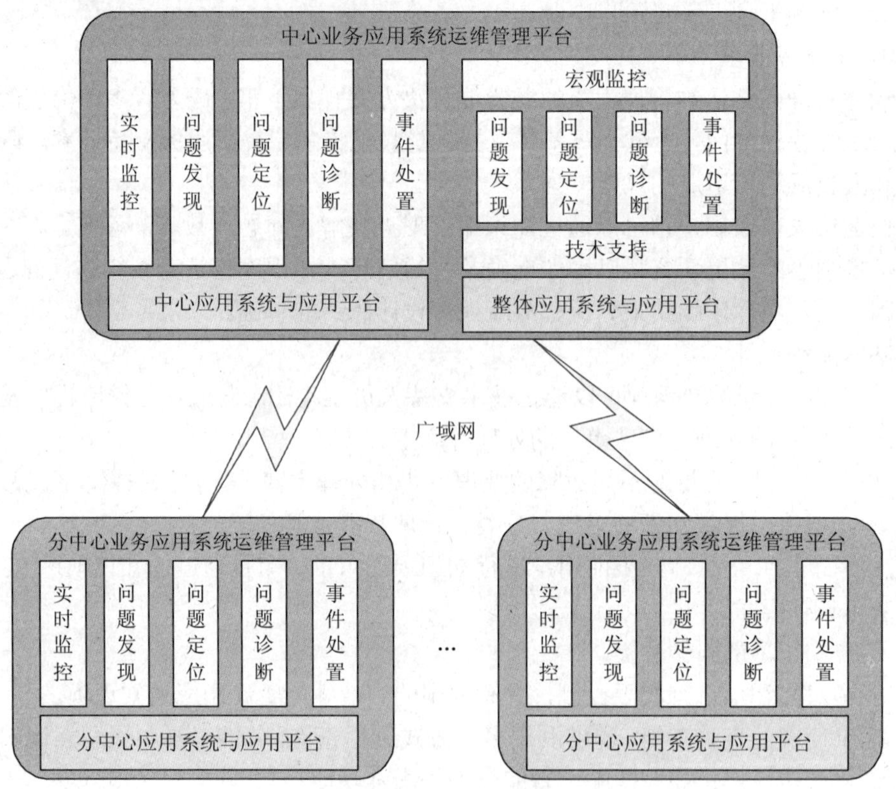

图 8-7 两级分布式部署架构

8.4 业务应用系统运维管理平台功能需求

8.4.1 用户分析

业务应用系统运维管理平台的用户主要包括应用系统管理人员、运维管理人员、系统管理员以及信息建设规划人员四类。

①应用系统管理人员能够查看其所负责的某个应用系统（例如建设项目管理系统）的运行状况，并根据应用系统的运行状况配置监控策略。

②运维管理人员能够进行应用系统资产录入，查看本级所有应用系统的运行状况，并督促和跟踪运维工单的处理情况。

③系统管理员能够对系统进行统一管理，包括用户管理、日志管理以及程序升级等功能。

④信息建设规划人员能够查看所有应用系统的运行状况。

业务应用系统运维管理平台包括如下功能模块：数据采集、数据处理和管理、监控管理、应用监控管理、审计管理、风险管理、告警管理、资产管理、报表管理、视图管理，如图 8-8 所示。

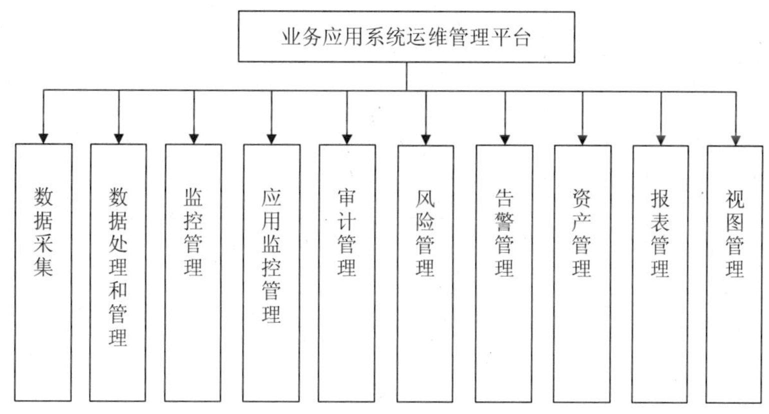

图 8-8　业务应用系统运维管理平台功能结构图

8.4.2　数据采集

业务应用系统运维管理平台获得采集数据有两个来源：对基础系统信息的采集以及对各被监控应用系统信息的采集。平台针对不同的数据来源会采集不同的数据内容，平台采集的精细数据，能够反映应用系统运行的真实情况，并为问题诊断提供充分的原始数据；平台在采集数据时，不会对应用系统造成额外负担，不影响业务本身的正常运行。

针对基础系统信息的采集，平台将通过对主机操作系统、数据库系统、中间件系统三个方面进行数据采集。

针对操作系统采集的内容包括：操作系统类型和版本，网络接口数量，IP 地址/MAC 地址、子网掩码，CPU 编号、内核数、CPU 品牌，内存大小，CPU 动态信息、内存动态信息、系统进程动态信息、硬盘动态信息、用户访问信息。

针对数据库采集的内容包括：数据库名称、数据路径、基本目录、数据库版本、字符集、配置的临时表大小、临时表目录、数据表信息、缓存信息、线程信息、锁信息、页和行锁信息、数据库内存使用性能指标、数据库特定表的空间性能指标、表空间性能指标、数据文件或数据设备的读写次数性能指标、数据库碎片的情况性能指标、数据库日志空间或回滚段使用情况性能指标、数据库用户占用资源情况性能指标、数据库连接个数性能指标、数据库工作状态指标。

针对中间件采集的内容包括：中间件系统类型、中间件系统版本信息、会话动态信息、进程池动态信息、JDBC 连接池动态信息、事务数动态信息、事务的平均持续时间、JVM 动态信息、EJB 动态信息、运行模式、内存堆大小、服务协议、系统日志、用户日志、应用服务器运行模式、打开连接数、Sockets 数、允许应用服务器支配的内存堆大小、JVM 监视、服务协议监控、应用服务器的系统日志路径、应用服务器的用户日志路径。

针对各被监控应用系统信息的采集，平台将根据各个系统的功能与业务情况，进行细粒度定制化的采集，采集对象包括：数据库平台、支撑平台、地理信息系统（GIS）平台、业务类和政务类管理系统。

通过对以上数据进行全方面的采集，应用系统运维管理平台将对采集到的数据做出深度的关联分析、实时的监控展示，实现对各应用系统及其基础运行环境的可视、可控、可管理，从根本上提高环境保护应用系统的运维管理水平，为各级环境保护管理部门使用应用系统提供有力保障；加强应用系统维护能力、提高应用系统维护工作效率、改善应用系统维护工作的质量，进而保证各应用系统维护水平的可持续性提升。

数据采集功能定义如表 8-5 所示。

表 8-5　数据采集功能定义

一级功能模块	二级功能模块	适用对象	优先级
基础系统信息监控	AIX 操作系统监控	所有部署节点的基础系统	高
	Windows 2008 Server 操作系统监控		高
	Linux SuSE 操作系统监控		高
	DB2 数据库系统监控		高
	WebSphere 中间件系统监控		高
	其他主流操作系统监控		中
	其他主流数据库系统监控		中
	其他主流中间件系统监控		中
被监控应用系统信息监控	支撑平台监控	所有部署节点应用系统	高
	数据库平台监控		高
	地理信息系统（GIS）平台监控		高
	政务类管理系统监控		高
	业务类管理系统监控		高

（1）**网络设备和安全设备监控**

平台需要使用 SNMP 协议对网络设备和安全设备进行监控，通过调研分析，设备厂商已提供监控所需要的各设备 OID。主要采集信息如下：

- TCP 连接最大个数；
- TCP 主动连接次数；
- TCP 被动连接次数；
- TCP 连接请求失败次数；
- TCP 连接重置次数；
- TCP 当前处于建立状态的连接个数；
- 接收到 TCP 报文个数；
- 发送的 TCP 报文个数；
- TCP 重传报文个数；
- 接收到的 UDP 报文个数；
- 接收到未知名端口的 UDP 报文个数；
- 接收到的错误的 UDP 报文个数；
- 发送的 UDP 报文个数。

（2）**操作系统监控**

① AIX 操作系统监控

通过模拟用户使用 telnet、ssh2 登录到目标 AIX 操作系统上，执行一系列的命令，获取目标主机 AIX 操作系统的监控数据。主要采集信息如下：

- 进程信息；
- 物理内存信息；
- CPU 信息；
- 硬盘信息；
- 用户审计信息；
- 交换区信息。

② Windows 2008 Server 操作系统监控

通过在目标系统 Windows 2008 Server 上部署代理程序，采集系统关键监控数据，并将数据返回到平台。主要采集信息如下：

- CPU 使用率；
- 内存使用率；
- 磁盘使用率；
- 关键进程；
- 设备连接状态。

③ Linux SUSE 操作系统监控

通过模拟用户使用 telnet、ssh2 登录到目标操作系统上，执行一系列的命令，获取关键数据。主要采集信息同 AIX 操作系统。

④其他主流操作系统监控

通过模拟用户使用 telnet、ssh2 登录到目标操作系统上，执行一系列的命令，获取关键数据，可以监控的操作系统包括 Linux、Solaris、HP-UNIX、Tru64 UNIX 等。主要采集信息如下：

- 进程信息；
- 物理内存信息；
- CPU 信息；
- 硬盘信息；
- 用户审计信息；
- 交换区信息；
- 硬盘、内存等信息。

（3）**数据库系统监控**

① DB2 数据库系统监控

通过使用 JDBC 方式，连接数据库的系统表，执行 SQL 语句，获取关键监控数据。主要采集信息如下：

- 用户访问信息；
- 应用服务器信息；

- 缓存信息；
- 内存池信息；
- 数据库实例信息；
- 数据库字符集信息；
- 数据库实例信息，创建时间；
- 日志文件信息，数据库文件路径；
- 路径、连接数信息、缓存信息；
- 数据库路径信息。

② ORACLE 数据库（包括 oracle、oracle 集群）

通过 JDBC 方式，连接数据库的系统表，执行 SQL 语句，获取关键数据。主要采集名和信息如下：

- 用户执行 SQL 信息；
- 会话信息；
- 数据文件信息；
- 数据文件信息；
- 表空间信息；
- 共享内存信息；
- 共享缓存命中率信息；
- 共享字典命中率信息；
- 数据缓冲区命中率信息；
- 缓存池信息；
- 会话等待信息；
- 字符集信息；
- 数据库信息。

③ MS SQL 数据库（包括 SqlServer2000、SqlServer2005）

通过 JDBC 方式，连接数据库的系统表，执行 SQL 语句，获取关键数据；主要采集命令和信息如下：

- 大部分数据库性能信息，包括内存信息、缓存信息、缓冲区命中率信息等；
- 数据库静态信息，数据库名、创建时间等；
- 数据文件信息；
- 大部分数据库性能信息，包括内存信息、缓存信息、缓冲区命中率信息等；
- 连接数信息等；
- 数据库静态信息，数据库名、创建时间等，以及部分系统函数、存储过程等。

④ MSSQL 数据库

采集手段：通过 JDBC 方式，连接数据库的系统表，执行 SQL 语句，获取关键数据。

(4) 中间件系统监控

① WebSphere 中间件系统监控

通过向 WebSphere 服务器发送 HTTP 请求，解析服务器返回的包含系统信息的页面，从而进行监控。主要采集信息如下：

- 服务状态：JMX 连接 WebShpere 服务器是否成功；
- 业务系统可用性：Web 页面是否可以访问。

② IBM ESB 监控器

通过 telnet 方式向 IBM ESB 服务组件获取监控信息，解析返回页面，从而进行 IBM ESB 服务总线监控。主要采集信息如下：

MB 监控器：

- MB 的基本运行状态和安装环境；
- IBM MB Broker 基本信息；
- Broker 队列信息；
- HTTP 监听器信息；
- 执行组监控信息；
- 日志信息；
- 消息流信息。

MQ 监控器：

- MQ 的基本运行状态和安装环境；
- 队列监控信息；
- 监听器监控信息；
- 通道监控信息。

③东方通消息中间件监控

通过 telnet 方式访问东方通消息中间件监控端口，获取相应信息，解析后获得关键监控信息。主要采集传输中消息队列信息：队列名称、队列 ID、队列模式、队列总消息个数、保持消息个数。

④其他主流中间件系统监控

Apache：

通过向 Apache 服务器发送 HTTP 请求，解析服务器返回的包含系统信息的页面，主要采集协议和信息如下：

- HTTP 模拟请求：Web 页面是否可以访问；
- JMX：Apache 连接数，应用服务。

WebLogic：

远程通过 JMX 连接 WebLogic 服务器，获得系统监控信息；采集的主要采集协议和信息如下：

- JMX：应用服务；
- HTTP 模拟请求：Web 页面是否可以访问。

（5）支撑平台

表 8-6 为支撑平台监控指标。

表 8-6 支撑平台监控指标

监控类别	监控指标	说　明
用户目录管理系统	目录大小	提供目录管理系统的目录大小、entry 大小
	entry 大小	
工作流	工作流引擎状态	提供工作流的引擎状态
公共组件（数据字典）API（系数管理）	数据元查询效率	公共组件（数据字典）API（系数管理）的数据元查询效率和数据元同步时间
	数据元同步时间	
公共组件（用户组件）	组织	提供支撑平台中公共组件（用户组件）的组织、用户数量、组织版本、用户行为审核信息、用户同步信息
	组织版本	
	用户数量	
	用户审批信息	
	用户同步信息	
关键功能可用性	业务组件 1	支撑平台执行各个功能模块的相关操作测试，并返回各个层的响应时间，以确认系统功能模块是否可用
	业务组件 2	
	业务组件 3	
	业务组件 4	
	业务组件 5	
	业务组件 6	
用户情况	用户量	提供查询该业务系统的用户量、用户访问量、在线用户量
	用户访问量	
	在线用户量	

（6）Portal 门户

表 8-7 为 Portal 门户监控指标。

表 8-7 Portal 门户监控指标

监控类别	监控指标	说　明
门户	门户检索效率	提供 Portal 门户系统中门户的检索效率、有效访问率
	门户的有效访问率	
关键功能可用性	应用框架管理	Portal 门户系统执行各个功能模块的相关操作测试，并返回各个层的响应时间，以确认系统功能模块是否可用
	组织人员管理	

（7）数据库平台

表 8-8 为数据库平台监控指标。

表 8-8 数据库平台监控指标

监控类别	监控指标	说　明
功能响应情况	公共代码	提供一定时间范围内数据库平台所有用户操作时系统各个层的响应时间
功能可用性	公共代码	数据库执行该功能模块的相关操作测试，并返回各个层的响应时间，以确认系统功能模块是否可用
Cognos 服务可用性	Cognos 服务	通过访问 Cognos 服务 URL 判断该服务是否可用

(8) 地理信息系统（GIS）平台

表 8-9 为地理信息系统监控指标。

表 8-9　地理信息系统监控指标

监控类别		监控指标	说　明
关键功能可用性	REST 地图服务	1∶400 万全国矢量地图	通过访问相应功能 URL，判断该服务是否可用
		1∶100 万全国矢量地图	
		全国 DEM 晕渲图	
		全国遥感影像图	
		专题数据	
	资源目录服务	基础地理数据	
		环境专题数据	
	空间资源管理类	地图服务查询功能	
		空间属性查询功能	
	专题应用类	应用系统 1 查询定位功能	
		应用系统 2 查询定位功能	
		应用系统……查询定位功能	

(9) 业务系统监控

表 8-10 为业务系统监控指标。

表 8-10　业务系统监控指标

监控类别	监控指标	说　明
用户情况	业务系统用户量	业务系统的用户总量
业务上报情况	行政区域名称	业务系统关键业务上报情况
	上报行政区域名称	
	上报 IP	
	上报时间	
	上报数量	
	重复数量	
	成功数量	
业务数据采集统计	业务类型	业务系统关键业务上报统计情况
	业务数量	
关键功能响应情况	数据采集	提供一定时间范围内业务系统所有用户操作时系统各个层的响应时间
	数据审核	
	数据汇总	
	数据上报	
	数据查询	
	数据分析	
	数据传输	

监控类别	监控指标	说　明
关键功能可用性	数据采集	业务系统执行各个功能模块的相关操作测试，并返回各个层的响应时间，以确认系统功能模块是否可用
	数据审核	
	数据汇总	
	数据上报	
	数据查询	
	数据分析	
	数据传输	

（10）CA 系统

表 8-11 为 CA 系统监控指标。

表 8-11　CA 系统监控指标

监控类别		监控指标	说　明
关键服务可用性	RA 服务器	RA 证书注册服务	部级监控
		RA 数据库服务	
	RA 网关	配置管理终端	
		身份认证服务端口	部、省两级监控

8.4.3　数据处理与管理

业务应用系统运维管理平台对主机操作系统、数据库系统、中间件系统、应用系统等采集项事先进行处理，包括分类、定级及建立关联关系，并将数据保存在系统内，供用户灵活选择、配置需要监控的内容。

在数据处理的同时，平台提供对不同安全级别的事件分级进行告警的功能，告警方式支持不同声音和颜色、电子邮件、短消息等，并能根据告警信息自动生成工单，进入故障处理流程，给出故障原因，通过关联知识库给出基本解决方案。

平台对数据分析时，依赖于平台预先为各业务系统设置的分析策略，一旦符合策略，平台就会产生告警，同时平台也接受来自各应用系统自身的异常告警信息。

出现告警信息后，平台会自动生成工单，通知运维机构进行处置。平台提供告警与知识库的自动功能关联，该功能可将告警与案例库的历史工单进行特征关联，找出以往类似事件的解决案例，用以提高解决事件的效率。

（1）**数据分类处理**

针对海量的采集数据，平台提供数据分类处理功能用以对数据进行有效的管理，从多个维度、多个层级对数据进行分类。

平台针对各被监控的信息进行多样化分类，具体包括：

- 按照安全域进行监控展示和分类管理；
- 按照应用系统进行监控展示和分类管理；
- 按照业务域进行监控展示和分类管理；
- 按照资产类型进行监控展示和分类管理。

（2）数据定级处理

数据定级处理功能可以将数据进行分级与定位，将数据按照重要性进行划分，保障数据管理的高效性。

根据数据来源的重要性、数据信息的重复频率以及数据相关业务域的重要性进行划分，对采集到的信息进行分级排序，用户可以通过查看不同应用系统的监控情况，按照指定的排序方式查看采集到的数据，具体如图 8-9 所示。

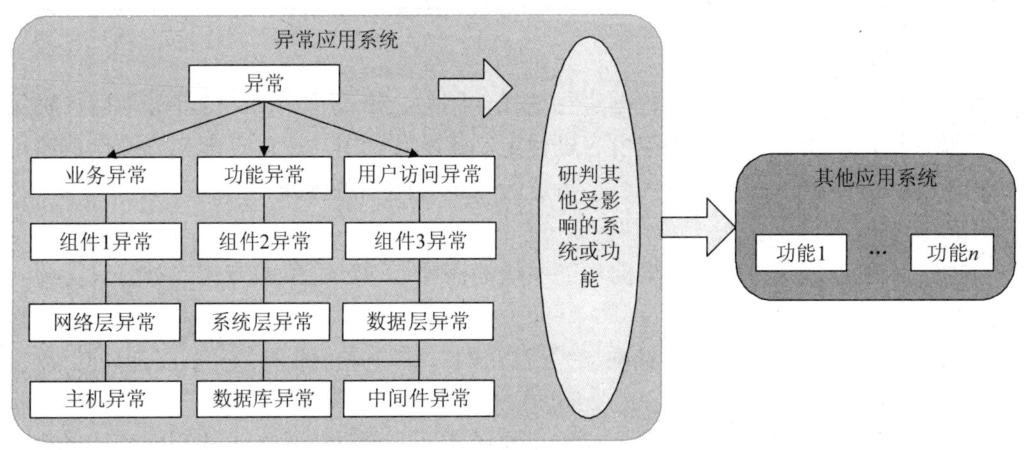

图 8-9　业务应用系统异常情况

（3）数据关联分析

数据关联分析将收集到的不同源系统的数据进行关联，将相关的数据有效地管理起来，以保障告警信息的正确性以及运维工作的高效性。

平台能够从主机层面、数据层面、中间件层面、应用层面获取到大量的监控数据，针对这些数据进行有效关联分析后，符合设置的分析策略，平台会产生告警，这些告警能够体现应用系统异常的精细原因，包括系统层面的进程停止、CPU 消耗过高、内存消耗过多；数据库层面的表空间满负荷；中间件层面的连接池满负载；程序异常等。

平台为各业务系统设置的分析策略如表 8-12 所示。

表 8-12　业务系统分析策略配置

序号	监控项	检测机制	描　述
1	用户访问	检测阈值	针对用户访问失败次数进行监控，并设置检测阈值，一旦用户访问失败超过指定阈值，平台会生成故障告警
2	功能执行	检测阈值	检测所有功能执行的响应时间，并为每一个功能执行设置合适的检测阈值，一旦超过功能执行的响应时间检测阈值，平台会生成性能告警
		可用性	调用每个功能发布的 Web Service 接口，当接口返回结果为“异常时”，平台会生成故障告警
3	业务组件	检测阈值	检测业务组件的响应时间，并为每一个业务组件执行设置合适的检测阈值，一旦超过业务组件执行的响应时间检测阈值，平台会生成性能告警
		可用性	调用每个业务组件发布的 Web Service 接口，当接口返回结果为“异常时”，平台会生成故障告警

序号	监控项	检测机制	描述
4	主机	检测阈值	为支撑应用系统运转的主机操作系统的 CPU、内存、磁盘空间等关键指标设置检测阈值，超过检测阈值，会生成性能告警
		完整性	配置应用系统运行需要的本地文件，一旦文件被修改，平台生成故障告警
5	数据库	检测阈值	为支撑应用系统运转的数据库的磁盘空间等关键指标设置检测阈值，一旦超过检测阈值，平台会生成性能告警
6	中间件	检测阈值	为支撑应用系统运转的中间件的连接池等关键指标设置检测阈值，一旦超过检测阈值，平台会生成性能告警

（4）数据操作

数据操作功能提供了用户对数据进行增加、删除、修改、查询、统计等功能，确保数据的可操作性，以便于用户对监控内容进行定制化配置。用户通过点击相应操作按钮，将看到相应操作提示框，根据提示内容，可进行自定义的相关操作。

①添加功能

添加（或批量添加）功能，根据功能模块的需要，通过表单的方式，对模块需要的数据进行收集并入库。

处理流程是点击“添加（批量添加）”按钮的时候，弹出添加（批量添加）功能。

②修改功能

修改（或批量修改）功能，根据功能模块的需要，通过表单的方式展示库中的数据，对需要修改的数据进行修改并入库。

③查询功能

查询功能，根据模块功能的需要，通过表单收集查询条件，对列表的信息进行过滤。

④删除功能

删除功能，根据模块功能的需要，对列表的某条或多条记录进行删除。

（5）电子邮件告警功能

邮件服务使得告警能够自动通过电子邮件，发送到相关人员的电子信箱中。它可以指定发件人地址、SMTP 服务器地址和端口、要求身份验证等信息。

（6）自动生成工单

根据用户设定的时间，程序会把符合应用监控事件类型的未处理的事件查询出来，生成工单，自动生成的工单会自动填写默认值。

8.4.4 监控管理

平台提供自动发现功能，自动识别添加监控范围内的监控对象，自动获得监控对象的相关信息。同时也提供手动注册功能，将每个需要被监控的对象添加到监控系统预设的监控组内，需要运维管理人员输入业务系统的基本属性，包括名称、描述、IP 地址、用户名、密码等参数。

同时，运维管理人员可以随时根据业务的需求添加被监控对象，配置监控对象的采集内容和采集形式（如：数据库采集、文件采集等），并可对指定的监控服务进行打开、关闭、刷新等操作，能实现对各监控对象的添加、删除、修改等操作，为各监控对象提供分组管理，实现监控对象组的添加、删除、修改等操作。

(1) **主机监控**

① Windows 2008 Server 监控

本功能是对 Windows 监控器界面特性和数据指标进行详细描述，主要说明 Windows 监控页面中各个 Tab 标签项内容的详细说明。

Windows 监控功能包括：基本信息、CPU 信息、IP/MAC、CPU 使用率、内存使用率、内存动态信息、系统进程动态信息、磁盘动态信息、磁盘 IO 信息、进程监控、文件监控、端口监控、脚本监控。

② UNIX 监控

本功能是对 UNIX 监控器界面特性和数据指标进行详细描述，主要说明 UNIX 监控页面中各个 Tab 标签项内容的详细说明。以 AIX 系统监控器为例，监控功能包括：基本信息、用户访问信息、用户审计信息、CPU 信息、IP/MAC、CPU 使用率、内存使用率、内存动态信息、系统进程动态信息、磁盘动态信息、磁盘 IO 信息、进程监控、文件监控、端口监控、脚本监控。

③ Linux 监控器

本功能是对 Linux 监控器界面特性和数据指标进行详细描述，主要说明 Linux 监控页面中各个 Tab 标签项内容的详细说明。

Linux 监控功能包括：基本信息、用户访问信息、用户审计信息、CPU 信息、IP/MAC、CPU 使用率、内存使用率、内存动态信息、系统进程动态信息、磁盘动态信息、磁盘 IO 信息、进程监控、文件监控、端口监控、脚本监控。

(2) **中间件监控**

本功能通过 SOAP 协议远程获取监控信息，以 Web Sphere 为例，监控功能包括基本信息、健康度、会话动态信息、进程池动态信息、JDBC 连接池动态信息、事务数动态信息、事务的平均持续时间、JVM 动态信息监控。

(3) **数据库监控**

本功能是对数据库监控器界面特性和数据指标进行详细描述。以 DB2 为例，监控功能包括：基本信息、实时地展示出监控对象的运行状态，同时包括用户访问、连接锁及排序、缓冲区、内存动态、表空间动态、应用程序、数据库实例信息。

(4) **资产监控**

该模块主要对资产的监控信息按照硬件层、OS 层、应用层、业务层进行展示。展示的资产为配置了监控器并且计算风险的资产。

(5) **KPI 监控**

KPI 监控将主要展示以下 4 种对象类型：

- 网络设备：通断、链路流量、CPU、内存；
- 主机设备：CPU、内存、磁盘、IO；
- 数据库：死锁、表空间、连接数、缓冲区命中率；
- Web 应用中间件：JVM、CPU、Servlet 平均响应时间、有效会话数。

(6) **个人控制台**

个人控制台展示网络设备、安全设备、主机设备、数据库、Web 中间件下用户定制的设备 KPI 指标信息。设备通过用户自定义选择展示，多个设备进行分页展示，可以进行拖动顺序，而且可以进行删除操作。

（7）KPI 指标展示

展示每种设备类型下的监控器 KPI 指标，并且可以最大化 KPI 指标窗口，可查看最近一段时间的 KPI 趋势图。

（8）KPI 阈值配置

配置网络设备类、安全设备类、主机类、数据库类、Web 中间件类设备 KPI 指标参数对应的阈值。根据不同的阈值，KPI 指标展示为绿、黄、红三种颜色效果。

8.4.5　应用监控管理

业务应用监控通过自动化、智能化的 IT 手段对业务应用系统进行实时监控以及数据分析，从而达到保障业务可用的目标。

（1）整体监控

该模块主要展示各业务系统在系统当前时间整体运行状态及该业务系统配置的监控器的运行状态饼图、24 小时可用状态图、在线时间比率、不可用次数。由于各个业务系统界面基本一致，在此以某全国业务系统为例，其余应用系统以此为参考。

①全国业务系统综合监控（中心节点）

全国业务系统综合监控主要可以直观地监测到 31 个省的各项业务监控的故障和性能事件的数量，并且根据故障和性能事件的数量显示出当前省的业务系统状况。点进去后可以显示当前省的链路信息及最新的业务系统运行状况统计。

②分省业务系统综合监控（分中心节点）

分省业务系统综合监控主要用于显示当前省的链路信息以及业务系统最新运行状况统计，分别用绿色、黄色和红色灯来显示当前的业务系统有无故障和性能事件。

（2）业务系统监控

业务系统监控主要用于监控业务系统中核心业务功能的响应时间趋势，关键功能可用性，数据上报情况，数据采集统计，分省上报情况以及系统产生的事件，系统的总用户量等。参考界面如图 8-10 所示。

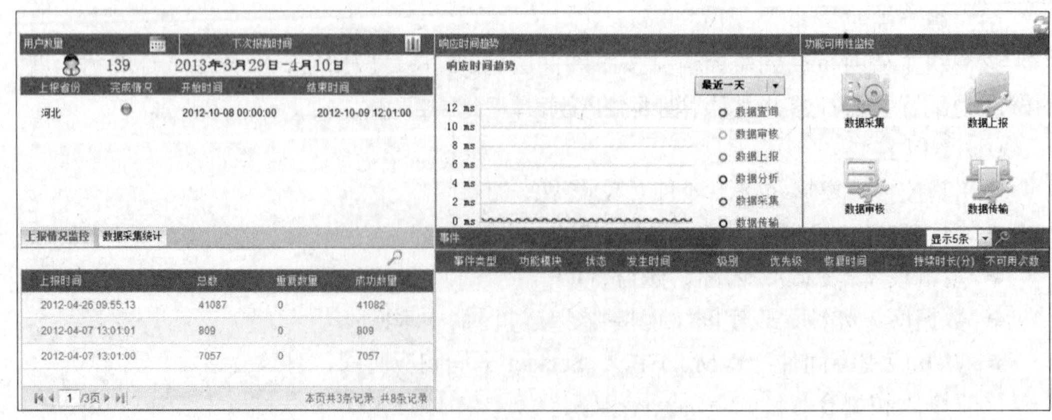

图 8-10　业务系统监控界面

(3) 支撑平台监控

支撑平台监控主要用于监控业务系统中支撑平台核心业务功能的最新响应能力及趋势，业务的开展情况信息，以及公共组件（用户组件）、功能可用性、用户情况等。参考界面如图 8-11 所示。

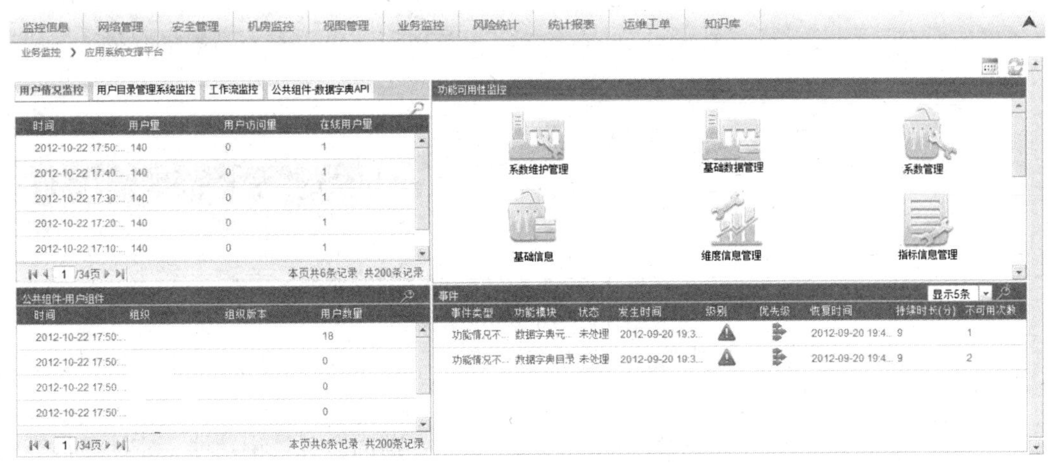

图 8-11 支撑平台监控界面

(4) 数据库平台监控

数据库平台监控主要用于监控各个功能模块响应能力及趋势。参考界面如图 8-12 所示。

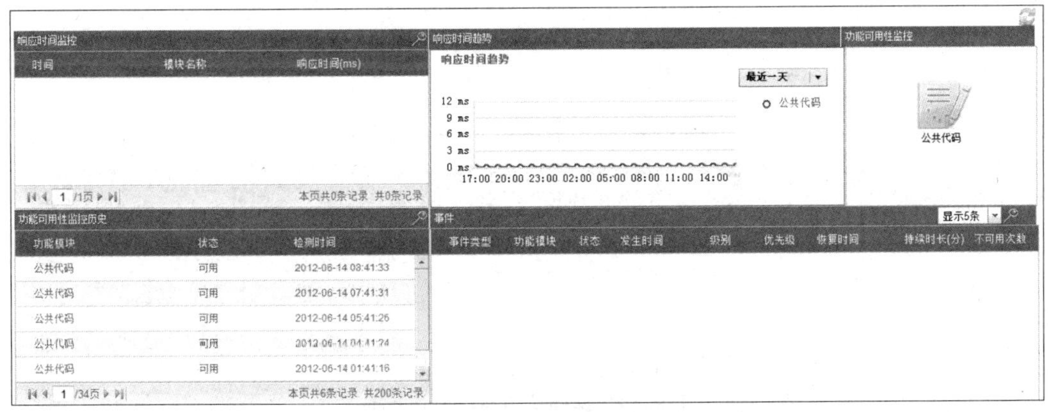

图 8-12 数据库平台监控界面

(5) RA 系统监控

实现对中心节点、分中心节点 RA 服务的监控，采用 Telnet 到相应网关 RA 服务端口的方式，需要监控双机设备端口同时存在，如果有 1 个不存在就报故障事件。可以显示 24 小时内服务在线时间比率及 30 天内服务不可用次数，并显示出服务的状态和可用状态图。参考界面如图 8-13 所示。

业务监控 〉 RA系统
监控信息
故障性能事件
正常
故障
性能
服务名称
服务状态
过去24小时可用状态图
RA身份认证网关
RA系统
RA身份认证网关
24小时内服务在线时间比率
30天内服务不可用次数
RA身份认证网关
(%)

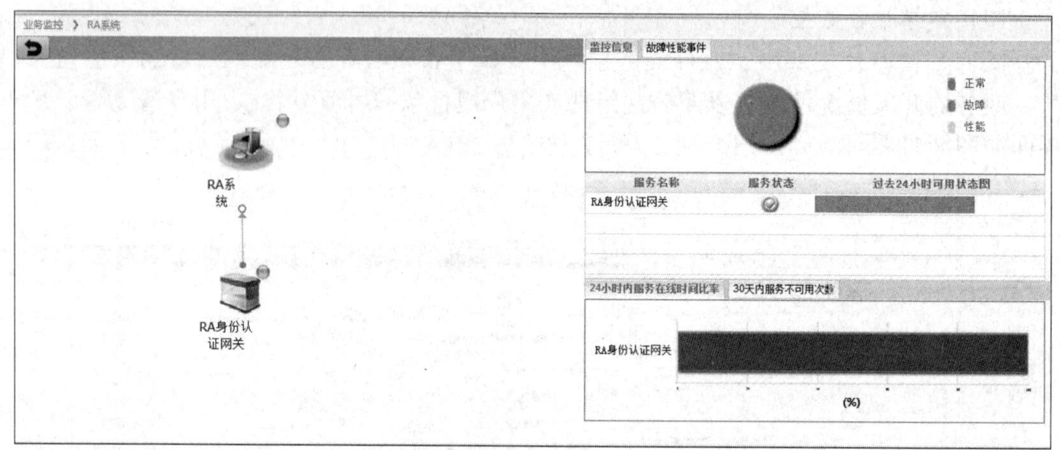

图 8-13 RA 系统监控界面

(6) 地理信息系统监控

通过 URL 监控判断 GIS 系统功能是否可用。包括地图服务查询功能、空间属性查询功能、监测源档案查询定位功能、建设项目查询定位功能、信息统计监测源查询定位功能。并且下面可以显示服务不可用的列表。参考界面如图 8-14 所示。

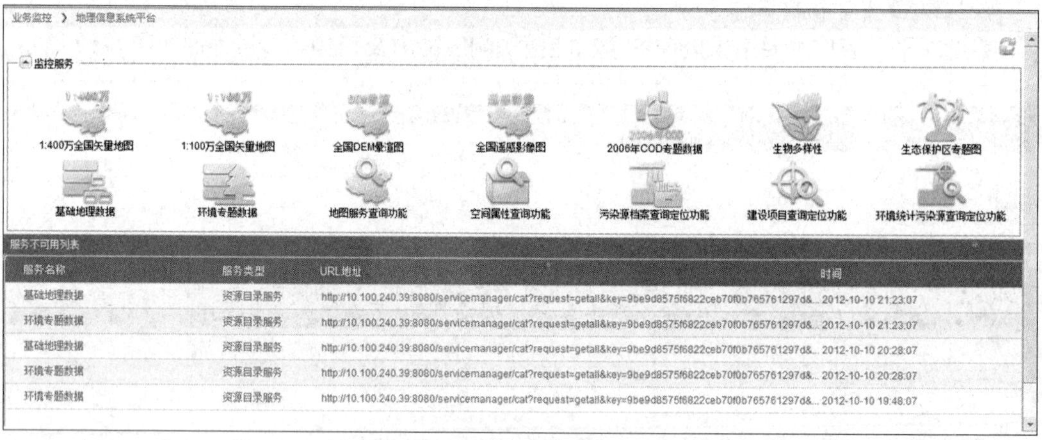

业务监控 〉 地理信息系统平台
监控服务
1:400万全国矢量地图
1:100万全国矢量地图
全国DEM晕渲图
全国遥感影像图
2006年COD专题数据
生物多样性
生态保护区专题图
基础地理数据
环境专题数据
地图服务查询功能
空间属性查询功能
污染源档案查询定位功能
建设项目查询定位功能
环境统计污染源查询定位功能
服务不可用列表
服务名称
服务类型
URL地址
时间
基础地理数据 资源目录服务 http://10.100.240.39:8080/servicemanager/cat?request=getall&key=9be9d8575f6822ceb70f0b765761297d&... 2012-10-10 21:23:07
环境专题数据 资源目录服务 http://10.100.240.39:8080/servicemanager/cat?request=getall&key=9be9d8575f6822ceb70f0b765761297d&... 2012-10-10 21:23:07
基础地理数据 资源目录服务 http://10.100.240.39:8080/servicemanager/cat?request=getall&key=9be9d8575f6822ceb70f0b765761297d&... 2012-10-10 20:28:07
环境专题数据 资源目录服务 http://10.100.240.39:8080/servicemanager/cat?request=getall&key=9be9d8575f6822ceb70f0b765761297d&... 2012-10-10 20:28:07
环境专题数据 资源目录服务 http://10.100.240.39:8080/servicemanager/cat?request=getall&key=9be9d8575f6822ceb70f0b765761297d&... 2012-10-10 19:48:07

图 8-14 地理信息系统监控页面

8.4.6 审计管理

审计管理功能主要包括内容恢复、连接审计。内容恢复能对 HTTP、FTP、POP3、SMTP、TELNET 5 种常见的应用协议进行完整的记录，能将符合条件的有内容的应用协议的会话过程与会话内容回放。连接审计记录展示源 IP、目的 IP、协议等连接记录信息。

(1) 内容恢复

内容恢复能对 HTTP、FTP、POP3、SMTP、TELNET 5 种常见的应用协议进行完整的记录，能将符合条件的有内容的应用协议的会话过程与会话内容回放，从而监控内部网络中的用户是否滥用网络资源，记录攻击者的攻击过程，发现未知的攻击等。

（2）连接审计

连接审计记录源 IP、目的 IP、协议等连接信息。包括设备的传输协议、连接状态、源 MAC、目的 MAC、源 IP、目的 IP、目的端口、连接次数、请求数据信息、应答数据信息和开始结束时间。

8.4.7　风险管理

风险管理功能从不同角度分类计算各类资产的风险值，包括整体风险、安全域风险、业务系统风险、资产风险。

（1）安全域风险

安全域风险功能按安全域进行分析统计，包括安全域子节点的安全域、当前风险图和安全域风险趋势图、按类型和等级的告警统计饼图。

（2）业务系统风险

业务系统风险功能按业务系统进行风险统计，包括业务系统当前风险图和业务系统风险趋势图、按类型和等级的告警统计饼图。

（3）整体风险

整体风险展示全网的风险信息，以 FLEX 图直观地展示全网的当前风险信息、全网的风险趋势图和告警统计饼图。

（4）资产风险

资产风险功能按单个资产进行风险统计，查询到的资产概要信息包括资产信息概要、资产风险趋势图、资产告警统计图等。

8.4.8　告警管理

（1）整体安全分析

显示整体的安全状况，默认显示事件类型统计、事件等级统计、公告、最新安全事件、待处理工单、最新故障性能事件、事件数量趋势七个部分页面，功能特性如表 8-13 所示。

表 8-13　告警管理功能特性

编号	特性名称	特性简介	优先级
1	事件类型统计	按事件类型统计最近 1 天，最近 1 周，最近 1 月，最近 1 季度，最近 1 年的安全事件	高
2	事件等级统计	按事件等级统计最近 1 天，最近 1 周，最近 1 月，最近 1 季度，最近 1 年的安全事件	高
3	公告	展示系统值班公告和提醒。并且可以添加提醒	高
4	最新安全事件	按时间、源地址、目的地址、名称统计最新安全事件	高
5	待处理工单	显示待处理工单，点击工单名称弹出处理工单窗口	高
6	最新故障性能事件	显示最新的故障事件和性能事件	高
7	事件数量趋势	统计最近 1 天，最近 1 周，最近 1 月，最近 1 季度，最近 1 年的安全事件数量趋势	高

①事件类型统计

按事件类型统计最近1天，最近1周，最近1月，最近1季度，最近1年的安全事件。安全事件包含聚合、历史、即时事件。

②事件等级统计

按事件等级统计最近1天，最近1周，最近1月，最近1季度，最近1年的事件。安全事件包含聚合、历史、即时事件。

③公告

展示系统值班公告和提醒，并且可以添加提醒。对于当天的公告和提醒后面加图标提示。

④最新安全事件

按时间、源地址、目的地址、名称统计最新安全事件。

⑤待处理工单

显示当前用户的待处理工单，点击名称弹出处理工单窗口。

⑥最新故障性能事件

显示最新的故障事件和性能事件，可以按事件显示和按设备IP和事件名称统计。

⑦事件数量趋势

统计最近1天，最近1周，最近1月，最近1季度，最近1年的安全事件数量趋势。

（2）安全事件分析

对安全事件进行分析，包括事件列表、事件查询、详细信息、自定义列、事件统计、事件忽略、生成工单等功能。功能特性如表8-14所示。

表8-14 安全事件分析功能特性

编号	名称	特性简介	优先级
1	事件列表	显示事件列表	高
2	事件查询	根据不同查询条件查询事件	高
3	详细信息	显示事件详细信息	高
4	自定义列	自定义事件列表显示的列	高
5	事件统计	根据事件名称、类型等不同维度统计事件	高
6	事件忽略	对未处理的事件进行忽略操作	高
7	生成工单	对未处理的事件进行生成工单操作	高

①事件列表

显示事件列表，默认显示未处理的事件。

②事件查询

根据用户输入条件查询事件。

③详细信息

安全事件详细信息包括详细信息和远程日志查询2个功能。

④自定义列

自定义事件列表显示的列。

⑤事件统计

按照事件名称、类型、源IP、目的IP等级和时间统计安全事件。

⑥事件忽略

对未处理且确认为误报的事件进行忽略操作。

⑦生成工单

对未处理且确认为真实的事件进行生成工单操作。

(3) 安全事件统计分析

安全事件统计分析功能根据用户自定义查询条件展示安全事件统计分析结果。

(4) 脆弱性事件分析

成功完成的脆弱性扫描任务会自动生成脆弱性事件。用户可以查看事件并生成工单。功能特性如表 8-15 所示。

表 8-15　脆弱性事件分析功能特性

编号	特性名称	特性简介	优先级
1	脆弱性事件分析列表	以列表方式展示所有脆弱性事件	高
2	脆弱性事件分析查看	查看脆弱性事件的页面	高
3	忽略	忽略该事件	高
4	生成工单	生成工单	高
5	查看详细	查看脆弱性事件的详细信息	高
6	查询	通过过滤条件查询指定事件	高
7	漏洞详细信息	查看漏洞的详细信息	高

①事件列表

用于查看脆弱性扫描事件的概括信息，功能包括事件展现列表、搜索窗口、设置事件忽略。

②事件查看

用于查看脆弱性事件的详细信息。

③生成工单

对未处理的事件进行生成工单操作。

(5) 故障事件分析

该模块主要对故障事件进行分析，包括故障事件列表、故障事件查询、详细信息、故障事件忽略、生成工单等功能。功能特性如表 8-16 所示。

表 8-16　故障事件分析功能特性

编号	特性名称	特性简介	优先级
1	故障事件列表	显示事件列表	高
2	故障事件查询	根据不同查询条件查询事件	高
3	详细信息	事件详细信息	高
4	故障事件忽略	对未处理的事件进行忽略操作	高
5	生成工单	对未处理的事件进行生成工单操作	高

①故障事件列表

显示故障事件列表，默认显示未处理的故障事件。

②故障事件查询

根据用户输入条件查询故障事件。

③详细信息

双击故障事件所在行，弹出事件详细信息页面。

④故障事件忽略

对未处理的事件进行忽略操作。

⑤生成工单

对未处理的故障事件进行生成工单操作。

（6）**配置事件分析**

配置事件分析模块包含：列表展示、查看详细、生成工单、忽略、查询。功能特性如表 8-17 所示。

表 8-17 配置事件分析功能特性

编号	特性名称	特性简介	优先级
1	列表展示	查看配置事件列表信息	高
2	查看详细	查看配置事件详细信息	高
3	生成工单	生成工单	高
4	忽略	忽略该事件	高
5	查询	查询配置事件	高

①配置事件列表

用于展示所有配置事件信息，可以选择查看详细、生成工单、忽略、查询等功能。

②事件忽略

忽略配置事件。

③生成工单

对选定的配置事件生成工单。

④详细信息

用于查看配置事件详细信息。

⑤事件查询

用于查询配置事件详细信息。

（7）**性能事件分析**

该模块主要对性能事件进行分析。包括性能事件列表、性能事件查询、详细信息、性能事件忽略、生成工单等功能。功能特性如表 8-18 所示。

表 8-18 性能事件分析功能特性

编号	特性名称	特性简介	优先级
1	性能事件列表	显示事件列表	高
2	性能事件查询	根据不同查询条件查询事件	高
3	详细信息	事件详细信息	高
4	性能事件忽略	对未处理的事件进行忽略操作	高
5	生成工单	对未处理的事件进行生成工单操作	高

①性能事件列表

显示事件列表，默认显示未处理的事件。

②性能事件查询

根据用户输入条件查询事件。

③详细信息

双击事件所在行，弹出事件详细信息页面。

④性能事件忽略

对未处理的事件进行忽略操作。

⑤生成工单

对未处理的事件进行生成工单操作。

8.4.9　资产管理

（1）资产概况

从不同维度对资产、安全域、业务域、业务系统进行统计展示，方便用户直观地了解资产管理的信息。

从各个维度统计系统中的资产，方便用户从各个角度了解系统中的资产，并且提供快速查看各个部分的资产的功能，包含资产按安全域统计、资产按业务域统计、资产按业务系统统计、资产按资产类型统计、资产按操作系统统计、资产按资产价值统计、资产按状态统计、安全域按类型统计、业务域按类型统计、业务系统按类型统计、业务系统按业务域分布等。参考界面如图 8-15 所示。

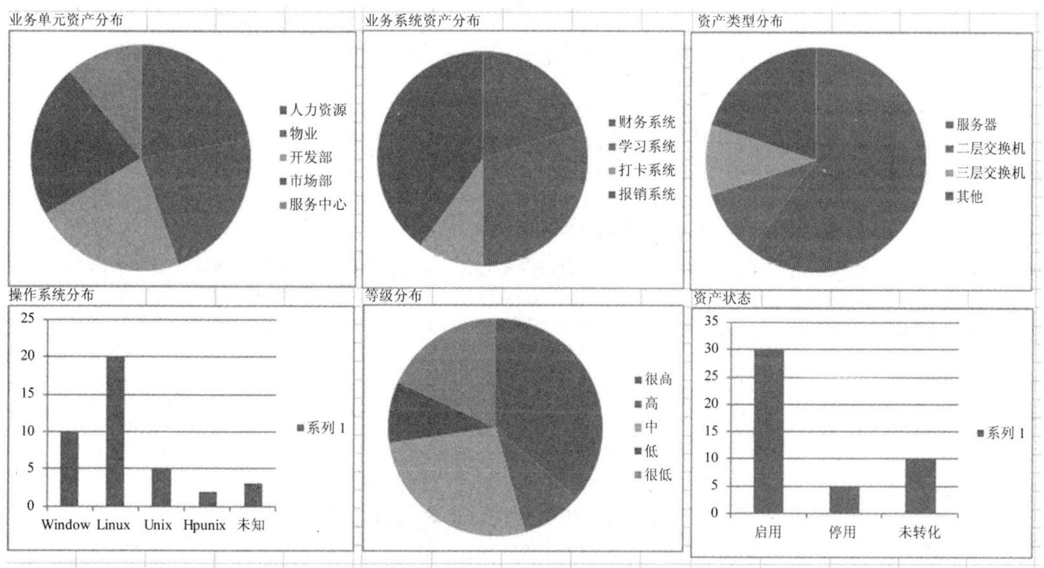

图 8-15　资产概况

(2) 资产管理

针对资产数量、类型多的情况，应对资产分组管理，划分两个维度：安全域、业务域。业务域是从业务或行政角度划分，业务域下会包含业务系统。资产管理可实现资产添加、修改删除、批量添加、批量修改、批量删除、导入、导出、列自定义显示、列过滤等。

①系统中资产来源

- 资产模块，用户在资产添加页面录入；
- 资产发现后，用户在资产归属模块进行转化；
- 用户申请资产入库流程结束后，系统自动把用户申请的资产录入系统中。

②系统中资产所有状态

包括闲置，使用中，待维修，维修，送修，外借，待报废，报废。

③资产管理功能

包含添加、批量添加、导出、自定义导出、查询、批量修改、导入模板下载、导入、删除、批量删除。根据系统安装部署时选择系统支持区域（安全域、业务域）显示或隐藏对应列、表单内容。

(3) 备用资产

将资产发现功能发现的未马上使用的资产，转化为系统的备用资产。

(4) 安全域管理

实现安全域管理的添加、修改、删除、查看及网段信息、测评信息的添加、修改、删除、查看。安全域管理包含：添加、修改、删除、查看；人员添加、修改、删除、查看；网段添加、修改、删除、查看。

(5) 业务系统管理

从业务系统的角度对资产进行管理。包括如下功能：

①业务系统添加、修改、删除、批量删除、查看、自定义列设置；

②业务系统下网段添加、修改、删除、查看；

③业务系统下测评信息添加、修改、删除、查看。

(6) 业务域管理

对业务域进行添加、修改、删除、查看操作。

业务域管理包含：添加、修改、删除、查看。人员添加、修改、删除、查看。

8.4.10 报表管理

(1) 报表功能

报表的主要功能特性如表 8-19 所示。

表 8-19 报表管理功能特性样例

特性编号	特性名称	优先级
风险报表	风险报表	高
风险报表-01	全网风险趋势	高
风险报表-02	安全域风险趋势	高

特性编号	特性名称	优先级
风险报表-03	业务域风险趋势	高
风险报表-04	业务系统风险趋势	高
风险报表-05	资产风险趋势	高
资产报表	资产报表	高
资产报表-01	资产分布统计	高
资产报表-02	资产购置日期统计	高
资产报表-03	资产保修截止日期统计	高
工单报表	工单报表	高
工单报表-01	最新工单 TOP-10	高
工单报表-02	事件处理工单分类统计	高
工单报表-03	事件处理工单等级统计	高
安全事件报表	安全事件报表	高
安全事件报表-01	安全事件类型—数量 TOP-10	高
安全事件报表-02	安全事件等级—名称—数量 TOP-10	高
安全事件报表-03	安全事件等级—数量	高
故障事件报表	故障事件报表	高
故障事件报表-01	最新故障事件 TOP-10	高
故障事件报表-02	故障事件名称—数量	高
性能事件报表	性能事件报表	高
性能事件报表-01	最新性能事件 TOP-10	高
性能事件报表-02	性能事件名称—数量	高
配置事件报表	配置事件报表	高
配置事件报表-01	最新配置事件 TOP-10	高
配置事件报表-02	配置事件名称—数量	高
综合报表	综合报表	高
综合报表-01	日报表	高
综合报表-02	周报表	高
综合报表-03	月报表	高

①风险报表—全网风险趋势

该报表中包括全网风险趋势图、工单类型雷达图、工单等级雷达图和峰值时工单统计列表信息，以及文字描述。

②风险报表—安全域风险趋势

报表中包括所选安全域下的风险趋势图、工单类型雷达图、工单等级雷达图和峰值时工单统计列表信息，以及文字描述。

③风险报表—业务域风险趋势

该报表中包括所选业务域下的风险趋势图、工单类型雷达图、工单等级雷达图和峰值时工单统计列表信息以及文字描述。

④风险报表—业务系统风险趋势

该报表中包括所选业务系统下的风险趋势图、工单类型雷达图、工单等级雷达图和峰值时工单统计列表信息以及文字描述。

⑤风险报表—资产风险趋势

该报表中包括所选资产下的风险趋势图、工单类型雷达图、工单等级雷达图和峰值时工单统计列表信息以及文字描述。

⑥资产报表

该报表中包括安全域与资产类型的数量堆积柱图、业务域与资产类型的数量堆积柱图，业务系统与资产类型的数量堆积柱图、资产操作系统数量柱图以及文字描述和资产列表。

⑦安全事件报表

安全事件报表主要包括“安全事件类型—数量 TOP-10”、“不同级别的安全事件名称—数量 TOP-10”、“安全事件等级—数量”3 种报表类型。通过报表生成条件确定查询安全事件的条件生成上述三种不同的安全事件报表。

安全事件是通过收集网络设备、主机系统、安全设备等相关日志，通过格式化、聚并和即时关联分析、历史关联分析后产生的事件。

⑧故障事件报表

故障事件报表主要包括“最新故障事件 TOP-10”、“故障事件名称—数量 TOP-10”报表类型。通过报表生成条件确定查询事件的条件生成上述报表。

故障事件是由监控器或流量监控模块通过判断某个资产或网络的相关信息获得的，包括网络接口 DOWN、设备无法连接（未开机或网线断开）、进程 DOWN、代理 DOWN 机、连接数据库服务未启动、数据库归档日志已满、服务未启动、业务系统不可用和温度过高等情况。

⑨性能事件报表

性能事件报表主要包括“最新性能事件 TOP-10”、“性能事件名称—数量 TOP-10”报表类型。通过报表生成条件确定查询条件生成上述事件报表。

性能事件是通过监控判断某个资产的 CPU、内存、磁盘等利用率达到阈值时报出的性能事件；或是监控判断 Windows、AIX、Linux、DB2、Oracle、WebSphere、Tomcat、My SQL、SQL Server 等程序的运行状态的相关信息达到阈值时报出的性能事件。

⑩配置事件报表

配置事件报表主要包括“最新配置事件 TOP-10”、“配置事件名称—数量 TOP-10”报表类型。通过报表生成条件确定查询条件生成上述事件报表。

配置事件是由监控器通过判断各类资产配置情况的变更获得的，包括网络设备的配置变更、操作系统的系统配置文件变更、防火墙的策略变更以及软件的配置文件变更等。

⑪综合报表

- 日报表

通过选择时间参数，统计出用户所选择时间范围内的系统综合信息。该报表为填报报表，可以在报表生成后，再进行内容输入，同时还包括工单详情列表、当天的工单数量趋势、很高和高等级安全事件名称和 IP 数量 TOP-10。

- 周报表、月报表、年报表

通过选择时间参数，统计出用户所选择时间范围内的系统综合信息。该报表包括安全事件类型数量统计、性能事件类型数量统计、故障事件类型数量统计、网站事件类型数量统计、配置事件类型数量统计、历史事件类型数量统计、工单数量趋势图以及文字描述和列表信息。

（2）监控器—操作系统报表

通过输入监控器及时间参数，统计出指定监控器的在指定数据时间 24 小时之内的监控信息，包括基本信息、用户访问信息、用户审计信息、CPU 信息、IP/MAC 信息、CPU 动态信息、内存使用率动态信息、内存动态信息、系统进程动态信息、资产硬盘动态信息、磁盘 IO 信息、性能事件、故障事件、配置事件及性能、故障与配置事件分析、端口监控、进程监控、文件监控和脚本监控。

（3）监控器—数据库报表

通过输入监控器及时间参数，统计出指定监控器的在指定数据时间 24 小时之内的监控信息，包括基本信息、用户访问信息、连接动态信息、缓冲区动态信息、内存动态信息、日志表空间、排序堆动态信息、表空间动态信息、锁动态信息、DB2 应用程序信息、性能事件、故障事件以及性能与故障事件分析。

（4）监控器—应用软件报表

通过输入监控器及时间参数，统计出指定监控器的在指定数据时间 24 小时之内的监控信息，包括基本信息、IBM MB broker 基本信息、broker 队列信息、HTTP 监听器信息、执行组监控信息、日志信息、消息流信息、所发生的性能事件、故障事件及性能故障事件分析、队列监控信息、监听器监控信息、通道监控信息。

（5）监控器—中间件报表

通过输入监控器及时间参数，统计出指定监控器的在指定数据时间 24 小时之内的监控信息，包括基本信息、Tomcat 连接信息、Tomcat 加载 Web 模块、Tomcat 线程信息、Tomcat 全局请求、所发生的性能事件、故障事件及性能故障事件分析、进程池动态信息、JDBC 连接池动态信息、事务数动态信息、事务的平均持续时间、JVM 动态信息、负载管理中客户端信息、负载管理中服务端信息。

8.4.11 视图管理

视图管理模块从多个角度出发，灵活建立多种逻辑视图。并通过自定义拓扑功能，使用户能够灵活地自定义拓扑视图并可建立元素、链路与实际监控指标的关联，以不同颜色实时显示设备和链路的健康性；拓扑元素可以是被监测的 IT 设备、应用、指标、业务逻辑对象、部门。

同时，当各 IT 业务的网络基础架构组成和业务逻辑关联结构发生变化和调整时，业务应用系统运维管理平台能够灵活快速地完成相应管理视图的配置调整。使整个运维管理平台能够不断自适应建设 IT 基础架构和业务系统过程中的快速扩展和调整。

（1）业务视图

该模块主要从业务层面展示所有业务系统的综合监控信息，包括业务系统运行状态、监控器运行状态、服务 24 小时可用状态、服务在线时间比率及服务不可用次数。

图 8-18 显示各业务系统过去 24 小时之内服务在线时间比率。服务在线时间通过公式

来计算：服务在线时间=（24–业务系统故障时间）/24。业务系统的故障时间，取该业务系统所配置的监控器过滤重复故障时间之后的故障时间总和。监控器故障时间通过公式来计算：故障时间=更新时间–记录时间。

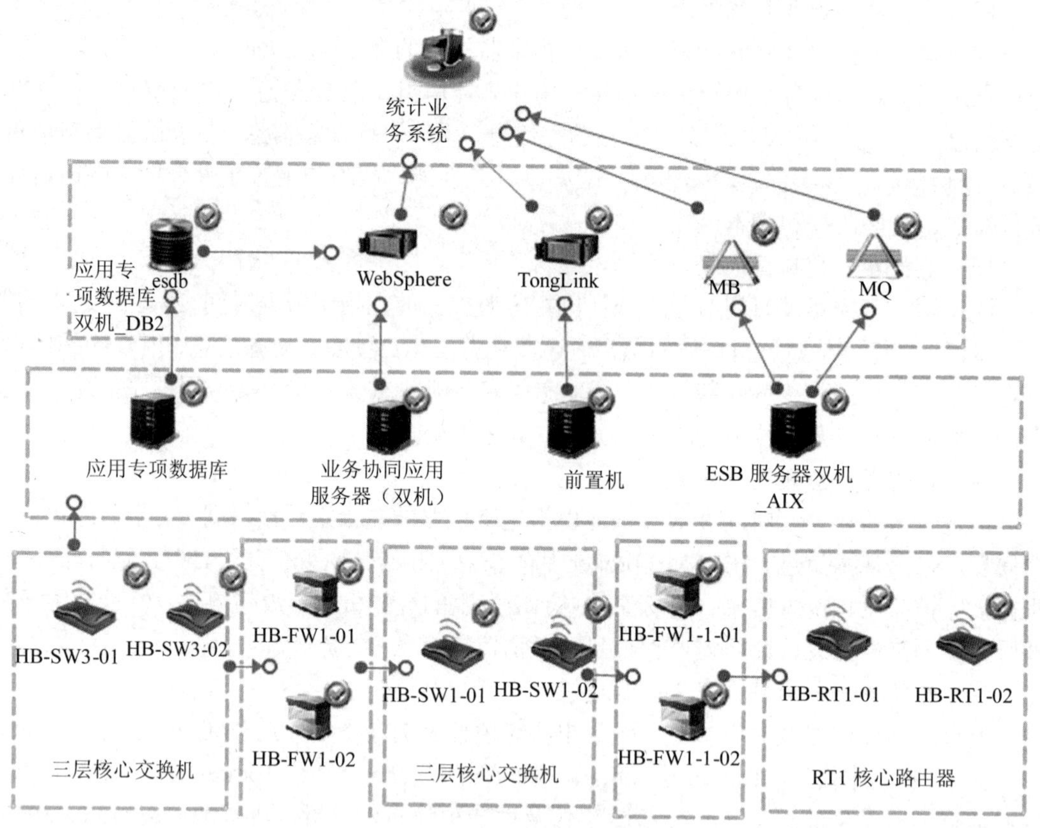

图 8-16 监控器部署展示视图

图 8-16 显示某一业务系统内的监控器部署视图，是由用户点击展示的主页面的一个业务系统图标进入的。当鼠标在某个主机监控、中间件监控器、数据库监控器上的状态图标悬停时，显示出系统监控器事件状态，如有事件则显示性能或者故障事件的数量，报警状态取故障和性能事件中最严重的事件类型（故障、性能、未知、正常），分别用故障（红色）、性能（黄色）、未知（灰色）、正常（绿色）表示；当鼠标在某两个主机相关的连线上悬停时，显示主机间的流量信息，主机间的连线通过端口的判定显示连通或断开状态。整体视图的数据来源于 XML 文件，该 XML 由业务视图编辑页面保存生成。此页面进行 XML 解析与展示。

（2）业务流图

业务流图展示了各业务系统之间数据传递和加工的过程，以数据流为导向，利用图形方式来表达系统的逻辑功能以及数据在系统内部的逻辑流向和逻辑变换过程，例如登录、认证、数据传输、流向等多种方式展示。

（3）应用系统拓扑图

拓扑图展示了网络节点设备和通信介质构成的网络结构图，并能详细展示资产名称、资产 IP、所属的安全域、业务域等相关信息，并能形成云图展示云图名称及详细描述，针对拓扑图能进行父拓扑图的展示，导出、放大、还原、缩小、撤销、恢复、导航树等操作，以更全面地展示此拓扑图信息。参考界面如图 8-17 所示。

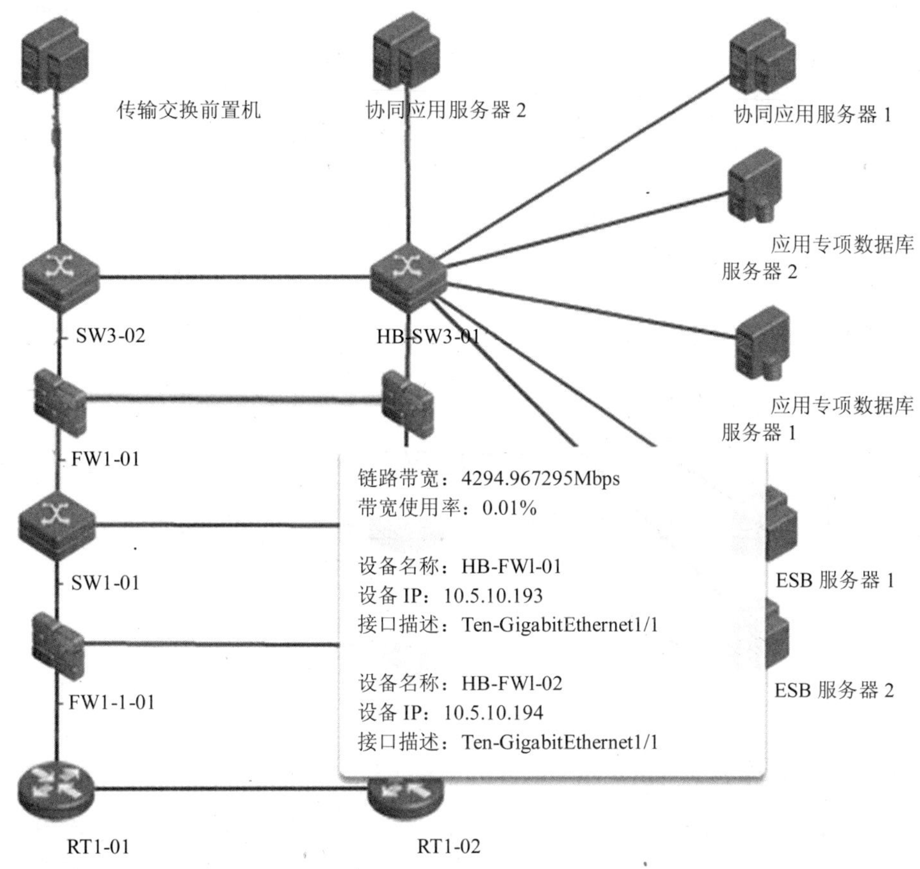

图 8-17　整体监控拓扑视图界面

（4）部署视图

部署视图管理共分为两部分：第一部分主页面展示，第二部分为编辑页面。其中编辑部分主要的功能有：用户可以根据系统的相关监控信息自行设计部署视图，系统通过仿真设计与效果制作，集中展示系统的整体监控布局（监控器运行状态、主机中中间件的配置）信息。

主要业务系统分别为 Portal 门户、支撑平台、地理信息平台、政务类系统、业务类系统及数据库平台。

8.5 业务应用系统运维管理平台非功能需求

8.5.1 性能需求

为了实现业务应用系统运维管理平台稳定、可靠、安全的运行，业务应用系统运维管理平台需要满足管理能力、数据分析能力、统计查询能力三方面的性能。具体性能指标如表 8-20 所示。

表 8-20 运维管理平台系能指标

类别	性能要求
管理能力	具备分布式部署能力套平台支持的数据采集源设备数量要求 500 个以上
	支持分级监控，即上级平台可以监控下级平台所监控的应用系统情况
数据分析能力	每个数据采集插件的数据采集能力可达到 5 000 条/s（含）以上
	平台的事件分析能力可达到 500 条/s（含）以上
	平台的事件入库能力可达到 500 条/s（含）以上
查询统计能力	监控状态数据采集时间，小于 3 s
	事件查询时间，小于 5 s
	快速报表生成时间，小于 10 s

8.5.2 安全需求

（1）身份鉴别

包括用户标识、用户鉴别、登录控制三部分。

在每一个用户注册到业务应用系统运维管理平台时，应采用用户名和用户标识符的方式进行用户标识，并确保在系统整个生存周期用户标识的唯一性。

在每次用户登录系统时，采用强化管理的口令、基于数字证书以及其他具有相应安全强度的两种或两种以上机制的组合进行用户身份鉴别，并对鉴别数据进行保密性和完整性保护。

任何用户不能绕过登录模块而直接访问系统，用户登录时需输入产生的验证码，避免被工具暴力破解，登录过程连接超时会自动退出。

（2）访问控制

要求在安全策略控制范围内，用户对自己创建的客体具有各种访问操作权限，并能将这些权限的部分或全部授予其他用户；自主访问控制主体的粒度应为用户级，客体的粒度应为文件或数据库表级和/或记录、字段级；自主访问操作应包括对客体的创建、读、写、修改和删除等。

在对安全管理员进行严格的身份鉴别和权限控制基础上，由安全管理员通过特定操作界面对主、客体进行安全标记；应按安全标记和强制访问控制规则，对确定主体访问客体的操作进行控制；强制访问控制主体的粒度应为用户级，客体的粒度应为文件或数据库表级；应确保安全计算环境内所有主、客体具有一致的标记信息，并实施相同的强制访问控制规则。

系统可针对不同用户提供不同的访问控制功能，根据安全策略控制用户对文件、数据库表的访问，并有对重要信息资源设置敏感标记的功能。

针对用户权限控制与管理，系统应采取基于角色的访问控制机制，针对不用角色的用户分配不同的权限，方便不同权限的用户进行不同的操作。用户和权限管理具有如下特征：

①系统管理员可以根据业务需要为每个角色定义不同的权限，权限可以精确到每个模块；

②角色与用户的关联，由系统管理员自己定制，可以配置让某个用户承担多个角色或一个角色，也可以将一个角色赋予一个或者多个用户。

每个用户登录系统时必须经过严格的身份认证，用户名和密码信息以加密的方式安全存储，具备用户信息备份和恢复功能，从而避免因意外因素造成的用户和账号信息丢失。对所有的登录信息和操作信息进行日志记录，包括用户的 IP 地址、时间等内容。

（3）剩余信息保护

系统运行管理软件应具有剩余信息保护功能，确保用户登录和使用记录等信息能够及时清除，在软件设计文档中，要有关于释放或重新分配系统内文件、目录和数据库记录等资源所在存储空间给其他用户前如何进行完全清除的内容，即用某用户登录系统并进行操作后，在该用户退出后用另一用户登录，试图操作（读取、修改或删除等）其他用户产生的文件、目录和数据库记录等资源时不能够成功。

（4）安全审计

系统运行管理软件应能记录系统自身相关安全事件，记录和审计整个平台的日志信息。记录所有登录信息，包括：登录账号、登录时间、登录 IP 地址、登录是否成功；记录在平台上执行的操作，包括：修改、查询、添加、删除操作等。并能对特定安全事件进行报警；应提供审计记录的分类、统计分析和查询等；应提供审计记录的导出存储保护，确保审计记录不被破坏或非授权访问。

（5）通讯完整性

当中心节点和分中心节点之间传输数据时，应采用密码机制支持的完整性校验机制或其他具有相当安全强度的完整性校验机制，检验数据的完整性，并在其受到破坏时能对重要数据进行恢复。

（6）通信保密性

当系统运行管理软件需要在中心节点和分中心节点之间传输数据时，应采用密码机制支持的保密性保障机制或其他具有相当安全强度的保密性保障机制，保证数据的保密性，根据 RA 系统确保数据校验的保密性。

（7）抗抵赖性

应依托 RA 系统，保证抗抵赖性，可以提供在请求的情况下为数据原发者或接收者提供数据原发证据的功能，以确保双方对传输数据的确认。

（8）资源控制

应提供自动保护功能，当故障发生时自动保护当前所有状态，保证系统能够进行恢复。能够对一个时间段内可能的并发会话连接数进行限制；能够对一个访问账户或一个请求进程占用的资源分配最大限额和最小限额；能够对系统服务水平降低到预先规定的最小值进行检测和报警；提供服务优先级设定功能，并在安装后根据安全策略设定访问账户或请求进程的优先级，根据优先级分配系统资源。

8.5.3 接口需求

业务应用系统运维管理平台与各个业务系统都存在数据交互，为确保应用在开发和调用服务过程中保持一致性、规范性，业务应用系统运维管理平台与各业务系统的数据交互需要有统一的接口规范。

（1）数据交互接口的设计原则

①接口设计遵循环境保护信息系统运维规定的接口规范；

②接口规范使用简单、通用性好、可靠性高；

③接口能灵活地支撑需求变化和应用扩展；

④接口数据在接口所涉及的各个系统间保持一致性。

业务应用系统运维管理平台与各业务系统的接口遵循W3C的标准Web Service规范集子集：WSDL1.1，WS_Profile 1.0，XML 1.1。

（2）接口构建所遵循的技术规范

①数据传输与消息传递

在网络传输层采用HTTPS作为底层传输协议，在数据表现层采用XML格式的SOAP（Simple Object Access Protocol）1.1协议作为消息格式，以完成Web Services与其服务请求者之间的调用与数据传输。

② Web Services接口描述

用户服务统一接口采用基于XML格式的WSDL（Web Services Description Language）1.1标准方式发布Web Services服务，供客户端调用并激活Web Services。

业务应用系统运维管理平台与各业务系统存在的数据交互包括：

- 与基础系统软件的接口；
- 与政务类系统的接口；
- 与业务类系统的接口；
- 与支撑平台的接口；
- 与Portal门户系统的接口；
- 与地理信息系统平台的接口；
- 与数据库平台的接口；
- 与RA系统的接口。

（3）与基础系统软件的接口

①对操作系统的监控接口

对AIX、Linux操作系统的监控使用Telnet、ssh2方式登录目标操作系统，执行命令，获取监控信息。对 Windows 2008 Server 操作系统的监控使用在目标主机上部署代理程序的方式，代理程序负责采集系统的关键数据，并将数据返回到平台。

②对数据库的监控接口

对数据库的监控采用 jdbc 等方式，连接数据库的系统表，执行 SQL 语句，获取关键数据库信息。

③对中间件的监控接口

● WebSphere、Apache

（a）监控手段：HTTP 请求。

（b）实现方式：向 WebSphere 或 Apache 服务器发送 HTTP 请求，解析服务器返回的包含系统信息的页面。

（c）性能事件：Apache 连接数过高—Apache 连接数使用率超过阈值。

（d）故障事件：服务未启动—Jmx 连接 WebLogic 服务器不成功；
业务系统不可用—Web 页面无法访问故障或所部署的应用故障。

● Tomcat

（a）监控手段：Jmx。

（b）实现方式：修改 tomcat 配置文件 catalina.sh（Windows 上为 catalina.bat），使其允许远程 Jmx 连接。

（c）故障事件：服务未启动—Jmx 连接 tomcat 服务器不成功；
业务系统不可用—Web 页面无法访问故障或所部署的应用故障。

● WebLogic

（a）监控手段：Jmx。

（b）实现方式：远程通过 Jmx 连接 WebLogic 服务器，获得系统信息。

（c）故障事件：服务未启动—Jmx 连接 WebLogic 服务器不成功；
业务系统不可用—Web 页面无法访问故障或所部署的应用故障。

④对网络设备的监控接口

● 监控手段：SNMP。
● 实现方式：通过使用 oid，从目标设备的 mib 库中获取相应值。
● 性能事件：使用率过高—cpu 使用率超过阈值并达到或超过上限次数。
内存使用率过高—内存使用率超过阈值并达到或超过上限次数。
● 故障事件：设备无法连接—通过 snmp 不能连接到目标设备。

（4）与业务系统的接口

①用户情况监控服务接口，用以查询该业务系统的用户量、在线用户量。

②业务情况监控服务接口，用来返回在一定时间范围内上报情况、系统执行业务情况。

③功能响应情况监控服务接口，提供一定时间范围内业务系统所有用户操作时系统各个层的响应时间。便于用户进行深入分析。

④功能可用性监控服务接口，使业务系统执行各个功能模块的相关操作测试，并返回各个层的响应时间，以确认系统功能模块是否可用。

（5）与支撑平台的接口

①用户目录管理系统监控服务接口，提供支撑平台中用户目录管理系统的目录大小、entry 大小。

②工作流监控服务接口，提供支撑平台中工作流的引擎状态。

③公共组件（数据字典）API（系数管理）监控接口，提供支撑平台中公共组件（数据字典）API（系数管理）的数据元查询效率和数据元同步时间。

④公共组件（用户组件）监控接口，提供支撑平台中公共组件（用户组件）的组织、用户数量、组织版本、用户行为审核信息、用户同步信息。

⑤功能可用性监控服务接口，使支撑平台执行各个功能模块的相关操作测试，并返回各个层的响应时间，以确认系统功能模块是否可用。

⑥用户情况监控服务接口，提供查询该业务系统的用户量、用户访问量、在线用户量。

⑦其他系统用户量监控服务接口，提供业务系统的用户量信息。

（6）与 Portal 门户系统的接口

①门户监控服务接口，提供 Portal 门户系统中门户的检索效率、有效访问率。

②功能可用性监控服务接口，使系统执行各个功能模块的相关操作测试，并返回各个层的响应时间，以确认系统功能模块是否可用。

（7）与地理信息系统平台的接口

功能可用性监控服务接口，用于请求地理信息系统平台的指定 URL 地址判断服务是否可用。

（8）与数据库平台的接口

①功能可用性监控服务接口，使平台执行各个功能模块的相关操作测试，并返回各个层的响应时间，以确认系统功能模块是否可用。

②功能响应情况监控服务接口，提供一定时间范围内业务系统所有用户操作时系统各个层的响应时间。便于用户进行深入分析。

（9）与 RA 系统的接口

RA 身份认证网关服务端口可用性监控接口，提供 Telnet 方式探测，确定相应网关 RA 服务端口是否提供服务。

8.6 业务应用系统运维管理平台架构设计

8.6.1 功能架构

根据对核心业务分析形成业务应用系统运维管理平台总体业务架构，通过对扩展出的功能点进行归并整合，形成了平台总体功能框架，如图 8-20 所示。

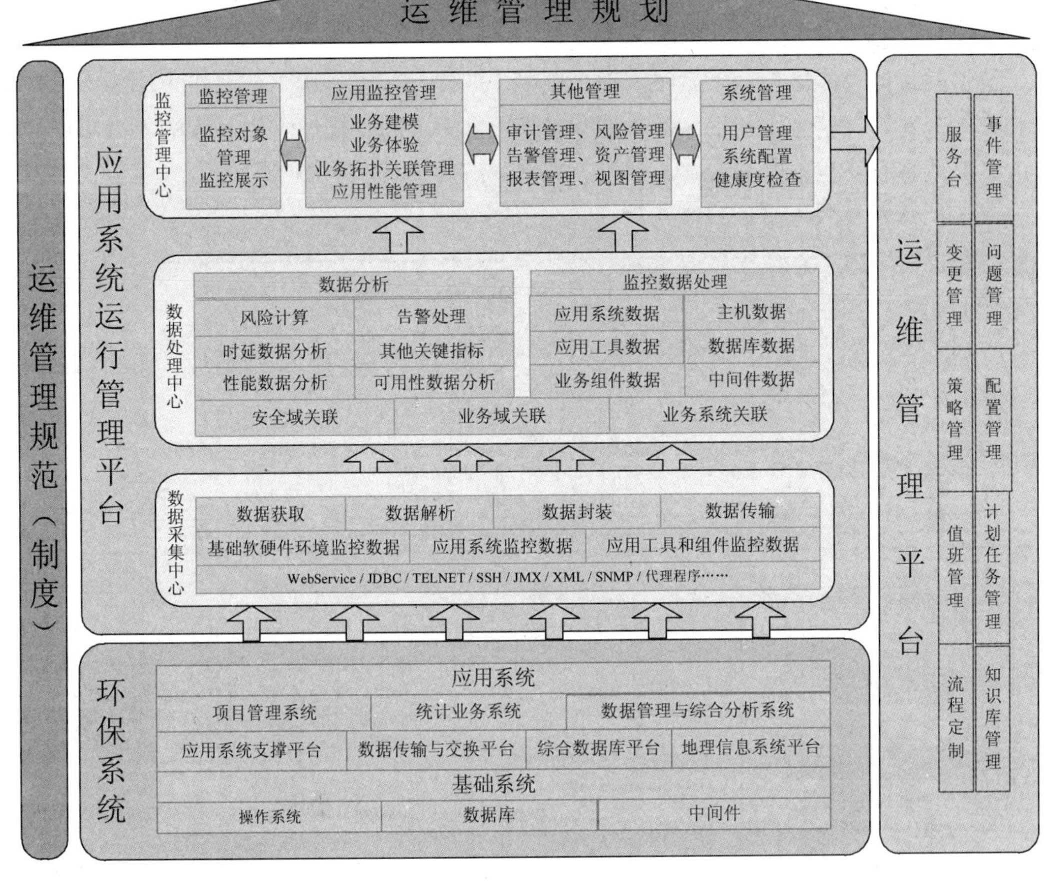

图 8-18　总体功能架构

如图 8-18 所示，平台以各种基础系统的监控信息、业务应用系统的监控指标作为数据源，以各类数据的流转和处理为功能划分依据，将总体功能分为 3 大类别：

（1）**数据采集功能**

根据平台指定的运维策略，数据采集层负责使用各种采集手段包括 Web Service、SSH、SNMP 等，从基础系统、业务系统等采集各种监控信息、日志信息、监控指标信息，经过数据过滤、归并、数据格式标准化处理后，提交给上层数据处理平台。

（2）**数据分析处理功能**

平台将采集到的原始数据按照业务系统数据、网络数据、安全数据进行分门别类，经过基于统计、基于资产、基于规则的关联分析后，进行风险值计算和关键指标阈值对比，科学合理地定义事件的性质和处理级别，作为展示平台的数据基础，并支持将分析后产生的告警事件与自定义的工单策略进行匹配已形成工单和告警通知。

（3）**数据展示功能**

实现整个平台的灵活展示和配置管理。一方面通过丰富的图形化展示方式呈现各业务系统的运行状况、监控指标，提供有效的性能、故障报警，及时处置降低事件造成的损失；

另一方面对监控对象和监控指标的阈值进行配置。

8.6.2 逻辑架构

逻辑架构比功能架构向“系统实现”迈进了一步，逻辑架构主要从逻辑层次上对组成系统的各个部件做整体设计，包括软件和硬件两部分，同时描述它们之间的支撑和依赖关系，也为具体的技术实现架构做了铺垫，逻辑层次结构按照多层多阶的方式组织成了若干个逻辑上相对独立的区域，如图 8-19 所示。

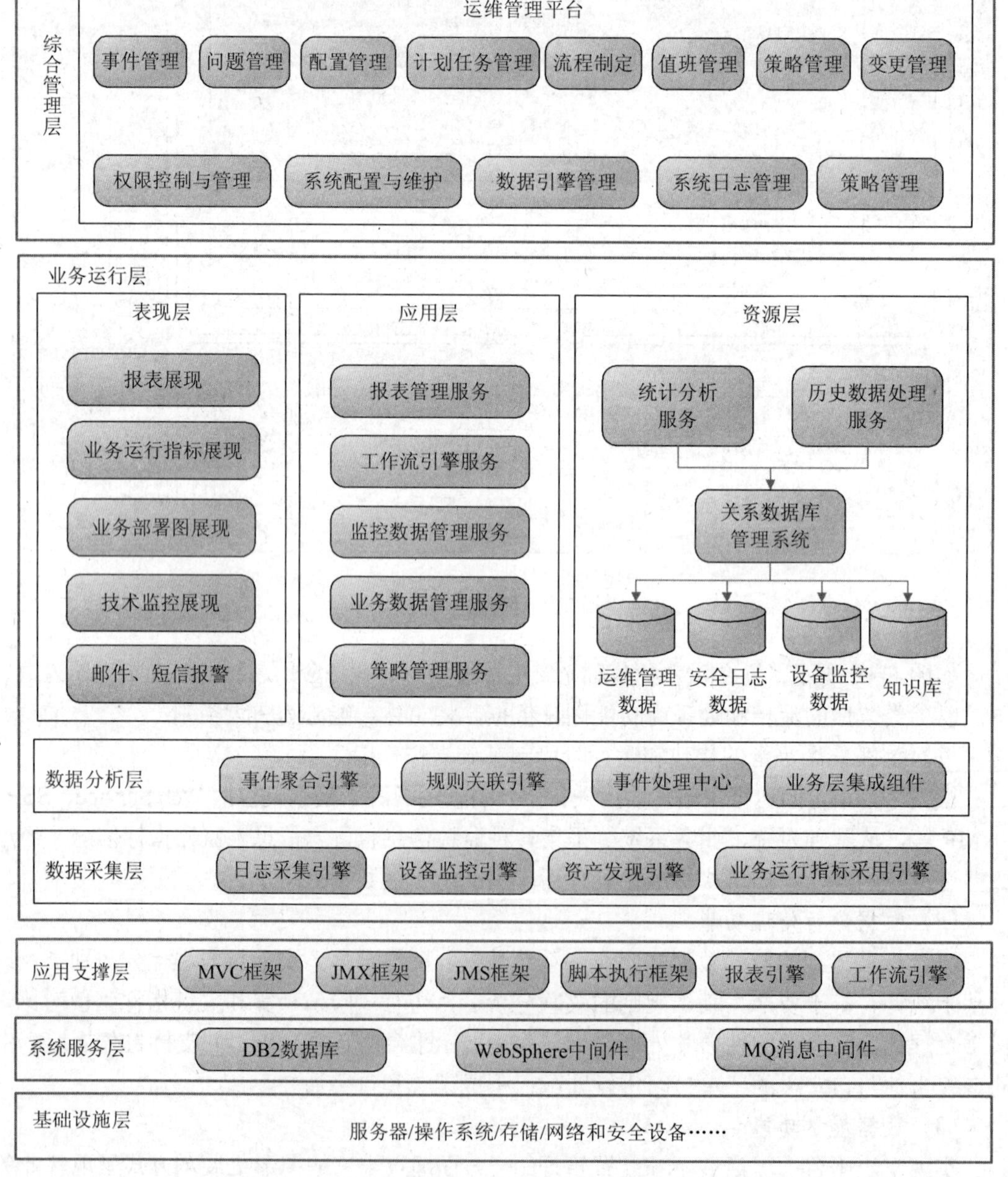

图 8-19 逻辑架构

业务应用系统运维管理平台设计为 5 个既相互独立又相互联系的层次，依次是基础设施层、系统服务层、应用支撑层、业务运行层和综合管理层。

（1）**基础设施层**

是支撑系统运行的硬件支撑平台，包括网络、主机、存储、安全防护等硬件设备以及操作系统、基础网络服务等基础系统软件。

（2）**系统服务层**

是底层的系统运行中间件产品，主要包括数据库、应用中间件、消息中间件等。

（3）**应用支撑层**

是支撑应用逻辑的基础构件，主要包括：应用开发框架（Framework，包括 MVC 框架、数据持久化框架等）、通讯框架（JMS 和 JMX 框架）、脚本执行框架、报表引擎、工作流引擎等。

（4）**业务运行层**

它与系统的功能实现关系最为紧密，依次为数据采集层、数据分析层、表现层、应用层、资源层。数据采集层由基础监控数据采集引擎、资产发现引擎、业务系统数据采集引擎构成，是业务运行层与数据源之间的数据通道，采集层负责接收基础的运行信息、业务运行指标等数据，经过过滤、汇总、格式转换后提供给数据分析层做分析处理；分析层主要是根据分析策略，针对采集引擎上来的数据进行基于统计、基于资产、基于规则的关联分析，科学合理地定义安全事件的性质和处理级别，并对分析后产生的告警事件进行工单策略匹配以便根据业务需要自动形成工单，这一层分析处理后的数据一般都会提交至资源层进行保存或进一步的统计分析；资源层包括运维管理数据、安全日志数据、业务系统数据、知识库；应用层包括报表管理服务、业务系统数据处理服务、网络数据处理服务、责任单位管理服务、工作流引擎服务、展现层集成服务；表现层包括技术监控展现、业务部署图展现、业务运行指标展现、报警展现、报表展现逻辑；应用前端采用浏览器访问本系统。

（5）**综合管理层**

综合管理层贯穿于上述 4 层的一种综合的层次，主要包括业务应用系统运维管理平台。综合管理层在整个平台的构建和运行阶段起基础支撑作用。

8.6.3 进程架构

进程架构描述了业务应用系统运维管理平台所包括的进程以及这些进程具体的部署方式，另一方面还描述了各进程间的通讯方式和对外开放的接口，如图 8-20 所示。

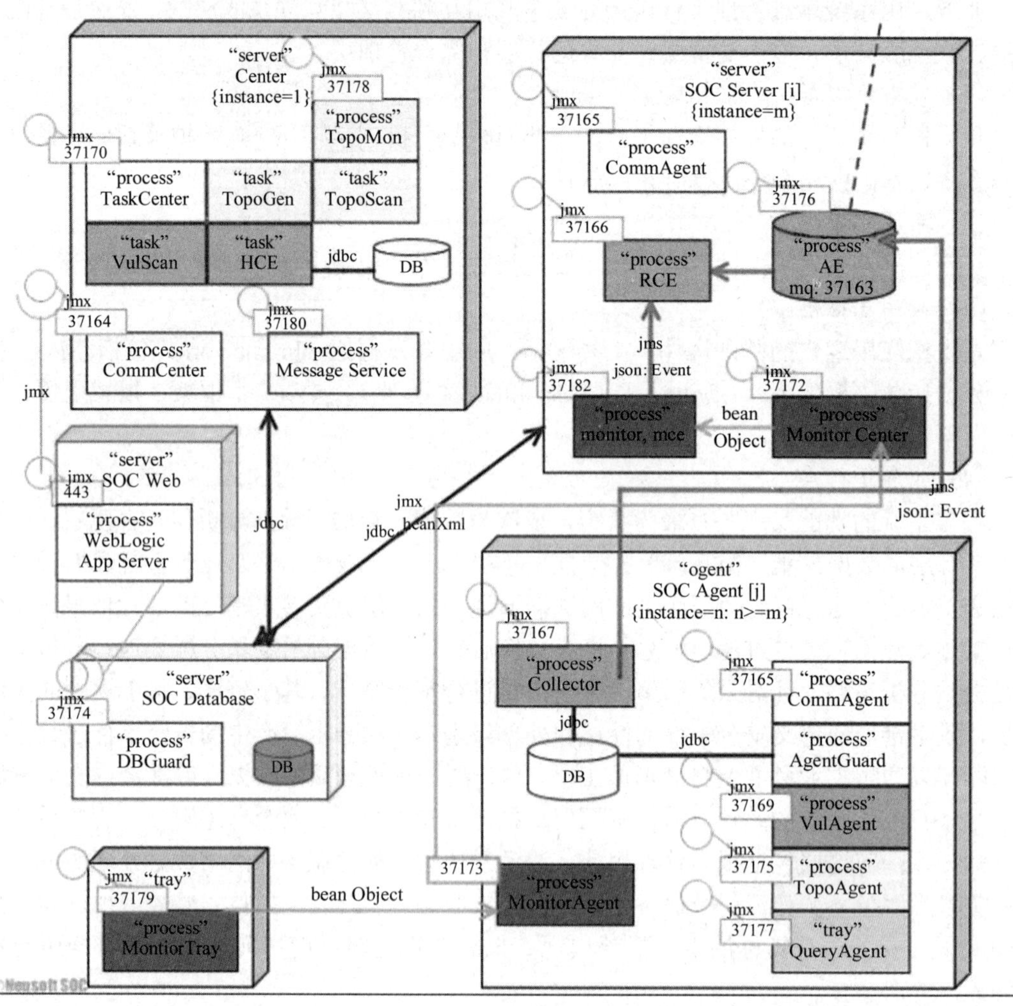

图 8-20 进程架构

以上是对系统中各进程的描述，如图 8-20 所示它们之间的通讯主要通过 JMS 和 JMX 这两种通讯框架，并要求代理服务器上各端口同时能够被中心服务器和应用服务器所访问，以便对其进行实时管理和策略下发。

业务应用系统运维管理平台涉及的进程包括：代理服务器（Agent Server）；应用服务器（Application Server）；中心服务器（Center Server）；数据库服务器（DB Server）；Web 服务器（Web Server）。

（1）**代理服务器**

代理服务器主要负责安全日志和监控数据的采集，涉及的进程如表 8-21 所示。

表 8-21　代理服务器进程

进程名称	描　述
日志收集引擎进程（Collector）	接受收集策略和配置
	采集 Log，并过滤
	采用先进算法快速识别 Log
	Log 格式化成事件
	简单的事件聚合
	事件输出到聚合引擎（AE）
监控代理进程（MonitorAgent）	接受监控器配置
	运营监控器，获取监控数据
	向中心发送监控数据
拓扑代理进程（TopoAgent）	采集主机和端口信息
	采集拓扑信息
代理守护进程（AgentGuard）	数据存储维护和清理
	未知日志归档和萃取
通讯代理进程（CommAgent）	负责向中心服务器上的进程提供业务 API 服务
数据库进程	本地存储原始日志和未知日志等

（2）应用服务器

应用服务器主要负责对事件进行策略关联分析，并形成高等级事件，涉及的进程如表 8-22 所示。

表 8-22　应用服务器进程

进程名称	描　述
聚合引擎进程（Aggregation Engine，AE）	内置消息中间件 MQ，接收事件
	根据策略，聚合同义事件
	保存事件到数据库
	根据策略，直接向事件中心发送事件
	向规则关联引擎输出事件
规则关联引擎进程（Rule Correlation Engine，RCE）	规则加载和预编译
	接收和处理事件，做场景模拟
	产生高等级事件，并发送至事件中心处理
监控中心进程（Monitor Center）	接收监控代理的数据
	将监控数据入库
	将监控数据入库
	将事件发给聚合引擎
通讯代理进程（CommAgent）	负责向中心服务器上的进程提供业务 API 服务

（3）中心服务器

中心服务器主要负责事件和网络信息的统一处理，包括匹配工单策略、分析网络拓扑结构、统一任务调度等，涉及的进程如表 8-23 所示。

表 8-23 中心服务器进程

进程名称	描 述
事件中心进程（Event Center）	内置消息中间件 MQ，接收事件
	负责匹配工单策略
	触发告警
拓扑模块进程	TopoMon：流量信息获取和监控
	TopoGen：拓扑关系发现
	TopoScan：资产自动发现
任务中心进程（Task Center）	定时任务执行如漏扫、校时等
	立即任务执行如发邮件等
	周期性收集采集引擎运行信息
集成中心进程（Integration Center）	负责向同第三方软件在业务层进行集成，可支持多种通讯协议的扩展
通讯中心进程（Comm Center）	负责向 Web 应用进程提供业务 API 服务
命令行工具集进程	sendsms：短信发送工具
	ntp_update：NTP 校时

（4）数据库服务器

数据库服务器涉及的进程如表 8-24 所示。

表 8-24 数据库服务器进程

进程名称	描 述
DB2 数据库进程（DB2）	集中存储系统中的核心业务数据
数据库守护进程（DBGuard）	负责监控业务应用系统运维管理平台数据库服务器
	必要时做表空间清理

（5）Web 服务器

Web 服务器涉及进程为 Websphere 进程，通过部署并运行 Web 程序包，实现数据展现业务，处理用户的 HTTP 请求。

8.6.4 部署架构

部署架构中主要描述了业务应用系统运维管理平台所需的服务器和外围设备以及它们在实际网络环境中的部署方式。以下以一个两级部署的运维管理平台为例，具体如图 8-21 所示。

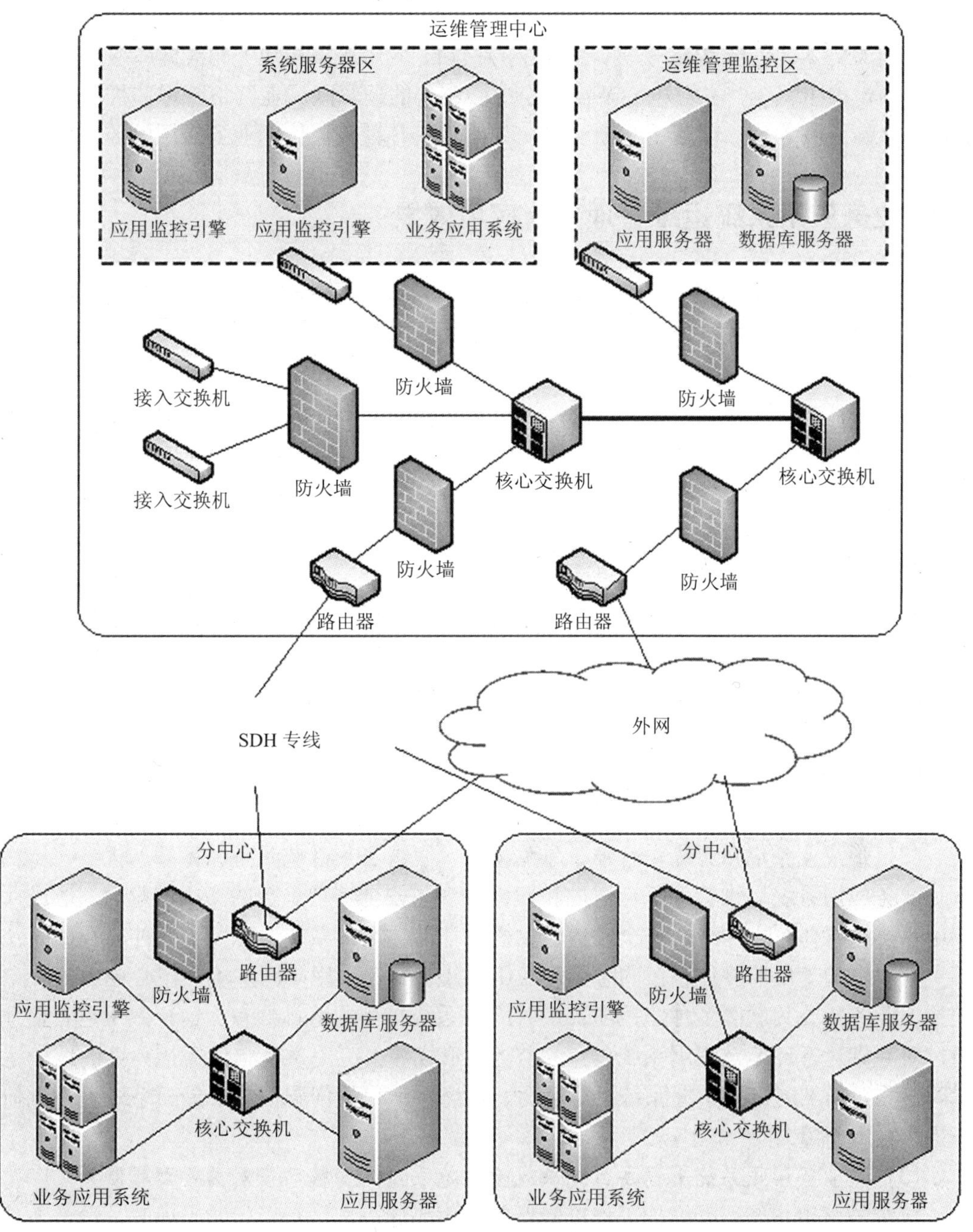

图 8-21　部署架构

(1) 中心节点的部署方式

应用服务器（包含 Web 模块、通讯中心模块、应用服务模块）和数据库服务器各部署在一台高性能主机上，在中心节点总控中心所处的逻辑区域在网络管理监控区。在系统服务器区，部署了两台应用监控引擎，专门收集各种被监控的业务应用的监控信息。

(2) 分中心节点的部署方式

应用服务器(包含 Web 模块、通讯中心模块、应用服务模块)和数据库服务器各部署在一台高性能主机上，在分中心节点分控中心所处的逻辑区域在网络管理监控区。在系统服务器区，还部署了一台应用监控引擎，专门收集各种被监控的业务应用的监控信息。

8.7 业务应用系统运维管理平台应用效果

根据环境保护应用系统运行维护的管理要求，结合环境保护信息系统建设运维的实际特点建设业务应用系统运维管理平台，应充分利用成熟的开放式、平台化的监控管理工具，形成满足环保行业需求、具有环保行业特色的运行管理平台，为业务应用系统的运行维护提供一体化的运行维护管理与服务，规范运行维护工作的技术支持程序，为加强应用系统维护能力、提高应用系统维护工作效率、改善应用系统维护工作的质量提供强有力的支撑。

(1) 实现业务应用系统运行状况实时监控(覆盖应用系统运行维护全生命周期)

业务应用系统运维管理平台以应用系统监控为基础，以运行维护管理为手段，对各类接入的应用系统进行实时全方位监控、预警、问题诊断和辅助故障处理，并通过运维管理平台的建设和运维知识库的逐步丰富，促进了运维流程的标准化、规范化、流程化，形成“发现问题—定位问题—解决问题—避免类似问题再次发生—促进应用系统持续优化改进”的运维管理模式，并在此基础上形成“及时发现问题—精准定位问题—快速解决问题—按时归纳问题—持续减少问题”的运维管理理念，实现应用系统运行状况的实时监控，为提高应用系统的运行效率和运维水平奠定技术基础。

(2) 形成业务应用系统运行维护保障体系(覆盖应用系统运行体系)

业务应用系统运维管理平台通过和网络管理与安全管理平台的集成与整合，形成针对应用系统运行体系中网络、安全设备、主机、存储、操作系统、应用中间件、数据库及基础支撑平台的基础监控体系；同时针对应用系统自身，采用实时拨测、核心业务模块定时模拟、业务拓扑关联等多种监控形式，对应用系统自身的运行状态、运行效率进行监测。通过对基础运行环境及应用系统自身的监控，形成覆盖应用系统整体运行环境的统一运行保障体系，为及时准确掌握系统运行情况、快速精准定位问题部位、提高系统运行维护效率提供技术保障。

(3) 为业务应用系统平稳运行提供风险防范手段(变被动应对为主动预防)

传统的应用系统运行维护工作以问题的产生为起点，只有当问题出现时，运维人员才被动地去寻找问题产生的原因和解决的途径。这种运维模式下，问题的产生通常是由用户在使用过程中发生或发现的，运维人员容易形成“消防队员”式的抢救模式。业务应用系统运维管理平台用科学的手段，采用实时监控、主动模拟的方式，对正在发生的或潜在的风险信息实施有效的收集、分析、预警、监控，变“被动应对”为“主动预防”，变“消防式运维”为“预警式运维”，形成了一套科学、有序的风险应对评估预警体系，及时发现业务应用系统运行中潜在风险及对业务运行的影响，帮助运维人员及时进行预警并采取故障防范措施。极大程度地规避运维过程中的风险，对系统运行过程中的有效信息进行采集、分析、筛选，发现相关的风险信息，做到“早发现、早分析、早计划、早预防”。

(4) 为形成统一运维标准体系奠定基础（完善的标准规范体系）

业务应用系统运维管理平台根据系统运维过程中的常见问题，编制相关的标准规范。针对即将纳入监控范围的应用系统，制定相应的开发建设规范；对已纳入监控范围的系统制定相应的数据采集规范；对地方环境保护管理部门对软件的深入利用制定二次开发和集成规范；同时根据环境保护信息系统建设运维的有关要求，制定相应的运维管理规范、服务标准化实施规范以及服务全生命周期标准规范。这些标准规范的制定和实施，为环境保护行业运行维护领域技术和管理的标准规范体系建设奠定了基础，为进一步开展国家、省、市、县四级联动、多服务提供商协同的“大运维”模式提供标准化指导。